飞机设计技术丛书

飞机热管理系统

Aircraft Thermal Management

Systems Architectures and Integrated Energy Systems Analysis

[美] 马克 · F. 阿勒斯（Mark F. Ahlers） 编

朱永峰　马兰　译

航空工业出版社

北京

内 容 提 要

本书由 *Aircraft Thermal Management: Systems Architectures* 和 *Aircraft Thermal Management: Integrated Energy Systems Analysis* 两本书合并而成，共包括 19 篇文章。涉及热沉的分析、发电 / 热管理一体化综合、未来热管理系统、电池热管理、燃料电池热管理、环路热管技术、两相流技术、定向能武器热管理、高超飞机热管理等领域，以及热管理的设计方法、系统建模、系统优化、动态仿真、评估方法和程序等。

本书内容丰富、全面，可作为从事飞行器设计的专业技术人员，以及相关院校研究生学习的参考书。

图书在版编目（CIP）数据

飞机热管理系统 /（美）马克 · F. 阿勒斯（Mark F. Ahlers）编；朱永峰，马兰译. 北京：航空工业出版社，2024. 8

（飞机设计技术丛书）

书名原文：Aircraft Thermal Management：Systems Architectures and Integrated Energy Systems Analysis

ISBN 978-7-5165-3642-1

Ⅰ. ①飞… Ⅱ. ①马… ②朱… ③马… Ⅲ. ①飞机－散热－研究 Ⅳ. ①V22

中国国家版本馆 CIP 数据核字（2024）第 025724 号

飞机热管理系统
Feiji Reguanli Xitong

航空工业出版社出版发行
（北京市朝阳区京顺路5号曙光大厦C座四层　100028）
发行部电话：010-85672666　010-85672683

北京天恒嘉业印刷有限公司印刷　　全国各地新华书店经售
2024年8月第1版　　2024年8月第1次印刷
开本：787×1092　1/16　　字数：442 千字
印张：16.75　　定价：128.00元

译者序

现代飞机随着机载电子设备的不断增多，其产生的热负荷不断增加，加上高热流密度热负载及随发动机排气排出的废热越来越多，以及机体结构因大量采用复合材料使其不能像金属一样有效地把热量从飞机结构传递到大气中等因素，使得“热”成为改善飞机性能和效率的关键障碍和必须面对的技术挑战。

军用飞机面临的“热”情况更甚。近些年，军用飞机上的系统和附件（如航电系统、武器和任务系统、飞控作动器、发动机附件）的能源消耗及散热需求持续增加；大量复合材料（导热系数通常低于金属）的应用导致通过飞机结构把废热传入大气的能力减弱；为了提高生存力，有时需要冷却结构来消弱飞机红外特征，这对热管理提出了更高的要求；提升飞机雷达（电磁波）隐身性能的要求，使得机上的外部冲压进气口被严格限制，从而限制了大气作为热沉的使用。基于此，军用飞机会更加依赖燃油作为热沉。然而燃油因其温度受限的特性——当达到限制温度时必须切断燃油，将导致整个任务短时中断。“热”逐渐成为限制飞机任务完成度和工作持续性的突出因素。随着能量（如激光）武器的研制，“热”问题会更加突出。

对于民用飞机，多电系统、大涵道比涡扇发动机、电推系统的应用，使得机上热负荷显著增加。与军用飞机一样，民用飞机热负荷显著增加的同时，也存在机体结构大量使用复合材料引发的热沉不足问题。因此同样需要研究新的热管理技术，以减少民用飞机的能源消耗、阻力和重量。

随着飞机“热”问题的日益严峻，飞机热管理（Aircraft Thermal Management）概念应运而生。其可定义为：一种建立或控制飞机上的热环境以确保飞机和机上系统安全、有效运行，同时满足机上有效装载热要求的手段或方法。飞机热管理作为一个系统工程，涉及的要素有热源、热获取、热传输、热释放、热沉等。其中，热源指机上产生热量的系统和设备、外界辐射和气动加热等，热获取指热量从热源被获取的手段（包括传导、对流、辐射），热传输指把热量从热源通过一定的距离传到热沉的系统（包括质量、能量的传递，热动力循环等），热释放指把热量传到热沉的方式（包括传导、对流、辐射），热沉指机上的燃油、飞机结构、冲压空气、热储存等。

本书由 *Aircraft Thermal Management: Systems Architectures* 和 *Aircraft Thermal Management: Integrated Energy Systems Analysis* 两本书合并而成，共有 19 篇文章，涉及热沉的分析、发电 / 热管理一体化综合、未来热管理系统、电池热管理、燃料电池热管理、环路热管技术、两相流技术、定向能武器热管理、高超飞机热管理等，涵盖热管理的设计方法、系统建模、系统优化、动态仿真、评估方法和程序等，内容丰富，图文并茂。

本书译者长期从事飞机环境控制、热管理的研究和实践，为促进我国航空工程技术在该领域的进步，团队大胆尝试，精心组织翻译，旨在抛砖引玉，引进、消化、吸收国际高水平科研成果，在此衷心感谢张翠峰、李荣军、史璐璐、李艳娜、薛长乐、白茹、罗超威为本书翻译工作提供的帮助。

目 录

上篇 飞机热管理：系统架构

引言…………………………………………………………………………………（3）
1 飞机热管理：热沉挑战 ……………………………………………………（5）
2 飞机热管理和发电综合：重构闭式空气循环形成一个布莱顿循环气体发生器用于辅助发电……………………………………………………………………（16）
3 对分布式智能控制、能量、热管理以及诊断预测系统进行综合的挑战和机遇…………………………………………………………………………………（23）
4 商用飞机燃料电池系统的热管理研究 ……………………………………（38）
5 未来飞机的能源和热管理系统 ……………………………………………（55）
6 飞机高稳定两相热管理系统 ………………………………………………（76）
7 用于定向能武器的热管理和电源系统 ……………………………………（89）
8 基于需求的飞机热管理架构对比分析 ……………………………………（99）
9 飞机热管理中环路热管的应用：使用离心试验台模拟高加速度环境 ………（111）
10 蒸发－压缩热管理系统动态热环境下可靠工作能力评估 …………………（128）

下篇 飞机热管理：能量综合系统分析

引言…………………………………………………………………………………（145）
11 一种用于飞机综合热管理系统的㶲分析方法……………………………（147）
12 多电飞机热管理系统动态建模………………………………………………（157）
13 基于综合建模和仿真手段促进飞机发动机与热管理系统的能量优化………（168）
14 用于提升飞机性能的能源和热管理系统设计……………………………（183）
15 电源与热管理系统综合优化…………………………………………………（195）

16　动态仿真在热管理系统设计中的优势…………………………………………（202）
17　用于先进高超声速飞机的热管理评估工具……………………………………（216）
18　基于模型的飞机系统热管理程序………………………………………………（234）
19　用于飞机综合热管理系统分析的建模方法……………………………………（251）

上篇

飞机热管理：系统架构

Aircraft Thermal Management:
Systems Architecture

引 言

随着机载电子设备功能增加带来的设备热载荷的不断增长、多电系统架构的应用、复合材料结构（比传统金属材料对温度要求高）的大量使用，飞机热管理在军用飞机和商用飞机的安全、高效设计使用中扮演着越来越重要的角色。军用飞机热管理设计者还面临需带走先进武器系统、对抗系统、越来越多商用货架（COTS）电子设备热载荷的挑战，这些系统和设备的冷却要求都比较高。

为了满足飞机日益增长的冷却需求，需要对飞机热管理系统架构进行研究以期实现用最小燃油代偿损失将机上废热带走的目标。机上冷却系统将废热带到外界环境大气中需要的电功率、重量①、冲压空气阻力和/或外部气动阻力均会带来燃油代偿损失。

因其发热量大、可用热沉相对有限，多年以来，军用飞机（特别是隐身飞机）设计主要研究更有效的飞机热管理（ATM）架构。冲压空气冷却系统是带走商用飞机上大量热量的有效方式，但会因热特征降低军用飞机的隐身能力，因此需要研究替代冷却技术。

近年来，随着飞机多电架构的出现（如波音 787），商用飞机制造商对高效 ATM 架构的兴趣越来越大。

本书对有望应用于商用/军用飞机上，对飞机性能影响最小的飞机热管理架构进行了描述。

关于飞机热管理架构的其他信息可参见由 AC-9 飞机环境系统委员会发布的 SAE AIR 5744 和本书的下篇“能量综合系统分析”。其中，SAE AIR 5744 定义了飞机热管理系统工程设计准则，“能量综合系统分析”讨论了机上系统对热管理影响的计算机仿真分析。

① 本书“重量”均为质量（mass）概念，其法定计量单位为千克（kg）。——编辑注

1 飞机热管理：热沉挑战

马修·杜利，尼古拉斯·路易，罗布·纽曼，克拉伦斯·路易

诺斯罗普－格鲁门公司航空航天系统

引　用：Dooley M.，Lui N.，Newman R.，and Lui C.，“Aircraft Thermal Management-Heat Sink Challenge，” SAE Technical Paper 2014-01-2193，2014，doi：10.4271/2014-01-2193.

摘要

随着机载电子设备复杂程度、功率需求的不断增加，机载电子设备热载荷越来越大。适应热载荷增长的热沉能力成为飞机热管理系统的关键。本文介绍了常用热沉的情况，并对热沉技术的潜在发展方向进行了讨论。这些技术有望提高未来飞机热管理系统的能力，从而保证下一代机载电子设备的性能。

1　引言

目前，支持先进武器系统的机载大功率传感器和电子设备热载荷仍占飞机热载荷的绝大部分。随着飞机热载荷的不断增加（图 1 给出了军用飞机热载荷发展趋势），热管理设计人员应当有效利用机上现有热沉的同时不断寻找新方法以满足散热需求。未来定向能武器的应用使得散热需求剧增，散热问题更加突出。即便采用可适当降低热沉需求的热存储装置，仍有大量的热量需要机上热沉带走。

军用飞机热沉一般为冲压空气和燃油，近年来在五代机上应用了安装在发动机风扇涵道中的风扇涵道换热器。正在开展在下一代飞机上使用先进发动机气流代替冲压空气或风扇涵道换热器作为主热沉，燃油作为备份 / 补充热沉的研究。

为了应对下一代飞机的热挑战，需要对机上传统热沉和先进热沉进行综合以最大限度发挥热沉能力。下面章节对目前和未来热沉技术的调研结果进行了详细描述。

2　热沉技术

2.1　冲压空气

冲压空气因其温度低的优势成为五代机之前的主要热沉（见图 2），缺点是冲压空气进气口和排气口、换热器和进排气管道会增加燃油代偿损失。在以往设计中往往忽视上述缺点，实际上每英尺长的截面直径 10in[①]（254mm）的冲压空气管道需要消耗燃油约 4USgal[②]（15.14L），而且管道长度越长

① 1in（英寸）≈ 25.4 毫米（mm）。

② 1USgal（美加仑）≈ 3.785 升（L）。——编辑注

燃油代偿损失越大，再加上冲压进气口和排气口、风扇及其控制器、换热器，典型冲压空气系统的燃油代偿损失可达 100USgal（378.5L）。另外，冲压进气口和排气口还会对飞机造成显著的阻力损失。

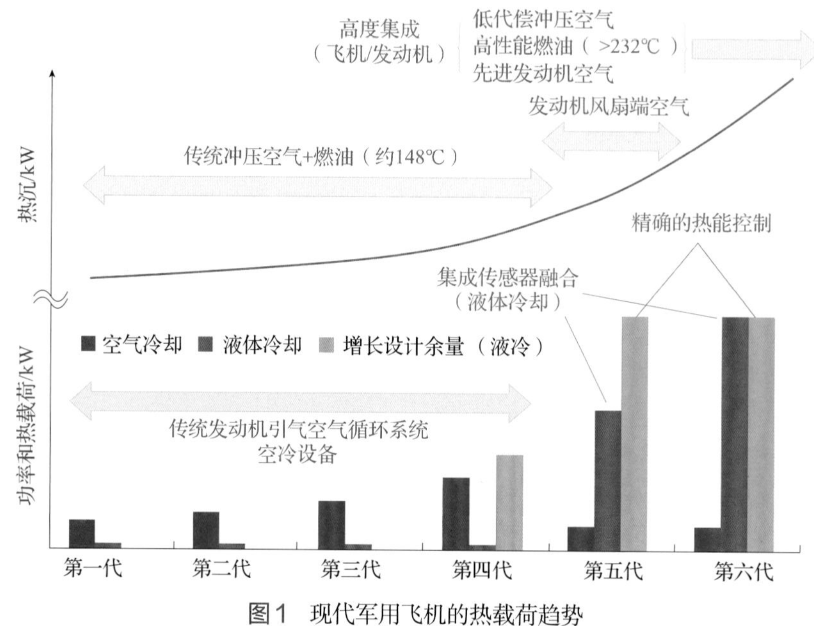

图1　现代军用飞机的热载荷趋势

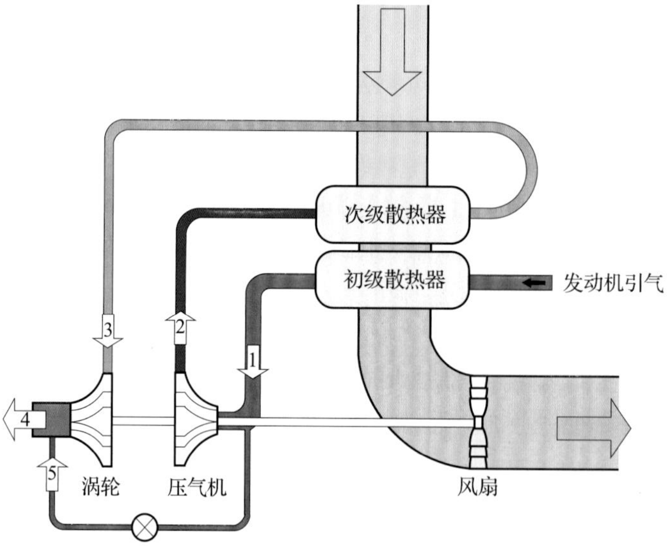

图2　冲压空气冷却 ECS 包[1]

2.2　发动机风扇涵道空气

发动机风扇涵道空气是商用飞机广泛应用的一种热沉，一般用于冷却安装在发动机外的预冷器。发动机引气经风扇涵道空气冷却后供往下游环控制冷包，此时环控制冷包主热沉仍是冲压空气。

使用发动机风扇涵道空气作为热沉的技术直到五代机才应用到军用飞机上。在降低或消除冲压空气不利影响的努力下，发动机风扇涵道空气作为热沉越来越重要。与商用飞机上外置预冷器不同，五代机将换热器安装在发动机风扇涵道中，这样可以取消冲压空气管道和相关的换热器，消除冲压空气带来的阻力损失。与商用飞机使用发动机风扇涵道空气作为预冷不同（见图 3），军用飞机使用发动机风扇涵道空气作为主热沉。

虽然发动机风扇涵道内置换热器（见图 4）可取消冲压进气口及其带来的阻力损失，但经过发动机风扇升压后的空气温度仍要比冲压空气温度高。由于发动机风扇涵道空气温度与发动机能量提取（电能或 ECS 引气）直接相关，因此使用这种温度较高的热沉在某些情况下需要利用其他热沉（比如燃油）分担部分热载荷。

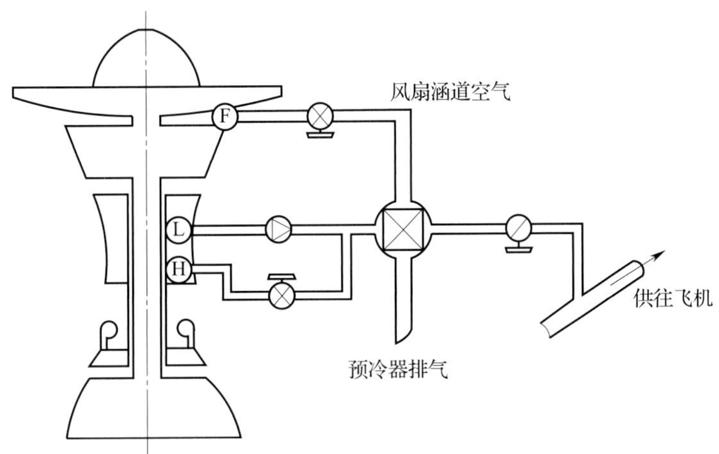

图 3　商用飞机上的风扇涵道空气热沉

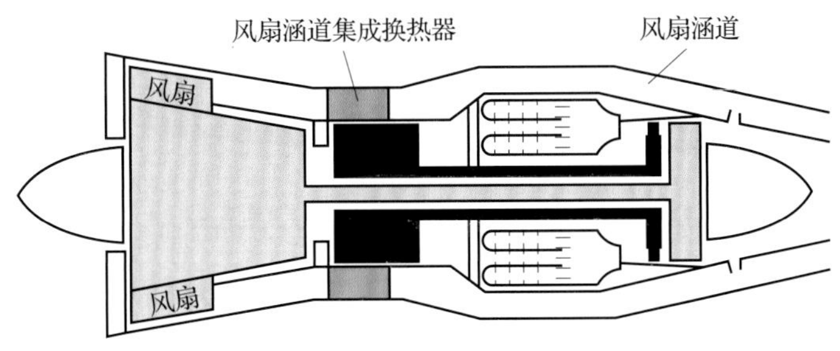

图 4　风扇涵道内置换热器

2.3　发动机风扇前端空气

如上所述，发动机风扇涵道内置换热器已在五代机上成功应用。与商用飞机以风扇前端空气用于预冷不同，内置换热器利用的是风扇后端空气。这样因提高了风扇涵道空气温度降低了热沉能力，最终降低了热管理系统效率。在发动机风扇定子上集成内置换热器（见图 5）或换热单元技术（集成结构详见下文）可以利用风扇前端空气从而显著提高热沉能力。难点在于需要加长发动机以适应风扇前端集成换热器的空间尺寸增大需求，可通过集成结构得以解决，但制造定子叶片所对应的复杂工艺会带来新的问题。

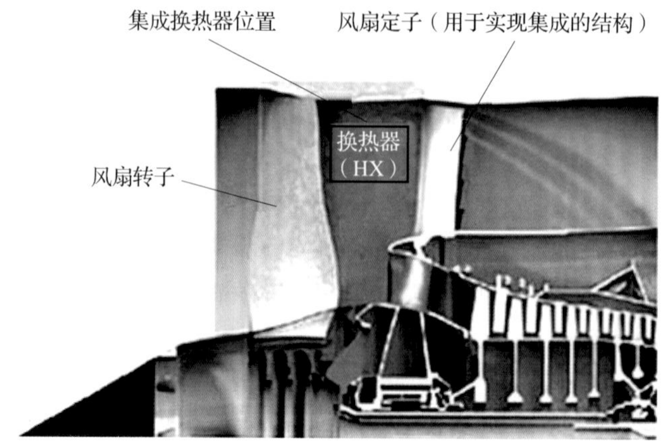

图5　发动机风扇前端空气综合概念

2.4　先进发动机气流

目前正在进行变循环发动机等新技术研究，见参考文献［2］和［3］。变循环发动机技术综合了军用飞机小涵道比涡扇发动机和商用飞机大涵道比涡扇发动机的优点，通过使用涵道比可调发动机的第三股流实现（见图6）。其中，第三股流温度介于冲压空气和发动机风扇涵道空气之间，有望成为未来飞机的热沉选项。

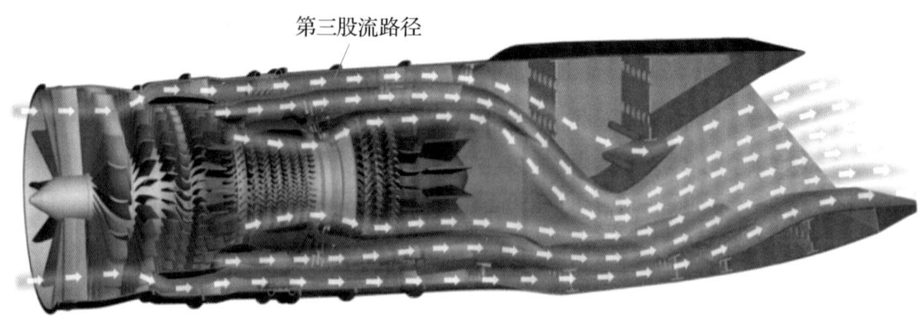

图6　自适应变循环发动机第三股流路径[4]

采用类似于风扇涵道集成换热器的方案，第三股流可兼顾冲压空气和发动机风扇涵道空气优点，消除与冲压空气相关的进气口、管道和阻力损失，同时提供比发动机风扇涵道空气更低的热沉温度。

2.5　闭式耦合主动冷却概念

先进发动机第三股流温度高于冲压空气温度会降低其应用潜力，一种工作在逆卡诺循环的闭式空气冷却概念可将热沉效率提升至传统冲压空气效率的同时无额外损失。如图7所示，该概念包含一个使用发动机第三股流作为热沉的空气循环机，通过发动机引气／机械轴功率驱动以获取接近冲压空气温度的热沉。这个架构的优势是在飞机表面无开口（冲压空气进气口），因此也不存在飞机表面开口带来的阻力损失问题。潜在的缺点是增加重量及推力损失。增加重量的主要原因是为了利用发动机高压引气，空气循环机非常复杂且转速是常规空气循环机的1.5～2倍。经过初步评估发现这项技术能大幅提升下一代飞机的热沉能力。

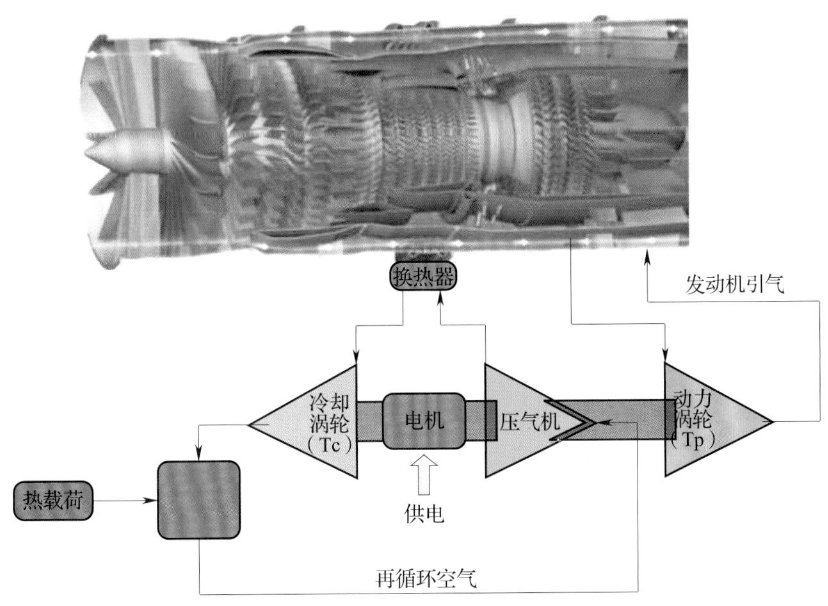

图 7　闭式耦合主动冷却概念

2.6　燃油

燃油因其消耗性成为飞机上便利的热沉，经常应用在超声速飞机上。燃油的热沉能力高度依赖于工作环境（比如发动机燃油消耗量和发动机入口燃油温度）。自 20 世纪 70 年代初开始使用燃油热沉以来，现代飞机已充分利用了燃油的热容量。因此，需要探索增加燃油热沉能力的技术。当前主要围绕提高燃油热稳定温度限制（如注入 JP-8+100 添加剂，详见参考文献［5］）和燃油脱氧技术开展研究。

通常提高燃油热沉能力的方案是向燃油中注入添加剂以获得抗结焦性。机载实时燃油脱氧技术还处于试验探索阶段。下面描述了可能使用的三种技术，这三种技术的技术成熟度都很低，尚未有设备尺寸和飞机上如何应用的相关资料。

2.6.1　先进脱氧系统概念

脱氧概念的核心是如何去除燃油中的氧分子提高其焦化点。图 8 是一种基于传统喷注方法的改型脱氧系统概念图。

这种先进脱氧系统将燃油引入一个称为接触器的反应堆，接触器因燃油与惰化气体（最初是氮气）接触而得名。关键在于使用多孔介质作为接触器固定床，多孔介质保证形成连续的气液反应界面，从而增强惰性气体和燃油之间的动力学反应。

从接触器出来的气体 - 燃油混合物称为泡沫。泡沫进入燃油气体分离器，在燃油气体分离器中被分离成脱氧燃油和含氧废气。脱氧燃油被重新供往飞机供油系统，输送到换热器和发动机进口。含氧废气进入催化气体处理系统（CGTS），该系统包含一个 350℉（176.67℃）~ 400℉（204.44℃）的催化剂床。废气在催化剂床被分解为 CO_2 和水蒸气，然后回流至接触器。过量水蒸气凝结析出使得进入接触器的气体是氮气和 CO_2 的混合物，这种混合物成为脱氧系统中新的惰性气体。气体再利用是该系统的主要特点，通过循环利用其自身副产品实现经济效益。这种方式仅需要一个非常小的可消耗氮气储气罐用于启动反应，从而实现了系统体积及维修的最小化。

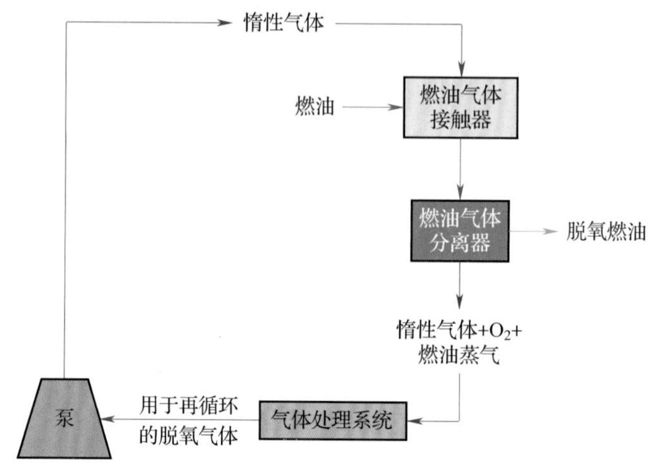

图8　先进脱氧系统概念图[6]

Phyre 技术公司使用空军先进燃油系统简化模拟器（ARSFSS）测试了他们的先进脱氧系统原型，该模拟器按飞行过程中实际燃油耗量提供燃油，未考虑高度的影响。研究结果如图 9 所示。

图中曲线分为三组：①未经处理的 JP-8 燃油积炭结果；②经过 Phyre 先进脱氧系统（PADS）三种不同构型处理的 JP-8 燃油积炭结果；③未经处理的 JP-8+100 燃油积炭结果。

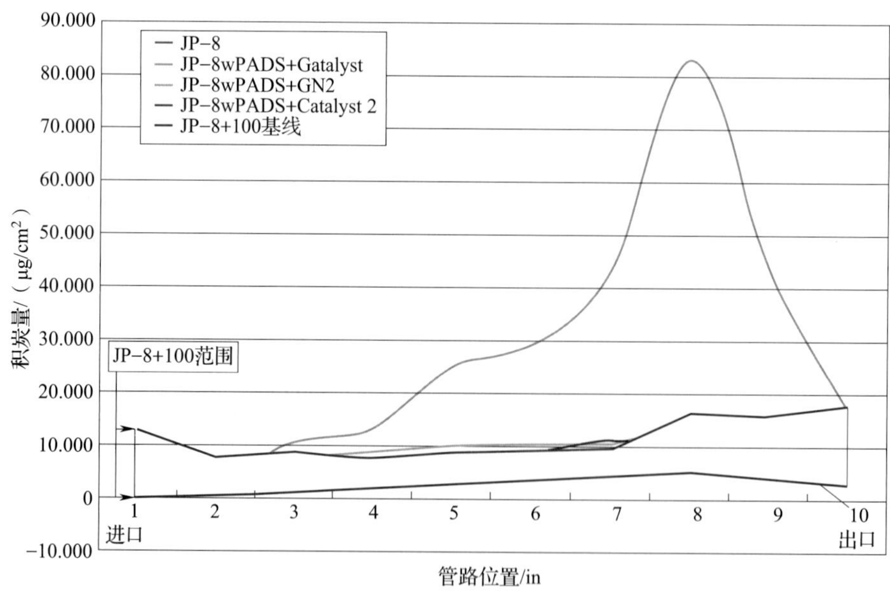

图9　所有试验的积炭结果[6]

从图中可以看出，经过 PADS 处理的 JP-8 的积炭量几乎与 JP-8+100 的积炭量相等，两者的积炭量都明显小于未经处理的 JP-8 的积炭量。

2.6.2 膜基脱氧

膜基脱氧也使用了分压扩散原理，但不会在液体中产生气泡。相反，燃油和惰性气体之间的膜允许氧气从燃油扩散到惰性气体中。已研发出一种可行的膜基系统，具体工作如图 10 所示。

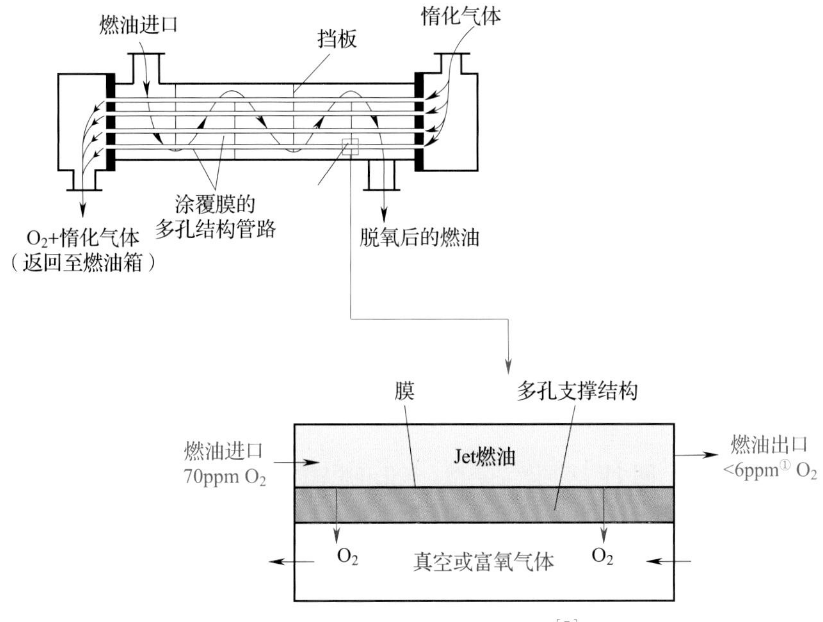

图 10 膜基脱氧原理和膜管路[7]

在膜基脱氧系统中，燃油沿着长度方向通过一个由多个膜结构构成的管路。膜由涂覆在多孔聚合物结构上的超薄涂层组成。超薄涂层允许氧气通过同时防止燃油的碳氢化合物分子通过。膜被制成管状；无氧气体（如氮气）不断地供入管路中以保证管路内很低的氧气浓度。管路内外的氧分压差驱动氧气从燃油扩散至膜管路中，氧气被流动的氮气带走从而降低燃油氧含量，此时燃油可以作为高温传热介质使用。

联合技术公司在四种不同类型的燃油上对这项技术进行了测试。脱氧之后，将燃油加热到 635 ℉（335℃）测量此时的焦炭量。测试结果如图 11 所示。

测试数据显示，联合技术公司的膜基脱氧系统可以抑制任何类型的燃油产生焦炭。在他们的测试案例中，脱氧性能甚至比空气饱和的 JP-8+100 还要好。

2.6.3 催化脱氧

第三种脱氧方法不依赖于分压扩散，而是使用催化脱氧。该方法的原理和流程如图 12 所示。该系统的工作原理与催化转化器的原理基本相同。将来自油箱的燃油供入脱氧系统，该系统由两个腔室组成（图 12 中的 34 和 36 项），燃油首先进入第一腔室被注入还原剂，富含还原剂的燃油再进入

① ppm=10^{-6}（百万分率）。——编辑注

第二腔室。第二腔室由一种催化材料组成，催化材料促进燃油中的氧气和其他物质之间的化学反应，按照燃油接触面积最大化原则布置催化材料。催化脱氧的典型例子是使用氢作为还原剂，氢与氧反应生成水，将水收集出来，燃油经过充分的脱氧后进入换热器。

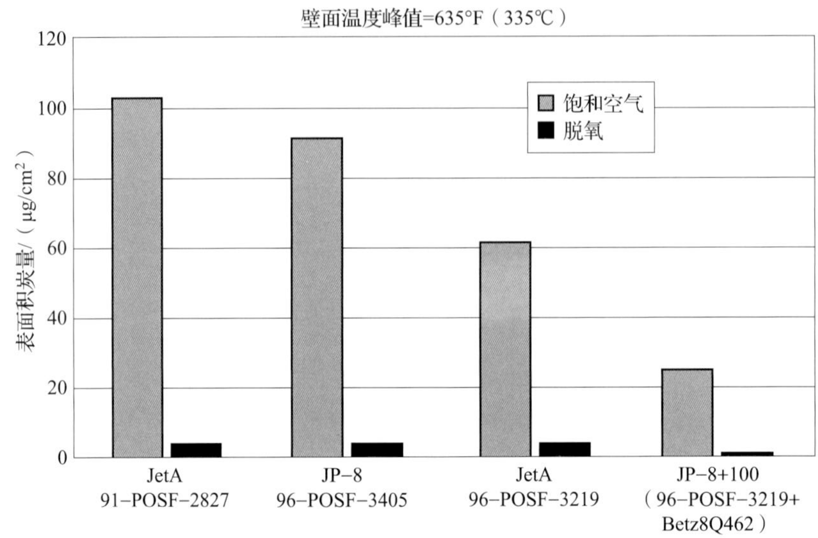

图 11　不同燃油类型、氧化和脱氧的积炭结果[7]

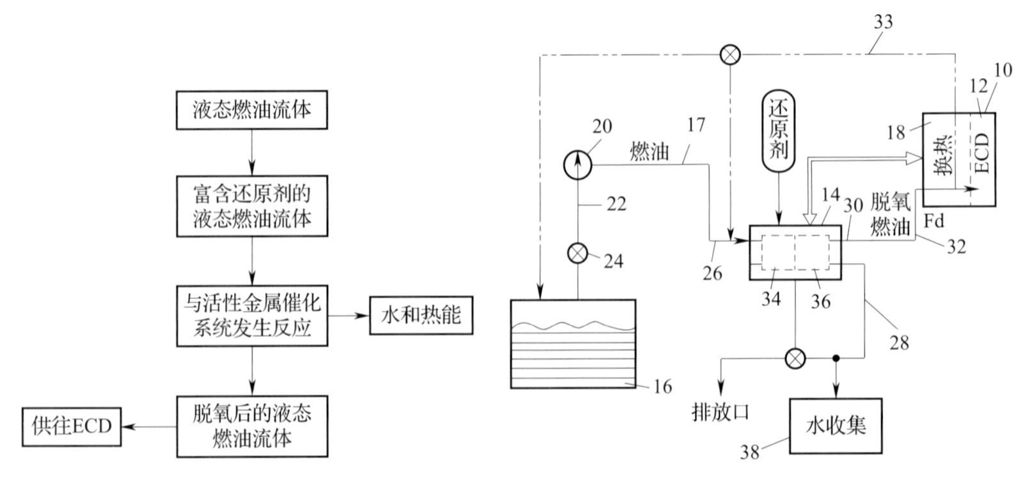

图 12　催化脱氧原理图[8]

由于没有流动气体，这个系统相对简单。仅需要在飞机燃油系统中增加三个部件，分别是用于存储还原剂的部件、注入还原剂的第一腔室、进行脱氧的第二腔室。催化材料的活性成分不会在脱氧过程中被消耗，因此可无限使用。还原剂的使用量非常少，少量还原剂就可以与相对较低溶解氧浓度（70ppm）发生反应。该系统不依赖于浮力、气液界面、喷射时间、飞行方向、排气、惰性气体回收再利用。催化剂自发地引发化学反应，使用高温半自动提升转换率。该系统不受高度、压力和加速度的影响。

2.7 集成结构

另一种可能有未来应用前景的热沉方式是使用热集成结构[9]。考虑到重量和强度特性，目前飞机结构采用了蜂窝状复合材料。复合材料的缺点是导热性差，散热能力比铝合金结构显著降低。热集成结构试图通过增加结构的导热性将热量排至外界自由来流中且无阻力损失。未来热集成结构可实现通过飞机全部蒙皮将热量传递到外界空气中，从而提供显著的热沉能力。

3 技术评价

表 1 对本文介绍的技术进行了总结。每种技术各有利弊，因此未来飞机的目标应该是综合利用上述技术使机上热沉能力最大化，飞机特殊任务需求下的损失最小化。为了提升技术可靠性和最大化机上可用热沉选项，接下来要对这些技术工业领域应用开展进一步研究。

表 1 热沉技术比较

热沉概念	技术途径	成熟度（TRL）	能力增长	优点	缺点
冲压空气	专用进气口或发动机进气口	10	无限制	低风险	燃油代偿损失和阻力大
发动机风扇	发动机风扇引气	10	无限制	低风险	推力损失大
发动机风扇低端空气	内置换热器集成结构	3	2 ~ 5 倍	对飞机表面无影响	重量较重，复杂度较高
先进发动机气流	变循环发动机	4	2 ~ 5 倍	对飞机表面无影响	重量较重，复杂度较高
闭式耦合主动冷却	利用发动机热沉的主动空气循环	2	2 ~ 10 倍	对飞机表面无影响	重量较重
燃油	供油集成	10	0	方便易用	燃油限制温度较低，燃油最大可用能力较低
燃油添加剂	化学制品	8	2 倍	可在不增加机载设备情况下提升热沉能力	
燃油脱氧	喷注方式改型	4	2 倍	提供给喷嘴用于燃烧的燃油比较干净	重量较重，复杂度较高
膜基脱氧	分压扩散改型	3	2 倍	提供给喷嘴用于燃烧的燃油比较干净	重量较重，复杂度较高
催化脱氧	活性金属催化剂	3	2 倍	提供给喷嘴用于燃烧的燃油比较干净	重量较重
集成结构	Z-pin 植入先进材料	3	2 倍	对飞机表面无影响	加工复杂度较高

4 结论

冲压空气、风扇空气和低温燃油是传统热沉，已经在军用飞机上使用了几十年。本文提出的其他热沉需要通过技术开发和实验室试验验证其性能、尺寸、重量和功耗，以便评估对飞机整体性能的影响。对于先进发动机气流热沉，由于气流通道尺寸有限导致在气流通道内集成任何换热器都面临巨大的挑战，还需要更多的验证以明确集成换热器对自适应循环的影响以及换热器压降对发动机整体性能的影响情况。热集成结构需要使用飞机相关的几何结构进行验证，以评估性能收益，从而在考虑制造挑战下进行重量设计。闭式耦合主动冷却概念在热沉能力方面是潜在的革新方式。通过引气驱动系统，这部分气体返回至发动机气流中，可以消除与传统引气系统相关的动量阻力损失。需要克服高速旋转涡轮制造挑战，才能将这个技术变为现实。另一个最大的技术需求是热燃油和传感器技术，与之有关的是允许传感器在更高的温度下工作。下一代飞机通过将之前冲压空气和发动机引气等高代偿方式带走的热载荷以让燃油带走的方式提高整体性能。

致谢

感谢 Phyre 技术公司和联合技术公司关于脱氧技术的研究工作，这一工作是本文中燃油热沉章节的基础。

术语 / 缩略语

ECS—Environmental Control System/ 环境控制系统

PADS —Phyre Advanced Deoxygenation System/Phyre 先进脱氧系统

Tc —Cooling Turbine/ 冷却涡轮

C —Compressor/ 压气机

Tp —Power Turbine/ 动力涡轮

CGTS—Catalytic Gas Treatment System/ 催化气体处理系统

ARSFSS—Advanced Reduced Scale Fuel System Simulator/ 空军先进简化燃油系统模拟器

参考文献①

［1］This Is ECS, “Example of a Three Wheel Bootstrap System”, http: //thisisecs.com/3wheel.html,［accessed 25 June 2014］.

［2］Warwick, G. “6th Gen Engines – Pratt In, Rolls Out, GE Stays On”, Aerospace Daily & Defense Report URL: http: //www.aviationweek.com/Article.aspx?id=/article-xml/ asd_09_18_2012_p01-02-496815.xml,［cited 25 June 2014］.

［3］Barr, L. “Air Force plans to develop Revolutionary Engine”, Air Force Research Laboratory Public Affairs, URL: http: // www.wpafb.af.mil/news/story.asp?id=123048376,［cited25 June 2014］.

［4］GEAviation. “ADVENT | GE Aviation | Advanced Technology, ” 2012 August 09, Screenshot retrieved from http: //www.youtube.com/watch?v=raACUsLWzn8.

［5］Ho, Y., Lin, T., Hill, B., and Tibbs, G., “Thermal Benefits of Advanced Integrated Fuel System Using JP-8+100 Fuel, ” SAE Technical Paper 975507, 1997, doi: 10.4271/975507.

［6］Morris Robert, Miller Jeremiah, and Limaye Santosh. “Fuel Deoxygenation and Aircraft Thermal Management”, 4th International Energy Conversion Engineering Conference and Exhibit（IECEC）.June 2006.

① 本书参考文献格式按原版书排版。——编辑注

[7] AFRL-PR-WP-TR-2002-2072, "Membrane-Based Fuel Deoxygenation For Coke Suppression," May 2002.

[8] Lamm, Foster P. and Vandespurt, Thomas H., U. S. Patent Application No. US 2006/0196174 A1; "Catalytic Fuel Deoxygenation System", Washington, D C: U.S. Patent and Trademark Office.

[9] Lui, C., Dooley, M., and Duchene, J., "Power & Thermal Systems Integration Techniques for High Performance Jet Aircraft," SAE Int.J.Aerosp.5 (2): 337-343, 2012, doi: 10.4271/2012-01-2164.

2 飞机热管理和发电综合：重构闭式空气循环形成一个布莱顿循环气体发生器用于辅助发电

菲利普·阿博莫利[1]，杰维尔·帕里拉[2]，阿沃特夫·哈梅德[1]

1. 辛辛那提大学，2. 通用电气航空集团

引用：Abolmoali P.，Parrilla J.，and Hamed A.，"Integrated Aircraft Thermal Management & Power Generation：Reconfiguration of a Closed Loop Air Cycle System as a Brayton Cycle Gas Generator to Support Auxiliary Electric Power Generation，" SAE Technical Paper 2014-01-2192，2014，doi：10.4271/2014-01-2192.

摘要

对飞机子系统进行优化综合是未来能量优化战斗机设计的关键，INVENT（飞机能量优化技术）项目致力于通过热管理、发电和配电、驱动子系统的建模/仿真实现热管理、发电和配电、驱动子系统优化综合以获取2倍于独立系统的冷却和发电能力。

本文提出一种重构典型闭式空气循环形成开式循环气体发生器用于现代战斗机，其中，开式循环气体发生器可交替工作在冷却和辅助发电模式。使用动力系统数字仿真（NPSS）建立了数学模型用于评估不同工作条件下系统设计冷却模式的最大功率提取能力。研究结果验证了最大功率提取状态下流量、机械涡轮性能参数变化与飞行高度和马赫数的关系。最后还对海平面静止状态条件下变截面喷嘴对动力涡轮性能的影响进行了深入研究，得到变截面喷嘴可提高系统功率提取能力的结论。

1 引言

面对日益增长的电能和热管理需求，未来飞机要求设计人员要从独立系统优化的传统设计理念转变为多系统综合的新型设计理念。如飞机需大幅提升能源效率，则需在初步设计阶段进行子系统综合研究。Parrilla[2]已证明电－气混合环境控制系统的优化潜力。定义单位燃油消耗率（SFC）①作为能效标准用于评估系统级性能，依此标准对传统（发动机引气）、全电（电动气源）和混合（发动机引气＋电动气源）环境控制系统（ECS）架构进行了定量分析，预计全电（电动气源）和混合

① 单位燃油消耗率：specific fuel consumption，SFC，简称耗油率，单位为涡桨和涡轴发动机 kg/（kW·h），涡喷和涡扇发动机 kg/（kN·h）。——编辑注

（发动机引气 + 电动气源）ECS 架构可有效降低系统耗油率。

INVENT（飞机能量优化技术）计划开始于空军研究实验室，主要研究军用飞机子系统的综合优化以解决飞机用电需求增加带来的热管理问题。提出“能量优化飞机”用于解决此问题，定义为“以复杂度最小的系统架构实现飞机能力最优化，获得能源（机上和地面设备）利用最大化的飞机”[1]。因此，未来飞机优化设计会将能效作为系统级性能评价标准，用最简化物理架构实现优化性能。

当前系统综合的一个关注点是探索独立子系统的双重工作模式潜力。20 年前，Woodhouse[3] 提出将 APU 发展为 SPU（第二动力源）以实现整个飞行剖面的能量管理（包含 ECS）。他进一步设想：如果使用 SPU 专门为 ECS 提供气源，不仅可优化 ECS，还可以提升发动机性能、降低重量和花费。针对这些变化，进气道设计需要考虑飞行状态下高速冲压空气的压力恢复。

2 重构空气循环机为发电循环

现代军用飞机热管理系统（TMS）一般包括为电子设备、座舱和其他热载荷提供冷却空气 / 液体的空气循环制冷系统。在空气循环机（ACM）轴上机械耦合发电机可实现发电功能。本文的目的是研究闭式热管理系统（TMS）空气循环机工作在开式发电循环下的发电能力。海平面静止状态比飞行状态的功率提取需求大，因此海平面静止状态决定了发电循环的能力。本文对某些设定飞机高度和飞行马赫数下的飞行状态性能与海平面静止状态性能进行了对比分析。

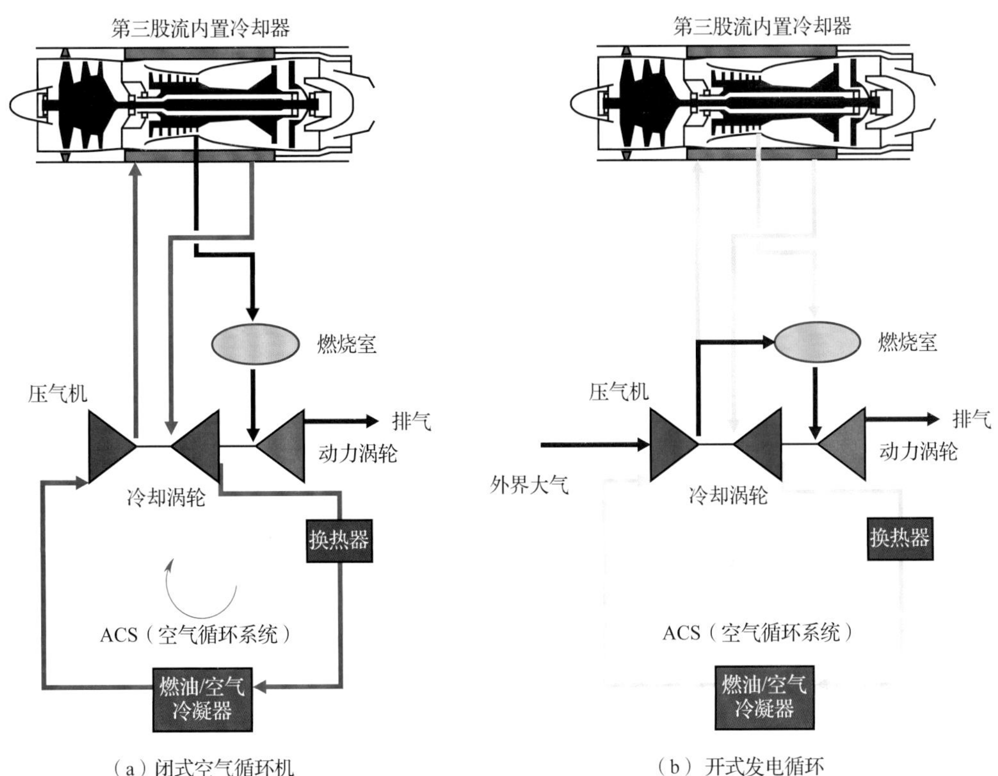

图 1 空气循环机闭式架构和开式气体发生器构型转换原理

重构闭式热管理系统空气循环机使其工作在开式发电循环的功能与辅助动力装置（APU）功能相似。在这个架构下，外界空气旁通制冷涡轮直接进入压气机，然后与经专用燃烧室燃烧后的燃气混合后供往动力涡轮，在动力涡轮中膨胀做功。图 1 给出了在冷却和发电架构下的气体流向。

2.1 分析

通过采用动力系统数字仿真技术建立的开环涡喷循环数学模型对重构空气循环机（ACM）的功率提取能力进行了定量分析。图 2 是先进动力系统数字仿真（NPSS）模型原理图。

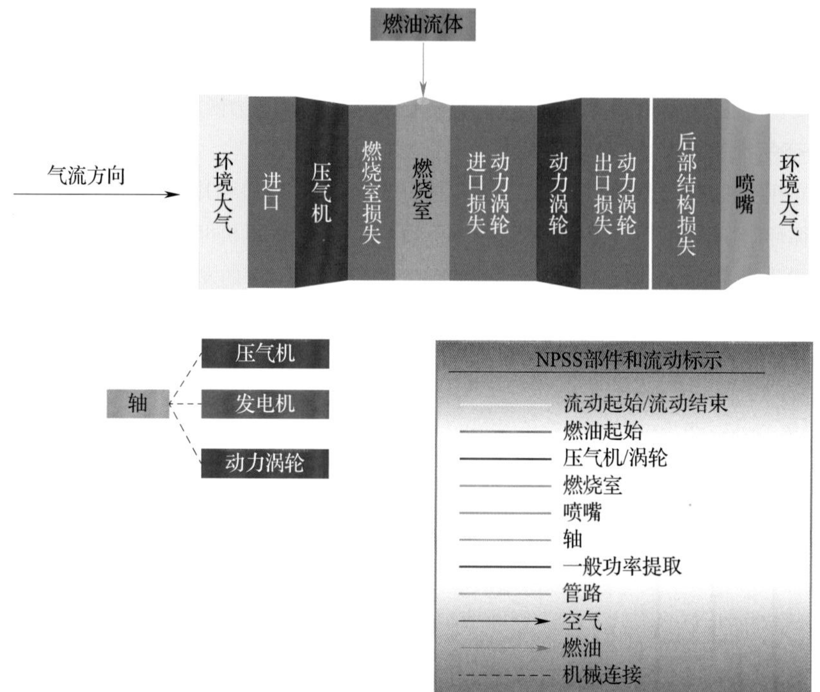

图 2　开式循环空气循环机架构对应的 NPSS 模型原理
（图中给出了部件、流动和机械连接的标示）

在本文的建模分析中，进气口、管路、压气机、燃烧室、涡轮和喷嘴部件采用的是标准模型库中的模型，其中，进气口和管路模型用来模拟部件的总压损失。压气机、动力涡轮和发电机通过机械轴耦合在一起，用通用外部负载模拟发电机用于轴功率提取仿真。

空气循环机（ACM）工作在发电模式下要求每个部件均可在所有飞行条件和海平面静止状态的非设计工况下正常工作。NPSS 模型通过运行之前设定冷却设计的几何模型来适应空气动力学、机械损失、涡轮机械效率和部件流通能力的变化。

运行 NPSS 模型需要设置以下边界条件：

- 外界环境条件；
- 飞行高度；
- 飞行马赫数（*Ma*）；
- 与标准天的温差；

- 动力涡轮进口温度；
- 希望得到的提取轴功率。

模型设置的最后一步是设置确保 NPSS 求解迭代至收敛对应的关联 / 独立条件。需要以下假设用于非设计工况分析：

- 压气机 / 动力涡轮 / 喷嘴：连续质量流量；
- 燃烧室：最大可允许动力涡轮进口温度；
- 轴：压气机功率、动力涡轮功率和发电机提供功率之间平衡。

3 结果及分析

分析结果显示开环工作模式海平面静止状态性能低于预期，仅为发电能力要求的 37%。空气循环系统压气机和动力涡轮性能偏离是导致轴功率提取能力下降的主要因素。相比空气循环系统制冷设计点，压气机效率下降了 21.2%，对应的校正速度提高了 5%；动力涡轮效率增加了 1% 同时质量流量降低了 54%、功率提取下降了 58%。在开环工作模式下，动力涡轮功率提取能力下降主要是由于空气循环系统中压气机流通能力和环境条件的限制。

飞行状态的分析结果显示见图 3、图 4、图 5 和图 6，其中，质量流量的计算结果见图 3，压气机和动力涡轮效率的计算结果见图 4、图 5，提取功率与海平面静止状态结果对比见图 6。表 1 是用于分析的飞行条件。另外，进口总压恢复系数按 50% 和 100%。

从图 3 中可以看出：系统的质量流量随高度增加而减少，随飞行马赫数增加和进气总压恢复系数增加而增加。飞行高度对质量流量的影响最大，主要原因是外界环境压力随飞行高度变化明显。

从图 4 和图 5 中可以看出：飞行高度对压气机效率和动力涡轮效率的影响是相反的，压气机效率随飞机高度增加而增加，动力涡轮效率随飞机高度增加而降低。分析结果显示动力涡轮效率在高飞行马赫数下通常是较低的。总压恢复系数对动力涡轮效率影响很大，动力涡轮效率随总压恢复系数增加而降低。另一方面，总压恢复系数对压气机效率影响较小。

从图 6 可以看出：功率提取能力随飞行高度增加而降低，预计功率提取能力最大值出现在最大总压恢复系数和最大马赫数状态。

表 1 计算工况

参数	飞行高度		马赫数	
	（ft）	（m）		
进口总压恢复系数 =50%	15000	4572	0.6	0.85
	20000	6096	0.6	0.85
	25000	7620	0.6	0.85
	30000	9144	0.6	0.85
进口总压恢复系数 =100%	15000	4572	0.6	0.85
	20000	6096	0.6	0.85
	25000	7620	0.6	0.85
	30000	9144	0.6	0.85

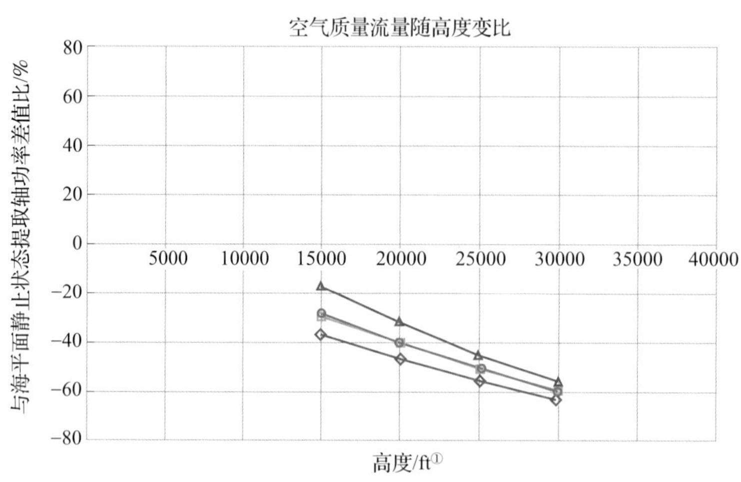

图3 固定功率提取下空气质量流量与飞行高度和马赫数关系

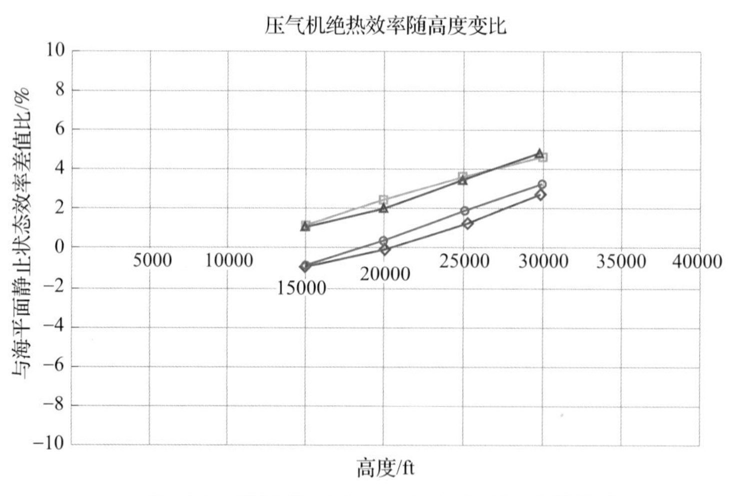

图4 压气机绝热效率与飞行高度和马赫数关系

① 1ft（英尺）≈ 0.3048m。——编辑注

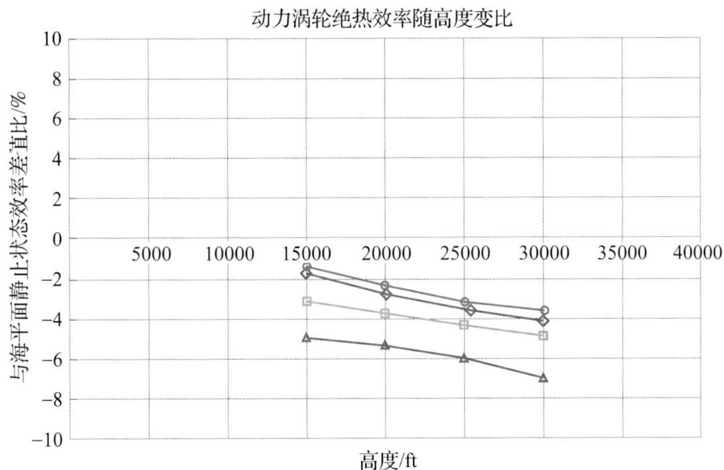

图5　动力涡轮绝热效率与飞行高度和马赫数关系

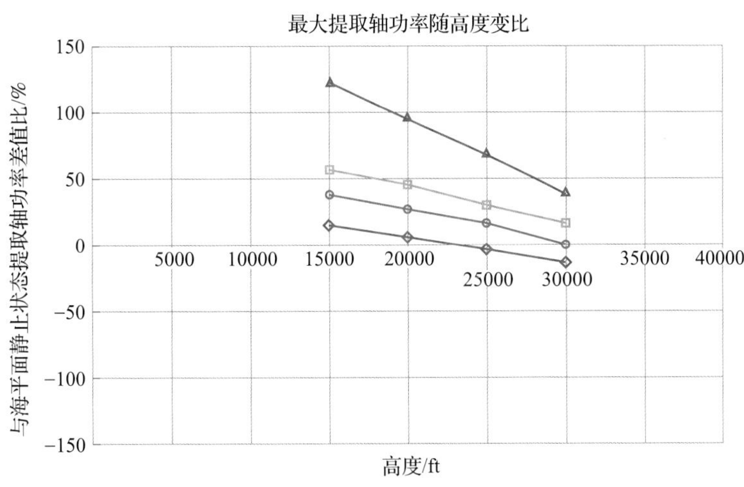

图6　最大提取轴功率与飞行高度和马赫数关系

分析结果显示重构空气循环机（ACM）系统功率提取能力不足的主要原因是动力涡轮工作在非设计状态下。这是由于压气机和动力涡轮设计时选择闭式循环制冷模式下的最优性能作为设计点导致的。除了对动力涡轮进行重新设计外，我们还研究了使用变几何定子技术用于提高动力涡轮性能。已知变几何定子技术已成功应用于双轴 APU 的低压涡轮设计中以保证发电机的高压线速度[3]。变几何定子技术经常应用于汽车涡轮增压器中，用于提高非设计状态下的性能。

初步研究了海平面静止状态下可变定子对空气循环机（ACM）性能的影响。在 NPSS 仿真中通过改变动力涡轮性能曲线图中的流量函数标量以增大或减小喉道面积方式对可变定子进行建模。图 7 给出了降低喉道面积对应的提取功率增加百分比预计。通过降低喉道面积可预测功率提取提升水平，动力涡轮定子喉道面积降低 25% 对应的功率提取能力最高增加 78.5%。

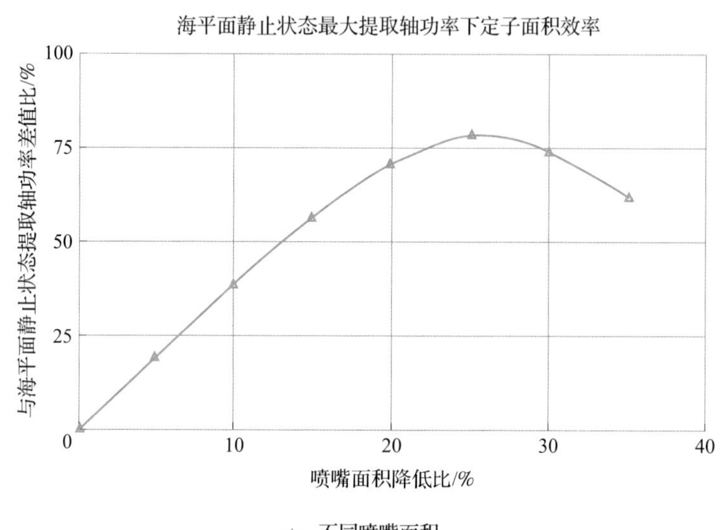

图 7　不同喷嘴面积对海平面静止状态空气循环机功率提取的提升情况

4　结论

本文提出了一种重构典型闭式空气循环形成开式循环气体发生器用于现代战斗机的辅助发电。在 NPSS 中建立了热力学循环模型用于定量分析功率提取能力受飞行高度和飞行马赫数的影响。结果表明当前设备仅能部分支持海平面静止状态下的发电需求，正在研究涡轮喷嘴面积可变技术用于提高功率提取，初步研究表明海平面静止状态下功率提取能力最大可提升 78%。将来主要对可变定子动力涡轮在超设计包线下性能进行详细研究，一个可替代方案是将发电作为系统设计点的同时评估系统制冷性能。

参考文献

[1] Walters, E.A., Iden, S., McCarthy, K., Amrhein, M. et al., “INVENT Modeling, Simulation, Analysis and Optimization,” AIAA Paper 2010–287.

[2] Parrilla, J., “Hybrid Environmental Control System Integrated Modeling Trade Study Analysis for Commercial Aviation,” Ph.D. thesis, Aerospace Engineering Department, University of Cincinnati, Cincinnati, 2013.

[3] Woodhouse, G., “Auxiliary Power Unit Evolution –Meeting Tomorrow’s Challenges,” SAE Technical Paper 932541, 1993, doi: 10.4271/932541.

[4] SAE International Aerospace Information Report, “Auxiliary Power System Considerations for Advanced Military Aircraft,” SAE Standard AIR1603, Rev. June 1993.

3 对分布式智能控制、能量、热管理以及诊断预测系统进行综合的挑战和机遇

阿利雷萨·R. 贝赫巴哈尼[1]，亚历克斯·冯·莫尔[1]，罗伯特·泽勒[2]，詹姆斯·奥德[2]

1. 美国空军研究实验室，2. 罗尔斯－罗伊斯公司

引用：Behbahani A.，Von Moll A.，Zeller R.，and Ordo J.，"Aircraft Integration Challenges and Opportunities for Distributed Intelligent Control，Power，Thermal Management，Diagnostic and Prognostic Systems，" SAE Technical Paper 2014-01-2161，2014，doi：10.4271/2014-01-2161.

摘要

现代推进系统设计者面临着要求飞机和发动机制造商提高性能的同时降低生命周期成本（LCC）的挑战，基于此需要一个更高效、更可靠、更先进的推进系统。围绕发动机主动控制和飞机最佳运行提出了智能部件的概念，在整个飞行过程中满足环境要求的前提下，使用智能部件可以提高效率和系统安全性。另外，还需要进行部件级和系统级的综合优化以降低成本。利用建模和仿真理解各子系统间的交互关系，建模从单个子系统模型开始最终形成完整的系统模型，采取分层、分散控制支持子系统综合和模块化以降低成本和风险。上述过程包括了对动力、能源和热管理系统能力进行综合的关键需求的定义、开发和验证。

1 引言

使用故障预测与健康管理（PHM）技术可对飞机态势进行持续感知，从而使飞机综合控制成为可能，通过飞行中的自诊断和自校正可提高飞机的安全性和可靠性。自适应涡轮发动机技术的发展提供了优化燃油效率和提高发动机性能的能力。为了更有效地控制发动机，需要智能化、分布式、优化的控制和故障预测与健康管理（PHM）。推进系统的优化控制包括发动机、能源和热管理系统，与飞控和健康管理系统综合，以及适应任务和设备健康状态的自适应控制。

将推进控制系统和飞控系统进行综合可显著提高飞机性能。当发动机、能源和热管理子系统没有综合时，每个子系统必须能够在与其他子系统的最坏情况组合下运行，从而需要较大的运行余度[1]。本文论述了综合对解决热管理问题的贡献度。为了最大限度地提高飞机的性能和效率，每个子系统须以精确和实时的方式与其他子系统协同工作，如图 1 所示。

当前做法是在发动机附近或发动机上设置全权限数字式发动机控制器（FADEC）。对发动机制造商而言，需要在交付之前完成全部测试，涵盖发动机相关设备对应的测试项目。此时，发动机及其控

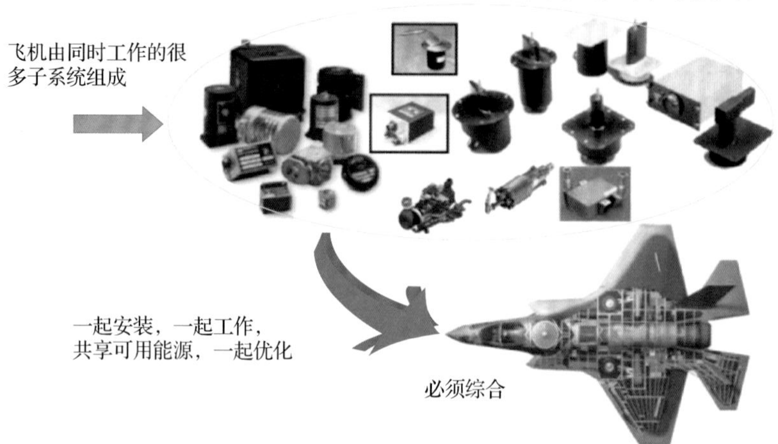

图1　对复杂系统进行综合以完成预期任务

制系统的任何故障均为发动机供应商责任。对于新的分散式 FADEC 部件，需要在自适应发动机（可提高燃油消耗率）上进行改进，仍然需要一个主控制器用于之前部分分布式系统的智能组件控制，将一些更高层级的控制功能放在发动机外的处理单元中并与飞行控制、任务航电处理单元（如有）进行综合。在主控制器和发动机总线终端之间设置通信总线，基于不显著降低生存性原则进行总线的布线和冗余设计。虽然集成在发动机上的方案可简化涉及发动机设计、集成、测试和操作等方面的合同内容，但并不能降低生命周期成本（LCC）。鉴于发动机设计和制造过程的复杂性，二次采购的成本可能高得令人望而却步。长远来看，为安装在发动机外（off-engine）方案研发的发动机分布式控制系统可大幅降低成本，安装在发动机外（off-engine）概念具有提高飞机 / 发动机制造商控制技术的同时具备使设计标准化的潜力。目前正在开展未来可提高飞机安全性、性能、效率和乘员舒适性的一系列技术研究，包括电子器件小型化、智能化传感器、提高高温电动执行机构的能力、提高处理能力、增强发动机和飞控技术之间的综合等。本文主要研究通过软件和算法创新、分层分布式控制实现能力提升，关注不依赖硬件重大改进（如处理器、传感器和执行部件等耐高温器件）可实现能力提升的方法。可通过改进控制系统，使用故障预测和诊断技术部分实现提高飞机基本能力（包括航程、有效载荷、速度和工作成本）的目的。当前及未来飞机以及任务需求对发动机控制提出更多要求。

因此，发动机控制系统必须根据多个工作参数，通过交互过程管理多个效应器。随着现代推进控制系统与热管理系统（TMS）、供电、PHM 和飞控的综合程度越来越高，使得系统间的界限越来越不明显。未来推进系统（自适应发动机）的分布式控制使得推进控制与飞控、其他子系统更紧密综合成为可能，其中，其他子系统包括反推力装置、几何可变的进气口和排气口、压力和环境控制、供电、液压、热管理等。分布式控制系统解决了集中控制架构的限制和控制管理复杂的问题。传统控制系统联合设计方法存在很难定义，集成、验证和维护成本很高的缺点。使用分层和自适应控制可实现子系统独立控制和综合控制的无缝转换，其中，通过对设备和软件在分层树中有机管理实现分层控制。

2 飞机系统管理和综合面临的挑战

2.1 电能挑战

下一代飞机仍然需要大量的电能驱动飞机系统和武器装备，定向能和高功率通信组件的应用使得用电需求进一步急剧增加。对未来系统进行优化需要了解全机用电需求（如整个任务剖面下的最大功率输出和用电负载变化）。未来能源系统架构已证明在飞机层级对传统空气能、推进能、电能、热能进行综合可优化系统性能。研究结果[2]表明未来飞机设计需要可重构/自适应系统以提升整机效能（航程），减少设备数量（尺寸和重量），提升飞机可靠性。由于用电负载用电量大且呈动态变化特点，因此正在开发一种新型电能储存子系统以降低对供电系统稳定性的动态影响。这些新系统的物理综合使得功率密度增加，同时也增加了控制复杂度（见图2）。

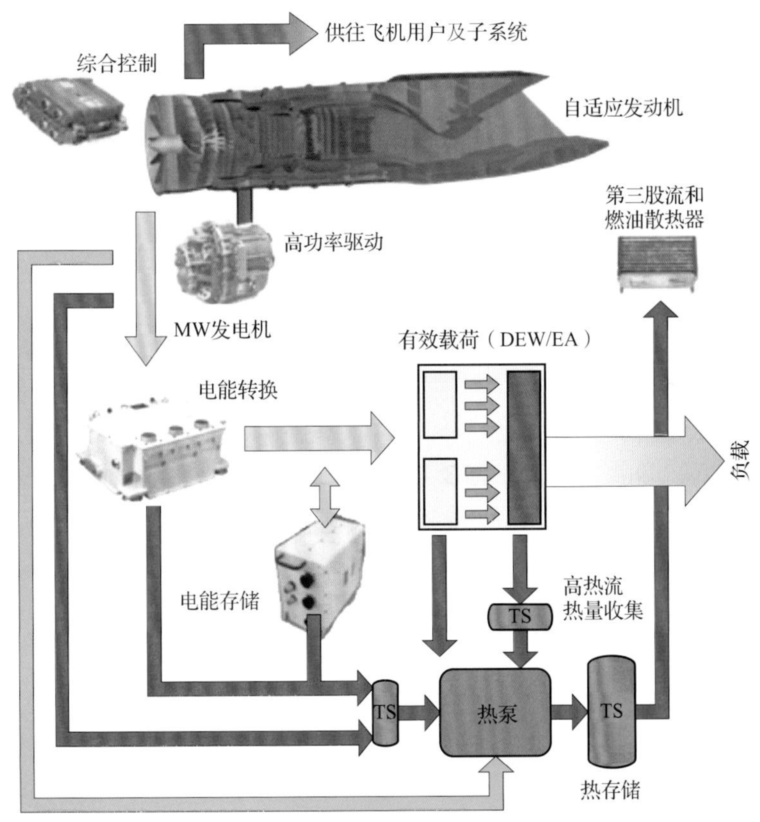

图2 电源挑战[3]

2.2 热管理挑战

在新飞机开发过程中，空军及其承包商对系统级热管理的关注度不够。随着热载荷的增加及可用热沉的减少，热管理面临的挑战越来越大（见图3）。专用热管理方案已导致了F-22和F-35B等战斗平台的使用限制。热管理问题如果处理不当，将会限制未来远程打击、定向能武器、情报、监视和侦察系统使用。

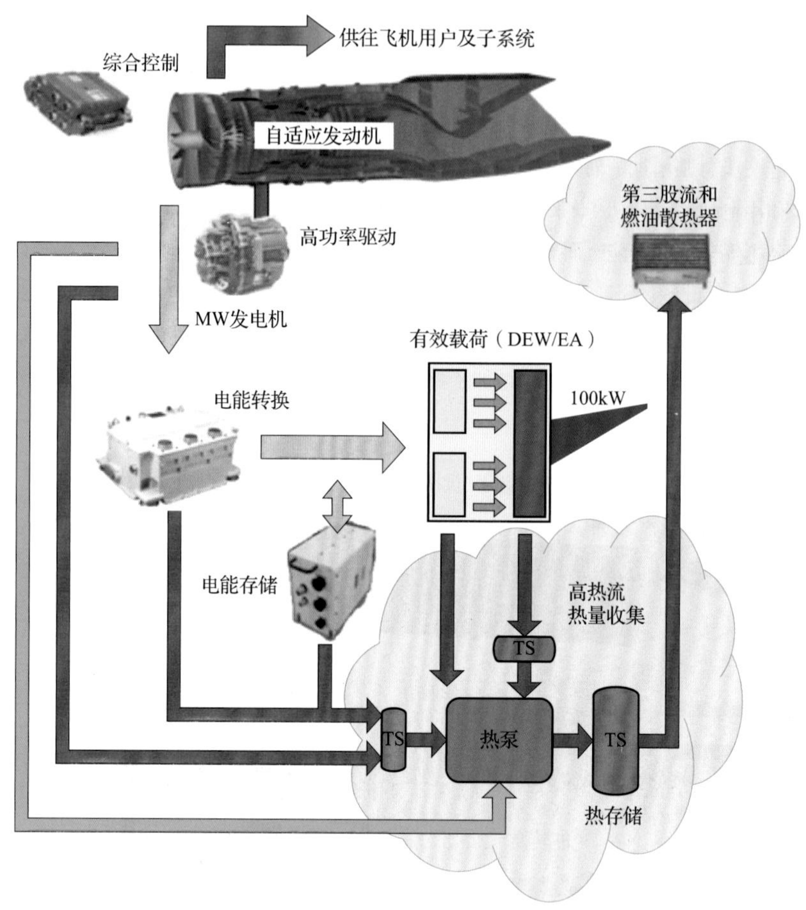

图3 热管理挑战[3]

2.3 发动机控制和PHM挑战

未来涡轮发动机控制的挑战是：

①可用于涡轮发动机的耐高温传感器技术；

②需要更高性能的高精度控制；

③用于损伤容限诊断、稳定性管理和重构的具体技术。

主要包含叶尖间隙控制、主动燃烧控制、数据融合、涡轮发动机与飞控综合、涡轮发动机控制的高频分析技术。这些技术有助于延长发动机寿命，提高发动机可靠性和维修性的同时降低生命周期成本（LCC）。这些技术路线均是通过降低发动机磨损达到提高寿命的目的。

分布式发动机控制工作组（DECWG）确定分布式发动机控制的技术挑战如下[4]：

①从FADEC到发动机系统的通信路径挑战——通信路径带宽需求及发动机环境对通信的影响情况。

②传感器和执行部件的供电分配挑战——之前由FADEC供电——发动机环境对供电的影响情况。

③系统可控性挑战——从FADEC到分系统的功能分配——网络延迟、软件分区对系统的影响情况等。

④系统模块化挑战——系统工程、综合、验证和确认过程变化。

从用户角度考虑还存在其他挑战，包括性能、可靠性和日益增长的成本需求。基于设计角度的主要挑战是分布式智能发动机的发展使得燃气涡轮发动机内部和周围的工作环境越发恶劣，DECWG正在解决这个问题。

2.4 综合挑战

推进系统与飞机综合对推进系统发展提出了独特挑战。由于部件和子部件设计是相互独立的，综合面临的主要问题是飞机部件和发动机制造商之间的主要接口界面划分[5]。需要采用高质量设计工具和标准化流程、标准化数字总线通信接口、分层软件和开放式系统架构解决这些问题。未来，先进设计分析的挑战在于如何使用先进技术进行定量分析。

经济可承受多用途先进涡轮发动机（VAATE）计划是DoD/NASA/DOE/工业界联合开发的革新性技术，此技术为2000年以来的最先进技术，计划到2017年涡轮推进经济可承受能力有一个数量级的提升。VAATE计划专注于全推进系统能力，通过多用途先进技术的开发、演示和转换，使经济可承受能力得到革命性提升。飞机制造商在美国空军研究实验室（AFRL）任务能力领域一直积极研究未来关键推进系统技术的开发和综合。该计划的总体目标是为VAATE Ⅲ及以上技术的涡轮发动机开发和综合建立清晰、可更新、可追溯的需求。此目标的实现依赖于飞机制造商和相关研究合作伙伴的发动机专业知识、VAATE关键能力领域的可视系统。

飞机与推进系统综合的挑战在于新技术、新流程决定了在设计程序上应用创新方法解决成本、重量和尺寸方面的挑战。分为控制技术、PHM技术、进气技术、排气技术、发动机循环综合技术和IPTMS技术六大类，并为其确定了技术成熟度等级（TRL）、风险项和优先级，重点关注飞机与推进系统综合技术，不关注独立技术（如空气冷却技术、涡轮叶片材料等）。当然，控制技术是涵盖综合各方面的技术，包含满足推进系统性能、可操作性、系统需求符合性的挑战。推进系统与飞控系统综合见图4。

需要空气动力学相关的关键技术用于释放发动机安装前的风险，其中，控制技术、瞬态分析技术、高精度分析工具、主要CFD仿真技术、数据管理和架构配置控制技术必不可少。

3 全机实时综合、优化和控制

采取自适应控制的控制系统可以规避部件、系统、子系统、发动机状态、发动机 / 飞机状态变化、部件老化带来的参数变化影响。另外，可以采取以下技术对飞机性能进行优化：

- 手动或自动调整控制常数；
- 改变传统控制算法的进程；
- 通过测量飞机、发动机和部件特性参数获取飞机实时综合状态；
- 在基于模型的控制中使用可移植模型。

图5显示了控制系统在下一代武器系统动力、电源和热管理系统综合中的重要性。发动机电子控制是提升推进控制系统、发动机可操作性、与其他系统有效综合的关键特征。无论是单一部件的设计或选择，还是飞机系统的全面综合，我们都需要关注开发和应用先进的电源、转换、分配、热管理和推进控制技术。对控制系统、热管理系统和能源系统进行系统级综合有助于提升飞机系统功能和效率。该系统必须考虑可操作性、控制、功率提取、热载荷、用电负载、飞行影响和任务影响。在此架构下，控制系统作为黏结剂将子系统和部件紧密结合在一起，控制各系统有效协同工作。过去对这一架构的实时控制关注不够，很多部件和子系统控制率设定为飞行状态优先。为了最大化全机综合收益，调整供电、热管理和推进子系统综合部分以响应实时状态和测量参数变化情况非常必要。

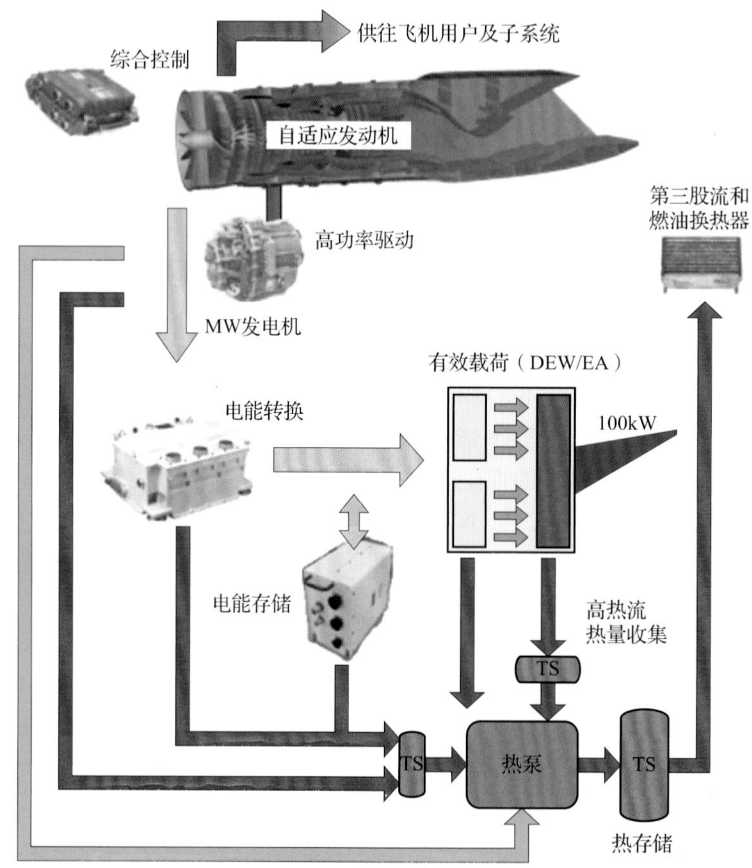

图4 推进系统和飞控系统综合[3]

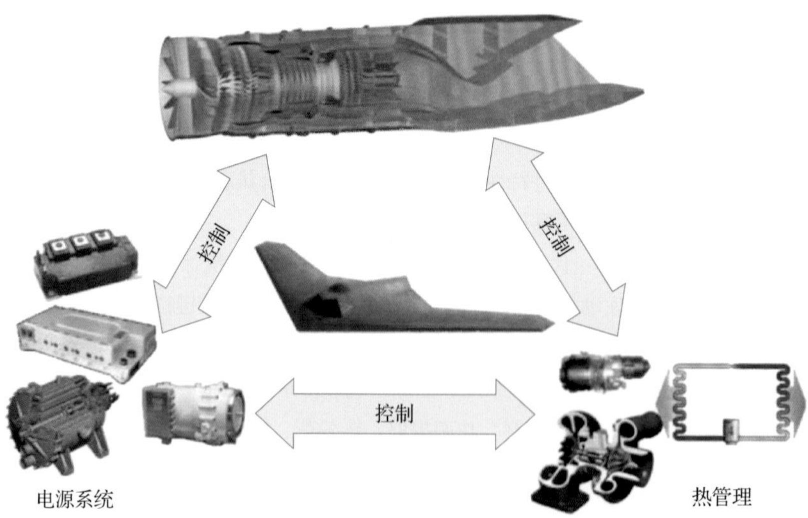

图5 下一代动力、电源和热管理综合的控制互联能力

3.1 分层和结构

就像功能有分层，这些系统也存在一种垂直的，或层次分明的分层情况（见图 6）。以最底层的单个智能传感器为例，该传感器可能包括一个传感器元件、A/D 转换电子器件、通过数据总线进行通信的接口。从控制系统角度看，该传感器可提供某些物理量（温度、压力、振动等）的测量值。从供电角度看，该传感器消耗一定电能并连接到供电网络中。从 PHM 角度看，该传感器可能内置了一个可持续监测并报告自身健康状态的处理器。最后，从热管理角度看，该传感器电子器件可能需要燃油冷却并将热量传递到燃油冷却循环中。每个视角对定义智能传感器并将其整合到整个飞机系统中都很重要。几乎每个部件都是控制、PHM、供电和热管理交织在一起，无法仅针对某一方面进行独立优化，特别对现代军用战斗机这种瞬态负载较大的情况更是如此。由于部件在峰值状态下工作时间长，部件衰退、温度和压力迅速变化，再加上大过载影响，使得针对特定状态进行优化的系统大部分时间工作在非最佳状态。这样可能会导致热载荷、用电量均比预期大，系统部分失效，此时控制系统需要进入修复工作模式。如果控制系统不能实时调整和优化部件协作工作，飞机的效率和性能将会受到影响。

3.2 分层自适应控制

分层控制架构使子系统之间的协作监视能够处理像飞机系统那样的非线性复杂动态系统。分层方式提高了可移植性和分发能力，并使软件、功能、需求保持一致。飞机和发动机之间、热管理和能量管理之间的动态综合、优化和管理，以及非线性交互对当前机载计算处理平台的实时处理都过于复杂。建议将综合连续变量和离散事件的分层控制架构应用于未来飞机综合控制系统中以增强任务能力。分层是将分布式控制进行分组进而组织成一种逻辑分层结构，协调每个节点的计算 / 控制活动以提高系统整体性能的方式。由于应用软件复杂度的增长大于现代发动机控制器计算能力的提升、进一步的优化综合增加了计算需求、未来智能变循环发动机控制带来了算法增长，因此需要增加传感器、执行部件和高频控制。对使用成熟元器件的涡喷发动机，可采取多个处理器或分布式协同处理架构满足显著增长的计算能力需求。这些架构的出现使得控制系统在满足必要的功能和稳定性鲁棒性需求上出现了新的挑战，分布式网络控制与分布式计算密切相关，分布式计算使得分布式网络控制成为未来飞机能力扩展的理想选择。

利用软件架构中的层次分解，通过数据总线将每个子元件连接起来。软件架构以树的形式表现，其中，内部智能节点表示协同工作元件、外部节点表示终止元件。分层架构展现出灵活性、可扩展性、易于建立需求映射、高效并行设计和模块可重用特点。开发分层控制系统需要对部件和子部件进行多方面综合，包括软件算法、驱动装置、测量数据处理代码、发动机控制算法、多种编程语言编写的飞行动力学数学模型。美国国家航空航天局（NASA）在自适应控制方面已达到最先进水平，可用于提升不利条件安全着陆的稳定性和可操作性[6]。控制系统适应被控系统和环境变化以保证系统安全性和性能的能力称为自适应性。图 7 说明了自适应控制系统如何结合鲁棒控制理论和智能控制概念的过程。

本文提出的分层自适应控制方案提高了飞行安全性[7-8]。FADEC 计算机接收来自飞行员和飞控系统的命令，输出驱动指令稳定飞行。分层自适应控制方案提供了用于飞机控制的安全 / 可靠机制，包括操纵质量、优化发动机性能和组织需求。驱动系统对发动机 / 飞机 / 飞行员 / 乘客至关重要，其中，发动机 / 飞机 / 飞行员 / 乘客是影响飞机安全的重要组成部分。

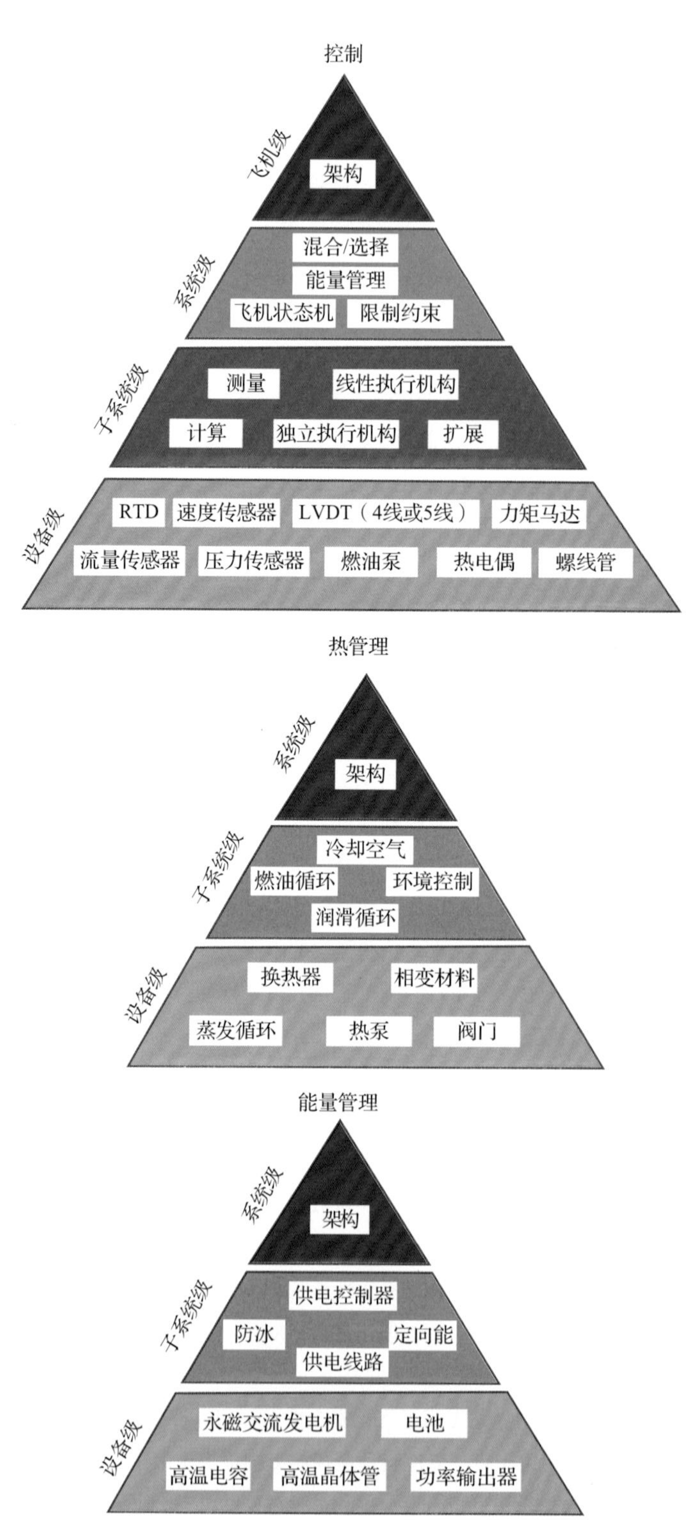

图6 飞机管理系统中的功能层次关系

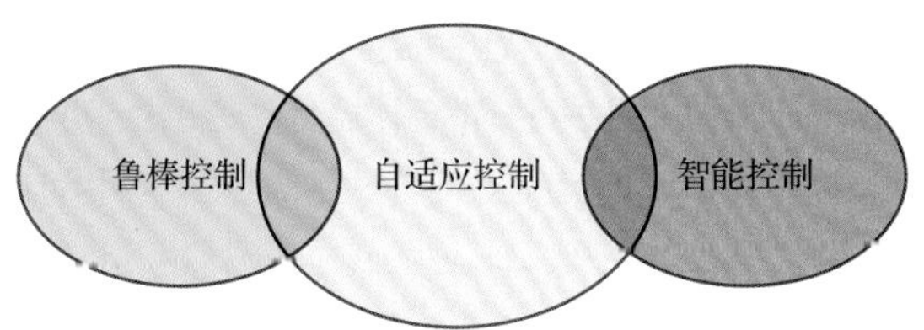

图7 自适应控制是最通用的（来自 NASA 2004[6]）

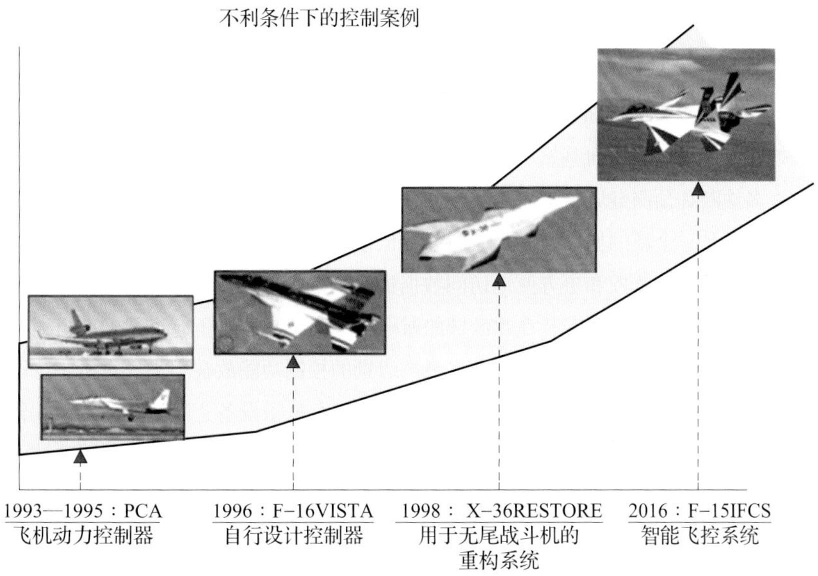

图8 自适应控制技术的发展

3.3 可重构容错控制系统的综合设计

涡轮发动机的主动控制需要液压、电磁或智能材料驱动的闭环控制。历史上，发动机使用液压驱动的执行机构，但趋势是使用更多的电机驱动执行机构。目前正在开发新的控制技术替代液压驱动系统同时满足变循环发动机部件驱动需求和飞机发动机其他控制需求。驱动系统控制需要在 FADEC 和飞行控制可用情况下工作以避免可能的故障。智能驱动机构是综合了监视、控制、健康状态监测和电子器件的设备，可取消液压管路及其支架。智能 EMA 需要耐受振动和高温环境且能快速响应，在关闭 / 打开 / 锁定在上电位 / 系统故障情况下具有故障保护能力。执行机构特别适合改为含故障保护的阀门位置控制和驱动。功能齐全的智能 EMA 可取消液压驱动，减少接口布线。执行机构自身具有故障检测能力，可极大地提高维修操作中的诊断能力和修理间隔，提高可靠性。合理使用光纤总线数据接口，可增强抗电磁辐射（包括电磁武器）能力。

3.4 分布式分散控制架构

分布式控制利用了集中控制的预期性能优势，同时保留了分散控制的可扩展、灵活自定义、易于实现和鲁棒性特点[9]。将用于传感器、执行器和控制器通信的网络看作数据总线，将配备了管理元件的数据转换中心看作数据总线终端。通信信道的特征为采用著名的通信理论工具、合理的信号结构和接收子系统。分散化具有提高生存力、代码冗余、更有效地使用计算资源的优点。

该架构通过对每个子系统的特定节点进行分散鲁棒控制实现更快、更精确的响应。分散鲁棒控制器能够在系统发生较大故障和扰动时快速恢复。分布式系统的分层架构可以优化系统性能。

3.5 区域自主

飞机控制和管理系统中的分散和分层概念为将控制权下放到飞机和推进系统的局部区域提供了机会。这些区域控制器有一定自主权能平衡调整工作条件、负载、数据流和控制指令。这种架构有助于平衡飞机系统不同层级的需求。比如数据刷新率、控制系统响应时间、物理系统响应时间都可以由某一系统或子系统的控制器来确定和处理。图 9 中给出了该架构最高层级的图形描述。

未来将会在彻底综合的飞机管理系统、数据存储形式和处理实体之间建立联系。如图 9 所示，数据存储和处理实体可以是地面基站、卫星或任何可提供云计算的机外计算资源。在这些远程计算资源中可对许多诊断和预测健康管理功能实施管理。使用飞机和发动机数据进行趋势研究、数据挖掘和机器学习并不是一个新的概念，但是之前非常依赖于只能由维护人员在飞行后恢复的有限数据集。实时数据链为更好地监控和更方便地访问数据提供了很多便利，解决了事故数据丢失问题。区域 1 主要由中央计算机 A 和 B、安装在此区域的航电子系统组成，对于有人驾驶飞机还包括用于环控子系统座舱显示、控制、输出的电子设备。最高级别的控制功能放在中央计算机中。区域 1 还负责建立飞机和区域 0 的数据链接，因此还应包含通信 / 收发电子设备。区域 2 ~ 区域 6 分别位于机身、机翼和尾翼区域，每个区域至少有一个数据集中器或局部控制器用于收集所属区域内的传感器和执行机构信号。这个设备通常包含通信协议、信号调理、计算资源、控制律和容错逻辑，与贯穿全机的主路相连接。贯穿全机的主路将所有区域数据传送到区域 1 中参与更高层级控制。在下一节中，将更详细地讨论包含推进系统的区域 7。

总之，分区控制架构应用于先进飞机可降低单位燃油消耗率（SFC）、维护成本，提高结构寿命、安全性和容错能力。这种控制架构实现预期收益的关键在于对发动机 / 飞机控制、热管理、飞机状态和飞行模式进行综合。通过研究先进优化方式、知识积累和 PHM 技术对发动机 / 飞机控制的进一步综合可降低单位燃油消耗率。与单点有线控制架构相比，分布式架构可通过对弹性通信、定制响应时间和可控性等进行适当降级以提高安全性。区域自主功能还可以改进容错、损伤容限和维修性。和目前单点控制系统相比，禁用控制、路由控制和重定向控制能力显著增强。

3.6 分布式分散网络架构

图 9 所示的网络架构可认为是星形拓扑和总线拓扑的结合。主路代表网络的总线部分，数据集中器代表星状网络的中心。如图所示，这种架构是不是最好的设计或者最终实现结果如何都不是重要的，重要的是控制和电子设备的拓扑设计会极大地影响系统重量、可靠性、冗余和维修性[10]。因此，基于这些方面对拓扑类型进行分析很重要。在参考文献［10］中，对分布式发动机控制器的网络拓扑结构进行了讨论。严格地说，讨论结果同样适用于发动机控制部件，比如阀门、泵、执行器和传感器等，其中，传感器可以具有 A/D 转换和信号处理等扩展功能[10]。当然，该讨论也与本文关于分布式飞机控制、电源和热管理系统的讨论有关。表 1 对用于发动机控制的环形、星形、总线和树形拓扑形式的定性分析结果进行了总结。

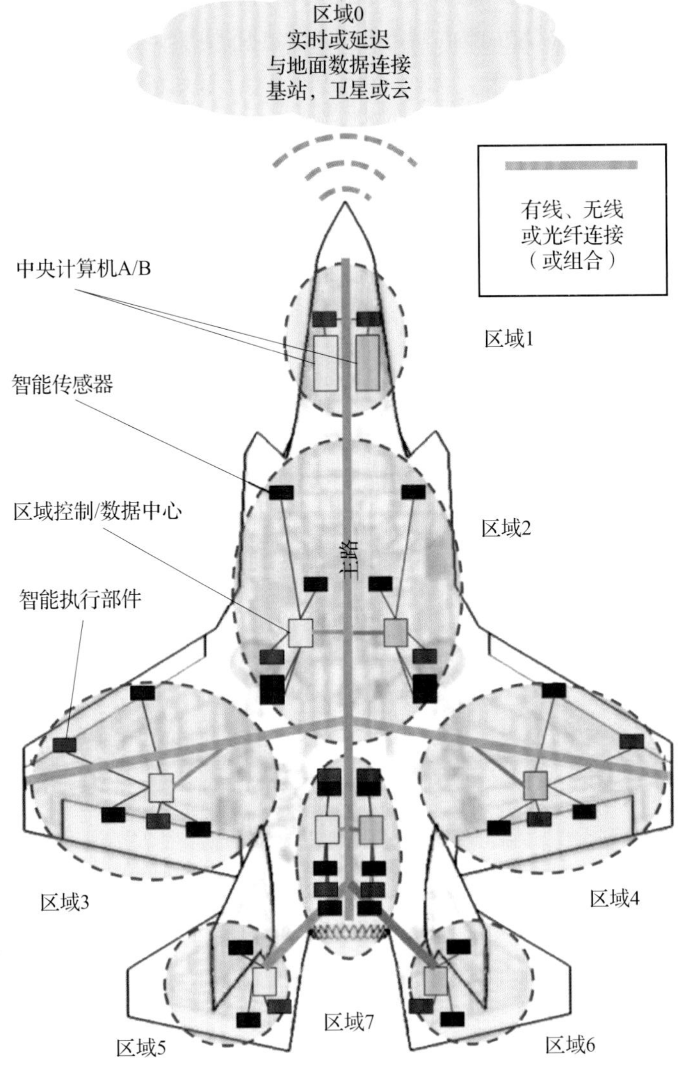

图9 基于区域自主的分布式分散控制架构

表1 分布式发动机控制[10]的定性拓扑分析

	环形	星形	总线	树形
重量				
可靠性				
维修性				
发送消息长度				
注：绿色代表潜在收益，红色代表潜在风险，黄色代表中间状态。				

为了更好地理解这些拓扑形式在发动机上的应用，图 10 给出了示例。图中显示了环形、星形和总线物理拓扑中数据集中器布置在侧面，集中架构没有数据集中器。其中，红色、橙色、绿色块分别代表传感器、执行器和数据集中器。每个元件用黑线连接，黑线粗细代表电缆内导线数量。每个架构的优化目标都是最小化总线缆长度[10]。

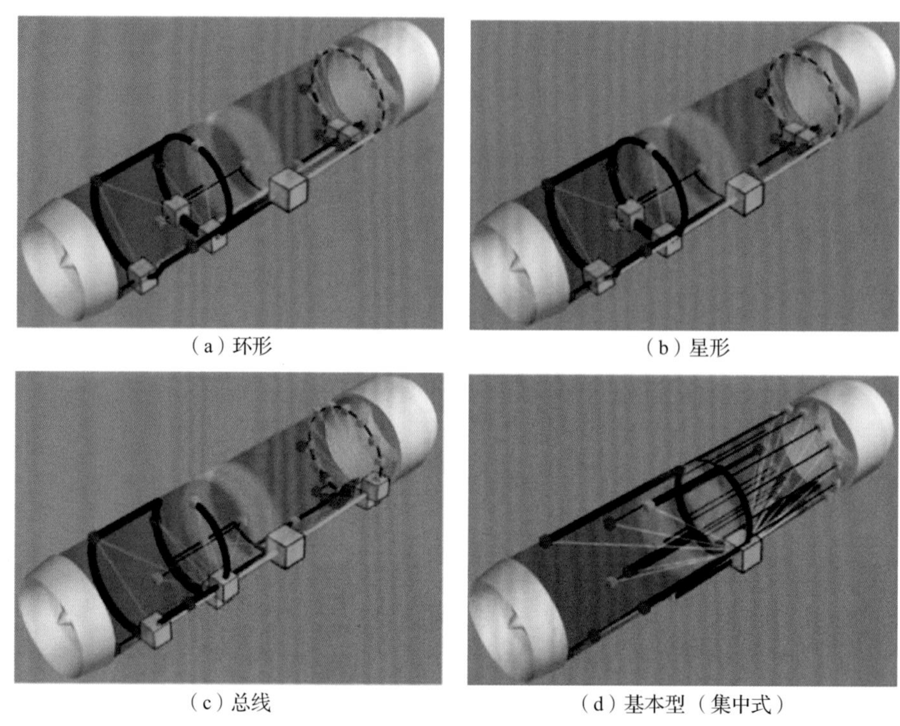

（a）环形　（b）星形

（c）总线　（d）基本型（集中式）

图 10　有 5 个数据集中器的分布式发动机控制架构（a）~（c）与基本架构（d）[10]

根据表 1 中的定性分析结果和基于图 10 的定量分析结果（本文未示），无法确定是否存在一个最佳基本网络拓扑形式。更为可能的是，分布式飞机管理网络将会是如图 9 所示的综合多种拓扑形式的混合架构。

3.7　分布式控制的应用

分布式控制可以将智能器件嵌入子系统 / 部件硬件中或与其紧密耦合，实现监视硬件性能和通信条件的能力，这些控制方法的应用支撑了基于系统优化的环境。在未来控制系统中使用这些方法，除了可以更好地了解机载设备的健康状态外，还可以优化性能。由此，系统应根据硬件内部变化或影响系统性能的其他子系统条件变化进行调整。通过使用智能子系统获取的分布式智能能力是：为系统提供实时反馈能力，考虑系统部分降级的重构能力。

以有电动执行机构故障的飞控系统作为体现这种能力的简单示例。智能执行机构传达降级执行部件（可自诊断）的状态，飞行执行系统依此调整其他执行机构状态补偿硬件失效或降级带来的影响。不需要操作人员或地面干预就可以完成系统的实时容错重构。分布式智能部件和先进 EHM 控制算法相结合，可用于感知硬件故障前性能的细微变化，用于故障预测以便在影响飞机性能之前进行维护。

未来，智能子系统监测部件退化能力与硬件实际使用环境（使用情况、温度、振动等）相结合，更好地理解性能降级的根本原因以研发更可靠的硬件。子系统供应商可依据这些知识提高可靠性，更好地理解影响性能和寿命的环境问题。

建议设备制造商（OEMS）、飞机制造商和支持行业合作对下一代飞机进行全机系统综合以实现控制、热能和能量优化。通过分布式控制、全机综合优化实现飞机效率和可靠性的最大化。提供了一个简单、可扩展、无缝安全的解决方案，提出的分布式控制架构带来的重大机遇要求航空工业进行变革以应对能量、热能和电能高度综合带来的一系列挑战。美国空军研究实验室（AFRL）的INVENT项目重点通过飞机系统工程和基于模型的设计解决飞机应用集成IPT（包括动力、电能和热管理功能）带来的技术挑战。这些由飞机制造商领导的团队，依靠发动机制造商进行了能量综合解决方案和架构的研究，其中，能量综合是变循环发动机、电源和热管理系统的综合。

未来项目将受益于建模和仿真标准，如美国空军研究实验室制订的建模需求和实施计划（MRIP）可实现飞机级任务高精度仿真。通过标准化通信协议和信息可支撑并加快未来系统的研发和应用。

3.8 验证 / 鉴定

上述新的架构和概念存在飞行安全性和可靠性的验证问题，但并非不可克服。实现系统优化对应的多个子系统和部件综合程度史无前例，因此验证机构需要新的方法和流程进行飞机安全性和可靠性验证工作。获取设备实时健康状态的关键是广泛的故障风险评估、创新的故障检测和调节策略。当前的验证方法强调独立、非综合系统的可靠性和适应故障能力，这些新型分布式综合架构需要新的方法和流程以确保安全、可靠运行。

4 推进系统的系统级优化

本文对推进系统优化提出了一种控制、能量和热管理综合策略。显然，首先应对综合设计的优化、优化过程和优化准则进行定义。此方法强调了任务剖面在区域分布式系统中的重要性，以及飞机发动机级和分系统级环境变量的重要性。分布式分层管理控制策略是基于最小化等效消耗策略对涡轮发动机、TMS、电源、武器系统和全系统进行优化。通过通信数据总线、分布式控制、智能节点、区域自治和分层控制，根据自适应优化算法（可识别制造、磨损和损坏导致的发动机部件性能变化）调整飞行中发动机工作状态。

必须对优化进行量化，以获得飞行中优化的性能收益。基于高性能参数的高精度要求对控制增益和模型参数进行更改，可以得到飞行中自适应优化对应的性能收益。对于实时和离线优化策略，有几种分析优化方法可以用于控制优化，如庞特里亚金最小值原理[11]、静态优化、动态规划（DP）、二次规划（QP）、模型预测控制（MPC）、线性规划和哈密顿 - 雅可比 - 贝尔曼方程。参考文献［12］将控制策略分为最优和次优，将全局优化方法（如DP）与底层优化执行代码结合以获得可靠的解决方案。还有起发控制、基于规则的能量管理控制和最小化等效消耗策略[13-14]。

5 结论

飞机系统和子系统综合后会极大地提升飞机工作裕度。此时推进系统仅提供推力，能源系统主要用于辅助动力，仅在工作剖面的极限区域需要热管理。对于可容忍故障和实时获取设备健康状态的综合系统来讲，为了确保安全工作，系统的可靠性和鲁棒性不可忽略。

未来，在追求更高的性能、更好的控制、更长的寿命、更低的成本和不受限制的使用中，对自适应发动机、控制、能量、热管理进行深度综合、诊断、预测至关重要。值得注意的是，在历史上，许多推进系统、设备制造商或系统集成商往往很少关注甚至不关注能量优化。对设备或系统的能量优化进行立法，可鼓励他们更多地考虑全寿命周期成本。从系统架构角度看，分层式架构可提升高层级控制功能与低层级组件之间、平级不同功能之间的控制与通信。

本文提出的分布式网络架构可实现不同类型的数据、功能的相互交联，此架构对平衡和调节工作条件、负载、数据流和控制命令进行区域自治。实现飞机管理与控制系统的真正综合，需要改进的软件和算法、新型的控制硬件（传感器、执行器、通信网络）、改进的电源和热管理部件。系统综合在允许降低裕度的同时可获得更大的推力，更高的安全性、燃油效率和可靠性。

致谢

感谢空军研究实验室的约翰·奈鲁斯、斯科特·伯恩斯、肯·塞姆加、阮英团对本文的贡献。本文中任何意见、发现、结论或建议均是本文作者观点，不是美国空军（USAF）或空军研究实验室的观点。

参考文献

[1] Stewart, J., Burcham, F. Jr., Gatlin, D., "Flight-Determined Benefits of Integrated Flight-Propulsion Control Systems," NASA Technical Memorandum 4393, 1992.

[2] Jacobs, A., "Reconfigurable Fault Tolerance for Space Systems," Dissertation, University of Florida, 2013, http: //ufdcimages.uflib.ufl.edu/UF/E0/04/53/37/00001/ JACOBS_A.pdf.

[3] Integrated Propulsion, Power and Thermal（INPPAT）for Next Generation Capability, August 2013, John Nairus, Chief Engineer, Power & Control Division, Aerospace Systems Directorate.

[4] NASA presentation contributed from DECWG. Distributed Engine Control, NASA Fundamental Aeronautics Program Subsonic Fixed Wing Project, 2009 Propulsion Controls and Diagnostics Workshop, December 8-10, 2009.

[5] Dalton, J., Behbahani, AR., et al., "Vision of an Integrated Modeling, Simulation, and Analysis Framework and Hardware-Test Environment for Propulsion, Thermal Management and Power," 43rd AIAA/ASME/SAE/ASEE Joint Propulsion Conference & Exhibit, AIAA 2007-5711, 2007.

[6] Aviation Safety Program Integrated Resilient Aircraft Control Project, 2007 Project Overview and Status, Totah Joseph, Principal Investigator, Krishnakumar Kalmanje Dr., Project Scientist, Viken Sally, Project Manager; http: //www.eng.morgan.edu/-cibac/events/Day1/9-IRAC%20Overview%20（Totah）.pdf.

[7] Idan, M., Johnson, M.D., and Calise, A.J., "A Hierarchical Approach to Adaptive Control for Improved Flight Safety", AIAA Journal of Guidance, Control and Dynamics, Vol.25, No.6, pp.1012-1020, 2002.

[8] Nguyen, N., and Jacklin, S., "Neural Net Adaptive Flight Control Stability, Verification and Validation Challenges, and Future Research", Workshop on "Applications of Neural Networks in High Assurance Systems," International Joint Conference on Neural Networks, 2007.

[9] Behbahani, A., Culley, D., Carpenter, S., Mailander, B. et al., "Status, Vision, and Challenges of

an Intelligent Distributed Engine Control Architecture," SAE Technical Paper 2007-01-3859, 2007, doi: 10.4271/2007-01-3859.

[10] Von Moll, A., Behbahani, AR., "Comparison of Communication Architectures and Network Topologies for Distributed Propulsion Controls," 59th International Instrumentation Symposium 2013.

[11] Yuan, Z., Teng, L., Fengchun, S., Peng, H., "Comparative Study of Dynamic Programming and Pontryagin' s Minimum Principle on Energy Management for a Parallel Hybrid Electric Vehicle," Energies 2013, 6, 2305-2318.

[12] Hofman, T., Steinbuch, M., van Druten, R.M., Serrarens, A.F.A., "Rule-based energy management strategies for hybrid vehicles," Int. J. Electr. Hybrid Veh.2007, 1, 71-9.

[13] Wang, X., He, H., Sun, F., Sun, X., Tang, H., "Comparative Study on Different Energy Management Strategies for Plug-in Hybrid Electric Vehicles," Energies 2013, 6, 5656- 5675.

[14] Xu, Q., Cui, S., Song, L., Zhang, Q., "Research on the Power Management Strategy of Hybrid Electric Vehicles Based on Electric Variable Transmissions," Energies 2014, 7, 934-960.

4 商用飞机燃料电池系统的热管理研究

伊诺·瓦登伯格，弗兰克·蒂勒克

汉堡工业大学

引用：Enno Vredenborg , Frank Thielecke, "Thermal Management Investigations for Fuel Cell Systems On-Board Commercial Aircraft," SAE International, doi:10.4271/2013-01-2274.

摘要

燃料电池综合系统作为独立能源（如 APU）需要更强的飞机冷却架构。在各种研究课题中，正在探索新型环控系统及冷却需求可持续增长的系统。冷却系统架构设计可受益于相似需求（比如采用相同冷却循环）。此外，不断增长的冷却需求使得研究可替代的热沉非常必要。

可通过仿真手段对系统进行详细研究，Dymola/Modelica 仿真软件有包含冷却系统仿真必需部件模型的模型库。本文介绍了使用的建模方法和主要的模型信息。

使用设计试验（Design of Experiment，DOE）有助于理解系统基本工作，可以对两三个参数对应的所有参数组合进行仿真研究，但受计算能力限制无法应用于多参数情况。利用拉丁超立方体抽样方法或低差分序列法，可以建立样本数量减少的抽样方案。

对大型仿真模型进行分析并确定对模型影响最大的参数是一项耗时工作，本文采用基于方差的敏感度分析，分析了参数对关键性能指标（如重量和功耗）的影响情况。通过标记输入参数对输出参数的影响敏感度，识别出参数的重要度。这种方法的优点是不需要模型。

1 引言

未来飞机的主要关注点是减少二氧化碳、噪声和其他污染物排放对飞机环境的影响。燃料电池系统供电的特点是高效，噪声小，无污染排放。新一代飞机的目标是进一步提升效率、减小重量和提高可靠性，主要依靠全机系统电气化来实现（如应用电环控系统和电动执行机构等）。

作为独立能源的燃料电池系统需要额外的冷却系统，因此对燃料电池系统进行综合有利于减重，这同样适用于新型电环控或功率电子冷却设计。开发联合系统架构的目的是减小冷却系统重量、功耗和气动阻力。通过共用冷却回路和热沉，可减少冷却系统对飞机的影响。未来，发展替代热沉可增加向环境散热的能力。

研究复杂冷却系统，基于模型的研发非常有必要。Dymola/ Modelica 软件中有研究冷却系统的模型库[1]，系统模型包含了各种可变参数模型。可通过设计试验（DOE）研究这些可变参数对系统的影响。根据设计试验结果，采用全局敏感度分析量化参数影响，最终确定重要参数。

2 系统描述

下面对本文研究的主要飞机热管理系统进行简要介绍，重点分析热载荷和温度水平。此外，还提出了不同的热沉解决方案。

2.1 多功能燃料电池系统（MFFCS）

由于其高效率、高功率密度和快速动态响应的特点，聚合物电解质膜（PEM）燃料电池适合替代燃气涡轮辅助动力装置（APU）。在聚合物电解质膜燃料电池中，氢和氧气发生反应的化学能转化为电能。图 1 为聚合物电解质膜（PEM）燃料电池基本工作原理图。在电池阳极氢气电解为质子和电子，质子穿过分解膜到达电池阴极，电子经由外部回路形成电路。在电池阴极，氢质子、氢电子和氧气发生反应生成水。电池电压最高可达 1.23V。为了获得更高的输出电压，可将几个电池串联成一组燃料电池组。

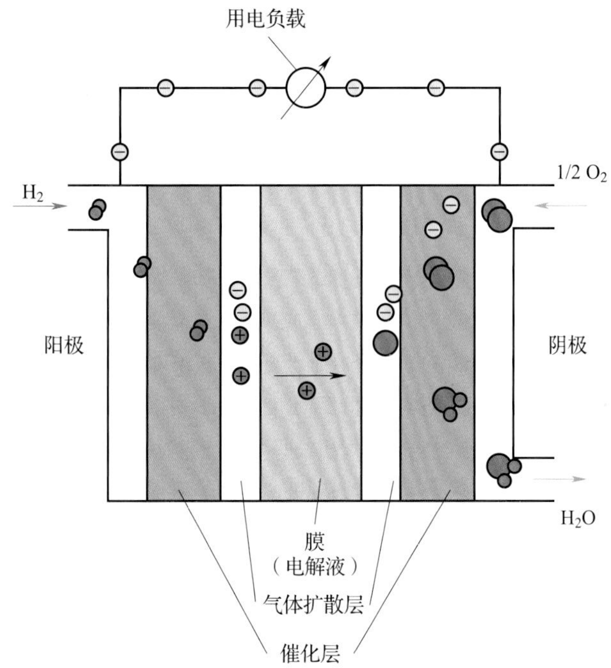

图 1 聚合物电解质膜（PEM）燃料电池工作原理图

此外，由于燃料电池内部反应的不可逆需要排除废热，超温会损坏燃料电池膜。仅使用发生反应的气体和废气不足以冷却电池，因此需要额外的冷却回路冷却燃料电池。液体冷却是冷却高密度燃料电池的最先进技术，一般最高供液温度 90℃时冷却液温升不超过 10℃。

设计燃料电池系统必须对发生反应的空气和氢气进行处理，一般通过压气机向阴极提供空气。压气机出口温度随压比增加而升高，当压气机出口温度超过限定值时必须对其进行冷却。

在飞机上用液氢罐储存氢[2]。液氢的储存温度低于 25K（–243℃），此时液氢潜热和显热可用于补充热沉。使用内部换热器以避免液氢与其他流体的临界温差。

燃料电池的反应降低了氧气浓度，可产生能灭火的惰性气体。为了将这种惰性气体用于燃油箱惰化，必须降低其中的含水量。主要通过冷凝器实现气体干燥。

燃料电池的输出电压随电流变化而变化，为了实现飞机电网压力稳定需要DC-DC变换器。DC-DC变换器产生的热量需要冷却系统将其带走，其中，DC-DC变换器的典型效率约95%。

图2为一种可行的多功能燃料电池系统（MFFCS）架构示意。

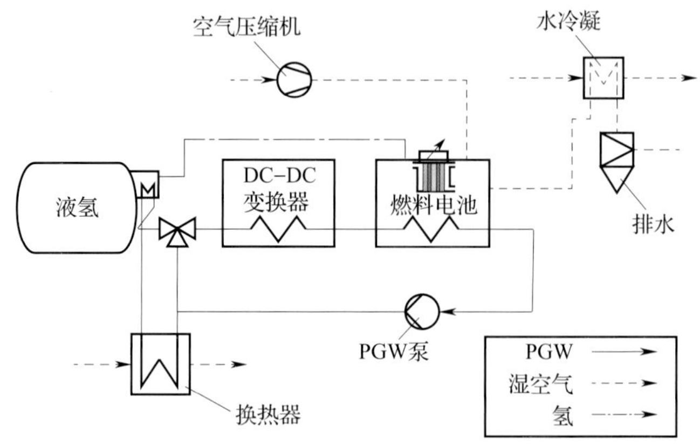

图2　多功能燃料电池系统（MFFCS）原理图

2.2　电环控系统（EECS）

环控系统是维持飞机座舱环境安全舒适的必要系统，影响系统的参数有座舱空气温度、压力、湿度，无有害或危险浓度的气体和蒸气。每位乘客或机组人员需要的新鲜空气量为0.28m^3/min，座舱压力高度不超过2438m[3]。AIR1168-3[4]标准中推荐夏季有效温度为21.7℃，冬季有效温度为20℃。

最近的研究课题和新的飞机型号表明减少发动机引气的环控系统具有很大潜力[5-6]。此架构取消来自于主发动机或APU引气，通过电动压气机抽吸外界空气为座舱提供调节空气。图3给出了一个可行的EECS系统架构，此架构采用了空气循环机（ACM）和蒸发循环系统相结合的方式[7-8]。

空气循环机用于冷却和飞行中增压。环境大气经电动压气机增压后供往换热器，经换热器降温后供往涡轮。空气在涡轮内膨胀做功驱动电机，同时温度下降。涡轮的冷却能力由压比决定，飞行中可旁通涡轮以降低压气机压比。涡轮出口压力与座舱压力需求相匹配，只有使用换热器才能获得需要的空气冷却能力。

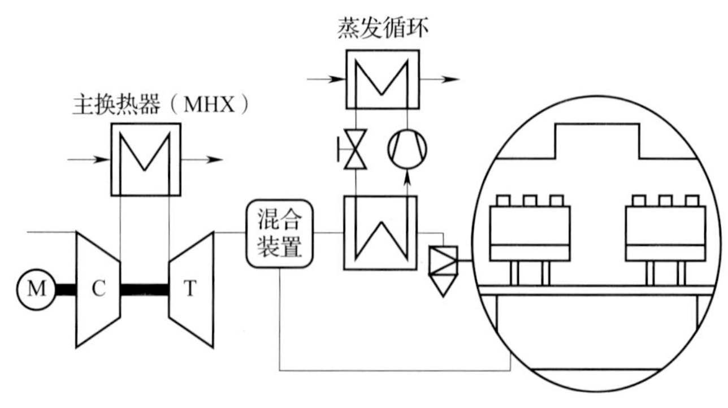

图3　电环控系统（EECS）原理图

此外，可使用蒸发循环作为ACM空气冷却的补充[3]。蒸发循环不实现空气增压功能，但可提高性能。蒸发循环使用制冷剂作为工作介质，两相制冷剂的液态部分在蒸发器内吸收座舱空气热量后蒸发变成气相，然后通过压缩机增压升温供往冷凝器，在冷凝器中冷凝成液态后供往膨胀阀，经膨胀阀后将压力降低至期望蒸发温度对应的蒸发压力。

2.3 其他热源

飞机上功率电子设备主要用于能量转换（DC/DC和DC/AC转换）或电机控制，用电需求越来越大。由于功率电子设备的高功率密度，使用液体冷却系统对其冷却非常必要。功率电子设备可接受的供液温度范围为40 ~ 70℃[9]。

空气冷却是商用飞机上航电设备冷却的最先进技术。随着电子设备数量的增加，需要额外的冷却能力。使用来自ECS的冷却空气冷却电子设备是一种可行方法，但这种方法会带来额外功耗或增加额外的空气管路。液体冷却系统可将热量直接传递到外界空气中，从而使得液冷循环的安装空间需求小于飞机实际安装空间[10]。

飞机需要厨房冷却系统保证食品环境温度。根据热载荷情况可使用分布式或集中式系统[11]。当食品所需温度低于环境温度时，必须使用蒸发循环。

2.4 热沉

替代热沉的需求随着不同飞机区域热载荷的增加而增加。下面对三种不同的热沉方案及它们的优缺点进行描述。

2.4.1 冲压空气风道

冲压空气风道是飞机上提供冷却空气的常用方式。飞行中，空气通过冲压进气口流入冲压空气风道中。地面，可使用风扇获取冷却空气[12]。NACA进气口是冲压进气口的一种基本形式。冲压空气风道的缺点是增大了气动阻力。为了降低冲压空气流量，可在进气道进口和出口安装风门，通过执行机构控制风门角度以实现冲压空气流量和所需流量相匹配。气流减速会导致冲压空气的压力和温度升高[13]。

2.4.2 尾锥冷却换热器

为了冷却商用飞机新型重要热源（如MFFCS），需要研究替代热沉。参考文献［14］描述了一种集成在飞机蒙皮上的换热器，换热器外形与蒙皮协调一致，可在飞机尾锥和腹部整流罩上进行集成。采取与前部大面积区域集成方案可降低换热器厚度。这种集成在飞机蒙皮上的换热器可降低飞机内安装空间需求，也可降低空气流阻。

此外，这种集成在飞机蒙皮上的换热器不需要进气腔，飞行中需要使用风扇获取所需空气流量。由于换热器前端未封闭，与冲压空气管道换热器相比更容易产生污垢和发生物理损伤。

2.4.3 液体蒙皮换热器

安装蒙皮换热器是一种可降低冷却空气带来的气动阻力的可行方式。液体蒙皮换热器在飞机蒙皮内部设置了冷却通道（见图4）。通道内液体热量通过通道壁面传递到飞机蒙皮上，飞机蒙皮作为换热器的表面将热量传递给外界空气。参考文献［15］和［16］给出了一种可行的液体蒙皮换热器的基本设计。

液体蒙皮换热器散热量严重依赖于飞行阶段，地面无散热能力。如果地面需要冷却，必须设置额外设备或与其他热沉相结合。除了飞行阶段，安装区域、加热飞机蒙皮区域和液体温度均会影响液体蒙皮换热器散热量。图 5 给出了不同飞行阶段、不同安装位置和不同液体进口温度下的液体蒙皮换热器散热量情况。

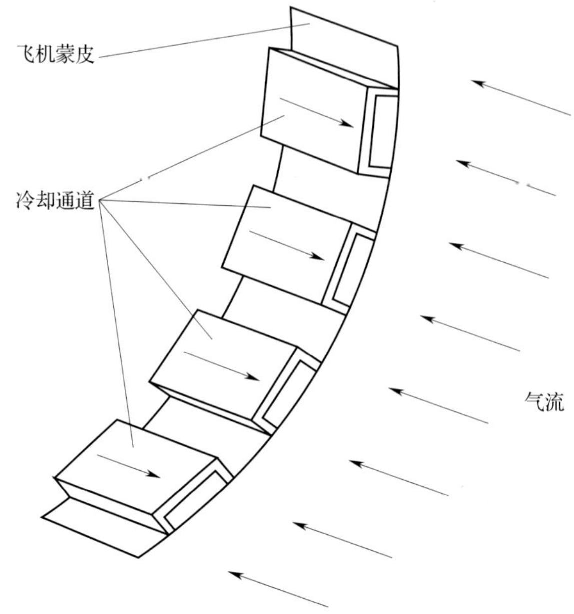

图 4　液体蒙皮换热器的基本设计

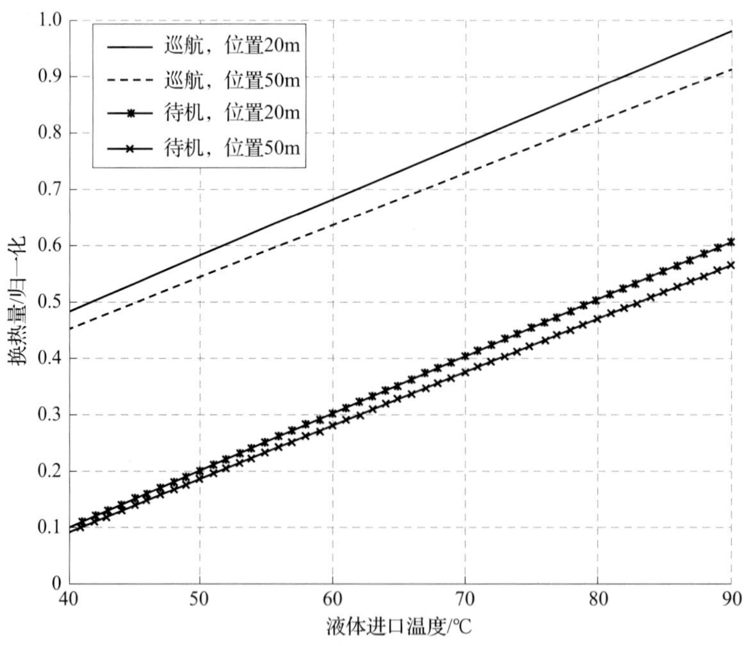

图 5　不同飞行阶段下的液体蒙皮散热器换热量结果

3 系统建模

系统包含各种部件、介质和分系统，可采用基于模型的研发方式确定系统重量、功耗、气动阻力等关键性能指标。可使用燃料电池冷却模型库对主要飞机热管理系统进行仿真分析，更多模型库信息详见参考文献［1］。

本文采用免费开放建模语言 Modelica 创建了燃料电池冷却模型库。Modelica 语言是针对大型复杂系统仿真的面向对象语言。使用的 Modelica 版本号为 Version 3.2[17]，仿真环境为 Dymola 7.4 FD01。Modelica 语言支持非因果建模，从而实现了模型的灵活运用。

本文所使用模型采用非静态建模方式进行创建。这些模型可预测热力学性能，但未考虑动态性能。虽然仿真研究多发生在研发早期，但还是需要使用特性要素图对部件性能进行描述。

除了燃料电池冷却模型库中的模型是免费开放的，本文还使用了商业/科学专用模型库。Modelica.Fluid 模型库提供一些基本流体元件和流体接口，Modelica.Media 模型库提供介质模型。DENECS 模型库[18]是 Airbus/DLR 开发的模型库，用于评价 ECS 架构。

3.1 燃料电池系统

本文建立了燃料电池模型用于热性能和电性能仿真。模型主要的接口有阴极、阳极、冷却通道和输出电功率。通过 Modelica 标准模型库中的连接器实现系统的相互交联。

使用热力学第一定律分析热性能，燃料电池能量平衡见公式（1）

$$\frac{H_{\mathrm{um}}}{2F}\cdot I\cdot n_{\mathrm{cells}}+P_{\mathrm{elec}}+\dot{Q}_{\mathrm{cool}}+\dot{H}_{\mathrm{H2,in}}+\dot{H}_{\mathrm{H2,out}}+\cdots+\dot{H}_{\mathrm{Cath,In}}+\dot{H}_{\mathrm{Cath,out}}+\dot{Q}_{\mathrm{cond}}=0 \tag{1}$$

式中，H_{um} 为氢的发热量低值，F 为法拉第常数，I 为电流，n_{cells} 为电池数量，P_{elec} 为输出电功率，$\dot{Q}_{\mathrm{cool}}$ 为传递到冷却液中的热量，$\dot{H}_{\mathrm{H2,In}}$、$\dot{H}_{\mathrm{H2,out}}$、$\dot{H}_{\mathrm{Cath,In}}$、$\dot{H}_{\mathrm{Cath,out}}$ 分别为阳极进口、阳极出口、阴极进口、阴极出口的焓，如果在阴极空气中出现了冷凝水，则需要考虑冷凝焓 $\dot{Q}_{\mathrm{cond}}$。

所需氢气质量流量使用公式（2）计算得到

$$\dot{m}_{\mathrm{H2}}=\frac{M_{\mathrm{H2}}\cdot I}{2F}n_{\mathrm{cells}} \tag{2}$$

式中，M_{H2} 为氢的摩尔质量。

阴极空气质量流量使用公式（3）计算得到

$$\dot{m}_{\mathrm{air}}=\lambda_{\mathrm{air}}\cdot\frac{1}{2}\frac{M_{\mathrm{O2}}}{2M_{\mathrm{H2}}\omega_{\mathrm{O2}}}\dot{m}_{\mathrm{H2}} \tag{3}$$

式中，λ_{air} 为空气的化学当量，M_{O2} 为氧气的摩尔质量，M_{O2} 为空气中的氧气质量分量。

冷却循环泵驱动冷却液获得合适的冷却液质量流量。冷却液吸热量使用公式（3）计算得到

$$\dot{Q}_{\mathrm{cool}}=\dot{m}_{\mathrm{cool}}\cdot c_{p,\mathrm{cool}}\cdot(T_{\mathrm{cool,out}}-T_{\mathrm{cool,in}}) \tag{4}$$

式中，$c_{p,\mathrm{cool}}$ 为冷却液的比定压热容，$T_{\mathrm{cool,in}}$ 和 $T_{\mathrm{cool,out}}$ 分别为冷却液进口温度和出口温度。

除了质量流量，还需要计算流体压降以确定泵和压缩机功耗。

可使用 U–i 曲线描述燃料电池相关电性能，图 6 是燃料电池 U–i 曲线图。燃料电池输出电压取决于电流密度，其中，电流密度定义式为 $i=I/A_{\mathrm{cell}}$，式中 A_{cell} 为燃料电池有效面积。

电压损失分为三类：活化损失、欧姆电压损失和浓度损失。

为了将燃料电池的变压转换为恒压，需要使用 DC-DC 变换器。DC-DC 变换器模型假定效率为常数，所有废热均被冷却液吸收。

需要加热液氢罐使氢温度升高膨胀。液氢罐的加热量使用公式（5）计算得到

$$\dot{Q}_{\mathrm{LH2,Tank}}=\dot{m}_{\mathrm{H2}}\cdot(\Delta h_{v,\mathrm{H2}}+c_{p,\mathrm{H2}}\Delta T_{\mathrm{H2}}) \tag{5}$$

式中：$\Delta h_{v,\mathrm{H2}}$ 为蒸发焓，$c_{p,\mathrm{H2}}$ 为氢比定压热容，ΔT_{H2} 为氢温度差。

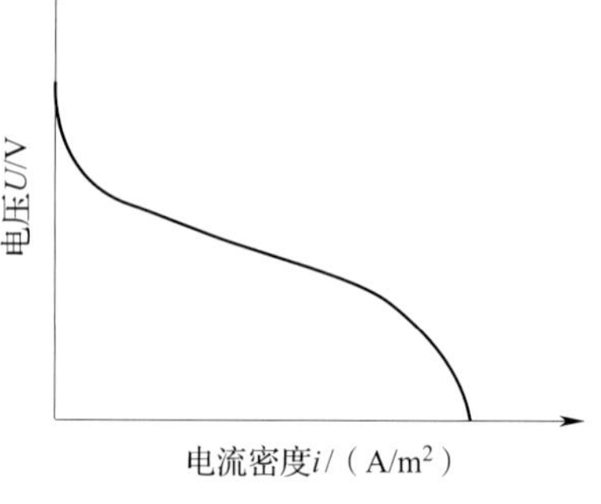

图 6　PEM 燃料电池 U–i 曲线

3.2　换热器

飞机上使用换热器实现热量传递。换热器有不同形式，根据使用介质和流动布局进行选择。在 MFFCS 和 EECS 中分别使用空－空换热器和空－液换热器冷却相应流动气体。使用 ε-NTU 方法对换热器进行建模，这种建模方法需要换热器的几何参数（如管道直径和几何表面等）来计算流动条件和换热面积。在参考文献［19］和［20］中可查到不同流量下的换热系数和流阻准则。换热器效率 ε 可根据流动布局计算得到，换热量使用公式（6）计算得到

$$\dot{Q}=\varepsilon\cdot\dot{Q}_{\mathrm{max}} \tag{6}$$

其中，最大换热量取决于进口温度和液体的热容量。

使用节点建模方法对液体蒙皮换热器进行建模。将换热器沿流向分为很多独立节点，计算每一个节点上的冷却液向飞机蒙皮的换热量、蒙皮的导热量和蒙皮向外界空气的换热量。这种建模方法的主要优点是可对流动路径进行复制，以及可自适应更新每个节点的流体参数，但是这种方法计算量很大。

空气侧限制了液体蒙皮换热器的换热能力。参考文献［15］给出了一系列计算换热器效率的方程，平板换热效率按公式（7）计算得到

$$\alpha=St\cdot\rho\cdot v\cdot c_p \tag{7}$$

式中，St 为斯坦顿数，ρ 为流体密度，v 为流体速度，c_p 为比定压热容。

斯坦顿数 St 的定义见公式（8）

$$St=\frac{cf_x}{2\cdot Pr^{2/3}} \tag{8}$$

式中，Pr 为普朗特数，cf_x 为用舒尔茨 / 格鲁诺方法计算得到的局部摩擦系数。

使用风洞测试数据对液体蒙皮换热器模型进行验证。

3.3　流量分配

飞机上用于流量分配的各种涡轮机械、管路及其他附件占据系统很大一部分重量和功耗。液冷循环用于将热量从热源传递到热沉中，系统常用部件有泵、管路和其他附件等。泵的模型可设定质量流量，根据泵的质量流量、压升和泵效率计算得到泵输入功率。使用管路模型可计算出由摩擦引起的压力损失。液体按不可压缩流体，流体温度决定流体参数。

风扇对建立冷却气流或循环座舱空气十分必要。风扇的模型可设定质量流量，并计算出风扇所需功率。由于风扇压升通常较小，可按不可压流考虑。风扇所需功率由公式（9）计算得到

$$P_{Fan}=\frac{1}{\eta_{fan}}\cdot\dot{V}_{air}\cdot\Delta p_{fan} \tag{9}$$

式中，η_{fan} 为风扇效率，$\dot{V}_{air}$ 为空气的体积流量，Δp_{fan} 为风扇进出口压升。

ACM 中包含了压气机和涡轮，按照考虑等熵效率 $\eta_{s,comp}$ 的等熵过程对其进行建模。根据等熵效率 $\eta_{s,comp}$ 可计算得到压气机轴功率 P_{comp}，见公式（10）

$$P_{comp}=\frac{1}{\eta_{s,comp}}\cdot\dot{m}_{air}\cdot T_{comp,in}\cdot\left(\left(\frac{p_{out}}{p_{in}}\right)^{\frac{\kappa-1}{\kappa}}-1\right) \tag{10}$$

式中：$\dot{m}_{air}$ 为压气机空气质量流量，$T_{comp,in}$ 为压气机进口空气温度，κ 为空气热容比，p_{in} 和 p_{out} 分别为压气机进口压力和出口压力。

3.4 蒸发循环

基本蒸发循环一般包含一个压缩机、一个膨胀阀、一个蒸发器和一个冷凝器，制冷剂在循环中处于液态、气态和气液两相态。详细的蒸发循环模型计算量大，且容易导致数值鲁棒性问题。由于对蒸发循环进行建模不需要详细过程信息，因此选择了一种简单建模方法。

建立了基于 R134a 的性能参数（COP）图用于蒸发循环仿真[21]，用“Coolpack”软件得到需要的制冷剂数据（如比蒸发焓等），还考虑了压缩机和电机效率。根据蒸发温度和冷凝温度，可在蒸发循环制冷剂性能参数（COP）图上获取相应 COP 值。蒸发热流和压缩机功率的关系见公式（11）

$$\dot{Q}_{Evap}=COP\cdot P_{comp} \tag{11}$$

根据计算得到的蒸发热流可计算出冷凝热流，见公式（12）

$$\dot{Q}_{cond}=\dot{Q}_{Evap}\cdot\left(1+\frac{1}{COP}\right) \tag{12}$$

对冷凝器和蒸发器建模需要换热器效率。换热器效率主要受制冷剂和外部流体之间的温度差影响。换热器效率决定了冷凝器的质量和尺寸，三维设计输入为所需换热器效率和基本几何数据，通过调整换热器宽度和高度可得到所需换热器效率。

3.5 座舱

用 DENECS 模型库中的座舱模型对座舱热载荷进行分析。座舱稳态模型假设座舱为有一个进口和一个出口的理想容器，其中，进口为新鲜空气供入口，出口为座舱排气口。考虑了来自乘员、机组、厨房和电子设备热载荷，以及乘员、机组人员以蒸发水分形式（汗）释放的潜热。模型中还考虑了环境之间的换热（通过座舱壁面和窗户的换热、通过窗户的辐射等）。使用类似的模型对飞机驾驶舱进行仿真分析。

4 系统架构

研究飞机冷却系统架构的主要目的是优化系统质量、功耗和气动阻力。因此，冷却系统架构设计成对不同热源采用相同的冷却循环和热沉方式。此外，还应考虑部件或子系统加热或作为热沉使用的情况。本文采用的系统架构分析方法为夹点分析法[22]。

冷却系统架构设计从识别和分析需要被冷却或加热的流体开始。由于热载荷在飞机任务剖面内有变化，因此需要考虑所有飞行阶段对应的热载荷。用于冷却系统设计的必要数据有温度范围、热载荷及使用的流体。此外还需要考虑一些限制条件，比如不同安装区域或流体凝固条件。

系统热性能可使用温 - 焓（*T*–*h*）图表示。图 7 给出了多功能燃料电池系统（MFFCS）地面状态热性能参数。考虑了两组燃料电池、一个 DC/DC 转换器、湿空气冷凝装置和一个液氢罐。环境温度为 38℃，冷却流体分别为乙二醇水溶液（PGW）、湿空气和液氢。

除液氢罐之外，多功能燃料电池系统（MFFCS）其他热源温度要求高于环境温度。因此，作为系统唯一的热沉，需要将液氢罐从低于环境温度加热到高于环境温度。多功能燃料电池系统主要热源两组燃料电池，DC/DC 转换器和冷凝装置决定了最低冷却温度。

由于 DC/DC 转换器和两组燃料电池具有相同冷却液且所需温度均高于环境温度特点，因此使用一个液冷循环对 DC/DC 转换器和两组燃料电池进行冷却。液氢罐可用于系统热沉或用于冷凝水，用于冷凝水时需要更低的温度，并且如果流体中含有水可能会发生冻堵。

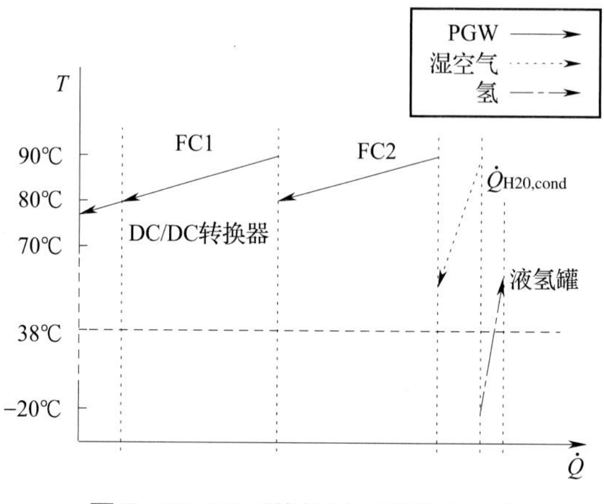

图 7　MFFCS 系统的温 - 焓图（*T*–*h*）

电环控系统（EECS）的主要热载荷是空气循环机（ACM）中的主换热器（MHX）空冷热载荷（见图 8）。蒸发循环的冷凝器和功率电子器件需要高于环境温度的冷却温度，蒸发器用于冷却座舱空气。

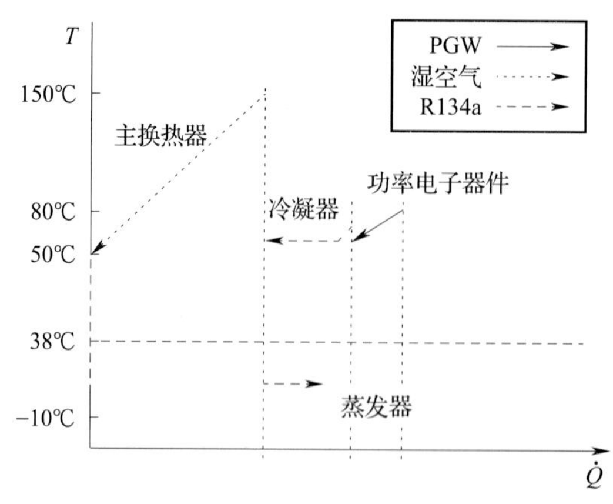

图 8　EECS 系统的温 - 焓图（*T*–*h*）

使用图 7 和图 8 中的温 – 焓图（T–h）对系统的热载荷进行分析，确定了主要热载荷和小温差的设计准则。第一种冷却架构是在一个冷却循环内对相同温度需求的热载荷进行组合，综合考虑热载荷、热沉和热源之间的温差对热沉进行合理利用，热源与热沉热流之间的剩余差值可由环境大气带走。考虑温度需求等级可以确定最小冷却空气流量。

5 设计试验

对复杂系统，需要对影响仿真结果且未明确的各种参数进行仿真。温度范围和热流可能会变化，而且部件尚未确定最终设计。因此，设计试验的目的之一就是提供一个数据库用来研究这些未确定参数的影响，参数分布可能是均匀分布和正态（高斯）分布。

均匀分布的概率密度函数定义见公式（13）

$$P_u(X)=\begin{cases}\dfrac{1}{b-a}, & x\in[a,b]\\ 0, & \text{其他}\end{cases}\tag{13}$$

式中，a 和 b 是变量 x 的边界值。

正态（高斯）分布的概率函数定义见公式（14）

$$P_N(X)=\frac{1}{\sigma\sqrt{2\pi}}e^{-0.5\left(\frac{x-\mu}{\sigma}\right)^2}\tag{14}$$

式中，μ 为分布平均值，σ 为标准偏差。

创建 DOE 需要基本系统知识。参数间隔设置太大可能导致结果无效，参数间隔设置太小导致计算量太大无法获取仿真结果。创建 DOE 的方法有 Latin 超立方体样本法或 Sobol 序列法。这些方法尝试将样本在设计区间内均匀分布。散点图可用于检查参数分布。图 9 显示了用 Sobol 序列法创建的三个均匀分布参数的相关性。

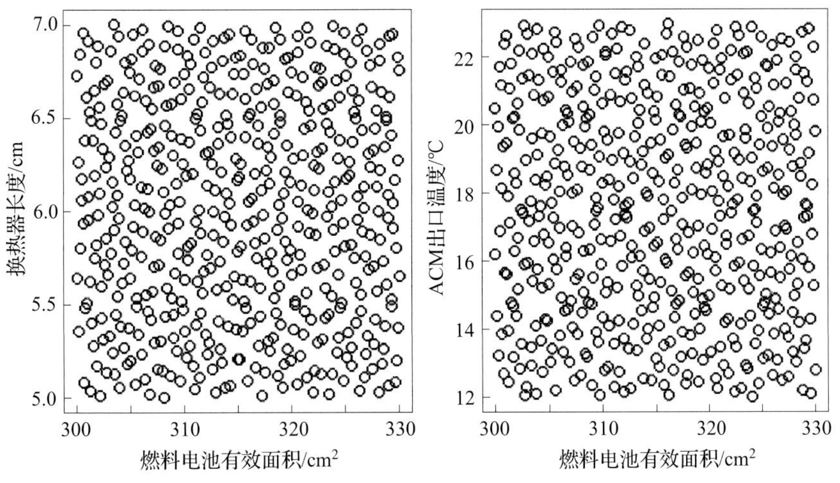

图 9 DOE 样本散点图

6 全局敏感度分析

飞机热管理系统的仿真模型中包括了大量的可变参数。敏感度分析可以确定对系统输出变量影响最大的参数，也可以确定对系统没有显著影响的参数，有助于研究系统的整体性能。

局部敏感度分析和全局敏感度分析之间有显著不同。局部敏感度分析用于研究改变一组参数中某一个参数变化对输出的影响。全局敏感度分析用于研究所有输入参数变化对输出的影响。由于只使用输入和输出参数，因此对仿真模型的连续性和可微性没有限制。

一阶指数 S_i 描述了一个输入参数方差对输出方差的直接影响，定义见公式（15）

$$S_i = \frac{V[E(Y|X_i)]}{V(Y)} \tag{15}$$

式中，$V[E(Y|X_i)]$ 为输入参数的条件方差，$V(Y)$ 为输出方差。S_i 高表示参数 X_i 对输出方差的影响较大。如果 $S_i=1$，则仿真结果仅随方差变化。

总影响因子 S_{Ti} 定义见公式（16）

$$S_{Ti} = 1-\frac{V[E(Y|X_{-i})]}{V(Y)} \tag{16}$$

其中，由除 X_i 之外的所有其余参数方差确定对输出的影响。如果 X_i 的方差对输出无影响则 $S_{Ti}=0$。

S_i 和 S_{Ti} 的分析结果通常不可用，对复杂模型尤其如此。因此已研究出多种不同的方法来确定 S_i 和 S_{Ti}。本文采用对 DOE 样本仿真结果进行评估的 Sobol Jansen 的算法。敏感度计算的详细信息可见参考文献［23］。

7 示例

以下示例演示了全局敏感度分析在飞机热管理系统研究中的应用。飞机热管理系统相关的子系统包括多功能燃料电池系统（MFFCS）、电环控系统（EECS）和座舱。图 10 为单侧系统的原理图。为简化建模，未考虑另一侧备份系统。

单侧多功能燃料电池系统由两个液冷燃料电池组、一个 DC-DC 转换器和一个用于冷凝燃料电池排气的湿空气冷凝装置组成。热沉为液氢罐、尾锥冷却系统和一个液冷蒙皮换热器，尾锥换热器和风扇用于地面冷却，液冷蒙皮换热器（LSHX）用于巡航和飞行阶段冷却，在起飞和着陆阶段，尾锥冷却系统辅助液冷蒙皮换热器散热。在地面，所有用电设备由燃料电池供电。飞行中，仅有一组燃料电池向飞机电网供电，所提供的功率取决于惰化气体的需求。爬升和巡航阶段，惰化气体流量需求为 3g/s。下降和着陆阶段，惰化气体流量需求为 20g/s[24]。对于 165 个电池组，需要燃料电池提供的电流分别为 36A 和 240A，由发动机驱动的发电机提供除此之外的用电。

电环控系统（EECS）由电驱动空气循环机（ACM）和蒸发循环组成。空气循环机的换热器和蒸发循环的冷凝器由环境大气冷却。地面使用风扇保证必需的冷却流量，飞行阶段采用冲压空气冷却。将来自燃料电池惰化系统的冷凝水喷入冲压空气中，水分蒸发冷却冲压空气，降低冲压空气冷却流量需求。来自空气循环机压气机的增压气体供入燃料电池负极，为保证燃料电池稳定工作，供气压力应不低于 1.3bar①[25]。当压气机出口温度超出燃料电池温度限制时，将换热器出口空气供入燃料电池负极。

空气循环机出口空气与座舱再循环空气混合后供往座舱，使用蒸发循环系统对混合空气进行冷却。在蒸发器中可能会产生冷凝水从而增加蒸发器的热载荷。蒸发循环的冷凝温度和蒸发温度直接影响压缩机的功耗和性能，也会影响座舱空气和环境大气间温差从而影响换热器尺寸。

① 1bar（巴）=100kPa。——编辑注

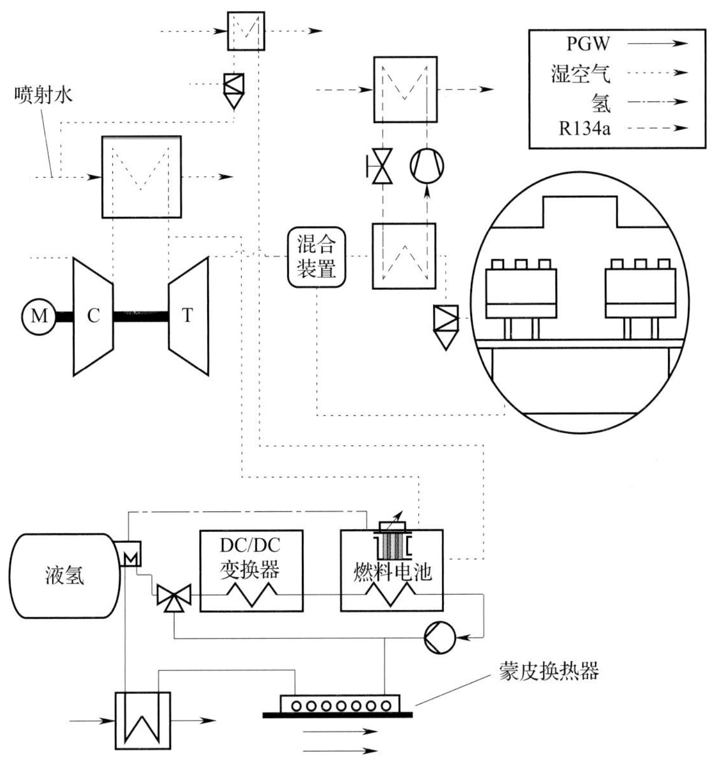

图10 EECS & MFFCS 综合原理图

本文对地面、巡航、准备下降和待机四个飞行任务阶段的系统性能进行了研究。环境温度和环境压力按 ISA 环境条件，假定温度为 ISA+23℃。

表 1 为用于 DOE 的参数列表。有些参数在每个飞行阶段都有变化，有些参数在特定飞行阶段保持不变。燃料电池有效面积和换热器尺寸仅在地面阶段变化，原因在于地面阶段需要的燃料电池功率最大，燃料电池功率决定了燃料电池系统尺寸。空气循环机最高压力（压气机出口压力）在地面和待机阶段是变化的，巡航和待机阶段该压力设定为燃料电池进口所需压力，该压力越高，压气机的压比越高，空气循环机（ACM）的设计点压力相应提高。这样会导致电机、压气机及涡轮重量的不合理增加。应对表中所列参数在每一飞行阶段对系统性能影响进行分析。

表 1 用于全局敏感度分析的参数

参数	变化范围
燃料电池有效面积	地面：A_{cell}=300 ~ 330cm^2 其他阶段：A_{cell}=300cm^2
尾锥换热器厚度	地面：l_{HX}=5 ~ 7cm 其他阶段：l_{HX}=7cm
ACM 高压（压气机出口压力）	地面：P_{ACM}=1.8 ~ 2bar 待机阶段：P_{ACM}=1.3 ~ 1.5bar 其他阶段：P_{ACM}=1.3bar
ACM 出口温度	所有阶段：$T_{ACM,out}$=12 ~ 23℃

表1（续）

参数	变化范围
ACM 换热器长度	所有阶段：$h_{ACM,out}$=40 ~ 60cm
蒸发温度	所有阶段：T_{Evap}=0 ~ 2℃
冷凝温度	地面：T_{Cond}=60 ~ 65℃ 其他阶段：T_{Cond}=50 ~ 55℃
蒸发循环所需冷却空气流量	地面：$\dot{m}_{VC,\ Cooling}$=1.8 ~ 2kg/s 待机阶段：$\dot{m}_{VC,\ Cooling}$=1.3 ~ 1.5kg/s 其他阶段：$\dot{m}_{VC,\ Cooling}$=0.5 ~ 0.7kg/s

从对质量、功耗及气动阻力影响角度对系统性能进行评估。在质量影响评估中考虑了每个部件的质量。如前所述，有些部件（如燃料电池）已有固定设计点，在此设计点下仅考虑质量影响。功耗应为所有用电设备（如风扇和泵的电机）用电量总和。用冲压空气阻力来评估气动阻力。参考文献［26］对冲压空气阻力进行了定义，见公式（17）

$$F_{ram}=\dot{m}_{ram,\ air}\cdot \dot{V}_{air} \tag{17}$$

式中，$\dot{m}_{ram,\ air}$ 为冲压进气道内冷却空气的质量流量，$\dot{V}_{air}$ 是真实空速。

图 11 给出了四个飞行阶段各参数对系统质量的影响敏感度分析结果。在所有飞行阶段空气循

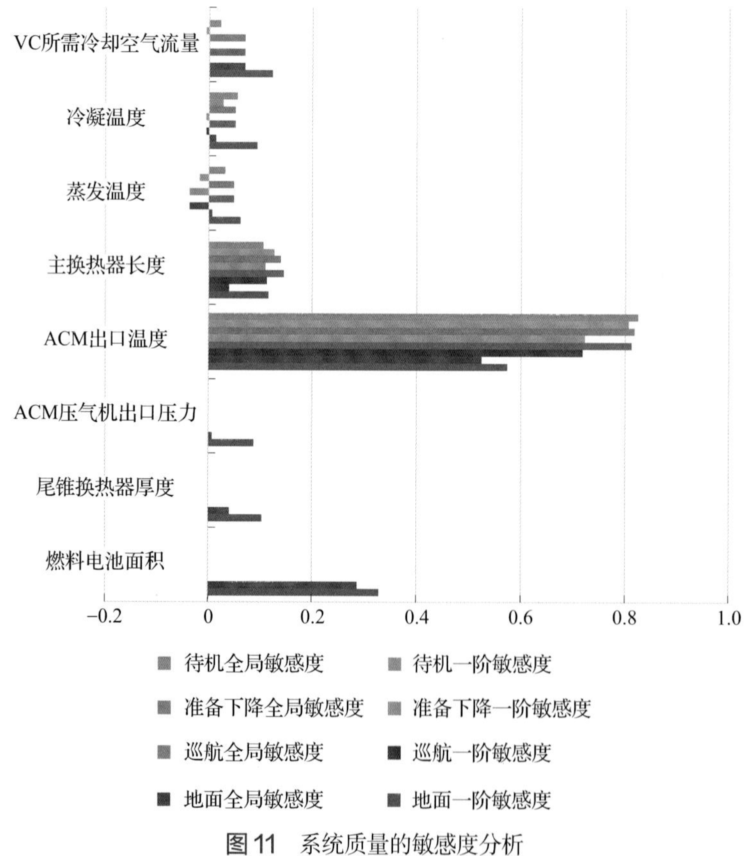

图 11　系统质量的敏感度分析

环机出口温度对质量的影响敏感度都最高。由于压气机出口压力是定值，因此对输出方差没有影响，其中，压气机出口压力通常决定空气循环机电机和压气机的尺寸。燃料电池有效面积对系统质量的影响大于尾锥换热器尺寸对系统质量的影响。

图 12 给出了各参数对系统功耗的影响敏感度分析结果。飞机在地面和待机状态，压气机出口压力变化显著影响系统的功耗。由于巡航和准备下降阶段压气机出口压力为定值，空气循环机出口温度成为了最影响系统功耗的参数。在飞行和准备下降阶段该参数维持不变时，空气循环机出口温度就变成决定性影响参数。相比较电环控系统，燃料电池系统的功耗对系统功耗的影响较小。

图 13 给出了各参数对气动阻力的影响敏感度分析结果。本项分析中不考虑地面阶段。燃料电池系统使用蒙皮换热器冷却，因此没有冲压空气导致的气动阻力损失。分析显示：蒸发循环冷却用冲压空气流量对气动阻力的影响敏感度最高。由于蒸发循环冷却用冲压空气流量对系统质量和功耗的影响较小，因此，减少蒸发循环冷却用冲压空气流量有提升系统性能的潜力。

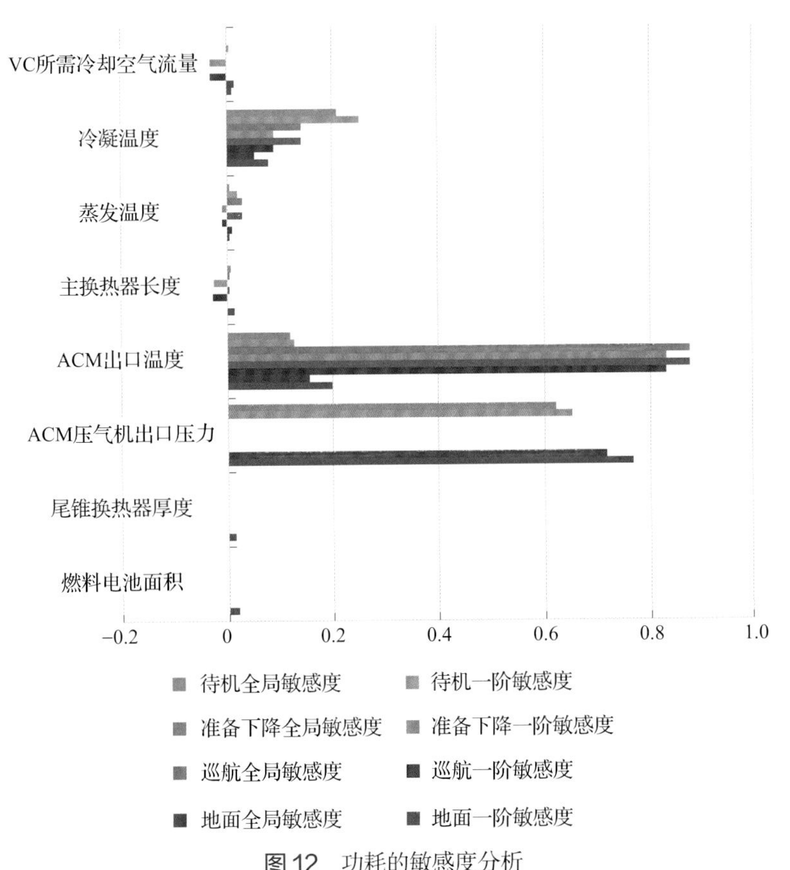

图 12　功耗的敏感度分析

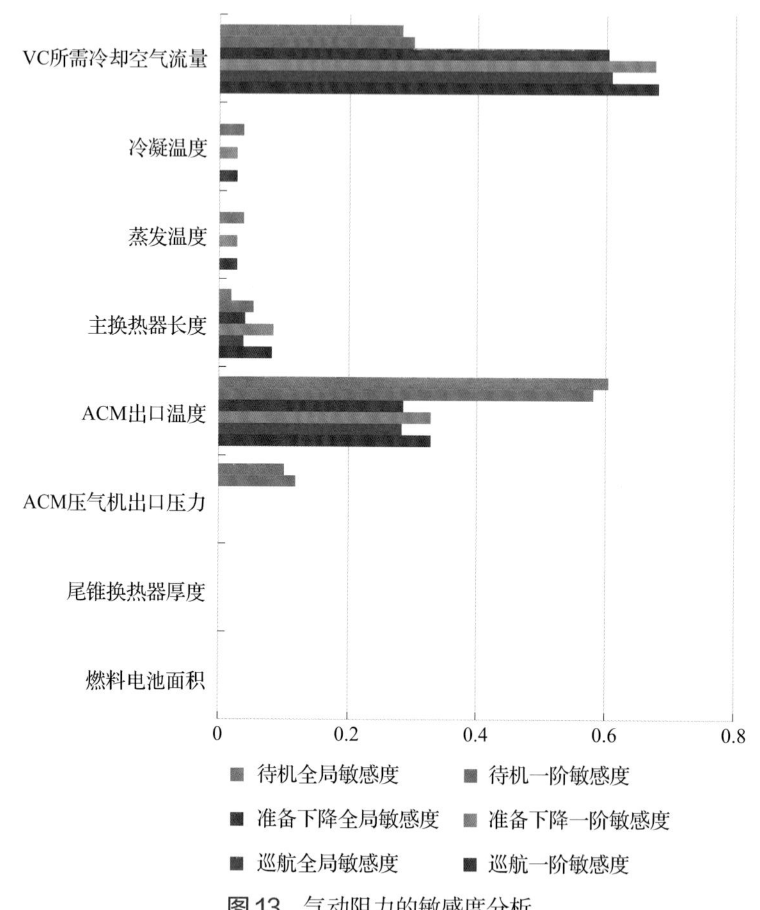

图13　气动阻力的敏感度分析

8 结论

对燃料电池、电环控系统和功率电子器件类新增热源进行综合，给飞机热管理带来了挑战。为了冷却新增热源，本文提出了替代热沉方案并对其进行了分析。

本文采用基于模型的方法对系统性能进行了分析，并对使用的Modelica建模语言和主要模型信息进行说明。设计冷却系统架构之前必须确定热载荷、所需温度水平及可用冷却液。可使用温焓图对系统性能进行直观显示。未来系统使用仿真手段，在进行多变量影响分析时可以节省时间。

DOE方法可支持以一定间隔变化的参数分析，能同时运行不同的仿真过程。基于DOE仿真结果，使用全局敏感度分析对各参数对系统的影响进行了评估。全局敏感度分析用来确定由输入参数的不确定对应的仿真输出的变化。本文通过一个示例对MFFCS和EECS综合系统进行全局敏感度分析的结果进行了剖析。

本文的研究用于支持飞机热管理分析和综合冷却架构设计。为了更有效散热，必须对可替代热沉进行必要研究。在飞机研发早期，应采用基于模型的方法对不同子系统和部件进行分析，可用温焓图直观显示热载荷和温度分析结果。我们对系统进行了详细研究以深入理解系统工作。由于系统参数多是变量，手工计算参数的影响需要耗费时间，使用 DOE 和全局敏感度分析的方法很有意义。

术语 / 缩略语

ACM—Air Cycle Machine/ 空气循环机

APU—Auxiliary Power Unit/ 辅助动力装置

DOE—Design of Experiments/ 设计试验

EECS—Electrical Environmental Control System/ 电环控系统

MFFCS—Multifunctional Fuel Cell System/ 多功能燃料电池系统

ODA—Oxygen Depleted Air/ 惰化空气

PEMFC—Polymer Electrolyte Membrane Fuel Cell/ 聚合物电解质膜燃料电池

参考文献

[1] Vredenborg, E., Lüdders, H., Grymlas, J., Thielecke, F., “Object-Orientated Development of a Model Library for Fuel Cell Cooling Systems Using Modelica” , 3rd CEAS Air and Space Conference, Venice, 2011.

[2] Schumann, P., Graf, C., Kallo, J., Friedrich, K.A., “Architecture Analysis, Modelling and Simulation of PEM Fuel Cell Systems for Aircraft Applications” , Proceedings of H2Expo International Conference and Trade Fair of Hydrogen and Fuel Cell Technologies, Hamburg, 2008.

[3] European Aviation Safety Agency, “Certification Specifications for Large Aeroplanes CS-25” , 2007

[4] SAE International Aerospace Information Report, “Aerothermodynamic Systems Engineering and Design,” SAE Standard AIR1168/3, Reaf. June 2011.

[5] Galzin, G., Gomez, M., Mevenkamp, C., and Brunswig, H., “Electrical Environmental Control System” , More Electric Aircraft Forum, Toulouse, 2009.

[6] Pratt, J., Klebanoff, L., Munoz-Ramos, K., Akhil, A.A. et al., “Proton Exchange Membrane Fuel Cells for Electrical Power Generation On-Board Commercial Airplanes” , Sandia Report, 2011.

[7] Cronin, M.J., “All Electric Environmental Control System for Advanced Transport Aircraft,” U.S. Patent 4 523 517, June 18, 1985.

[8] Sielemann, M., Giese, T., Oehler, B., and Gräber, M., “Optimization of an Unconventional Environmental Control System Architecture,” SAE Int. J. Aerosp.4（2）: 1263-1275, 2011, doi: 10.4271/2011-01-2691.

[9] Skuriat, R., Johnson, C.M., Dietl, K., Vasel, J.et al, “Thermal Management of Power Electronics in the More Electric Aircraft” More Electric Aircraft Forum, Toulouse, 2009.

[10] Uluc, O., Kiryaman, K., Frey, A., “Aircraft Electronics Cooling Apparatus for an Aircraft having a Liquid Cooling System,” U.S. Patent 2011/0170362, Juli 2011.

[11] Thielecke, F., “Aircraft Systems III” , Lecture Notes, 2013.

[12] The Royal Aeronautical Society, “Drag and pressure recovery characteristics of auxiliary air inlets at subsonic speeds,” ESDU – 66002, 2004.

[13] Vick, A.R., “An investigation of discharge and thrust characteristics of flapped outlets for stream mach numbers,” Technical Note 4007, National Advisory Committee for Aeronautics, 1954.

[14] Stolte, R.H., Krause, U., Stefes, B., Mueller, C., Eilken, F., et al, "Aircraft Tail Region with a Cooling System Installed in Aircraft Tail Region" World Intellectual Property Organization, WA 2012/130418, 2012.

[15] Maquil, T., Lohse, E., Rung, T., and Schmitz G., "Performance Investigation of a Liquid-to-Air Skin Heat Exchanger," AST 2011 Workshop on Aircraft System Technology, Hamburg, 2011.

[16] Buchholz, U., Colberg, C., Heesch, M., "System and Method for Cooling a Device Subjected to Heat in a Vehicle, Particularly an Aircraft" , U.S. Patent 2011 146957, May, 2011.

[17] "Modelica® – A Unified Object-Oriented Language for Physical Systems Modeling – Language Specification Version 3.2," Modelica Association, 2010.

[18] Sielemann, M., Giese, T., Oehler, B., and Otter, M., "A Flexible Toolkit for the design of environmental control system architectures," Proceedings of the first CEAS European Air and Space Conference, Berlin, 2007.

[19] Shah, R., Sekulic, S., "Fundamentals of heat exchanger design," Wiley, Hoboken, ISBN 0-471-32171-0, 2003

[20] Verein Deutscher Ingenieure, "VDI Heat Atlas," Springer, Düsseldorf, ISBN 978-3-540-77876-9, 2010.

[21] Lohse, E., "Analysis of More Electrical Aircraft Thermal Management and Advanced Avionics Cooling System Architectures," Diploma-Thesis, Hamburg University of Technology, Institute of Aircraft Systems Engineering, 2008.

[22] O'Hayre, R., Cha, S.-W., Colella, W., Prinz, F., "Fuel Cell Fundamentals," Wiley, New York, ISBN 978-0-470-25843-9, 2009.

[23] Saltelli, A., Ratto, M., Andres, T., Campolongo, F., "Global Sensitivity Analysis. The Primer," Wiley, Chichester, ISBN 978-0-470-05997-5, 2008.

[24] Lüdders, H.-P., Strummel, H., Thielecke, F., "Modelbased development of multifunctional fuel cell systems for More-Electric-Aircraft," CEAS Aeronautical Journal, 2013, doi: 10.1007/s13272-013-0062-3.

[25] Toro, A., "Electrical Generation System Comprising Membrane Fuel Cells with Dry Gases," World Intellectual Property Organization, WO 2006/053767, May 2006.

[26] SAE International Aerospace Information Report, "Aircraft Fuel Weight Penalty Due to Air Conditioning," SAE Standard AIR1168/8A, Stabilized July 2011.

5 未来飞机的能源和热管理系统

埃弗基尼·甘尼，迈克·凯尔纳

霍尼韦尔国际公司

引用：Evgeni Ganev，Mike Koerner，"Power and Thermal Management for Future Aircraft，" SAE International，doi:10.4271/2013-01-2273.

摘要

霍尼韦尔研制的飞机能源和热管理系统（PTMS）是将辅助动力（APU）、应急电源（EPU）、环控系统（ECS）和热管理系统（TMS）的功能进行综合的系统。F-35 采用 PTMS 架构比采用传统独立二次能源系统架构显著降低了尺寸和重量。未来飞机融合新型多电架构和先进高效能飞机架构可能会带来较大收益，但同时也需要较大的发电能力、更大的冷却能力和更高的工作效率。自适应能源和热管理系统（APTMS）可以根据不同飞行状态、不同任务模式实现架构重构以优化匹配各分系统的工作，也许可以满足未来飞机的需求。未来飞机架构的实现还需要考虑多方面因素，包括新技术及新架构、与飞机其他系统更进一步的综合、更为先进的控制和保护算法等。

1 引言

霍尼韦尔不仅是军民用飞机及空间飞行器的主要系统和部件供应商及系统综合厂家，更是在机电产品研制领域有广泛的积累。基于此，霍尼韦尔可以将之前描述的独立分系统（比如 APU、EPU、ECS 和 TMS 等）进行功能综合，提高可靠性的同时降低重量、体积和费用。霍尼韦尔研发了先进综合系统对 APU、EPU、ECS 和 TMS 的功能进行综合，这种 PTMS 构型使用同一涡轮循环机发电和制冷，为革命性创新。PTMS 涡轮循环机见图 1。传统独立分系统构型中：APU 主要在地面使用，空中不使用成为重量负担；而 EPU 只在主电源失效时使用。PTMS 构型中因为同一涡轮循环机可同时提供 APU、EPU、ECS 和 TMS 的功能，所以不存在空中设备或系统空置的情况。

2 背景

PTMS 基于霍尼韦尔提出的系统综合开发和测试概念发展而来。PTMS 有以下四种主要模式：①自起动模式（SSM/self-start mode），②主发起动模式（MES/main engine start），③冷却模式（CM/cooling mode），④应急能源模式（EPM/emergency power mode）。

自起动模式下，PTMS 使用飞机蓄电池组给起动 / 发电机（S/G）供电，起动 / 发电机（S/G）带动涡轮循环机转动。压气机工作在开环模式，此时压气机进口打开，外界环境大气经压气机压缩后供往燃烧室，燃油注入燃烧室燃烧提高燃气温度，燃烧后的高温燃气供往动力涡轮，在动力涡轮里

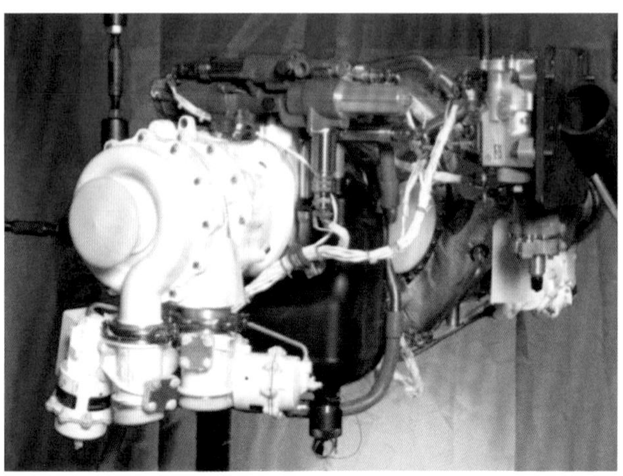

图1　F-35 PTMS 涡轮循环机

膨胀做功带动压气机旋转同时产生电能。一旦动力涡轮起转到起始速度，起动 / 发电机就不需要从飞机蓄电池组获取电能，此时 PTMS 进入自持续工作状态：PTMS 仅从燃油燃烧获得动力，起动 / 发电机为地面检查和主发起动提供电源。

在主发起动模式（见图 2）下，PTMS 从燃油燃烧获得动力驱动起动 / 发电机，起动 / 发电机给主发的起动 / 发电机供电以起动主发。

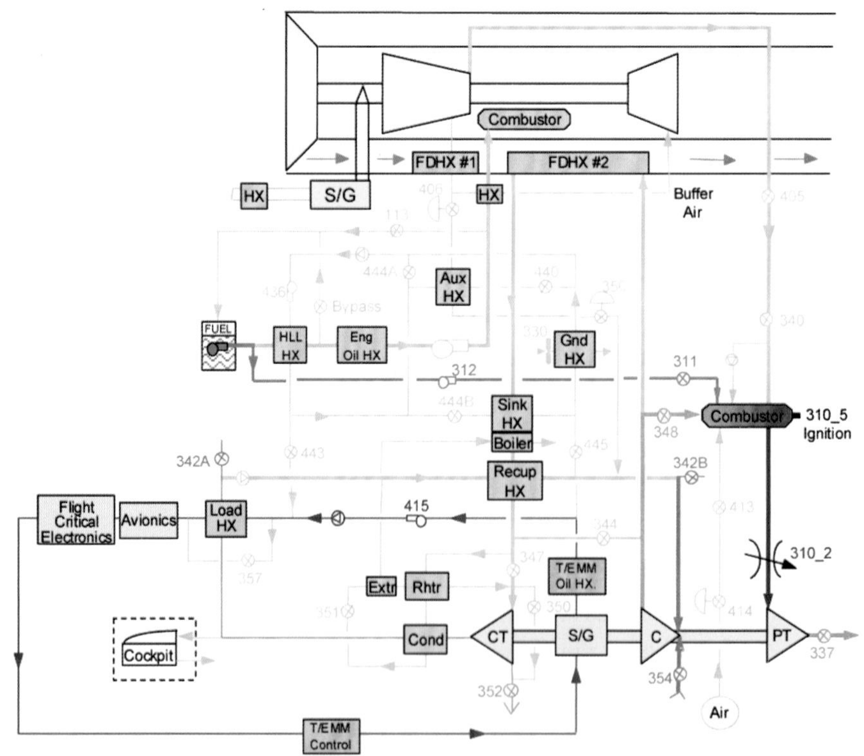

图2　PTMS 工作在主发启动模式（传统是由独立的 APU 提供）

主发起动后，PTMS 转换到冷却模式（见图 3）。在此模式下，不再使用燃烧室，PTMS 动力来源于发动机高压压气机引气。压气机工作在半开环构型：与外界连通的压气机进口关闭。经压气机压缩后的高温空气由发动机风扇管路空气冷却（FDHX #2）后，通过冷却涡轮膨胀进一步降温。涡轮出口冷空气一部分供往驾驶舱用于压调和空调，剩下的用于冷却 PAO 循环（PAO 循环用于冷却航电设备、飞行关键电子设备和其他需液体冷却的设备）。为驾驶舱压调和空调设置了补充气源，另一路来自发动机高压压气机引气经发动机风扇管路空气冷却（FDHX #1）后供往压气机进口实现对驾驶舱压调和空调供气的补充。

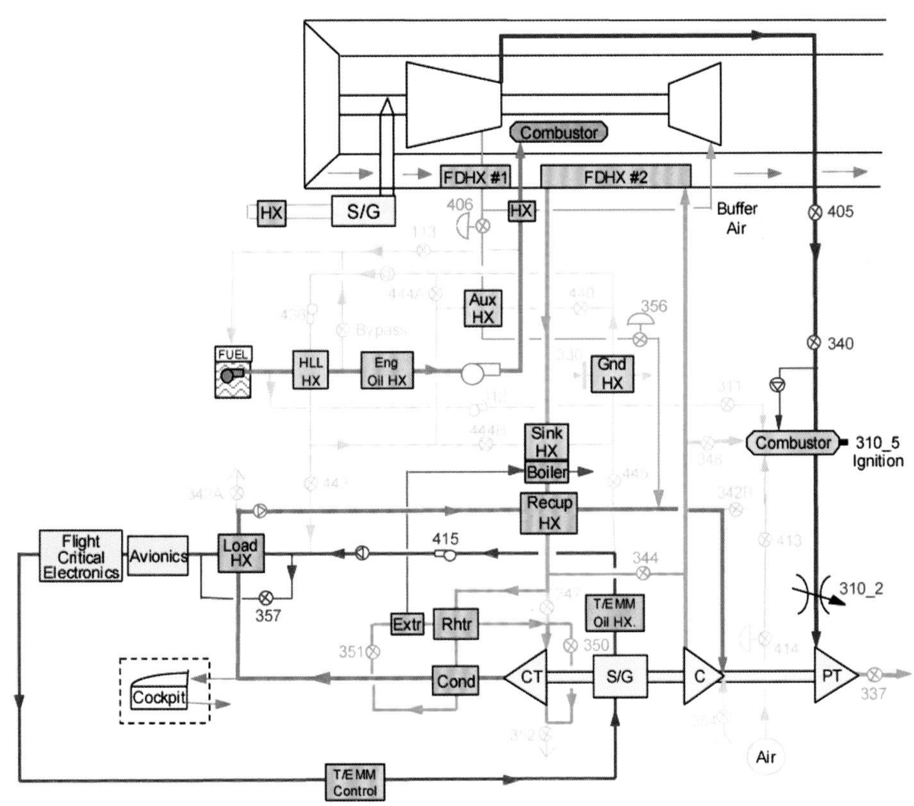

图 3 PTMS 工作在冷却模式（传统是由独立的 ECS 和 TMS 提供）

如果飞行中主发失效，PTMS 进入应急能源模式（见图 4）。在此模式下，压气机转换到开环模式，和主发起动模式类似。与外界连通的压气机进口打开，外界环境大气经压气机压缩后供往燃烧室和燃油一起燃烧，燃烧后的高温燃气供往动力涡轮，在动力涡轮里膨胀做功带动 PTMS，同时产生电能。产生的电能可以持续供给飞行关键电子设备和满足主发重起所需的高功率峰值要求。

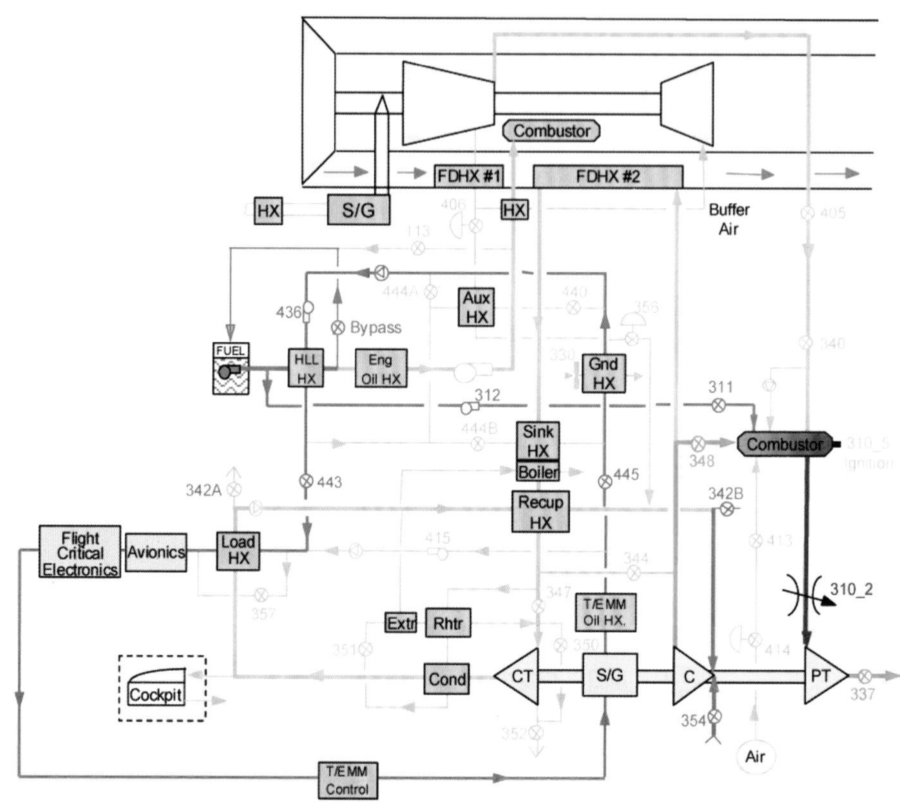

图 4　PTMS 工作在应急能源模式（传统是由独立的 EPU 提供）

3　先进的 PTMS 构型

未来飞机可能会从以下系统构型中获益：

- 冷却模式可选；
- 动力源可选；
- 热沉可选；
- 自适应。

3.1　冷却模式可选

空气循环系统（ACS）和蒸发循环系统（VCS）各有优缺点。空气循环系统（如 PTMS）更适用于为驾驶舱提供空调和压调，蒸发循环系统可提供更高的换热效率。大型飞机虽然使用 PTMS 和 TMS 增加了系统复杂性，但可节省能源，因此大型飞机使用 PTMS 和 TMS 是可接受的。特别是针对大热载荷的飞机（比如搭载高能武器）效果会更明显。

3.2　动力源可选

正常冷却模式下，PTMS 由发动机高压压气机引气驱动；其他模式下，PTMS 可由发动机低压压气机引气、电功率和燃气驱动。例如，在应急能源模式下，主发限制 PTMS 循环机效率是主要考虑因素，而降低 PTMS 循环机尺寸以提升燃油经济性带来的收益较小，一般不建议。在使用发动机高压压气机引气对发动机性能损失影响较大的情况下，选择发动机低压压气机引气可能会提升飞机总体性能。使用电功率驱动 PTMS 可获得较高的飞机总体性能，主发将轴功率转换为电功率要比转换为引气的效率高得多（发电机效率要比压气机高）。与此类似，PTMS 将电功率转换为轴功率要比将引气转换为轴功率的效率高得多，因此自起动模式下 PTMS 的起动 / 发电机设置为电机驱动。最后，通过 PTMS 燃烧室提高发动机引气温度也可驱动 PTMS。根据工作状态选择上述合适动力源可提高飞机总体性能。

3.3 热沉可选

F-35 战斗机中 PTMS 的主热沉是发动机风扇端空气。在一些飞行状态下，发动机风扇端空气温度很高无法作为热沉，此时采用燃油作为第二热沉。变循环发动机的使用将给未来飞机带来收益，原因在于变循环发动机可以提供温度更低的第三股流作为热沉、极大地降低用于驱动 PTMS 的功率需求和显著提高 PTMS 效率。使用冲压空气冷却可显著降低 PTMS 功率需求（见图 5）。

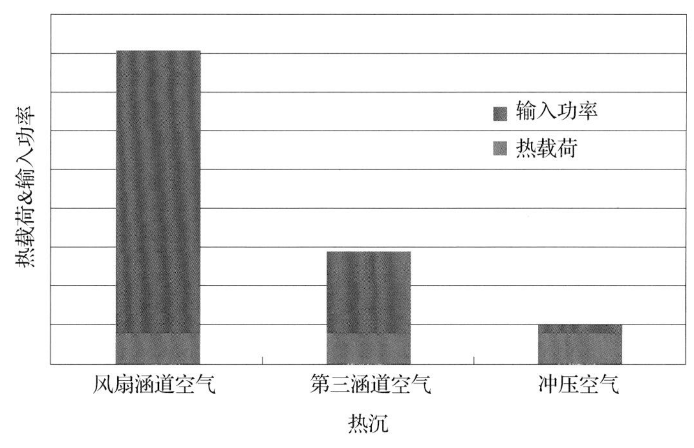

图 5　不同热沉对应的热载荷与功率输入对比图

3.4 自适应

上述可供选择的冷却方式、动力源及热沉，每一种方式都存在某些状态下能提高冷却效率、但在另外状态下并不能提高冷却效率的问题。通过自适应策略实现各种方式优势的充分利用，即某飞行状态下选择具有优势的方式，无优势方式处于待选择状态。

比如，使用冲压空气作为热沉，此时 PTMS 功率输入最小、冷却效率最高从而可降低飞机燃油代偿损失、增加航程和航时，但冲压空气进口会增加飞机雷达截面积（RCS）。如果在冲压空气进气口设置铰接风门（风门打开可提供冷却气流，风门关闭可确保飞机低可探测性），这样就可以在训练飞行中、进入目标区域前和离开目标区域后将风门打开，利用冲压空气冷却；进入战区时关闭风门，PTMS 热沉由冲压空气转换为发动机风扇端空气或第三涵道空气。采取这样的方式有利于节省燃油热沉以用于更严酷的飞行条件（如低空大速度飞行和定向能武器（DEW）工作）。

与此类似，当电能充足时选择电能驱动 PTMS，其他情况下选择发动机引气驱动 PTMS（能接受的情况下使用发动机低压级引气，无燃烧的引气或加燃烧的引气）。此外，可设置成利用控制面板上的反向 EMF 驱动 PTMS，一旦选择控制面板上的反向 EMF 则切断主发电机的同时利用反向电势驱动 PTMS。最后，如果飞机用电负载超过主发电机能力（比如定向能武器工作），一种方式是降低主发部分热载荷的同时将 PTMS 切换到自持续工作状态，也可以采取提升飞机供电能力的方式。

其他先进的系统构型可参见参考文献［28］SAE 2008-01-2934。

4 先进 PTMS 部件

未来飞机可能会从以下先进部件技术中获益：高温箔片轴承技术、两级压气机技术、提高涡轮入口温度技术和先进换热器技术。

4.1 高温箔片轴承技术

自支承箔片轴承（空气动压轴承）优点在于不需要润滑脂。PTMS 采用自支承箔片轴承避免了电机驱动器的油污清理，允许油液回流至泵、压力调节器、过滤器、储液箱和油液本身。由此降低 PTMS 涡轮循环机重量及维修费用。霍尼韦尔有先进箔片轴承技术可满足高温需求。

4.2 两级高效压气机

研究表明使用两级压气机可提高 PTMS 效率和制冷能力。

4.3 提高涡轮入口温度

PTMS 工作在自持续模式下，提高涡轮入口温度可以提高功率输出、供电及制冷能力，同时因降低高用电负载的冷却时间可节省地面维护时间。提高涡轮入口温度可采取两种方式：涡轮转子使用先进耐高温材料和增强涡轮转子冷却。

4.4 先进换热器技术

换热器在 PTMS 中占据了很大一部分重量和体积。霍尼韦尔已开发和测试了微通道换热器（单位体积换热面积显著增加），结果显示微通道换热器和传统换热器相比可显著降低尺寸、重量稍有降低。霍尼韦尔也开发了高温钛合金微通道换热器（可显著减小重量）。

5 电源系统的主要需求和功能

适用于 PTMS 的电源系统需要满足一系列复杂的需求，详见参考文献［3］和［34］。下面列出主要的功能需求和安全性需求。

电源系统的最主要功能是提供电源，将来自 PTMS 的机械轴功率转换为可传输给配电汇流条的可用电功率。发电系统正常可为 100% 负载持续提供电源，最大允许 150% 负载短时工作，超负载比例及对应的可工作时间视工作条件决定。

当用电负载和其他条件缓慢变化时，负载稳态管理可保证发电机输出电压稳定在稳态电压允许范围内。

当用电负载和其他条件快速变化时，负载瞬态管理可保证发电机输出电压稳定在瞬态电压允许范围内。其中，瞬态电压允许范围要大于稳态电压允许范围。典型负载管理需求详见 MIL-STD-704E，参见参考文献［29］。

电源系统应具有直流电源汇流条短路保护功能，当配电汇流条发生外部短路故障时可有效清除或隔离故障，允许短时大电流（高于正常工作最大电流）持续几秒钟。

电源系统应具有馈电短路保护功能，防止用电设备内部、用电设备与供电设备接口出现过流，降低对用电设备造成的损伤。

电源系统应具有供电短路保护功能，防止在供电设备内产生过流造成损伤。

电源系统应具有过压保护功能，防止电源配电汇流条过压，以避免对连接到汇流条的电气设备造成损伤。

当供电能力低于用电需求时电源系统会有过载保护。

自起动模式下（SSM）电源系统提供电源驱动 PTMS 涡轮循环机直至 PTMS 涡轮循环机可以自运行。在主发起动模式下（MES）电源系统需提供具有大瞬态电流的高电源功率。进入制冷模式（CM）飞机系统用电及 PTMS 涡轮循环机内部用电需求降低至较低水平，此时电源系统作为应急电源使用（主发电机失效时使用）。在正常飞行的大部分时间，电源系统均处于不工作状态。

使用一个高电抗永磁机（HRPMM）的电源系统架构见图 6。架构中包含一个三相电桥、一个直流连接电容、一个用于直流汇流条的 EMI 过滤器和一个电流接触器。此构型中需设置电流电压测量装置用于控制和保护使用。这个简单的构型可满足本文所提到的所有功能需求，并且有电源双向输出能力。发电机同步转动可驱动电机为 SSM 提供电能，在发电机终端加载合适的电压可实现发电同时可调节直流汇流条电压至合适值。

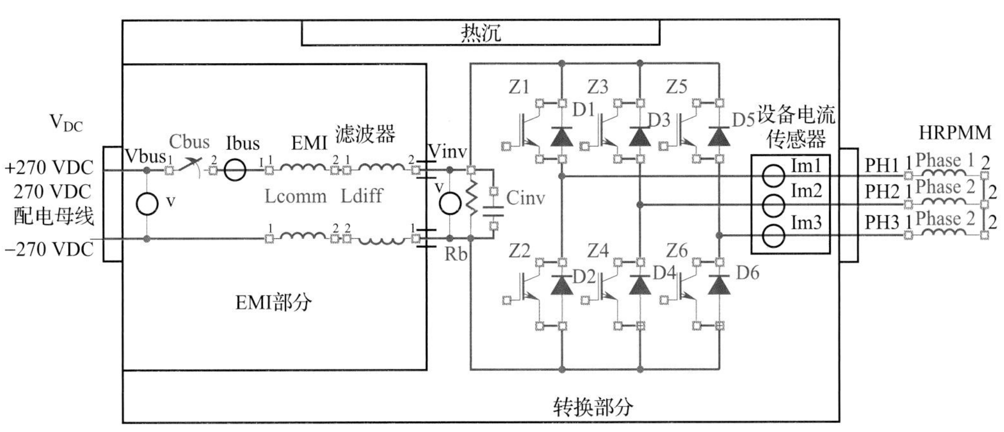

图6 用于 PTMS 基于 HRPMM 的电源构型

这个构型最独特的地方在于发电过程中可对直流汇流条提供短路电流以清除故障。如果直流汇流条过载，控制系统线性降低电压以防止损伤用电设备。电压低于一定值时，控制三相电桥不可行，此时使用矫正二极管用于控制。可适当选择发电机的电抗，使得发电机短路电流可满足直流汇流条短路电流的需求，一般情况下两个短路电流的比值在 1.35 比较合适，此比值会根据电桥和 EMI 滤波器不同而有变化。

如果在功率器件、发电机或发电机和功率器件接口处发生短路，发电将立即中断。失效电流由 HRPMM 限定并与最大工作电流相匹配，因此导致 PTMS 功能降级的机械故障是不允许的。

6 电源系统主驱动提升

6.1 多电架构趋势

电源系统在现代航空工业中扮演着重要角色，特别在多电飞机（MEA）或飞行器领域中尤其重要。商用飞机朝着电动执行机构方向发展，典型应用如波音 787 飞机。波音和空客下一代飞机倾向于多电飞机。在一些飞机的主飞控和备份飞控及其他功能上已经应用了多电飞机架构。另外，雷达及现代武器需求增长导致更高的功率需求。地面交通工具朝着混合动力技术发展（电驱动作为主动力），参考文献［4］对此进行了描述。参考文献［5］描述了未来空间飞行器推力驱动和飞控执行机构将需要大容量电源系统。与现有飞行器电源系统比较，多电飞机架构能提供更多推力、大幅降低使用费用、安全性更高，参考文献［6］对此多角度进行了详细描述。不管怎样，新一代飞行器的趋势是电源能力显著增长，供电电压不断增长以降低系统损耗、重量和体积。多电飞机需要系统性能全面提升及功率密度提升的新一代发电设备。为了满足供电品质和性能，已经制定了一系列供电品质和 EMI 要求。正在努力降低电源系统费用以期新一代飞机可承受。作为 PTMS 的一部分，电源系统本质上决定着多电飞机的先进性。大功率轴功率发电应用和 HRPMM 应用使得多电飞机架构更进一步。下一代 PTMS 将沿着多电飞机趋势继续前进。

6.2 电源系统功能增强——连续驱动

正常工作中，PTMS 使用发动机主发引气或燃烧室燃烧后的燃气驱动。在制冷模式下，电源系统不工作，由此可引入新的经济模式（EM）以提升全机性能。经济模式下，使用 HRPMM 和对应的功率组件驱动 PTMS（替代发动机主发引气或燃烧室燃烧后的燃气驱动），此时主发电机多余的电能可充分利用，可显著提升全机效率。

6.3 电能再生和峰值管理

工作在Ⅰ、Ⅲ象限（驱动），飞机控制执行机构需要从电源传递过来的大电流峰值。工作在Ⅱ、Ⅳ象限（发电），可再生大电流峰值。电负载（机电或电力执行机构）需要供电峰值以驱动飞机发电及配电系统。需要寻找一种合适的方式满足峰值需求的同时不会过分增加电源系统的尺寸。电源的双向能力可以提供电源再生。典型应用是在执行机构控制器内使用分流策略以使用再生电能，但此方法因散热问题效率较低，电能得不到充分利用，同时执行机构控制器尺寸较大。可将再生电能储存在特殊设备内（如电池、超级电容或飞轮装置），但此方法因复杂性提高也会面临可靠性、重量、体积及费用方面的问题。在这种情况下，需要找到一个合适的方式和系统提升飞机能量管理水平，参考文献［33］和［35］在不增加设备情况下提出了较可行方案，主旨思想就是对再生能源的再利用及使用多个电源以适应电源峰值管理需求。

6.4 适用于 PTMS 的自适应电源系统

能量优化飞机系统之间的集成程度直接关系到研发成本，集成程度越高，研发成本越高。因此需要自适应电源系统，不仅可以满足用电需求变化，也可以满足功能及保护的变化，包括有起动不同主发的能力。同轴发电和无齿轮无滑油润滑一体化设计：同轴发电取消了用于发动机高速涡轮与发电设备之间的齿轮箱，提升了全系统可靠性，能力的进一步综合朝着无齿轮无滑油润滑设计方向发展。传统发电设备需要通过齿轮箱获取低转速。在过去的两个世纪内，发电设备从高速永磁式（PMM）、开关磁阻式（SRM）发展到电磁感应式（IM）。参考文献［7］给出了一体化设计的例子。参考文献［38］对发动机不同类型发电机的一体化设计从历史发展视角进行了精彩论述。PTMS 中应用基于高速永磁发电机的系统可提升发电能力，参考文献［3］中对此进行了多角度论证。霍尼韦尔已经完成一个称为下一代发电应用技术（NGLT）的电源系统项目，由 NASA 资助，应用于空间项目。一些关键技术已经突破到技术成熟度 6，参考文献［8］、［9］和［31］对此进行了深入描述。下一代发电应用技术电源系统没有齿轮箱、没有滑油润滑、没有外部冷却需求，因此比传统电源系统简单，因此获得的收益是可靠性提升、费用降低。分析表明：下一代发电应用技术（NGLT）可靠性预计值是空间航天飞机 APU 的 9 倍，参考文献［10］中描述的 APU 包含一个压气机、涡轮、燃烧室和起动 / 发电组件，这些部件集成为一体。旋转部件采用箔片轴承（空气动力轴承），没有润滑需求。有一个明确的需求就是从技术先进的 PTMS 同轴发电电源系统到同轴发电无滑油润滑系统进行转变，无润滑系统将会大幅降低维护需求提升 PTMS 可靠性。

7 下一代 PTMS 的发电设备

参考文献［39］指出：目前使用的大部分发电设备都是发电理论建立时所应用的。PTMS 刚开始应用的电源系统是基于同轴的开关磁阻式发电机，目前已达到技术成熟度 6 级、可满足主要需求。但开关磁阻式发电技术固有的电流波形高失真使得应用的硅和电磁材料效率很低。

同步高速永磁式发电机除了重量和尺寸较大外，很多方面性能都优于其他类型的发电机。但是同步高速永磁式发电机转子磁通量是恒定的，短路时无法对其进行控制或及时断开，会持续产生电动势直至停转。提出高电抗永磁发电机（HRPMM）用来限制相电流级（较小的水平），在系统耐温范围内或转子转速降低至 0 之前都应能保持正常连续工作能力。参考文献［3］中指出开关磁阻式发电技术已朝高电抗永磁发电技术转变，更多地关注于转子设计，从本质上简化了电源架构，可降低重量、提升可靠性。这种架构已经成功应用于 PTMS 产品中并得到充分验证。其他飞行器电源系统均采用了相似技术，参考文献［11］、［12］和［31］公开了此项技术的重要方面。基于高电抗永磁发电技术的电源系统大幅提升了性能及保护能力。

电磁式电动机固有的低速特性及需要减速齿轮箱，使得很少应用电磁式电动机。因此未来能否实现无齿轮箱无滑油润滑的转变是能否应用的主要限制性因素，电磁式电动机的低效率导致输出功率有限也限制其应用。

近年来高速技术发展使得电磁感应发电机应用成为可能。但是直流母线短路需要特别规定，此时电源系统应能利用短路电流清除故障保护继电器。用于激励电磁感应发电机的外部电源处于短路状态。因此，需要寻找替代激励源用于激励电磁感应发电机。因此，基于电磁感应发电机的电源系统的一个明确需求就是短路时应能为继电器（母线）提供电流。

图 7 给出了基于电磁感应发电机的电源系统的可能架构。使用两个独立的线圈：一个用于发电，一个用于供电。正常发电模式下，Q7 关闭，利用开关 Q7 可实现母线通断功能从而可在短路下工作。直流母线短路时，Q7 对应的高频脉冲调制可支持短路下工作，与此同时可通过 C2 保证直流二次配电所需的电压。Q7 关闭时，主整流器可提供对母线的短路。

Q7 打开时，主整流器给电容 C2 充电从而给变频器供电。D9 的功能是当 Q7 打开时恢复通过直流母线的感应电流。自起动和监控模式下二极管 D8 旁通 Q7。在 SSM 中还用到了励磁变频机。

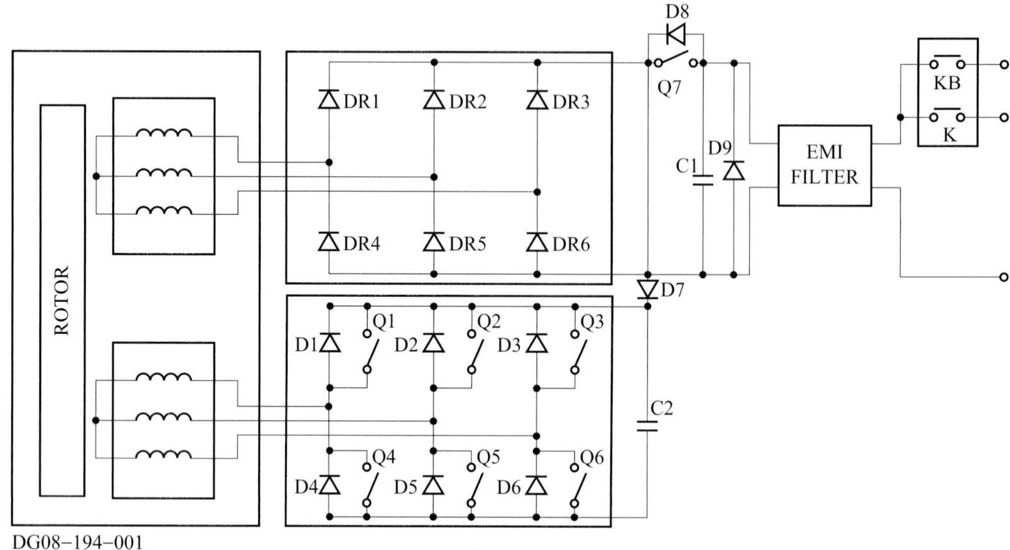

图 7　用于 PTMS 的基于电磁感应发电机电源系统架构

用于下一代 PTMS 的可用设备是 HRPMM 和 IM。基于高电抗永磁发电技术（HRPMM）的电源系统被大家广泛认可，相对较短的时间内可获取较大的技术提升。基于电磁感应发电机的电源系统基础较薄弱，很多技术需要攻克，需要很长的时间。

8　电源系统主要提升方向

参考文献［40］对电气设备瞬态控制进行了深入描述。由于功率电子的发展使得本文描述的先进控制理论得以应用，从而在电气设备瞬态控制方面仍有广阔的提升空间。

8.1　高电抗永磁发电技术（HRPMM）的超前恒定滞后控制

参考文献［3］、［13］和［14］中描述了高电抗永磁发电系统工作中控制发电模式的概念和方法。这种控制方法称为功率因数超前控制，可实现系统的稳态和瞬态响应（见图 8）。

$$V_T=E_{\mathrm{EMF}}-I_{\mathrm{M}}Z_{\mathrm{SL}} \quad (1)$$

传统电源系统从 0 到最大功率提取过程中均采取功率因数超前控制，导致发电设备和控制设备内部功率电子损耗较大。提取功率越大，功率因数越小，效率越低。电源系统的最终目标是在整个工作过程中功率因数最大限度保持恒定。超前恒定滞后控制的思想就是在额定稳态负载下使用功率因数恒定控制，在大功率负载下（实际工作时间较短）使用功率因数超前控制，在小功率负载下（低于额定负载，实际工作时间较短）使用功率因数滞后控制。这样，统计下来，在给定的飞行剖面下就可节省平均能量。为了能够成功应用功率因数超前恒定滞后控制，需要对高电抗永磁发电技术（HRPMM）进行特殊设计以满足控制策略需求。功率因数从 0 到恒定的工作矢量图见图 9。关于此控制方法的深入描述详见参考文献［36］和［37］。

根据参考文献［41］研究结果可知：把显著性纳入永磁电机（PWM）中可显著降低工作中较宽转速及负载范围下调节定子电压（工作转速及负载范围较宽）所需的无功电流源的幅值。未来 LUL PF 方法应用于静音电机将是热点。电源系统全局控制思想应和多电飞机最新的发展（节能飞机）一致。

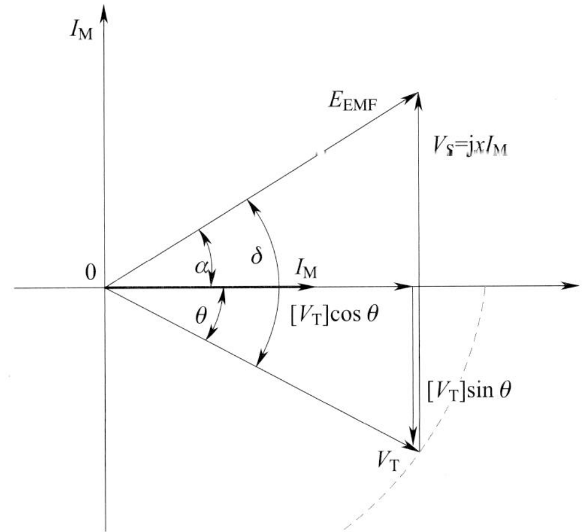

图 8 采取功率因数超前控制的 HRPMM 单相分析矢量图

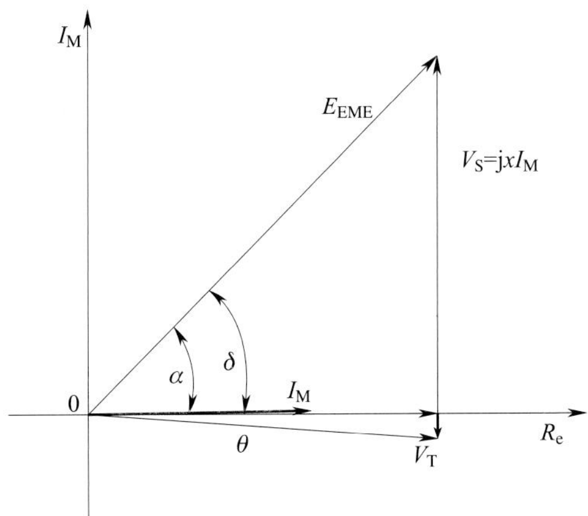

图 9 采取功率因数超前恒定滞后控制的 HRPMM 单相分析矢量图

8.2 无传感器电机控制应用

无位置传感器的 PWM 控制具有显著的优势。取消了电机组件内的传感器、对应的连接电缆、电连接器和信号状态判断电路，从而提升了可靠性、减小了重量，具有更好的抗干扰能力。

作为电机驱动系统的一部分，一些无传感器控制方案已经被验证。一种浮动参考框架控制称为基于转子位置评估的派克矢量控制方法已经被霍尼韦尔研发出来，详见参考文献［15］~［17］。这种控制方法还有以下主要优点：①能够驱动高电抗永磁电机（HRPMM），提升故障状态下的系统安全性；②工作不受电缆长度影响；③可测量电机电流并可将其用于控制系统的参考框架；④电缆的感抗和阻抗与电机比起来小得多。电机壳体内设置了电机控制器用来测量电机电流（不同于基于控制策略的反电动势电压），因此电流测量值不受外部噪声干扰，保证在严酷的 EMI 环境内可靠工作。虽然这种方式易于理解并成功应用丁电机驱动系统，但是在电源系统却发展缓慢。应用于 PTMS 的下一代电源系统一定会受益于此技术。

8.3 直流母线电压脉动补偿

霍尼韦尔最近研发了一种新方法称为直流母线电压脉动补偿，发表在参考文献［18］中。此方法基于变频器之间的脉冲调制解调（PWM）移相，从而具备调节不同值转变的能力。针对不同的控制方法采取不同的调制策略。针对一些调制策略，采取预设转变角可在全工作剖面保证性能稳定。对另一些调制策略，在不同的工作状态通过不断调整转变角以获取最优性能。直流母线的不同电气参数（比如直流电流、直流电压、交流电流、交流电压和电压脉动）都可用于控制以保证任何工作状态下压力脉动最小。这种控制方法的主要优点还有：①由于降低了电容量、减少了 EMI 部件，可减小重量和体积；②降低费用；③提升了 EMI 和电源能力；④由于降低了部件的工作温度从而提升了可靠性。如果多路开关电源转换设备可连接在相同的配电线路上，则电源系统可从此技术中获益。

8.4 机械能不足时电气过载保护

电源系统应设置电气过载保护以避免功率电子或电机超温，避免发动机停转。有时候超温毫秒级就会导致 PGS（一次能源系统）的破坏性失效，从而危及飞行器安全。图 10 给出了电源系统典型的 V–I 特性曲线。从特性曲线中可以看出轴功率充足情况下，电源能力可满足最大功率需求（见 B 点，P_{max}）。

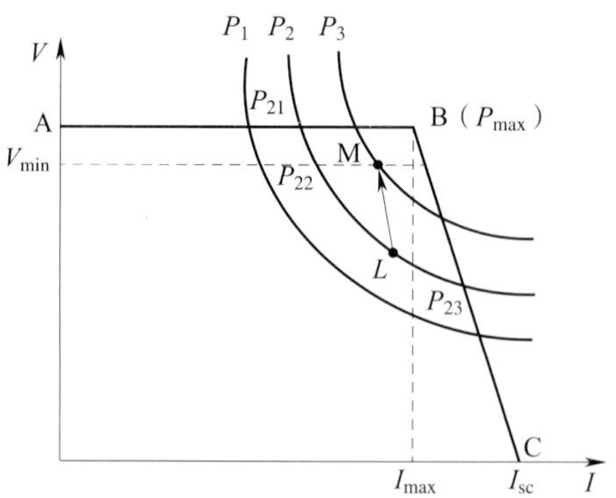

图 10　电源系统的 V–I 特性曲线图

正常工作希望从 A 点到 B 点。B 点对应的为提取的最大功率 P_{max} 和正常工作最大电流 I_{max}。BC 段表示主动降低电压以避免过流。点 C 对应的 I_{sc} 为短路电流，短路电流可持续几秒钟。

在工作剖面的某些特定点，电源系统可以限定轴功率，这样会导致电气负载需求与输出功率的不匹配，由此可能出现系统机械过载。通常可能会出现转速降低，从而导致发动机停转。停转发动机需要立即重新起动。飞行中重新起动发动机几乎不可能或不重要，会带来一系列的问题。

不切断负载电源是最令人满意的过载保护措施。电源品质可以降低，但是要保证全工作剖面关键负载的电源连续输入（包括过载情况）。图 10 中，P_2 曲线对应的是电源系统连续输出的恒定功率。P_2 为电机轴功率输出减去电机和功率单元的损失。P_2 曲线和 V–I 特性有两个交联点：P_{21} 和 P_{23}。如果功率需求从 A 点的 0 持续增加，电源系统会提供额定电压对应的功率直至点 P_{21}。未来功率需求增加的话，电压降低，沿着 P_2 曲线中 P_{21} 到 P_{23} 段工作。在这种工作方式下，通过降低电压保证功率需求恒定，不会出现机械轴功率过载情况。未来功率需求进一步增长，电压进一步降低，工作曲线段移到 P_{23} 到 C 段（C 点为过流保护点）。曲线 P_1 和 P_3 均是功率恒定曲线，但电源能力不同，其中 $P_1<P_3$。

两种控制方式可以考虑。控制方式 1 已知可用机械能，控制方式 2 机械能未知情况下应用过载保护。参考文献［42］~［44］对这种保护方式进行了描述。作为下一代 PTMS 的一部分，对电源系统的过载保护方式进行研究非常必要。

8.5 无传感器的超转保护

对飞机高速旋转机械进行超速保护以确保失效安全非常重要。一般设计能力可容忍正常工作最大转速超速 50%。包容需求导致很大的代价，比如重量和体积。应用高速电机驱动可将超速包容需求降低至 7%，基于轴位置传感器测量转速的闭环控制可获得比较高精度的转速控制，但是并不经常使用轴位置传感器。因此，在大部分先进无传感器控制架构中并没有真实转速测量。

参考文献［45］对近期无轴位置传感器电机驱动的方式进行了描述。针对特定应用情况，所采取的策略可以是不同方式也可以是多种方式的综合。对大多数情况，超速保护通过对无传感器控制算法进行简单修正就可实现。对有附加要求的情况，可应用硬件冗余超速保护。超速测量通过得到同步电机电流，并将其与硬件中的独立频率源进行比较来实现。应用于 PTMS 中电源系统的任何工作模式（包含供电和发电模式）的超速控制更倾向于采用无传感器控制原理。

8.6 中线退耦保护

参考文献［19］中描述了一种用于同步永磁电机驱动系统的失效保护方法和策略。策略即是在定子绕组上采用中线退耦方式为系统提供短路保护。在电机线圈的浮动中线连接部位应用断开设备实现退耦。断开设备可以是自驱动的，也可以是外部控制的。如果电弧检测方案可实现，这种保护方式不仅可用于发生短路后的短路保护，也可用于预测故障。这种失效保护方法和策略可实现电机内部短路、配电器短路、电机 / 配电器接口短路保护，可实现火线对火线、火线对中线、火线对地线的短路保护，目前普遍使用的失效保护方案尚无法实现上述所说的任何一种短路保护。因此这种失效保护方法和策略可大幅降低由于短路失效带来的潜在危害。保护效果取决于断开设备速度。如果电弧检测方案可用，可彻底消除系统损害。这种方式可用于某些功能或性能丧失时的超温或超载保护。在基于高电抗永磁发电机的电源系统应用这种失效保护方式可将工作安全提高很多。

8.7 满足新构型的新增功能——连续驱动

工作在新型经济模式（EM）下，使用高电抗永磁发电机和相关联的功率电子获取连续驱动的能力。用于自起动模式下（SSM）的电机是普通电机，对其进行了优化以获取较大马力输出，在电源限制的情况下最大限度提升转动组件能力。顺应能量飞机发展趋势，对连续高功率驱动进行优化以获取最大的电驱动效率，应用无传感器控制方式同时采取单元功率因子控制，采用自调优化效率算法获取进一步的能量优化。考虑到所有的误差以及环境变量，优化系统性能采取基于敏感性分析的电机驱动优化方法，这种方法已经成功应用并在相似环境下得到验证。参考文献［20］、［32］和［46］公开了基于统计学方法的进一步优化方法。采取这些优化方法可以获取最优化设计，使得重量、体积、可靠性、效率和费用等因素得到最优化平衡。

8.8 提升峰值功率和吸收再生功率

如上所述，取消执行机构中的分流调节器、再生功率再利用会提升飞机能量利用效率。另外，特殊储能设备的应用会增加系统复杂度，导致系统重量增加、体积增加、花费增加、可靠性降低。PTMS 的电源系统可通过转换到驱动模式吸收再生功率。制冷模式（CM）下电源系统处于空置状态，此时电源系统可用。从电功率转化成机械轴功率的能量大小受功率电子额定功率和 PTMS 发动机的机械负载需求限制。再生功率就是利用电动机将电能转换成机械能对应的功率。如果再生功率超过了所有的机械功率负载（包含机械能损失和制冷功率），稍微增加转速吸收短期能量峰值。参考文献［33］和［48］对这种方法进行了描述。

如上所述，下一代电源平台峰值能量需求会提升很多。参考文献［35］和［47］建议在现有电源容量基础上进行提升改进，而不提倡提高现有部件的额定功率或新增新部件或新系统。建议采取限时母线并行，而不提倡全程母线并行。电源系统采取短时从备份状态转换到发电模式以补充峰值功率的不足。制冷模式下电源系统处于空置状态，此时电源系统可用，所有主发电机独立地给负载提供稳态和瞬态电功率，辅助发电机空置。所有的主发电机给执行负载（和 PTMS 电源系统共担）提供瞬态电功率。电源系统给所有的主汇流排（包括同时工作的所有主汇流排）提供瞬态电功率。此时电源系统依然能够无降级无限制地满足主要功能。

推荐的提升峰值功率及吸收再生功率的方法，因为取消了分流调节器、电容、飞轮、电池和二极管，所以降低了花费。只需对控制算法进行少量改动，应用很简单。由于再生功率瞬时再利用，不会产生额外的功率转换损失，因此提高了全系统效率。再生能源降低发动机燃烧燃油，取消了分流调节器冷却。与使用专用电池、电容和飞轮相比，费用降低、可靠性得到提升；取消分流调节器和二极管，进一步降低费用、提升可靠性。将采取稳健性母线电压调节措施满足严苛的电源品质需求。将提升再生能源容量。

8.9 先进的功率器件底座设计（重量减小、费用降低）

参考文献［21］公开了一种新型的结构设计技术（称为集成冷板 / 底座）用于强迫冷却功率器件。功率器件集成安装在内部设有换热器的铝制底座上，底座包含铝制壁板和换热通道两部分，这两部分钎焊在一起，换热通道内设有换热翅片。钎焊程序完成后进入最后一道加工程序，最后一道加工程序保证换热器和底座成为一个有机整体以防止因焊接温度升高导致底座可能发生变形。和目前工艺相比的优势是提升了结构完整性，从而减小重量、体积，降低工时和费用，没有使用污染材料（无胶），提升了可靠性，因降低机械连接点提升了防泄漏及防腐蚀的能力，提升了辐射发射对应的 EMI 性能，增加了接地电阻，提升了产能，提高了内部表面的平整度。采用胶结和纳米焊接工艺替代钎焊可大幅降低费用。集成换热器 / 底座采用塑料和复合材料可进一步提升性能、降低费用。

8.10 TMS 的优化 DSP（数字信号处理器）控制

在 TMS 中使用先进的数字信号处理器可简化控制硬件。采用专门控制硬件用于电机控制（专门控制硬件可在处理器里生成专门功能（PWM 脉宽调制））。取消 FPGA（现场可编程门阵列）可提升可靠性、简化开发流程。

8.11 换热材料优化提升

目前材料技术的飞速发展使得具有高换热性能的打印布线板成为可能。这些布线板（比如

STABLCORT）可以保证安装部件与布线板连接处的温度较低，从而可提升功率密度及可靠性。

8.12 使用先进部件

应对半导体技术的最新进展进行研究以期提升功率器件的功率密度。关键是基于碳化硅（SiC）、氮化镓（GaN）或其他半导体材料的高温器件的获取和应用。高温器件使得热量易于导出从而降低对冷却系统的需求。另外，低功耗器件及可控制器件以更有效的方式运行有助于节能飞机的实现。也可以对高功率开关模块节能和轻型集成技术的应用进行研究。

8.13 有源滤波

有源滤波的应用可以减小重量和体积。近来，参考文献［49］中提出了一种电磁解耦的新方法，有源滤波可作为高阻抗单元以降低高电流差模电感的需求。当有源滤波器工作在电感相同的电流和电压水平下，有源滤波器可直接替换差模电感。其他情况下可在有源电路中使用感应和反馈线圈，通过感应线圈感应的干扰电流为宽幅放大器（此处指的是差动频率范围在 10kHz 和 5MHz 之间）提供信息。宽幅放大器将干扰信号放大，应用放大信号获取输出相位、将放大信号反馈至感应线圈用于清除初始感应干扰信号。感应 / 反馈线圈应在所有可能的差模干扰情况下都能全效率工作。在大部分差模设备内使用有源过滤可降低系统的重量和体积。系统设计需要综合考虑功率使用、可靠性、对全机重量和体积减小的贡献比例等因素。当设计以差模为目标时，有源过滤通过提高直接差模性能以降低正常模式干扰。虽然潜在的正常模式干扰（10kHz ~ 100MHz）比典型差模（10kHz ~ 5MHz）覆盖的频率范围更广，但正常模式干扰范围的高频区域已经通过使用小容量正常模式电容被有效解决了。

8.14 支撑超前恒定滞后控制对应的 HRPMM 设计

为了获得基于超前恒定滞后控制系统的最优化方案，HRPMM 需要满足一些特定需求。首先需要关注的参数有反电动势电压、定子泄漏电感、电枢反应电感。这些参数定义了参考文献［3］描述的失效时所对应最大短路电流。另外，还应考虑一些过压失效。装置参数应同时考虑发电性能和驱动特性进行优化。参考文献［20］和［32］对可能用到的优化方法进行了描述。可同时应用于自起动模式和连续驱动模式。参数变化应考虑加工过程的制造误差及环境变量的影响。因此，发电机参数的选取应满足所有模式及转换时的需求以支撑自主节能飞机。

8.15 单匝 HRPMM 设计

HRPMM 一个可能的失效就是同一线圈匝间短路。此失效在一些环境下很难被探测到并很难解决。因此可对单匝 HRPMM 设计进行评估，单匝 HRPMM 设计可杜绝此类失效。如果可行，此措施结合其他保护措施比如中线解耦，可使 HRPMM 安全性接近于其他机械设备。

8.16 增加发电机级数

参考文献［8］、［9］、［11］和［31］描述了两种使用 HRPMM 技术的高功率发电系统。在这两种系统或其他同等功率水平和转速的系统中，主要使用两级发电机保证基频低于 1000Hz。主要是受两个因素限制，一是较高基频需要工作在较高调制频率下的高功率开关模块获得近似正弦电流波形（此波形功耗低且具有应用先进矢量控制的能力）；二是较高基频需要更快的计算设备（如 DSP）执行特定的控制功能。随着功率电子和控制电了技术的发展，使用四级发电机成为可能。级数增加会导致发电机复杂性增加、电磁材料增加（转子磁铁和定子磁铁芯片）、设备小型化以易于集成。受益于功率电子的发展，应用四级发电机主要可降低 EMI 和电容储能部件的重量。

8.17 转子轴承技术

近年来，复合材料得到巨大的发展。大型客机已在主结构（如机身和机翼）上使用了复合材料。将发电机的金属磁铁保护套筒替换成复合材料成为可能。在这个方向有很多成功的案例。复合材料套筒降低了空隙磁效率从而减小了发电机的空隙。因此，更紧凑的发电机成为趋势，参考文献［20］、［32］和［34］对其进行了描述。转子刚度将会提升，从而使得发电机与转子组件一体化更为容易。

参考文献［22］中描述的螺纹转子套筒有利于优化转子组件，内套筒在连接转子的两端设置螺纹，一对短轴连接在内套筒两端，短轴之间设置磁石。磁石保持在压缩状态防止工作中断裂。外套筒与磁石采取热嵌配合以提供转子更大的离心力，这种装配提高了外套筒和磁石之间的热嵌配合允许公差从而降低费用。

参考文献［23］中描述的复合材料连接杆包含两个螺母装配之间的涂覆光纤束。螺母装配结合在一起的光纤夹持器拉紧光纤束，在拉力作用下保证涡轮机械转子沿轴线方向的部件位置固定。

8.18 用于提升功率密度的新型磁性材料

应当评估提升性能的磁性材料应用可能性。应对钕合金等高性能永磁材料（MGO）进行研究。

8.19 使用箔片空气轴承替代需润滑脂润滑的轴承

使用箔片空气轴承可取消用于轴承润滑的滑油系统，极大地提升了高功率旋转机械系统的性能。参考文献［24］指出，转子硬度和大的空气间隙是应用箔片空气轴承的两个重要参数。需要对转子轴承集成进行认真设计以满足临界转速的要求，不同电机对应不同集成方案，在这方面应用成功的就是 HRPMM。电磁感应式电机（IM）和开关磁阻式（SRM）的性能受空气间隙影响很大，因此这两种电机成功应用箔片空气轴承或电磁感应轴承有很大挑战。电磁式电机转速很低，应用箔片空气轴承不现实。目前高速电机已广泛使用箔片空气轴承，但在电源系统中应用缓慢，最重要的原因是发动机周围环境温度高。作为 PTMS 一部分的电源系统电机拟使用箔片空气轴承。参考文献［8］、［9］和［12］描述了一种基于发电系统的 HRPMM（与 PTMS 功率一致），真正实现了无齿轮无滑油润滑一体化设计，目前技术成熟度为 TRL6。参考文献［10］描述了一种高速感应发电系统，已完成全转速及功率范围内的测试。箔片空气轴承技术发展迅猛，研发的第 5 代箔片空气轴承用于满足越来越严苛的寿命及温度需求。参考文献［25］中的转子组件中的轴承散热是通过轴承变形实现，使用这种轴承可取消轴承冷却气流。轴承内在横向轴承的外表面和径向轴承的内表面设置了一个导电套筒。在 PTMS 中应用箔片空气轴承可显著提升系统性能和增加维修间隔，因此前景诱人。

8.20 HRPMM 的中线解耦

电机中线解耦（MND）保护技术在前面章节中从系统角度进行了描述。参考文献［19］中描述的应用需要特殊设备与 HRPMM 组件一体化设计技术的发展以获得最佳集成及接口简单化。为了实现故障清除后重起系统工作，设备应可控。有很多形式可选择，如半导体设备和电动电流触电器。

8.21 励磁控制高速永磁发电机（PMM）

可考虑参考文献［26］和［27］描述的新型发电机，以加快高速永磁发电机（PMM）的应用。此技术可将高速永磁发电机的功能朝电压调节及提升其他设备内保护拓宽。

9 结论

PTMS 架构比传统独立二次能源系统架构具有很大优势。下一代 PTMS 朝着飞机主要能源系统（如主发动机、主发电机和飞控系统）的进一步综合方向发展。

经济模式下，PTMS 由电驱动，比使用引气更为经济。因为发动机高压级引气会带来较大的发动机性能损失及额外需要换热器降温，因此多电飞机的趋势是取消发动机高压级引气。自适应主发功率提取及热沉选择可保证全任务剖面下 PTMS 均工作在高效状态下。先进的涡轮机械技术（如箔片空气轴承、高效压气机、高温涡轮和变截面涡轮）使得 PTMS 更轻、更小、更可靠、更易于维护。使用微通道和泡沫技术的先进换热器可显著减小重量及尺寸。

发电机或电机不同工作模式下，对高电抗永磁机（HRPMM）应用新型控制和保护策略可减小重量、提升可靠性和安全性，并可实现超前恒定滞后发电控制、无传感器轴控制、母线电压脉动控制。当切换功率源或负载时，机械功率会显著增大，此时电源需要进行过载保护。新架构采用优化的连续驱动模式。PTMS 架构可提升电源峰值能力和再生能力，从而提升飞机级能源利用率。

功率器件是未来发展最为活跃的领域，可考虑将半导体材料（如 SiC 和 GaN）和新型组件及新的换热技术结合应用。最近将集成冷板与壳体结合的新技术可减小组件的重量，提升冷却能力，更进一步的发展体现在使用塑料和复合材料上面。使用电磁解耦方法可提升有效过滤，减小系统重量。

下一代 PTMS 上切实可行的发电机选择是高电抗永磁发电机（HRPMM）和电磁感应发电机（IM），基于高电抗永磁发电技术（HRPMM）的电源系统架构被大家广泛认可，相对较短的时间内可获取较大的技术提升。基于电磁感应发电机（IM）的电源系统基础较薄弱，很多技术需要攻克，需要很长的时间。对高电抗永磁发电机（HRPMM）进行改进即可满足新型控制与保护策略从而提升性能。发电机参数可进行选择以匹配发电时新的超前恒定滞后控制及其他所有的模式。增加发电机的磁极及应用新型磁性材料可提升发电机的性能及易于集成的能力。转子轴承的一系列技术（包括使用复合材料）可促进发电机的集成。高电抗永磁发电机（HRPMM）应用箔片动压轴承可真正实现无齿轮箱无润滑。单线圈设计和中线解耦可显著提升发电机安全性。另外，基于高电抗永磁发电技术（HRPMM）的电源系统架构还应考虑电压调整和电流平衡的能力。

经证实，第一代 PTMS 的应用对飞机具有显著的优势。下一代 PTMS 通过对飞机系统的进一步集成，可有效支持多电飞机、满足能量优化飞机的目标。

作者联系方式

如想获取能源和热管理系统的更多信息，请联系霍尼韦尔航空航天公司的埃弗基尼·甘尼和迈克·凯尔纳。

地址：加利福尼亚州，托兰斯，霍尼韦尔航空航天公司

电话：（310）512–4122；（310）512–4439

Email：evgeni.ganev@honeywell.com；mkoerner@honeywell.com

致谢

感谢在联合打击战斗机综合子系统技术（J/IST）演示验证项目中演示验证多电飞机与子系统集成技术综合情况的人们，上述飞机子系统综合一体化革新技术现已成功应用于 F–35 战斗机中。执行

联合打击战斗机综合子系统技术（J/IST）的政府－工业联合小组由联合打击战斗机项目办公室，空军研究实验室，海军航空系统司令部，波音公司、麦克唐纳－道格拉斯（麦道）公司，洛克希德－马丁（洛马）公司，诺斯罗普－格鲁门（诺格）公司，普拉特－惠特尼（普惠）公司，汉密尔顿－松斯特兰德（汉胜）公司，霍尼韦尔公司，穆格公司，派克·汉尼汾（派克）公司和其他零部件供应商的专门人员组成。

术语 / 缩略语

APU—Auxiliary Power Unit/ 辅助动力装置

BEMF—Back Electromotive Force/ 反电动势

CM—Cooling Mode/ 冷却模式

CS—Cooling System/ 冷却系统

DC—Direct Current/ 直流

DEW—Directed Energy Weapons/ 定向能武器

DSP—Digital Signal Processor/ 数字信号处理器

EEA—Energy Efficient Aircraft/ 能量优化飞机

ECS—Environmental Control System/ 环境控制系统

EM—Economy Mode/ 经济模式

EMF—Electromotive Force/ 电动势

EMI—Electromagnetic Interference/ 电磁干扰

EPGS—Electric Power Generation System/ 电源系统

EPM—Emergency Power Mode/ 应急动力模式

EPU—Emergency Power Unit/ 应急动力组件

FPGA—Field Programmable Gate Array/ 现场可编程门阵列

GaN—Gallium Nitride/ 氮化镓

HRPMM—High-Reactance Permanent Magnet Machine/ 高电抗永磁机

HPPGS—High-Performance Power Generation System/ 高性能发电系统

ICC—Inverter Converter Controller Unit/ 反向电压控制组件

IM—Induction Machine/ 电磁感应发电机

MEA—More Electric Architecture/ 多电架构

MES—Main Engine Start/ 主发起动

MND—Machine Neutral Decoupling/ 电机中线解耦

NGLT—Next Generation Launch Technology/ 下一代发电应用技术

PCCU—Power Conditioning and Control Unit / 能源调节与控制单元

PGS—Power Generation System/ 一次能源系统

PMM—Permanent Magnet Machine/ 永磁电机

PTMS—Power and Thermal Management System/ 能源和热管理系统

PTMSC—Power and Thermal Management System Controller/ 能源和热管理系统控制器

PWM—Pulse Width Modulation/ 脉冲调制解调

SFC—Specific Fuel Consumption/ 燃油消耗率

SiC—Silicon Carbide/ 碳化硅

SSM—Self Start Mode/ 自起动模式

SVM—Space Vector Modulation/ 空间矢量调制

TMS—Thermal Management System/ 热管理系统

TPU—Turbine Power Unit/ 动力涡轮组件

TRL—Technology Readiness Level/ 技术成熟度等级

VF—Variable Frequency/ 变频

参考文献

[1] Dastur N., J/IST Engine Integration Demo, Power Systems Conference, October 31 to November 2, 2000, San Diego, California, USA.

[2] Quan M. and Lui C., U.S. Patent 7, 171, 819, Indirect Regenerative Air Cycle For Integrated Power and Cooling Machines.

[3] Ganev, E., "High–Reactance Permanent Magnet Machine for High–Performance Power Generation Systems," SAE Technical Paper 2006–01–3076, 2006, doi: 10.4271/2006–01–3076.

[4] Ganev E.D., U.S. Patent No.7, 148, 649, Hybrid–Electric Vehicle Having a Matched Reactance Machine

[5] Ensworth C., Primary and Auxiliary Power Source Selection for Reusable Launch Vehicles, AIAA–2003–5901.

[6] Freudenberger J., Reaves &, Reusable Launch Vehicle (RLV) Power Generation Systems Trail from 1st to 2nd Generation, AIAA 2003–0759.

[7] McGinley R.M., Luebs A.B., U.S. Patent No.7, 188, 475, Starting and Controlling Speed of a Two Spool Gas Turbine Engine.

[8] Koerner, M., Ganev, E., and Freudenberger, J., "A Turbine–Driven Electric Power Generation System for Launch Vehicles & Other High–Power Aerospace Applications," SAE Technical Paper 2004–01–3185, 2004, doi: 10.4271/2004–01–3185.

[9] Koerner, M. and Ganev, E., "An Electric Power Generation System for Launch Vehicles," SAE Technical Paper 2006–01–3061, 2006, doi: 10.4271/2006–01–3061.

[10] Dittmar K.S., Edmonts D.H., Schenk B., and ScheoranY.Y., U.S. Patent No.7, 251, 942, Integrated Gearless and Nonlubricated Auxiliary Power Unit.

[11] Ganev E.D., Koerner M.S., U.S. Patent No.7, 194, 863, Turbine Speed Control System and Method

[12] Ganev E.D. and Koerner M.S., U.S. Patent No.7, 019, 415, Electrical Power Generation System and Method for Mitigating Corona Discharge.

[13] Kalman G. and Huggett C., U.S. Patent No.6, 583, 995, Permanent Magnet Generator and Generator Control.

[14] Kalman G. and Huggett C., U.S. Patent No.7, 116, 083, Method and System for Providing Current

Limiting Controllers for High Reactance Permanent Magnet Generators.

[15] Huggett C.E. and Kalman G., U.S. Patent No.6, 301, 136, Floating Frame Controller.

[16] Sarlioglu B. and Huggett C.E., U.S. Patent No.6, 940, 251, Decoupling of Cross Coupling for Floating Reference Frame Controllers for Sensorless Control of Synchronous Machines.

[17] Sarlioglu B. and Huggett C.E., U.S. Patent No.7, 193, 383, Enhanced Floating Reference Frame Controller for Sensorless Control of Synchronous Machines.

[18] Ganev E.D., Warr W.H., and Johnson E.L., U.S. Patent No.7, 593, 243, Intelligent Method for DC Bus Voltage Ripple Compensation for Power Conversion Units.

[19] Ganev E.D., Bansal M.L., and Warr W.H., U.S. Patent No.7, 276, 871, System and Method for Fault Protection for Permanent Magnet Machines.

[20] Ganev E.D., High-Performance Electric Drives for Aerospace More Electric Architectures, 07GM0408, IEEE PES Conference, 2007.

[21] Ganev E.D., Dietrich R.A., and Quan M.A., U.S. Patent No.7, 295, 440, Integral Cold Plate/Chassis Housing Applicable to Force-Cooled Power Electronics.

[22] Shiao S. and Chen R.P., U.S. Patent No.7, 075, 204, Threaded Inner Sleeve for Generator Magnet.

[23] Shiao S. and Chen R.P., U.S. Patent No.7, 195, 417, Composite Tie Rod.

[24] Gu A., Cryogenic Foil Bearing Turbopumps, AIAA 94-0868.

[25] Saville M., U.S. Patent No.7, 267, 523, Composite Shaft.

[26] Ganev E.D., Warr W.H., and Oximberg C.A., U.S. Patent No.7, 301, 310, Excitation Controlled Permanent Magnet Machine.

[27] Huynh C.S., U.S. Patent No.5, 942, 829, Hybrid Electric Machine Including Homopolar Rotor and Stator.

[28] Yu, S. and Ganev, E., "Next Generation Power and Thermal Management System," SAE Int. J. Aerosp.1（1）: 1107-1121, 2009, doi: 10.4271/2008-01-2934.

[29] Aircraft electric power characteristics MIL-STD-704F.

[30] Requirements for the control of electromagnetic interference characteristics of subsystems and equipment MIL-STD-461.

[31] Ganev, E., Koerner, M., and Warr, W., "Speed Control Method for Turboelectric Power Generation Systems," SAE Technical Paper 2008-01-2902, 2008, doi: 10.4271/2008-01-2902.

[32] Ganev, E., "Advanced Electric Drives for Aerospace More Electric Architectures," SAE Int. J. Aerosp.1（1）: 852-860, 2009, doi: 10.4271/2008-01-2861.

[33] Ganev, E. and Sarlioglu, B., "Improving Load Regeneration Capability of an Aircraft," SAE Technical Paper 2009-01-3189, 2009, doi: 10.4271/2009-01-3189.

[34] Ganev, E., "Advanced Electric Generators for Aerospace More Electric Architectures," SAE Technical Paper 2010-01-1758, 2010, doi: 10.4271/2010-01-1758.

[35] Ganev, E. and Sarlioglu, B., "Improving Peak Power Capability of an Aircraft," SAE Technical Paper 2010-01-1780, 2010, doi: 10.4271/2010-01-1780.

［36］Ganev, E., Warr, W., and Salam, A., "Lead–Unity–Lag Electric Power Generation System," SAE Int. J. Aerosp.5（2）: 438–446, 2012, doi: 10.4271/2012–01–2181.

［37］Ganev E.D., Warr W.H., Mohamed A.S., U.S. Patent No.8, 344, 705, Method and Apparatus for Lead–Unity–Lag Electric Power Generation System.

［38］Klaass, R. and DellaCorte, C., "The Quest for Oil–Free Gas Turbine Engines," SAE Technical Paper 2006–01–3055, 2006, doi: 10.4271/2006–01–3055.

［39］Mablekos, V.E., "Electric Machine Theory for Power Engineers". New York, 1980, pp.345 to 358.

［40］Kovacs, P.K., "Transient Phenomena in Electrical Machines", Elsevier, 1984, pp.30 to 63.

［41］Clements, N., Venkataramanan, G., and Jahns, T., "Stator Side Voltage Regulation of Permanent Magnet Generators," SAE Int. J. Aerosp.3（1）: 1–9, 2010, doi: 10.4271/2009–01–3095.

［42］Ganev E.D., Cheng L.C.H., Overload Control of an Electric Power Generation System, U.S. Patent No. 7, 863, 867.

［43］Ganev E.D., Cheng L.C.H., Overload Control of an Electric Power Generation System, U.S. Patent No. 7, 990, 114.

［44］Ganev E.D., Cheng L.C.H., Warr W., Overload Control of an Electric Power Generation System with Unknown Availability of Mechanical Power Capacity, U.S. Patent No.8, 058, 850.

［45］Ganev E.D., Johnson E.L., Nguyen C.V., Overspeed Protection for Sensorless Electric Drives, U.S. Patent No.7, 535, 684.

［46］Ganev E.D., Statistical Method for Electric machine Optimization Used for Electric Drives, U.S. Patent No.8, 036, 858.

［47］Ganev E.D., Sarlioglu B., Warr W.H., Method and System for Improving Peak Power Capability of an Aircraft, U.S. Patent No.7, 986, 057.

［48］Ganev E.D., Sarlioglu B., Method and System for Improving Electrical Load Regeneration Management of an Aircraft, U.S. Patent No.8, 288, 885.

［49］Ganev E.D., Warr W.H., Active EMI Filtering using magnetic Coupling Cancellation, U.S. Patent No. 7, 898, 827.

6 飞机高稳定两相热管理系统

陈韦伯[1]，戴维 · W. 福格[1]，迈克尔 · 艾泽森[1]，凯布尔 · 库尔维茨[2]

1. 科瑞恩特公司，2. 得州农工大学（得克萨斯 A&M 大学）

引用：Weibo Chen, David W. Fogg，Michael Izenson，Cable Kurwitz，"A Highly Stable Two-Phase Thermal Management System for Aircraft，" SAE International, doi:10.4271/2012-01-2186.

摘要

未来飞机上的光电系统、武器系统、环控系统需要更先进的热管理技术来控制重要设备的温度。两相热管理系统（TMS）因其体积小、重量轻、效率高的优势而备受关注。然而，保持两相系统稳定、可靠的制冷在设计时面临很大的挑战，特别是并联蒸发器系统的热瞬态过程尤其如此。防止变重力状态下液体进入压缩机，对长期工作的可靠性和寿命非常重要。为了实现稳定可靠制冷，本文提出了一种高稳定两相系统，可有效抑制并联蒸发器系统中流动的不稳定性，保证仅单相液体进入蒸发器以获得稳定流动。从蒸发器流出的两相制冷剂通过一个两相膜分离器生成液态制冷剂和气态制冷剂。低压液态制冷剂被一个无运动部件的引射器引射进蒸发器入口。气态制冷剂从两相膜分离器出来又流回压缩机中。在每个蒸发器入口设置了限流装置，用于加强流动稳定性。通过保证每个并联路压降大部分是单相流体流经限流装置的压降来加强流动稳定性。本文给出了系统主要设备的性能参数和限流装置的分析结果，其中，限流装置的作用是防止热载荷变化引起的流量分配变化导致蒸发器烧干。

1 引言

未来飞机上的光电系统、武器系统、环控系统需要更先进的热管理技术来控制重要设备的温度。如飞机定向能武器系统和电动飞机技术的应用，使得电功率需求更高，同时也会产生大量的废热[1]。未来军舰上的设备会越来越小，对应的热流密度会越来越大。比如，未来军舰上所需系统单位体积产生的热量是 20 世纪 90 年代的 10 倍以上[2]。最后，下一代军用飞机也会采用多电方案（代替液压系统），对应的用电负载会增加[3]。由于具有传热效率高，冷却温度均匀和散热能力高的特点，蒸气压缩热管理系统（VCTMS）对未来军用飞机有很大吸引力。

虽然 VCTMS 有很多优点，但是在军用系统的实际应用中也面临很多挑战[4]。主要挑战就是系统在可变加速度和可变热载荷情况下的稳定运行。系统必须保证所有工作热源都能获得稳定流动的制冷剂。制冷剂流动不稳定会导致蒸发器烧干，从而导致目标温度显著升高。此外，在瞬态运行过程中，流动不稳定会迫使液体进入压缩机从而导致严重的机械故障。

两相系统经常会出现振荡情况[5]。各部件之间复杂的相互影响会导致系统级振荡。每个部件都有一定的流阻、容量和惯性。一个部件内流体流速、密度或压力的波动会影响到其他部件的流动特性和性能。部件间的相互影响类似于电路中 RCL 振荡对反馈性能的影响。并联蒸发器架构特别容易受波动影响。热载荷变化使得对应蒸发器的压降发生变化，会迫使各并联支路重新进行流量分配以保证每个并联支路的压降相同。流量突然变化会导致蒸发器烧干以及温度偏移。

两相流系统的流动不稳定会增加液体进入压缩机的风险，从而可能导致严重的机械故障[6-7]。大量的液体可能会立即损坏压缩机，特别是容积式压缩机。少量的液体会稀释润滑剂，显著增加压缩机磨损。压缩机故障会使热管理系统完全瘫痪，从而对冷却的航电或武器系统造成严重损害。传统的蒸气压缩系统要求制冷剂在蒸发器中完全汽化，并在压缩机进口设置一个分离装置以保证在瞬态过程中不会有液体流入压缩机中。制冷剂在蒸发器中完全汽化可能会导致制冷剂在冷板内流动后段处于单相蒸气状态，由于单相蒸气换热系数低，会导致在冷板上形成温度梯度。重要航电设备通常需要均匀分布和相对稳定的热沉才能正常工作。

基于这些原因，未来军机迫切需要一个非常可靠、稳健的高稳定两相热管理系统。

2 方法

在 Creare 上提出一种高稳定两相流热管理系统用于有效抑制串联和并联蒸发器系统中的流动不稳定（见图 1）。该系统有两个重要特点：①采用微通道两相膜分离器（MMPS），将所有流速和工作条件下两相流分离成单相液态流和单相气态流；②使用一个无驱动再循环回路将蒸发器出口液态制冷剂再循环至蒸发器入口。

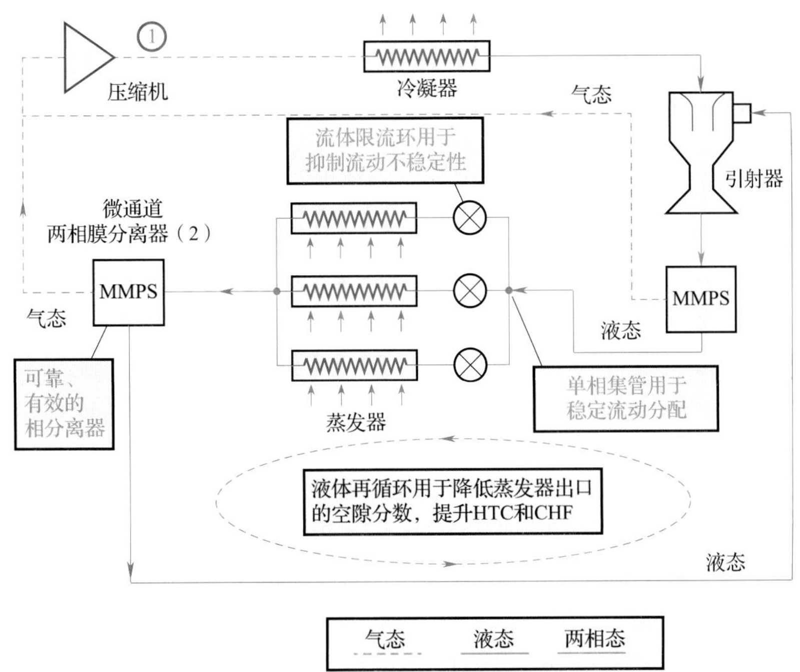

图 1　基于新型两相膜分离器（MMPS）的高稳定两相流系统原理图

两相膜分离器（MMPS）使用多孔亲水膜将液态制冷剂分离出来的同时阻止两相流中的气态制冷剂通过，从而实现液态制冷剂和气态制冷剂的分离。两相膜分离器采用微小通道可最大可能地降低蒸发器出口气态制冷剂中形成小液滴的概率，从而提高分离效率。因此，两相膜分离器的工作不易受到加速度和振动的影响。

低压再循环回路防止蒸发器出口两相流中的液体流入压缩机。两相膜分离器将两相制冷剂分离成液态制冷剂和气态制冷剂。液态制冷剂被引射器引射至蒸发器入口，气态制冷剂流入压缩机。基于此，低压再循环回路允许蒸发器出口有一定量两相态制冷剂，可实现蒸发器全部处于两相换热状态，从而提高相关设备冷却温度的均匀性和稳定性。

利用引射泵产生的压差驱动再循环回路中的液态制冷剂流动。引射泵是利用高压喷射的动量引射低压流体的独特装置。这种装置是完全无驱动的，仅须保证引射喷嘴充足的动量以提高引射压力。使用引射泵不会提高压缩机出口压力或降低压缩机进口压力，因此，不会增加压缩机功耗或降低系统效率。系统循环流量可独立于蒸发压力和冷凝压力进行控制，控制主路过冷度可实现对系统循环流量的控制。控制较高过冷度可提高主路流量和通过蒸发器的再循环流量。

使用两相膜分离器和再循环回路的 VC-TMS 可采用以下多种策略来增强流动稳定性：①只允许单相液体进入并联蒸发器的流道；②在蒸发器的入口设置限流装置。只允许液体进入流道中，确保并联支路的流量可靠分配，从而保证液态制冷剂稳定地流入每个蒸发器中。在每个蒸发器入口设置的限流装置使蒸发器热负荷变化对流量分配的影响最小。每个并联支路中通过对应尺寸的限流装置的单相流动阻力决定了支路总压降。

两相膜分离器、引射器和限流装置的性能直接影响 VCS 流动稳定性。因此，在 VCS 组装测试前需要对这些部件进行设计、测试和分析。

3 试验与分析

3.1 微通道两相膜分离器

3.1.1 结构

两相膜分离器（MMPS）包含一个流道隔板和多孔亲水膜间错隔开的芯体。流道隔板在膜之间形成了紧凑的流道，并为膜提供结构支撑。为防止制冷剂泄漏，芯体被外壳和盖板包裹，如图 2 所示。盖板压紧芯体，然后对接头处进行密封，密封后的接头间隙应小于等于膜尺寸。盖板和外壳内的集成流道用来分配并收集来自芯体的流体。

与传统的分离技术相比，两相膜分离器技术具有以下显著的性能优势：

①微通道的高度只有 500μm 左右，在这样的微小通道中，主要的流型是间歇弹状流 / 环状流。因此，单相流速对流型和两相分离过程无影响。

②两相膜分离器依靠毛细力进行两相分离，工作不受重力影响。

③两相膜分离器中每个微通道内的流体流量都很小，工作不受加速度和振动的影响。

④可通过选择合适的膜达到预定的两相膜分离器性能。膜的孔径越小，毛细力越大，渗透率越低，有利于阻止微通道内的气态制冷剂通过。较大面积也可降低对污垢的敏感度。

⑤两相膜分离器易于升级：可通过简单地增加芯体中膜的层数提高液态制冷剂分离能力。

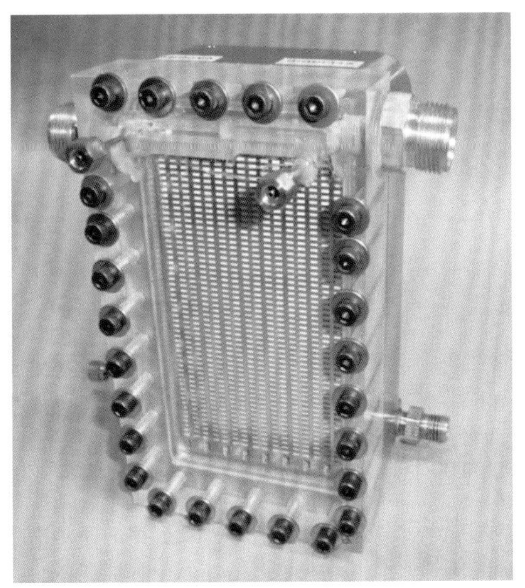

图2 芯体尺寸为 1.14 cm × 6.7 cm × 13.1 cm 的两相膜分离器
（当进口质量含气率为 0.5，两相进口的液态 R134a 流量可高于 22g/s，等效冷却能力为 3kW）

3.1.2 两相膜分离器（MMPS）测试台

搭建了测试回路以测试介质为 R134a 的两相膜分离器的性能，如图 3 所示。在关键位置设置了视液镜用于确认流动状态。温控水循环通过浸在蓄冷器中的盘管中的循环流体来调节系统压力。使用密封齿轮泵控制制冷剂流量。使用绝压传感器、压差传感器和热电偶测量主要部件之间的制冷剂热力状态。使用 LabVIEW 数据采集系统实时记录数据。使用科里奥利质量流量计测量 R134a 的总质量流量。从 MMPS 盖板中的透明封头可以直观地确定出口处的制冷剂状态。

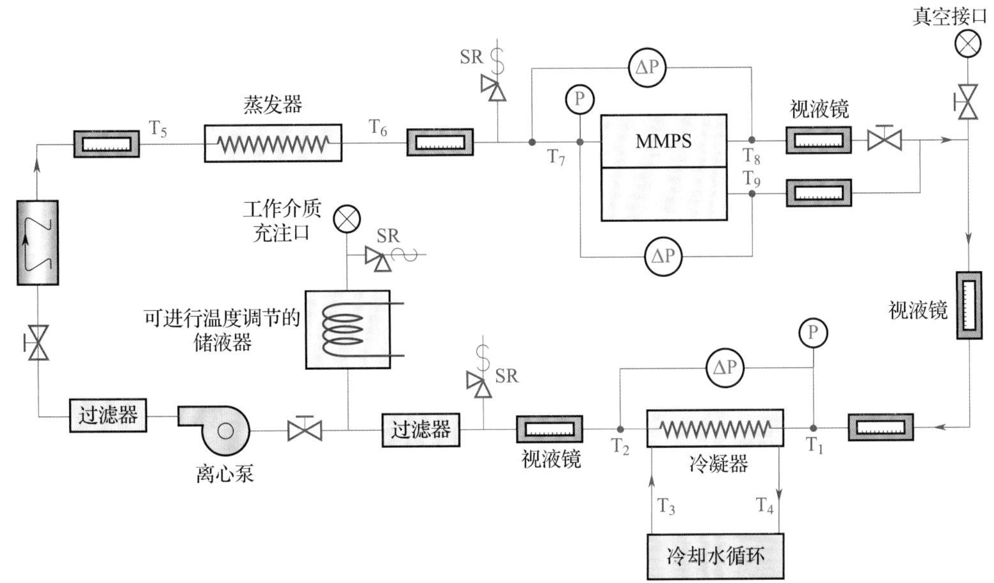

图3 两相膜分离器（MMPS）性能测试台原理图

3.1.3 两相膜分离器（MMPS）测试结果

首先测量两相膜分离器中的泡点，并与膜的泡点进行比较，以确保没有有效直径大于膜孔径的内部泄漏通道。测试数据显示，对于 R134a，两相膜分离器中的泡点约为 1.8psi①，与膜的泡点相同。这一结果表明，叠层芯体的制造和装配方法有效可靠，可实现叠片之间的良好密封。通过对自由表面进行适当压缩而不是在层板之间使用粘接剂或垫圈实现密封的形式可很大简化两相膜分离器（MMPS）制造，提高可靠性。

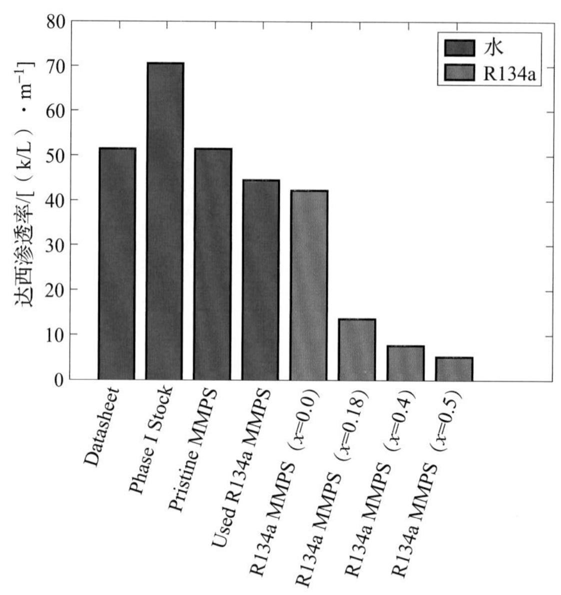

图 4　介质分别为水和 R134a，不同薄膜的渗透率测试结果

通过采取将过冷液态 R134a 供入两相通道中，强迫过冷液态 R134a 通过两相膜分离器中膜的方法，来测量原位膜的液态制冷剂渗透率。测量得到的液态制冷剂渗透率与膜材料制造商提供的数据一致，与在 Creare 用 R134a 和水分别进行的 Phase I 膜渗透率测试结果一致，与使用过冷制冷剂的大多数膜的渗透率也一致。

图 5 给出了系统压力为 115psia、进口标称质量含气率为 0.5 时垂直向上流动方向的典型性能图。两相流先进入两相膜分离器底部，然后流向顶部的蒸气和液体出口。图 5 上部的曲线大约对应的是液体出口的有效空泡起始点（OSV）。OSV 表示在过量气态制冷剂离开液态制冷剂出口之前，两相进口和液态制冷剂出口之间的最大压差。图 5 中靠下的斜线对应的是将液相从气相中完全分离所需的压力。当通过两相膜分离器的压差低于斜线时，在蒸气出口开始出现有效液化起始点（OSL）。理想情况下，MMPS 的额定工作点位于由 OSV 和 OSL 限制线形成的三角形区域中心。两相 / 蒸气通道的额定工作压降小于 0.5psid②，两相进口和液体出口之间的额定工作压降小于 1.5psid。

在正常的两相 MMPS 工作条件下，从性能图中的 OSL 转换得到的渗透率估计值表明，有效渗透

---

① 1psi（磅力 / 英寸 ^{2}）≈ 6.895kPa；

② psid 即 psi 压差。——编辑注

率随着蒸气质量的增加而降低，如图 4 右侧的三个测量值所示。有效渗透率降低的部分原因如下：①两相通道的压降可高达 1psi，降低了膜上的平均压差；②膜表面仅部分被液膜覆盖；③两相通道上的膜支撑屏障会产生一系列的扩张和收缩，可能会抑制液体进入膜，特别对质量流速增大的情况尤其如此。设计 MMPS 时，应使用额定工作状态下的有效渗透率来确定合适的膜面积。即使两相流时的渗透率降低了，对功率 5kW 的系统仍旧需要 $700cm^2$，这个面积很容易得到核心体积 $165cm^3$（$10in^3$）。

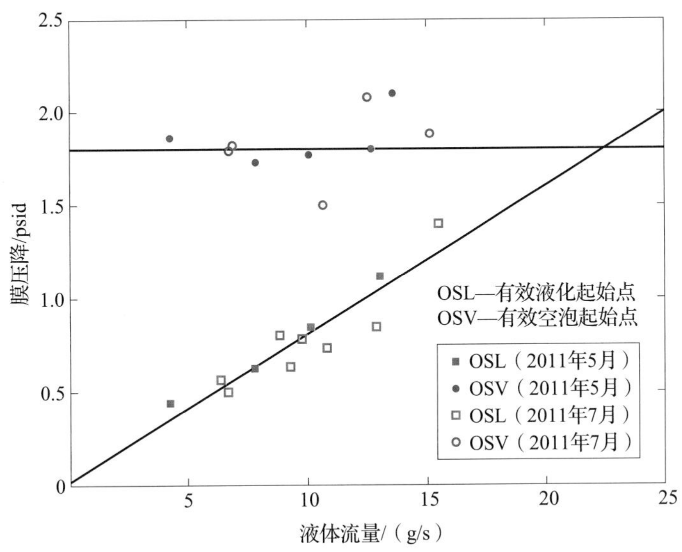

图 5　入口质量含气率为 0.5 时的 MMPS 性能图

其他两个方向（垂直向下和水平方向）的初步测试结果显示：MMPS 的性能特性与垂直向上方向的结果几乎相同。垂直向下流动与垂直向上流动相反，两相制冷剂从 MMPS 顶部进入，经分离后液相从底部流出。测试结果表明，由于液体出口位于 MMPS 的底部，在液体流道（垂直向下流动）顶部有少量蒸气积聚的趋势。应用在飞机上之前，必须验证在不同加速度条件下均能保持优异性能。

第二代 MMPS 已经完成制造和组装。新型 MMPS 可降低封头、流道的压降，从而进一步提升 MMPS 性能。还可解决液体流道中蒸气积聚的问题。新型 MMPS 目前正在测试中。

3.1.4　两相膜分离器（MMPS）膜污垢试验

对两相膜分离器进行了寿命试验，以评估经过多次干湿循环的 MMPS 膜的性能。试验持续了 10 个月，共有 277kg 的制冷剂通过有效面积为 $1.5cm^2$ 的膜。这些试验模拟了在聚甲醛（POE）质量含量为 2% 的模拟流动下工作约 2300h 的状态。液态制冷剂始终按预定的方向通过膜，以防止回流将污垢排出。每工作 3h，两相膜分离器的膜暴露在纯蒸气中约 20h，这对应的是蒸发压缩循环关闭时 MMPS 可能的工作状态。

定期测量膜的质量，以确定膜上收集的润滑油和残屑的质量。测试结果表明，125kg 的润滑油 / R134a 混合物通过膜后，膜上收集了 16mg 的污垢；265kg 的润滑油 /R134a 混合物通过膜后，膜上收集了 30mg 的污垢。尽管污垢累积到了 $20mg/cm^2$ 量级，但膜的制冷剂渗透率仍然没有明显变化。从表 1 中可以看出，污垢试验中的测量渗透率与 MMPS 膜性能试验中得到的原位渗透率（约 $0.2g/s/cm^2/psi$）保持一致。考虑到经过 10 个月的连续工作、大量干态周期的模拟后膜的渗透率保持不变以及大量污垢积累对膜的渗透率无影响情况，可以明确蒸发压缩系统中添加标准 POE 对膜的渗透率没有特别影响。

通过膜的污垢试验测量了含有污垢的膜的气泡点。测试数据显示含有污垢的膜的蒸气通过压力没有降低，气泡点与无污垢的膜保持一致。

表 1　膜的污垢测试数据

	无润滑油	POE 质量含量 2%
测试次数	5	108
平均有效渗透率（g/s/cm^2/psi）	0.159	0.176
与标准渗透率的偏差（g/s/cm^2/psi）	0.011	0.021

3.2　引射器

3.2.1　结构

引射器是一种利用蒸发器出口液态制冷剂的压力能提高低压再循环路制冷剂压力的设备。图 6 是引射器的截面视图，从图中可以看出引射器由三个基本部件组成：喷嘴 1、混合腔 2 和扩压段 3。从左边高压动力流进口 4 进入的高压动力流经过收缩 – 扩张喷管被加速成高速射流。高速射流在喷管出口形成低压，将被引射流从被引射流进口 5 吸进低压腔内。高压动力流将动量传递给被引射流。最后，混合后的流体经过扩压段 3 将动能转化为静压。引射器可以将动态状态下蒸发器出口液态制冷剂或两相弹状流再循环至蒸发器入口。与机械式两相泵相比，无动力的引射器更可靠、紧凑。不存在传统机械式两相泵的气蚀问题。

使用引射器驱动的再循环回路，可允许在蒸发器出口有一定量的液态制冷剂。这样不仅可以增强换热、提高蒸发器临界换热量，还可以防止由于蒸发器热载荷变化对应的流量再分配导致的蒸发器烧干情况。（更多细节见下一节）

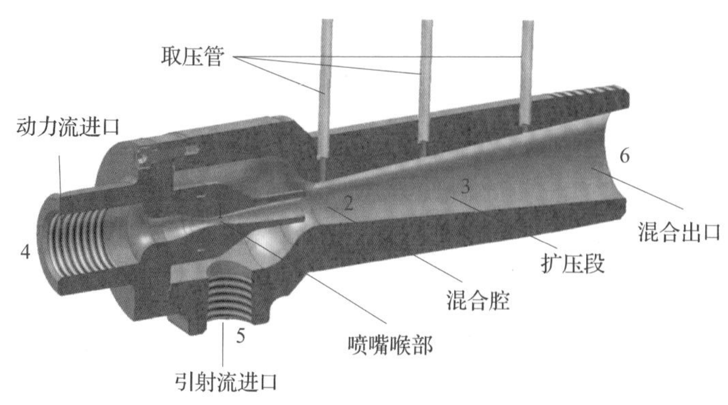

图 6　引射器截面
（无尺寸标注），引射器全长约 9cm

3.2.2　引射器测试台

得州农工大学（得克萨斯 A&M 大学）搭建了测试台用于评估引射器性能。测试台原理图如图 7

所示。使用密封齿轮泵将制冷剂供往三通，经三通分为动力流路和被引射流路。动力流路设置了一个加热器用于控制动力流的过冷度和被引射路的质量含气量。动力流和被引射流在引射器中混合后供往水冷冷凝器。引射器出口压力由储液箱中蒸气压力决定。在系统重要部位设置了压力传感器、热电偶和玻璃观察窗，用于确定制冷剂状态。在引射器扩压段设置了压差测量装置用于测量引射器扩压段压差。

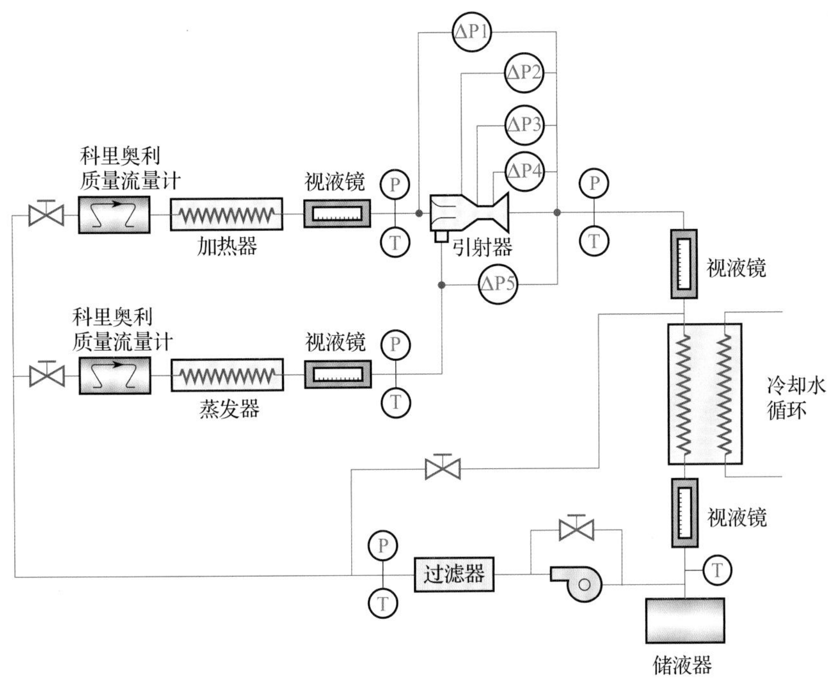

图7　得州农工大学（得克萨斯 A&M 大学）的 R134a 引射器测试台

3.2.3　引射器测试结果分析

为了有效验证分析模型以确定主喷嘴喉道尺寸，对不同主流（高压动力流）进口条件下的临界流量进行了测量。对进口有一定过冷度的流动而言，临界流量为能通过喷嘴喉道的最大流量。临界流量的测量值与使用 Aaron 和 Domanski 建立的临界流量模型的预测值保持一致[8]，见图 8。临界流量分析模型假设主流（高压动力流）在进入喷嘴喉道前为等熵加速过程，通过喉道的质量流量达到了最大值（此时对应的静压降使制冷剂开始出现闪发），此时制冷剂流速和密度乘积最大。进一步降低喉道压力虽然可以提高两相流速度，但会导致混合流密度急剧下降从而降低混合流质量流量。图 8 结果证明了可通过控制喷嘴进口过冷度实现引射器主流（高压动力流）质量流量的大范围控制。如果主流过冷变化超过 30℃，主流流量调节比可超过 5∶1。实际应用中，可通过使用压缩机进口制冷剂对引射器进口制冷剂进行预冷的方式实现主流过冷。提高过冷度会由于降低蒸发器进口焓而增加制冷功率，但会由于压缩机进口较高的蒸气温度而增加压缩机功率。

其次，通过试验确定了喷嘴出口相对混合腔入口的最佳位置。喷嘴出口位置影响被引射流与主流混合前的流速。流速很低会增加混合过程中的损失，流速很高又可能会增加混合前的损失。试验结果显示喷嘴出口位置对引射器性能影响不大。

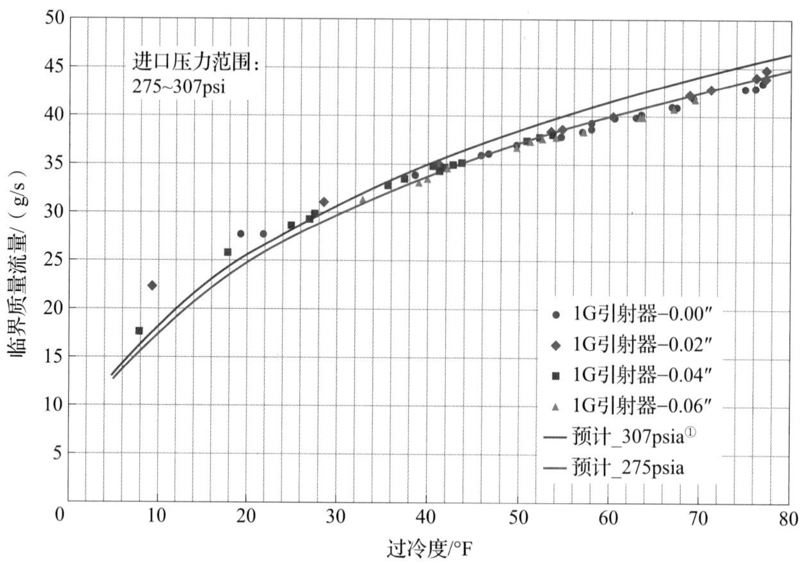

图8 不同进口过冷度下临界质量流量的测量值和预计值对比
（图例中所示值为与喷嘴出口位置的偏离值）

最后，对不同主流过冷度和不同被引射流热力学含气率（干度）时引射器的引射比进行了测量。引射器扩压段压力分布可直观反映引射器内的复杂流动特性。通过一系列试验对被引射流压升随被引射流热力学含气率（干度）的变化规律进行了研究，初步测试结果显示被引射流的热力学含气率

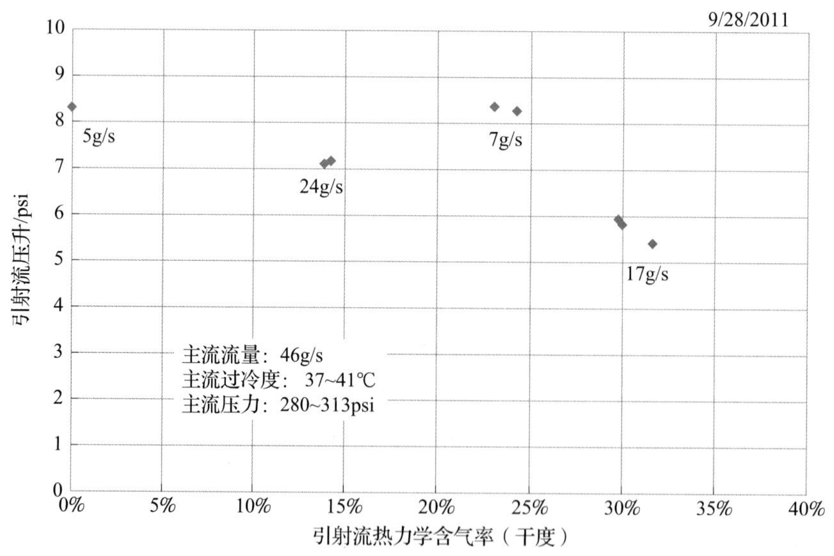

图9 不同进口条件下的引射流压升
（标识下方为对应的引射流热力学含气率（干度））

① psia（绝对压力）=psig（表压）+一个大气压。

（干度）由 0.3 下降至 0 时，压升从 5psi 上升至 8psi，如图 9 所示。这个压升足以驱动典型工作条件下的再循环路。被引射流的热力学含气率（干度）低时，引射器内被引射流压升并不强烈依赖于被引射流的流量和热力学含气率（干度）。图 9 中的过冷度远大于设计值，降低过冷度有可能提高引射器内被引射流的压升，主要原因在于过冷度低，对应的喷嘴出口流体的热力学含气率（干度）较高，具有较高动量，从而使得进入扩压段入口的混合流的流速较高。

为了进一步提升引射器性能，研制了具有较长混合段的新型引射器。将在后续搭建的 VC-TMS 综合系统中对新型引射器性能进行测试。

3.3 用于并联蒸发器架构的限流装置

由于蒸发器进口制冷剂几乎无过冷，因此不希望在蒸发器中出现流量偏移和密度波不稳定[5, 9]。每一支路的流阻取决于蒸发器热载荷。如果并联路的某一支路上的蒸发器热载荷发生突然变化，并联各支路的流量会重新分配以保证所有并联支路压降相等。这样可能会导致一种非常不希望出现的情况，即低热载荷蒸发器分配流量多，高热载荷蒸发器分配流量少。通过高热载荷蒸发器的流量极低会导致蒸发器烧干。由此导致用于冷却重要航电系统的热沉温度会产生分布极不均匀和动态温度过高的情况。

在蒸发器进口上游设置限流装置是降低流量再分配影响的一种被动措施[10]。如果限流装置流阻和两相流流阻相比很大，这样仅有少量制冷剂被重新分配给低热载荷蒸发器路，有助于防止高热载荷蒸发器烧干。毛细管和限流活门都可作为限流装置。在布局合理的系统中，不需要根据热载荷变化调节活门，多倾向使用毛细管保证一致性和可靠性。限流活门用在试验系统中非常方便，在流量分配试验中可快速改变限流流阻达到流量分配均匀的目的。

对于蒸发器数量多的系统，确定每一个蒸发器进口最优限流流阻以保证在所有热载荷分配情况下都能有效防止蒸发器烧干情况的分析非常复杂。为了简化分析，我们考虑蒸发器只有开（1500W）或关（0W）两个工作状态，测试系统中每个蒸发器试验件的最大功率为 1500W，蒸发器上较低的热载荷会将对应支路上的较少流量分配至不工作支路。

图 10 给出了防止蒸发器质量含气率过大所需的进口限流装置最小单相流阻系数。x 轴是蒸发器处于工作状态的数量比。比如，f=0.5 表示一个有两个蒸发器的蒸发器组，一个工作，一个不工作；或者一个有 20 个蒸发器的蒸发器组，10 个工作，10 个不工作。蒸发器出口质量含气率大于 1 会发生烧干，因此应采取措施限制蒸发器出口质量含气率处于较低值。图 10 中三条曲线分别对应的是一定蒸发器工作数量比的最小临界流阻系数（防止蒸发器出口质量含气率高于对应值）。曲线上部和右部区域满足压降和质量含气率限制，曲线下部和左部区域会导致不可接受的质量含气率偏移。

图 11 给出了三种限流装置最小流阻系数下的工作蒸发器出口质量含气率曲线。在某一 K_v 值下，随着蒸发器工作数量的增加，蒸发器出口最高质量含气率越低。主要原因在于蒸发器工作数量越多，单相支路越少，每一蒸发器支路需要分配的流量越少。限流装置的流阻系数的合理选取取决于在所有状态下的蒸发器最少工作数量。比如，限流装置的流阻系数 K_v=100 时，蒸发器出口质量含气率限制为 0.8 对应的蒸发器工作数量占比至少应为 6%，或者蒸发器出口质量含气率限制为 0.6 对应的蒸发器工作数量占比大于 50%。同样，三个蒸发器并联的蒸发器组中在某一时间仅有一个蒸发器工作

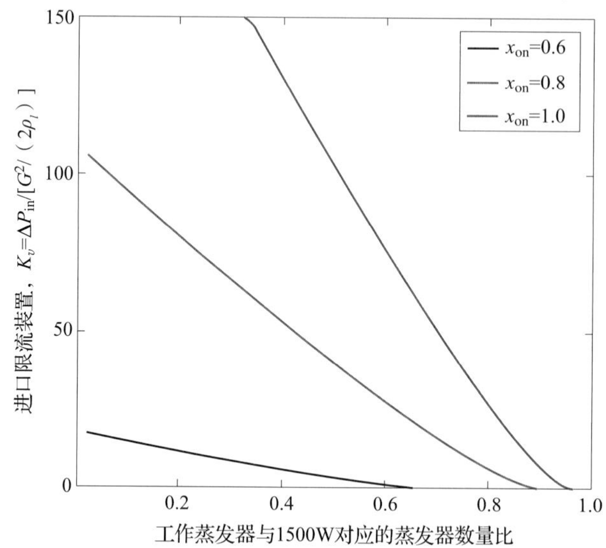

图10　不同蒸发器出口质量含气率对应的蒸发器进口限流流阻需求
（所有蒸发器均工作在开状态时蒸发器出口质量含气率为 0.45；蒸发器全功率对应的等效 K_v 为 260. 质量流量 G 基于蒸发器流动截面积计算得到）

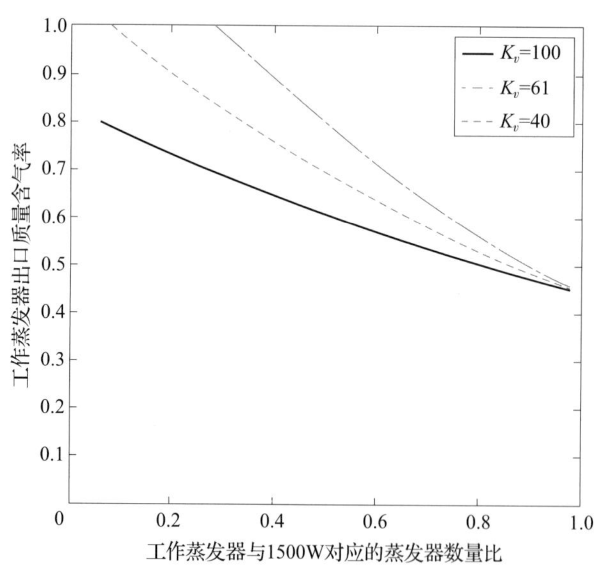

图11　三种限流装置流阻系数对应的蒸发器出口质量含气率与蒸发器工作数量比关系

时，对应的限流装置流量系数最优值为 K_v=61，两个蒸发器并联的蒸发器组对应的限流装置流量系数最优值为 K_v=40。

从图 12 可以看出，限流装置的压降不需要超过工作蒸发器压降的 40% 即可有效防止因热载荷变化导致的蒸发器烧干情况。限流装置压降大可能会显著降低通过引射泵的再循环流量。

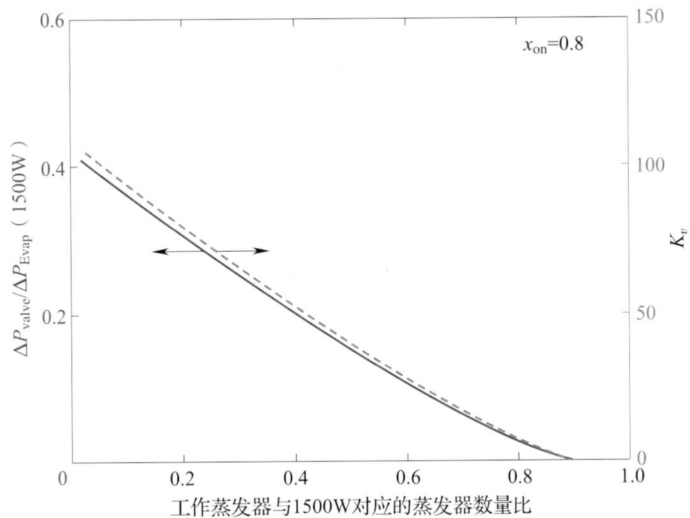

图12 蒸发器出口质量含气率限制值为0.8时，限流装置压降与工作蒸发器压降比

4 结论

本文提出一种高稳定蒸气压缩热管理系统应用于军事领域。通过保证蒸发器间流量分配的稳定使系统在稳态和瞬态条件下都能稳定工作。被动式液体再循环路使制冷剂在蒸发器中可不完全蒸发，从而保证了蒸发器内部均能保持高换热效率和温度均匀性。微通道两相膜分离器防止蒸发器出口的液体制冷剂进入压缩机进口。开发稳定VC-TMS之前，本文需要对几个关键部件进行详细研究。

测试结果显示两相膜分离器（MMPS）可将两相制冷剂有效分离为液态制冷剂和气态制冷剂。制冷量5kW的系统需要MMPS核心体积为165cm^3。初步测试结果显示MMPS正常工作与方向关系不大。MMPS具有易于扩展特点。液态分离能力与膜层数成正比关系。等效运行时间约2500h的膜寿命试验显示，膜的性能不受制冷剂中润滑油或细微颗粒污垢影响。

其他试验结果显示，在典型工作条件下，引射器可将被引射流压力提高5psi以上，从而有效驱动再循环路。主流喷嘴确定情况下，可通过控制主流过冷度实现主流流量的大范围调节。

使用MMPS将进入蒸发器前的两相制冷剂分离为液态制冷剂和气态制冷剂，使得并联蒸发器的可靠流量分配成为可能。分析结果显示，在蒸发器进口设置限流装置可有效防止热载荷变化带来的流量再分配导致的蒸发器烧干问题。在最大热载荷情况下，防止蒸发器烧干所需的限流装置流阻小于对应蒸发器的流阻。MMPS和蒸发器进口限流装置通过防止蒸发器烧干共同保证重要航电设备冷板内的热沉温度均匀性。

这些测试验证了VC-TMS系统中关键设备的性能，提供了用于系统设计及性能分析的关键数据。下一阶段将开展稳态和瞬态热载荷条件下的全系统性能验证。目前正在进行VC-TMS的装配及热瞬态条件下的系统性能稳定性测试。

致谢

本文研究由国防部长办公室SBIR合同FA8650-10-C-2004资助。非常感谢空军研究实验室（AFRL/RZPS）的支持和指导。

术语 / 缩略语

MMPS—Microchannel Membrane Phase Separator/ 两相膜分离器

OSL—Onset of Significant Liquid/ 有效液化起始点

OSV—Onset of Significant Void/ 有效空泡起始点

POE—Polyolester Oil/ 聚甲醛油

RCL—Resistance，Capacitance，and Inductance/ 电阻，电容和电感

TMS—Thermal Management Systems/ 热管理系统

VC—Vapor Compression/ 蒸发压缩

参考文献

[1] Mahefkey, T., Yerkes, K., Donovan, B., and Ramalingam, M., "Thermal Management Challenges For Future Military Aircraft Power Systems," SAE Technical Paper 2004-01-3204, 2004, doi: 10.4271/2004-01-3204.

[2] Kuszewski, M. and Zerby, M., "Next Generation Navy Thermal Management," Naval Surface Warfare Center, Carderock Division, West Bethesda, MD, NSWCCD-82- TR-2002/12, March 2002.

[3] Park, C., Zuo, J., Rogers, P., and Perez, J., "Two-Phase Flow Cooling for Vehicle Thermal Management," SAE Technical Paper 2005-01-1769, 2005, doi: 10.4271/2005-01-1769.

[4] Sharar, D., Jankowski, N.R., and Morgan, B., "Review of Two-phase Electronics Cooling for Army Vehicle Applications," AFRL-TR-5323, Sep.2010.

[5] Ishii, M. and Zuber, N., "Thermally Induced Flow Instabilities In Two-Phase Mixtures," Proc.4th Int. Heat Transfer Conf., Paris, Vol.5, Paper B5.11, 1970.

[6] Laughman, C.R., Armstrong, P.R., Norford, L.K., and Leeb, S.B., "The Detection of Liquid Slugging Phenomena in Reciprocating Compressors via Power Measurements," International Compressor Engineering Conference Paper 1816, 2006.

[7] Simpson, F.and Lis, G., "Liquid Slugging Measurements in Reciprocating Compressors," International Compressor Engineering Conference Paper 663, 1988.

[8] Aaron, D.A. and Domanski, P.A., "Experimentation, Analysis, and Correlation of Refrigerant-22 Flow Through Short Tube Restrictors," ASHRAE Transactions.96（1）, 1990.

[9] Eborn, J., "On Model Libraries for Thermo-Hydraulic Applications," Ph.D.thesis, Department of Automatic Control, Lund Institute of Technology, Sweden, 2001.

[10] Kosar, A., Kuo, C. and Peles, Y., "Suppression of Boiling Flow Oscillations in Parallel Microchannels by Inlet Restrictors," J Heat Transfer, 128（3）: 251-260, 2006.

作者联系方式

联系人：科瑞恩特公司陈韦伯

地址：NH 03755 汉诺威大洞路 16 号

电话：（603）-643-3800

邮箱：wbc@creare.com

7 用于定向能武器的热管理和电源系统

维普 · P. 帕特尔，迈克 · 凯默，戴维 · 莱弗尔霍尔兹

霍尼韦尔国际公司

引用: Vipul P. Patel, Mike Koerner, David Loeffelholz, "Thermal Management and Power Generation for Directed Energy Weapons," Honeywell International Inc., 2010-01-1781,

摘要

最近的两项研究特别提出了定向能武器的特殊冷却需求，并对满足此需求的冷却方法进行了研究。定向能武器热载荷大，冷却需求超过 1MW。另外，设备体积小对应的热流密度大，因此需要考虑以氨为介质的喷雾冷却技术和以去离子水或氨为介质的微通道换热器技术。两项研究中选择的最终热沉都是外界空气，其中一项研究由于允许温度范围较窄和最高允许温度接近环境温度，使得热传输的挑战更大。无论采取直接冲压空气冷却，还是采取空气循环冷却系统或蒸发循环冷却系统，热传输均考虑采取液冷循环。使用蒸发循环冷却系统可实现制冷剂与外界环境大气之间的大温差，以增加冷却系统功率需求为代价可使系统更小更轻。

由于定向能武器不是连续工作，因此可通过在系统中增加热存储能力以减小部分换热部件的尺寸与重量，可显著减小全系统重量、尺寸、气动阻力和功率需求。本文开发并测试了使用石蜡基相变材料的热存储单元，使用测试结果对性能模型进行了验证。

还需要考虑用于定向能武器的电源，在现有电源架构基础上结合电池、发动机驱动的高功率发电机、引气驱动的发电机、新型引气和燃烧概念、推进剂能源系统、冲压空气涡轮、辅助燃气涡轮发动机驱动的发电机形成用于定向能武器的电源系统架构。

1 引言

定向能武器系统的热管理需求因系统类型、使用场景和使用周期而异。这些武器的共同特点是需要短时将产生的大量废热排走，并且所需输入功率很大。因此需要高效热管理系统和高功率电源。

霍尼韦尔最近对两种定向能武器系统的热管理架构进行了研究，一种定向能武器系统的最高工作温度相对较高，另一种定向能武器系统的最高工作温度相对较低且工作温度范围较窄。这两种定向能武器系统均是为机载应用所设计，因此重量、尺寸、气动阻力均应采取最小化设计。关键的设计特征是闭环工作、瞬态热存储和高效热排散。

第一种定向能武器系统（最高工作温度较高）的热管理架构（高温热管理系统架构是利用飞机燃油系统或专用相变材料（PCM）作为热存储的去离子水冷却系统。传递到燃油或相变材料（PCM）

中的热量被冲压空气通过换热器直接带走，最终热沉为冲压空气。

第二种定向能武器系统（最高工作温度相对较低且工作温度范围较窄）的热管理架构（低温热管理系统架构）有利用专用相变材料（PCM）作为热存储的去离子水冷却系统，利用专用相变材料作为热存储的氨冷却系统，利用氨作为热存储的氨冷却系统，最终热沉仍为冲压空气。

本文对上述热管理架构和PCM热存储模块设计进行了总结，并讨论了满足定向能武器（DEW）需求的可能电源架构。

2 高温热管理系统架构

用于最高工作温度较高定向能武器系统的一种热管理架构是将冷却后的燃油作为热存储的架构，如图1所示。由于DEW热载荷呈现间断性，因此采取去离子水冷却DEW，燃油冷却去离子水，冲压空气冷却燃油的架构，而不是直接采取冲压空气冷却。为了提高系统热容量，将两个燃油箱中的一个作为冷却油箱（燃油箱1），另一个作为热回油油箱（燃油箱2）。这样，飞机燃油可有效存储部分热载荷。按周期工作的平均热载荷确定空气–燃油换热器的尺寸。虽然这个架构可降低系统重量和气动阻力，但是冲压空气换热器的尺寸较大使得这个架构在飞机上的应用吸引力不大。

一种优选的架构是使用PCM作为热存储的架构，将来自定向能武器的去离子水分为4路，分别通过4个空–液换热器被冲压空气冷却，冲压空气带走热量约为总热量的37%。剩余的热量被PCM热存储装置吸收，PCM热存储装置吸收热量后融化，温度不变。武器不工作时，PCM热存储装置中的热量通过空–液热交换器传递给冲压空气，重新变回固态。

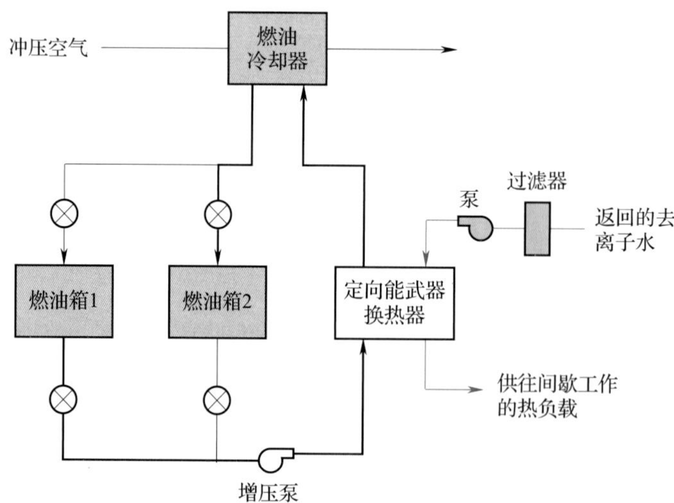

图1　冷燃油作为热存储的高温热管理架构

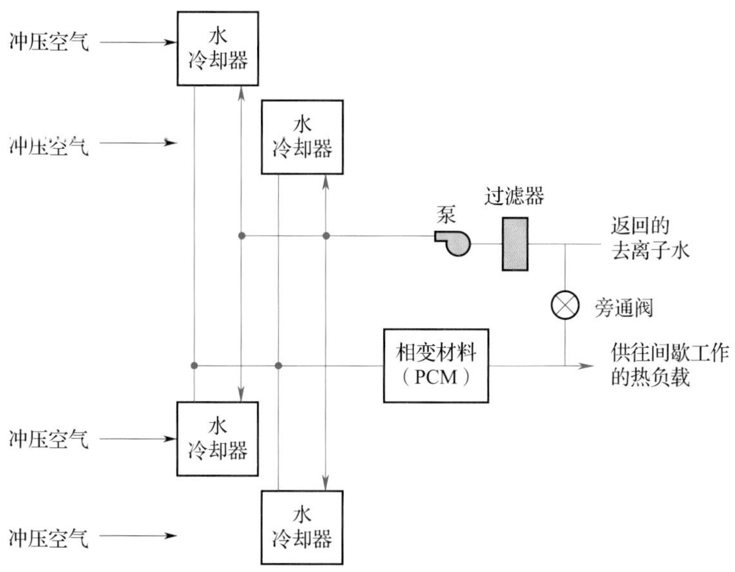

图2　PCM 作为热存储的高温热管理架构

3　低温热管理系统架构

图3是用于最高工作温度较低定向能武器系统的基本热管理架构，也是使用去离子水进行激光冷却。但是，由于热载荷大和温度范围窄导致需要的冷却液流量很大。在基本架构中，去离子水中热量传递给PCM热存储装置，PCM热存储装置中热量被蒸发循环系统带走。与优选的高温热管理系统架构中一样，PCM允许按平均热载荷而不是最大热载荷确定最终热沉换热器尺寸。使用蒸发循环系统（VCS）用于提高与热沉之间的温差，减小所需冲压空气换热器的尺寸。

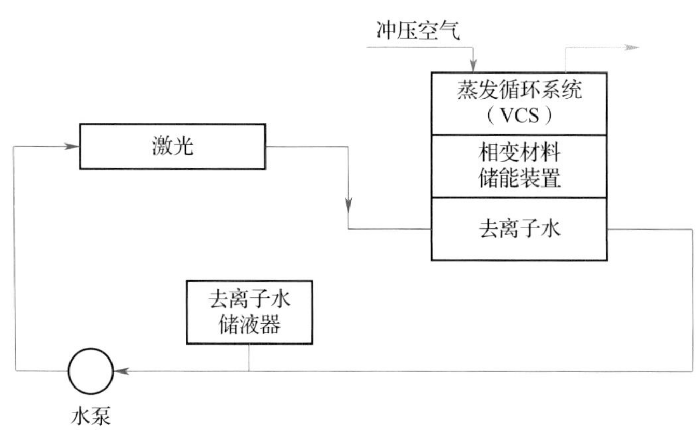

图3　基本低温热管理系统

图4给出了一种可替代去离子水系统的喷雾冷却氨系统。雾化的液态氨被喷射到激光组件上，吸热后部分液态氨蒸发汽化。这一过程通过相变吸热、温度不变，从而可显著降低冷却液流量需求。在

激光组件下游设置了一个两相流泵组件（TPPA）（参考文献［1］对其进行了描述）用于将饱和氨蒸气中残存液态氨分离出来，分离出来的液态氨回流至液氨收集箱中。两相流泵组件出口氨蒸气，一部分供往氨蒸气储存罐经压缩后回流至激光组件喷雾腔中，辅助液态氨雾化；另一部分氨蒸气供往 PCM 热存储组件，将激光组件的热量传递给 PCM 热存储组件。和基本架构一样，使用蒸发循环系统冷却 PCM 热存储组件。

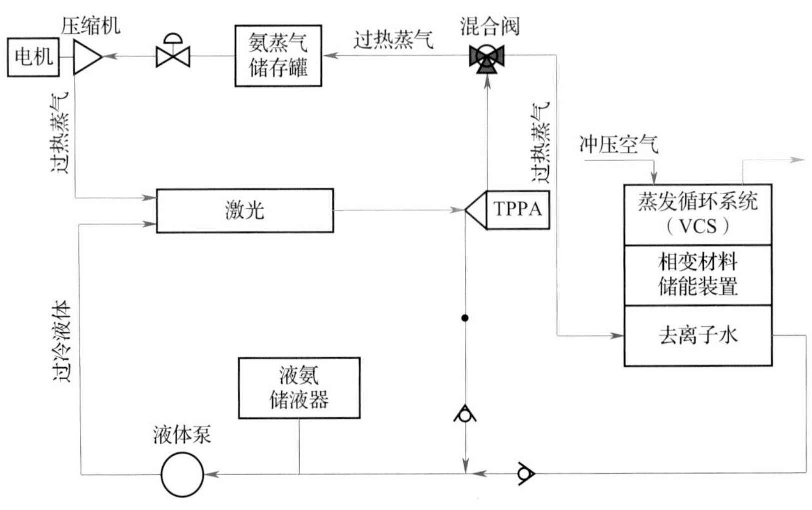

图 4　基于氨的低温热管理系统

分析结果显示，在两相氨系统中微通道换热器可替代喷雾冷却。

氨基冷却系统和去离子水系统相比，重量低于后者的 50%、尺寸是后者的一半、用电量低于后者的 50%。但是，飞机上使用氨，需要对氨进行特殊处理使其与机组人员隔离，避免泄漏对机组人员造成损伤。

图 5 给出了另一种可用于最高工作温度较低定向能武器系统的大容量氨系统。此系统中使用氨蒸气存储罐代替 PCM 热存储组件，此时氨作为热存储介质。激光组件工作时，冷却激光组件产生的氨蒸气部分被存储起来。激光组件不工作时，将储存的气态氨转变成液态氨供冷却激光组件使用。这个系统的重量比使用 PCM 热存储组件的氨系统至少降低 20%。但是，即使压缩气体以降低存储体积，这个系统的体积仍是使用 PCM 热存储组件的氨系统的 5 倍以上。此外，这个系统还需要大约 5 倍于使用 PCM 热存储组件的氨系统的用电量（主要用于蒸发循环系统）。

4　相变材料热存储装置

基于 PCM 的热存储装置是对周期性、短时、高热流密度冷却和加热需求进行管理的有效方式。可将 PCM 热存储装置视为热容，利用相变材料的熔解潜热吸收冷却介质的热量以保持冷却介质温度的相对恒定。

为上述架构选择的相变材料是熔点约为 150℉（65.56℃）的烃蜡，所选烃蜡的其他物性参数见表 1。

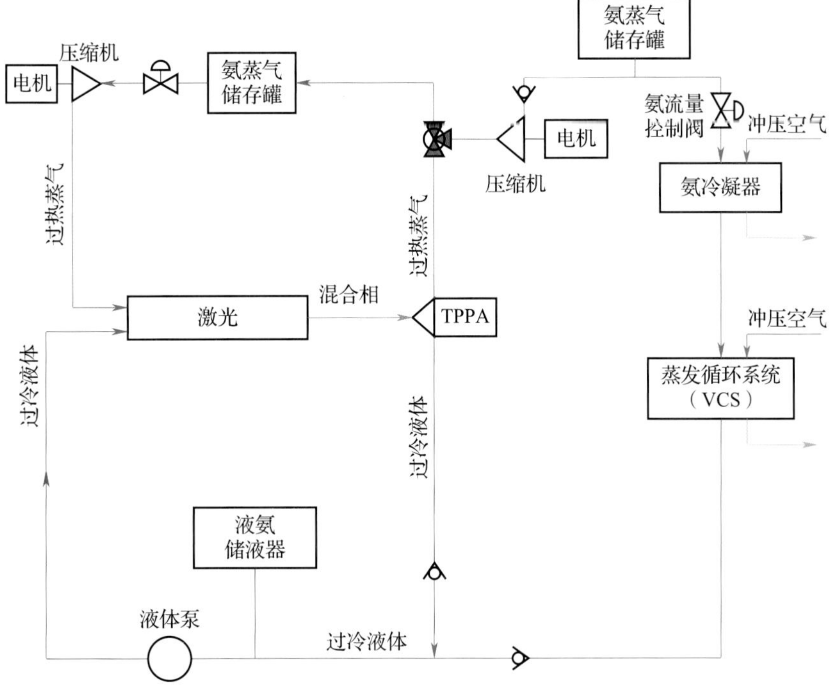

图5 大容量氨低温热管理系统

表1 PCM 物性参数

参数	固态	液态
碳原子数	30	30
熔点 /K	338	—
密度 /（kg/m^3）	806	725*
导热系数 /（W/（m · K）	0.23	0.23
比热容 /（kJ/（kg · K）)	1.9	2.5
潜热 /（kJ/kg）	252	
* 假设液态密度为固态密度的 90%。		

将 PCM 填充到热存储装置中，必须保证 PCM 膨胀时没有不利限制，从而使热存储装置内的应力最小。填充系数指的是 PCM 翅片结构中用于填充液态 PCM 的名义自由空间与全结构空间的百分比。由于 PCM 液态密度大约是固态密度的 90%，因此填充系数定为 80% 可满足 PCM 相变带来的膨胀需求。

适用于上述架构的 PCM 热存储装置，采取铝结构的双通道架构，在每两个充满 PCM 的通道中间设置一个冷却液流动通道。PCM 通道为翅片结构，除了起到结构支撑作用外还使得冷却液热量更有效传递给 PCM。图 6 给出了一种 PCM 热存储装置的示意图，截面剖视图见图 7。

最近的测试已经验证了霍尼韦尔的 PCM 性能模型。霍尼韦尔正在研究先进的 PCM 设计，希望使用替代结构和材料获得重量低和热阻小的 PCM 热存储装置。

冷却液进口
冷却液出口

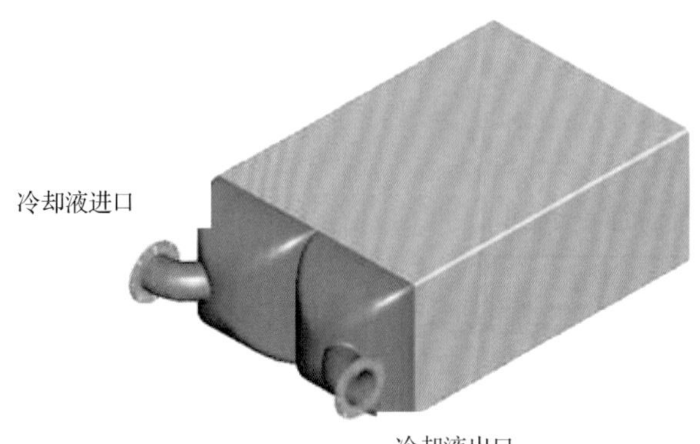

图 6　PCM 热存储装置的示意图

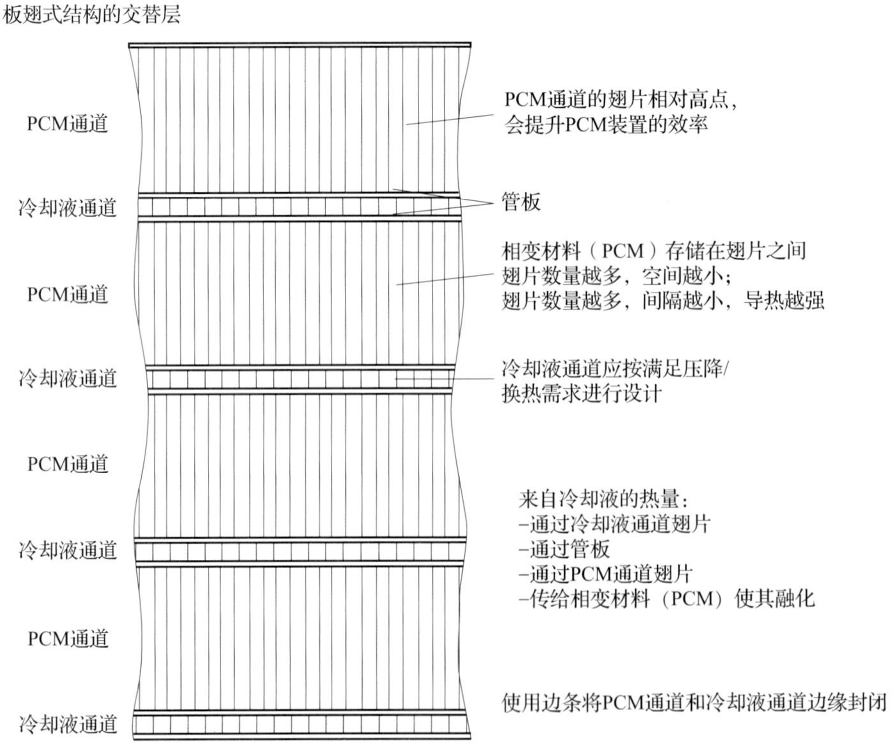

板翅式结构的交替层
PCM通道
冷却液通道
PCM通道
冷却液通道
PCM通道
冷却液通道
PCM通道
冷却液通道
PCM通道的翅片相对高点，
会提升PCM装置的效率
管板
相变材料（PCM）存储在翅片之间
翅片数量越多，空间越小；
翅片数量越多，间隔越小，导热越强
冷却液通道应按满足压降/
换热需求进行设计
来自冷却液的热量：
–通过冷却液通道翅片
–通过管板
–通过PCM通道翅片
–传给相变材料（PCM）使其融化
使用边条将PCM通道和冷却液通道边缘封闭

图 7　PCM 热存储装置截面剖视图

5　电源

定向能武器需要的用电量比传统飞机电源系统能提供的电能大得多。可考虑以下几种方案解决供电不足的情况：

- 传统发电机与电池相结合；
- 高功率发动机驱动发电机；
- 引气驱动发电机；
- 引气燃烧发电机；
- 单燃料推进剂发电机；
- 双燃料推进剂发电机；
- 冲压空气驱动发电机；
- 辅助动力装置。

这些发电方式均有优缺点，根据具体应用需求选择合适的发电方式。具体应用需求包括：即时或提前通知需要的用电量、武器持续工作时间、工作间隔中可用恢复时间、期望用电量。

5.1 传统发电机与电池相结合

满足定向能武器高用电需求的简单方式为：对传统发动机驱动的发电机、电功率调节及一些能源储存方式（如电池）进行结合。武器工作时由电池供电，武器工作间隔期间由发动机驱动的发电机和电功率调节对电池进行充电。

虽然这种方式可在飞机最小改动情况下具备提供接近瞬态电功率的能力，但是武器持续工作时间受电池电能存储能力限制。根据电功率需求，持续工作时间长的武器所需的电池尺寸和重量大，不便于携带。另外，使用传统机上电源系统对其进行充电，如果电源系统给机上其他设备供电后用于充电的电能受到限制，会导致充电时间很长。

由于电池中的可用能量密度有限，这个方案适用于持续工作时间相对较短、工作间隔时间相对较长的定向能武器。

当前已有各种高功率和高能量的电池，部分可用于飞机上。

随着电池技术的不断发展，电池在定向能武器系统中会发挥更大的作用。

5.2 发动机驱动的高功率发电机

可使用发动机驱动的发电机满足武器连续工作的用电需求。由于这种高功率发电机与发动机机械连接，因此可高效提供可用瞬态电功率。

使用高功率发电机通常需要对齿轮箱进行更改，以获得较高的额定功率和满足特殊安装需求。根据电功率需求，可能需要对发动机起飞功率轴进行更改。传统发电机由发动机高压转子驱动，为了获得大幅增长的轴功率，需要大幅提高发动机高压转子转速，由此大幅提高发动机推力，显然这不是期望得到的结果。因此更倾向于由发动机低压转子通过齿轮箱驱动或直接驱动高功率发电机的方案。

发动机驱动的高功率发电机适用场景如下：

① 持续时间长或者工作效率高的定向能武器；

② 可适应更高负载的发动机驱动的齿轮箱。

有多种发电机可用于发动机驱动和其他应用场景。霍尼韦尔最近测试了一款重量仅为 55lb（24.97kg）的 200kW 级紧凑式发电机。正在开展额定功率超过 1MW 发电机的研制。

5.3 引气驱动的发电机

引气驱动的发电机与发动机之间采取气动连接而不是机械连接。在这个方案中，发动机引气经控制阀后供往涡轮，引气在涡轮中膨胀驱动发电机。

由于引气驱动的发电机可以安装在发动机外部，不用安装在发动机驱动的齿轮箱上，因此引气驱动的发电机安装相对灵活。此外，采取不需要高功率时关闭引气阀的方式可避免发电机由此引起的耗损。

引气驱动的发电机缺点是在开始工作和达到全功率状态之间存在延迟。起动延迟时间长短取决于起动时的引气条件和涡轮机的惯性。根据相似设备使用经验建议起动延迟时间范围为 2 ~ 10s。引气驱动发电机与相同功率级别的机械驱动发电机相比，对发动机性能的影响更大。主要是因为引气驱动对应的发动机压气机和涡轮综合驱动效率显著低于机械驱动对应的发动机压气机和涡轮综合驱动效率。如果引气抽取占发动机空气流量的很大一部分，由于设备工作在非设计状态效率很低，会进一步降低发动机性能。此外，将发动机引气供往发电机的引气管路布置也具有很大挑战。

引气驱动的发电机适用于持续工作时间长且起动延迟时间对系统无影响的情况。可以通过提前得到用电量需求，使发电机在使用前提前起动至相应转速避免起动延迟时间对系统造成影响。引气驱动的发电机还适用于所需引气量小（只占发动机空气流量的很小一部分）或者对发动机性能影响小的情况。引气驱动的发电机已有应用，如 F-117 隐身战斗 / 攻击机应急电源装置[2]。

5.4 引气燃烧发电机

引气燃烧发电机是引气驱动发电机的一种。引气燃烧发电机不是使用发动机引气直接驱动涡轮，而是将燃油注入引气并将其点燃，使用燃气驱动涡轮。由于提高了涡轮进口温度，因此会显著降低发电机所需引气流量，从而可降低发动机性能损失。此外，温度更高的燃气使得引气管路直径更小，涡轮更小更轻。

引气燃烧发电机方案的缺点主要是需要增加复杂的燃烧室，并需要将燃油供往燃烧室中燃烧。

引气燃烧发电机的适用范围与引气驱动发电机类似；适用于持续工作时间长且起动延迟时间对系统无影响（至少提前获取用电量需求）的情况。引气燃烧系统（也称为直列式燃烧室）多年前已用于空气涡轮起动装置中（参考文献［3］）。最近在 F-35 战斗机能源和热管理系统的一种工作模式中应用了此技术。

5.5 单燃料推进剂发电机

单燃料推进剂发电机独立于飞机主发动机工作。将推进剂（一般是肼或过氧化氢）储存在密封弹药筒中，工作时推进剂被催化剂分解成高温燃气排出弹药筒驱动涡轮。

单燃料推进剂发电机可以快速起动，起动时间通常不超过 3s。由于不需要发动机引气或者与发动机燃油管路连接，单燃料推进剂发电机不需要安装在发动机附近。单燃料推进剂发电机对发动机性能无影响，可以在任何高度、任何姿态、任何空速下工作。

单燃料推进剂发电机缺点有：① 需增加地面保障设备用于燃料盒的维护；② 需要特殊程序来处理和装填燃料盒；③ 燃料盒中的燃料体积限制了可用电能，从而限制了武器持续工作时间。

单燃料推进剂发电机适用于武器使用频率不高和持续工作时间有限的场合（用电需求远大于电池能提供的电能）。单燃料推进剂电源系统已用于 F-16 战斗机的应急供电和 U-2 侦察机的主发动机应急起动（见参考文献［2］）。

5.6 双燃料推进剂发电机

除一种推进剂与催化剂反应外，双燃料推进剂发电机与单燃料推进剂发电机类似。双燃料推进剂发电机将两种推进剂混合，在两种推进剂与催化剂间产生热反应或催化反应。双燃料推进剂发电机可以使用无毒和不太活跃的推进剂（如航空燃油和压缩空气），由此系统可具有自保障的潜力。将储存在高压气瓶中的压缩空气与机上燃油混合后点燃，产生的燃气用来驱动涡轮和发电机。工作后，高压气瓶被机上充气系统充满以备下次使用。

类似于单燃料推进剂发电机，双燃料推进剂发电机具有快速起动，安装灵活，对发动机性能无影响，可以在任何高度、姿态和空速下工作的优点。双燃料推进剂发电机使用航空燃油和空气双推进剂的话，则不需要增加地面保障服务设备。

使用航空燃油和空气双推进剂驱动的发电机适用于需要在有限时间内频繁工作的情况，且工作间隔时间足以完成高压气瓶充气以备下次工作。已为空间应用开发了一台 140kW 级、起动时间 0.87s 的双燃料推进剂涡轮发电机（见参考文献［2］）。F–22 战斗机上的 APU 起动和应急电源采用了自充式航空燃油和空气双推进剂系统（见参考文献［2］）。

5.7 冲压空气驱动的发电机

冲压空气驱动的发电机将飞机飞行的动压转换成轴功率，以增加飞机阻力的代价获取电能。涡轮应安装在有冲压空气的地方，可以通过管路安装在冲压空气管道内部，也可以根据需要设置可打开关闭的冲压进气口和排气口。

冲压空气涡轮可无限制的连续工作。起动时间取决于飞行条件和安装情况，初次起动时间一般在 2 ~ 10s 范围内。冲压空气涡轮工作不影响发动机性能，但会增加飞行阻力。可通过在冲压进气管路和排气管路上设置风门或设置可打开关闭的冲压进气口和排气口，消除不工作期间的飞行阻力影响。

冲压空气驱动发电机的缺点是可提供电功率是飞行速度和高度的函数。如果以低速或高空提供高功率设计涡轮，涡轮会很大。冲压空气涡轮适用于持续工作时间长且用电需求中等水平的情况。冲压空气驱动发电机当前多用于为翼装吊舱和飞机应急电源提供电能（见参考文献［2］）。

5.8 辅助动力装置

辅助动力装置（APU）是除发动机之外专门提供电能和压缩空气的燃气涡轮发动机。APU 可无限制的连续工作。起动时间取决于入口条件和起动功率，通常为 30s 左右。APU 工作不影响主发动机性能，也不显著影响飞行阻力。APU 需要进气口和排气口，且必须与燃油管路相连。

由于 APU 按照高空提供一定电功率需求进行设计，会比按照仅工作在低空条件下进行设计的尺寸大。因此进口条件对 APU 有一定影响。

APU 适用于持续工作时间长且用电需求为中、高水平的情况。APU 广泛应用于民机和军机，可选尺寸与功率等级很多。

6 结论

有多种冷却系统架构和发电方式可用于定向能武器。对热载荷大且工作温度范围较窄的定向能武器，使用单相冷却系统（如水系统）会导致冷却液流量过大。在一些应用中，使用氨的两相冷却系统可降低系统流量、重量、体积和用电需求。

在本文研究的两种定向能武器应用中，热存储都具有很大的优势。热存储装置允许最终热沉换热器按平均热载荷（而不是最大热载荷）进行设计，由此减小了系统的尺寸、重量、用电需求和飞行阻力。首选 PCM 热存储，而不是使用飞机燃油或氨作为热存储的架构。

根据定向能武器的具体需求（特别是周期工作情况）选择相应冷却系统的合适制冷剂及热存储系统。

同样，也需要根据定向能武器的具体要求选择供电系统。电池适用于单发、短时工作的定向能武器（如防御性武器）。发动机驱动的高功率发电机适用于需要连续工作且有安装空间的情况。引气驱动的发电机可连续运行，并可远距离安装。引气燃烧发电机可降低引气驱动发电机造成的发动机性能损失。双燃料推进剂发电机适用于需要在有限时间内频繁工作的情况，且工作间隔时间足以完成高压气瓶充气以备下次工作。冲压空气涡轮适用于持续工作时间长的情况，重量和飞行阻力限制了低速和高空时的可用功率。辅助动力装置（APU）连续工作不受空速影响，但在高空提供预定功率需要的辅助动力装置体积较大。

致谢

非常感谢唐·博格和马特·塞尔尼在洛克希德－马丁航空公司和空军研究实验室飞行器董事会的支持和指导。

术语 / 缩略语

APU—Auxiliary Power Unit/ 辅助动力装置

DEW—Directed Energy Weapons/ 定向能武器

PCM—Phase Change Material/ 相变材料

TPPA—Two Phase Pump Assembly/ 两相泵组件

VCS—Vapor Cycle System/ 蒸发循环系统

参考文献

[1] Matteau, D.P. and Nikbin, S., "A Two-Phase Fluid Pump for Use in Microgravity Environments," SAE Technical Paper 1999-01-1979, 1999, doi: 10.4271/1999-01-1979.

[2] Koerner, M., "Recent Development in Aircraft Emergency Power," AIAA 2000-2802.

[3] Treager, Aircraft Gas Turbine Engine Technology, Second Addition, pg 312.

[4] Koerner, M. and Ganev, E., "An Electric Power Generation System for Launch Vehicles," SAE Technical Paper 2006-01-3061, 2006, doi: 10.4271/2006-01-3061.

8 基于需求的飞机热管理架构对比分析

约瑟夫·霍姆兹[1]，罗伯特·P. 斯卡林格[1]，格雷戈里·S. 科尔[1]，
安迪·弗莱明[2]，特拉维斯·迈克拉克[2]

1. 主流工程公司，2. 莱特－帕特森空军基地空军研究实验室

引用：Joseph Homitz, Robert P. Scaringe , Gregory S. Cole,“Comparative Analysis of Thermal Management Architectures to Address Evolving Thermal Requirements Systems,” SAE International, 2008-01-2905.

摘要

目前飞机应用的高功率电子设备和高温散热技术引起了人们对飞机热管理技术的极大关注，使得采取新型飞机热管理架构保证系统合理的花费、尺寸、重量和功率需求非常必要。本文通过研究现有系统架构的需求和性能找到提升的潜在方向，提出了一种新型飞机热管理架构（称为蒸发－压缩热环）以期替代现有架构。另外，对现有架构与蒸发－压缩热环架构进行了热力学对比分析。

1 引言

未来飞机会越来越多地考虑热管理问题，热管理技术首要解决的就是广泛分布于全机设备的热量收集、传输以及废热的排散问题。

下面对未来飞机面临的热管理问题及近年来对应的热管理技术发展进行简要总结，未涵盖所有的研究成果。本节主要对面临的热管理挑战、最近关注的领域进行说明，着重阐述已应用的热量收集与传输优化技术。另外，本文还提供了热量传输方面热管理基础技术。

1.1 热管理挑战

当前需要热管理系统（TMS）带走的热量从 100kW 到 1000kW，对应的热流密度从 100W/cm^2 增长到 750W/cm^2 [1]，这些热量远远超出当前飞机热管理系统的散热能力（10kW）[2]。除了热载荷大和热流密度高之外，对热管理系统的要求还有冷却表面均温要求高以及精确控温的要求。

多电飞机的构想是用高功率电子设备取代大部分的液压、机械和气体的驱动系统（如飞控执行系统）[3]。这样会极大地提升现有系统能力，比如提高飞机可靠性和维修性、降低使用费用。但是，液压和气体的驱动系统被取代后会带来一系列新的热管理问题。液压和气动系统取消之后需要考虑替代系统用于将远端设备热载荷收集起来。另外，很多电子控制部件对冷却温度有严格要求，冷却温度高于需要的温度要求值会导致设备性能下降或可靠性降低[4]。

另一个需要关注的点是高速飞行对应的飞机表面气动加热较大且冲压空气滞止温度高[3]，此时

多使用燃油热沉替代冲压空气或外界空气热沉。但是飞行过程中的耗油和JP-8受热稳定性影响最高温度限制在160℃[5]使得燃油热沉能力受限，加上高推重比动力系统热载荷大使得这个问题更加复杂（典型发动机冷却需求峰值可高达300kW[6]）。热管理系统设计还受制于重量、体积限制，因此必须寻找高效的热管理架构。

1.2 热管理技术发展

很多研究关注于部件级别的热管理技术，主要聚焦高热流设备冷却技术，包括微通道技术、喷射冷却技术和冲击冷却技术[7-11]。对利用液体蒸发潜热换热的两相流系统进行了大量的研究，这些技术经证明是革命性的进步，可大幅提升许多系统的换热系数和换热量。但是，这些技术仅限于小规模的实验室研究。

对热量传输和排散技术的研究较少，主要进行了热能储存方式的定性研究以应对峰值热载荷远大于平均热容量的情形。使用相变材料（PCM）对峰值热载荷和瞬态尖峰进行管理可有效降低热管理系统的重量和体积[12]，但是能带走的最大热载荷受限于相变材料（PCM）单位体积的存储能量值[13]。对热管（LHP）技术在飞机热管理系统的应用也进行了研究，热管是利用毛细力和内部工作流体的蒸发将热量带走的无源散热技术，可降低热量传递需求，当前散热能力约100W[3]。

为了提升热量排散能力，对注入燃油添加剂以提高燃油热稳定温度限制进行了一系列的研究[5]。这样在对冷却温度没有严格限制时可提升散热潜力。但是，需要改变现有热管理系统架构以利用提高燃油限制温度带来的散热能力，此时电子设备工作温度较高。

研究了开式循环系统解决大热载荷收集和排散问题[6, 14]。在这些系统中，来自储液箱的蒸发潜热高的制冷剂（如氨）通过泵驱或膨胀供往蒸发器中，在蒸发器中蒸发吸热后排至大气。这些系统带走热载荷大且可控制较低冷却温度，但主要的问题就是重量和体积大。

2 热管理架构及分析

飞机热管理系统通常指的是根据飞机需求对空气循环、燃油循环和液冷循环进行热量综合的复杂系统。一般使用泵驱燃油或PAO循环将分布全机的热载荷进行收集和传输[15-16]。燃油很多情况下被用作热沉，热量通过空气－燃油散热器最终传递给冲压空气。如果燃油作为热量传输介质可取消中间环节从而提高全系统性能。基于PAO的化学稳定性和电绝缘特性且曾用于飞机液冷系统，现代飞机通常使用PAO循环作为热量传输通道，热量必须通过换热器传递到冲压空气或燃油中。PAO循环在飞机热管理中扮演着重要角色，在很多飞机中都能见到相关应用[17]。以前飞机的全机热载荷相对较低，传统PAO循环可满足需求。随着全机热载荷高于50kW后成比例增加，使用传统PAO循环会带来换热器体积和功率需求的大幅增加直至无法承受。

近年来两相热管理技术在收集和传输飞机热载荷上的应用获得关注[18-21]。两相系统最大的优势是利用制冷剂的蒸发潜热冷却取代单相系统中的显热冷却。由于气液混合介质的两相换热系数随制冷剂流动方向而变化，如缺乏换热器的详细设计则对两相系统重量和体积收益进行定量分析很困难。众所周知，相变换热系数要比单相液体换热系数高。液体强迫换热系数范围为100 ~ 20000W/（m^2·K），相变换热系数范围为2500 ~ 100000W/（m^2·K）[22]。在雷诺数均是10000和制冷剂入口干度0.2情况下，根据Kandlikar-Balasubramanian提出的流动沸腾关联式[23]确定的R134a在20℃时两相换热系数是使用Dittus-Boelter公式[22]确定的PAO在20℃时换热系数的70倍。另外，带走相同热载荷，利用 R134a 在 20℃的蒸发潜热所需流量是利用 Royco 602 PAO 从 20℃到 30℃的显热所需流量的 12%。两相系统的优势还有相变过程中的等温特性与可降低冷却温度与热沉峰值的瞬态温度差值等，这些在以下章节中进行详细描述。

2.1 两相系统

飞机上应用较好的两相系统为泵驱两相循环（PL）和蒸发 – 压缩循环（VC）。图 1 给出了泵驱两相循环（PL）和蒸发 – 压缩循环的原理图，图 2 是制冷剂为 R134a 的泵驱两相循环温 – 熵图（*T–S*），图 3 是制冷剂为 R134a 的蒸发 – 压缩循环温 – 熵图（*T–S*）。值得注意的是，相同压升情况下泵驱两相循环比蒸发 – 压缩循环功耗小，主要是因为蒸发 – 压缩循环（VC）中需要压缩的蒸发气体容积大。从图 2 可以看出泵驱两相循环中冷凝温度必须高于热沉温度，蒸发温度必须高于冷凝温度。另一方面，蒸发 – 压缩循环可提供低于热沉温度的冷却温度，可以满足飞机电子设备的低温冷却需求。

为了防止泵发生汽蚀，泵驱两相循环中进入泵前的制冷剂需要保证一定的过冷度。整个飞行剖面制冷能力变化很大但冷却需求几乎不变，因此泵的可靠运行很重要。通过使用一个较大的储液箱方式，避免液 / 气混合物进入泵以及防止工作过程中制冷能力的大幅变化。

为了防止压缩机发生液击，蒸发 – 压缩循环中进入压缩机前的制冷剂需要保证一定的过热度。系统中一般根据热沉能力和设备冷却需求变化情况使用被动控制设备（如热力膨胀阀（TXV））控制蒸发器出口制冷剂的过热度。该系统提供的冷却温度低于热沉温度，从而可提高电子设备的工作可靠性。通过设置合适尺寸的储液器以及控制压缩机功率可对热沉较大的尖峰能力进行管理。基于此蒸发 – 压缩循环会成为未来飞机两相热管理系统的重要组成部分。

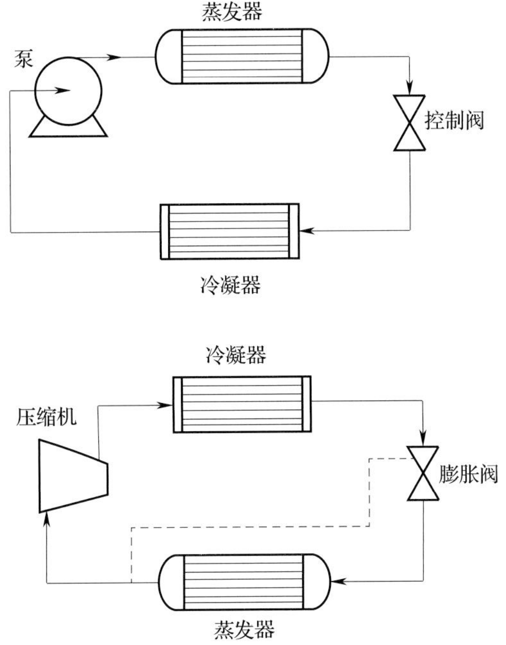

图 1　泵驱两相循环（上）和蒸发 – 压缩循环（下）原理图

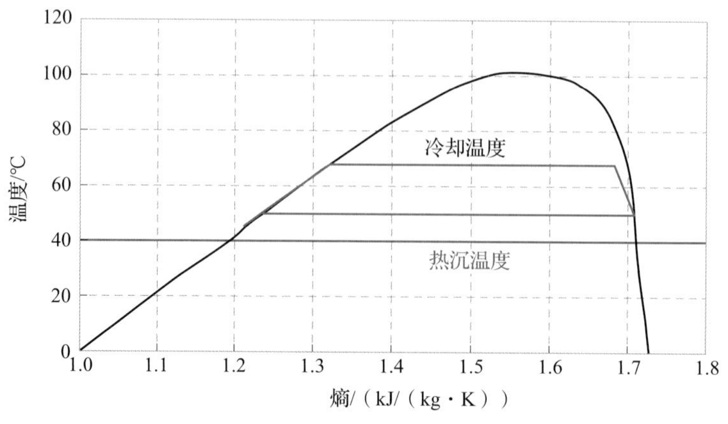

图 2　泵驱两相循环温 – 熵图（*T–S*）

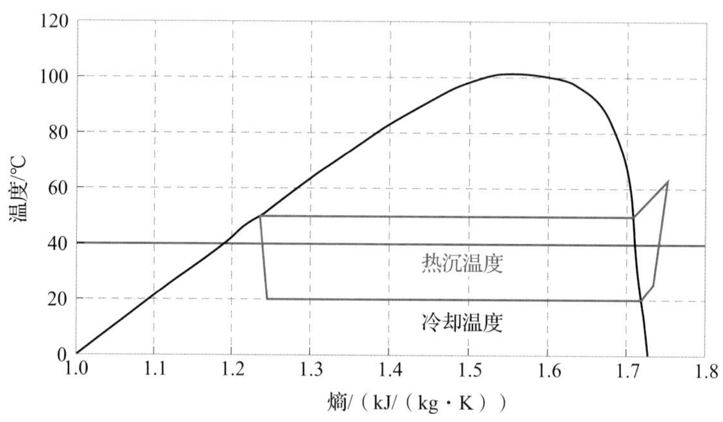

图 3　蒸发 – 压缩循环温 – 熵图（*T–S*）

2.2　蒸发 – 压缩循环（VC）架构

蒸发 – 压缩循环（VC）架构中，为设备提供低温冷却的换热器应设置在循环的蒸发侧，系统管网根据实际需求采取并联、串联或者串并联综合架构。并联架构（见图 4）受单个设备的影响较小，膨胀阀可通过独立换热器控制流量，系统按照单个设备需求进行控制。与并联架构对比，串联架构受单个设备影响较大，系统功率和总散热量大，流量变化很小情况下单个设备发生变化会影响上游和下游设备的散热。

无低温冷却需求设备换热器可布置在冷凝器和膨胀阀之间，这个架构制冷剂需要在再冷过程中吸热蒸发，但可以以较小的功率代价利用两相换热对无严格温度需求的设备热量进行收集和传递，功率需求仅需统计高温换热器和冷凝器的热损耗。

当热沉温度高于 60℃持续时间较长，建议使用级联蒸发 – 压缩循环（CVC）。级联蒸发 – 压缩循环一般采取一个低温低流阻热量收集 / 传输环与一个高扬程蒸发热量排散环耦合。低流阻热量收集 / 传输环采取高效热量收集和传输方式，取代传统液冷传输环路。高扬程蒸发热量排散环应能向高温热沉传递热量且与热沉的换热能力更优。

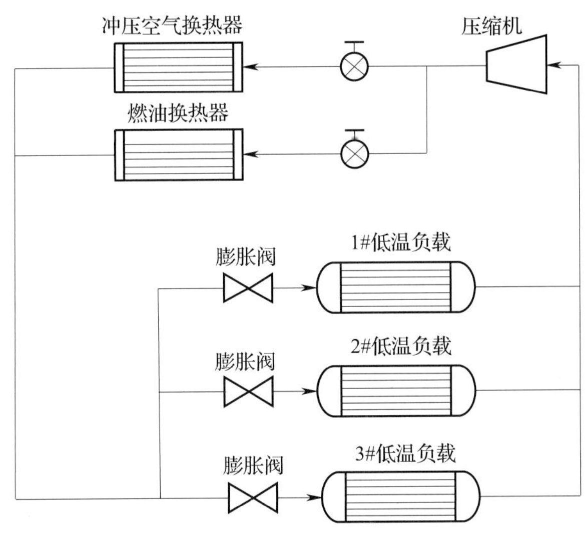

图 4 蒸发压缩系统架构

2.3 对比分析

本文通过稳态热力学分析对使用蒸发－压缩热管理架构替代传统热管理系统架构的优势进行说明。对比分析使用的典型热载荷见表 1，热沉温度设为 60℃（此温度是低空、高速飞行工作场景对应的可能极限高温）。

表 1 典型热载荷

热载荷 /kW	热流密度
500	高
25	低
5	低

2.3.1 泵驱循环

如前所述，现有热管理系统通常使用 PAO 作为泵驱循环制冷剂。泵驱循环包含一个泵、设备换热器、热沉换热器和控制阀。这个架构不对超出系统能力的热载荷需求管理方法进行评价。有些设备有严格的温度要求，必须被冷却到适当温度（比如 20℃ ±2℃），在无附加冷却循环情况下泵驱循环无法满足要求。业已证明，使用 PAO 作为工作介质的泵驱两相循环和泵驱单相循环中一样，供液温度高于热沉温度的程度受限，另外不使用均温板，PAO 没有带走高热流密度热载荷能力。高热流密度可达 500 ～ 800W/cm^2。

2.3.2 高热流蒸发－压缩循环（VC）＋泵驱循环

提升传统泵驱循环架构能力的一个方法是与温升循环耦合。由于分析重点放在带走高热流密度热载荷能力上，因此考虑使用以氨为介质的蒸发－压缩循环。图 5 为用于分析的系统架构，值得注意的是架构中设备采取了串联方式。这主要是由于高热流两相换热器（设备冷板）出口应保证较低干度以避免发生干烧，采取串联方式可将剩余的液体全部蒸发，从而降低对回热器的依赖和压缩功率需求。由于在需要低干度下蒸发时使用回热器是无效的，因此应避免在飞机热管理中使用回热器。

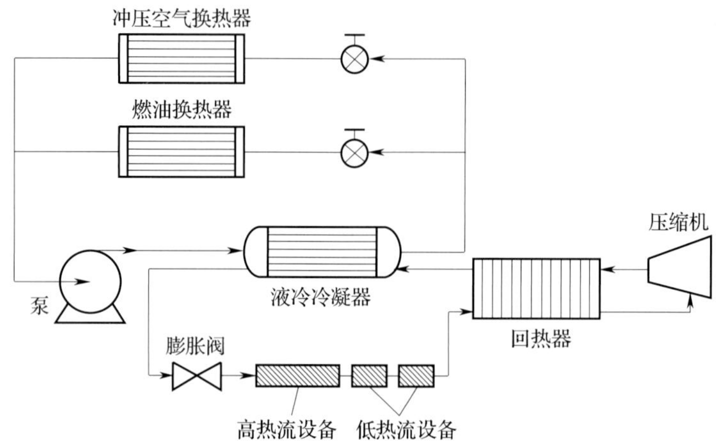

图 5　基于高热流蒸发 – 压缩子系统的泵驱循环

这个架构的热力学分析结果见表 2。综合 PAO 换热器尺寸和所需温差将冷凝温度定为 80℃，考虑冷却介质与冷却设备之间的换热热阻实际情况将蒸发温度定为 0℃。假定泵效率为 0.5、压缩机效率为 0.8，PAO 热力学参数基于 Royco 602 PAO 数据。根据试验结果将高热流两相换热器（设备冷板）出口干度定为 0.42。

表 2　泵驱循环与基于高热流蒸发 – 压缩子系统的泵驱循环分析结果

泵驱循环	
制冷剂	PAO
流量 /（L/min）	24641
泵功率 /kW	279
基于高热流蒸发 – 压缩子系统的泵驱循环	
制冷剂	氨
冷凝温度 /℃	80
蒸发温度 /℃	0
高热流密度热载荷 /kW	500
低热流密度热载荷 /kW	30
质量流量 /（kg/s）	3.9
压缩机功率 /kW	1777
COP	0.3
冷凝器热载荷 /kW	2307
回热器热载荷 /kW	2834

分析结果显示即便不对换热器尺寸和重量进行限制，使用 PAO 循环传递这么大热载荷也不现实。保证所需流量情况下控制合理的流阻损失，对应的泵和管路体积和重量也很大。即便设备对冷却温度没有任何要求可与 PAO 温度保持一致，PAO 系统也需要将近 5660LPM 的流量，64kW 的泵功率需求。分析结果还显示回热器使得蒸发 – 压缩循环（VC）的功率和换热需求大得不切实际。

这个架构需要注意的是，没有额外开式循环系统情况下使用热存储设备 / 系统无法有效提升架构能力。被动热存储装置没有高热流密度设备冷却能力，因此根据高热流密度设备热载荷确定了系统质量流量情况下无法提高蒸发 – 压缩循环需求。在 PAO 循环中设置 PCM 设备存储很小一部分冷凝热载荷会造成系统体积和重量增大太多的问题。下面章节中对使用开式循环作为热存储方式进行了讨论。

2.3.3 高热流蒸发 – 压缩循环

如前所述，蒸发 – 压缩循环的意义就是替代飞机热管理系统中使用的典型 PAO 循环。取消之前热管理系统架构中的 PAO 循环，这样蒸发 – 压缩循环热载荷直接通过换热器传递给冲压空气和燃油，可降低蒸发 – 压缩循环（VC）中的温升需求，或者温升保持不变的情况下可降低冲压空气换热器和燃油换热器的重量和尺寸，系统设计时需要综合考虑最终确定优化设计点。设置温升为 70℃，分析结果见表 3。再一次说明，虽然回热器使得系统需求大得不切实际。但是依然可以得出取消中间 PAO 循环直接将热载荷传递给热沉可显著降低系统功率和换热需求的结论。

表 3 高热流蒸发 – 压缩循环分析结果

高热流蒸发 – 压缩热环	
制冷剂	氨
冷凝温度 /℃	70
蒸发温度 /℃	0
高热流密度热载荷 /kW	500
低热流密度热载荷 /kW	30
质量流量 /（kg/s）	2.6
压缩机功率 /kW	1056
COP	0.5
冷凝器热载荷 /kW	1586
回热器热载荷 /kW	1889

2.3.4 高热流泵驱循环 + 蒸发 – 压缩循环架构

在蒸发 – 压缩循环（VC）的蒸发器端耦合一个高热流泵驱循环（PL），这样可以充分利用蒸发 – 压缩循环制冷剂的蒸发潜热从而取消回热器。系统架构如图 6 所示。分析中选择 R134a 作为蒸发 – 压缩循环制冷剂，氨作为高热流密度设备冷却介质，压缩机效率取 0.8，泵效率取 0.5，考虑冷却介质与冷却设备之间的换热热阻实际情况将蒸发温度定为 –10℃。假定泵效率为 0.5、压缩机效率为 0.8，分析结果见表 4。高热流密度泵驱循环子系统流量按照 Lee–Vafai 和 Pan–Webb 过冷冲击冷却关联式确定[11, 24]。分析结果显示基于高热流密度泵驱循环子系统的蒸发－压缩热环的热管理系统架构相比以前架构有很大的提升。

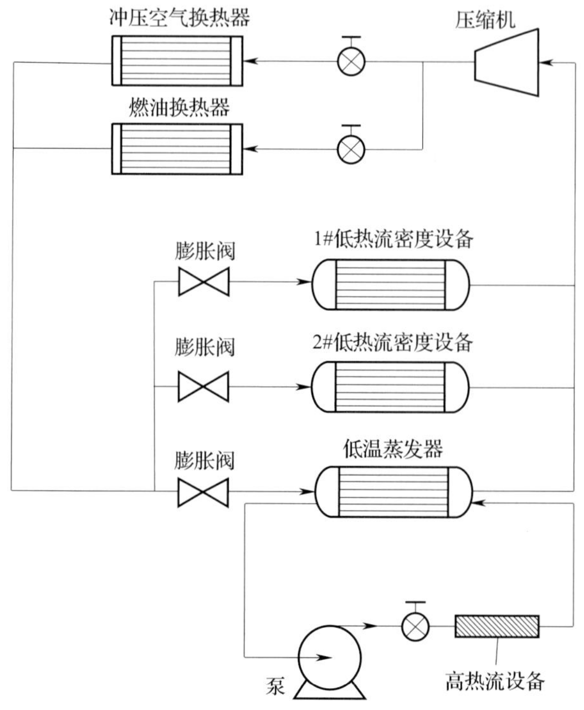

图6　高热流密度泵驱循环和蒸发－压缩循环耦合架构

表4　高热流密度泵驱循环和蒸发－压缩循环耦合架构分析结果

蒸发－压缩循环	
制冷剂	R134a
冷凝温度 /℃	70
蒸发温度 /℃	−10
低热流密度热载荷 /kW	30
蒸发器热载荷 /kW	506
质量流量 /（kg/s）	6.1
压缩机功率 /kW	372
COP	1.44
冷凝器热载荷 /kW	908
高热流密度泵驱循环	
制冷剂	氨
高热流密度热载荷 /kW	500
流量 /（L/min）	523
泵功率 /kW	6

2.3.5 热存储 + 高热流密度泵驱循环 + 蒸发 – 压缩循环架构

可使用热存储技术对热管理架构进行进一步提升优化。如果使用氨作为热存储介质，按照从20℃液态膨胀至0℃计算，带走高热流密度泵驱循环子系统热载荷后排到空气中，需要 $1m^3$ 和610kg液态氨满足将近713MJ热存储需求。如果热存储能力按高热流密度泵驱循环子系统热载荷一半设计，可降低功率和换热需求从而增加将近48min的连续工作能力。表5给出了对应热管理架构的分析结果。

表5 热存储 + 高热流密度泵驱循环 + 蒸发 – 压缩循环架构分析结果

带热存储的蒸发 – 压缩循环	
制冷剂	R134a
冷凝温度 /℃	70
蒸发温度 /℃	–10
低热流密度热载荷 /kW	30
蒸发器热载荷 /kW	256
质量流量 /（kg/s）	3.2
压缩机功率 /kW	199
COP	1.44
冷凝器热载荷 /kW	485
高热流泵驱循环	
制冷剂	氨
高热流密度热载荷 /kW	500
流量（L/min）	523
泵功率 /kW	6

3 小结

经分析，在文中所述热载荷情况下高热流泵驱循环 + 蒸发 – 压缩循环（VC）架构是最优热管理架构。蒸发 – 压缩循环优势显而易见，但离应用还需要一定时间。分析结果显示高热流泵驱循环 + 蒸发 – 压缩循环架构比高热流蒸发 – 压缩循环 +PAO泵驱循环架构功率降低82%，总散热量降低61%。取消高热流蒸发 – 压缩循环，PAO循环 + 蒸发 – 压缩子系统（高热流泵驱 + 蒸发器）的架构分析数据更恶劣，这种架构明显效率更低，因此不进行评估。高热流蒸发 – 压缩循环 +PAO泵驱循环架构中取消PAO泵驱循环可将功率降低49%，总散热量降低23%。

本文研究的目的是找到现有热管理架构的不足，探寻蒸发 – 压缩循环解决未来飞机热管理问题的可行方向。对基于文中所述热载荷的多种热管理架构进行了稳态分析。为了确定蒸发 – 压缩循环在特定场景的应用形式，当前正对不同飞行条件的热源变化情况、换热器尺寸与温升的权衡进行深入研究。正在进行解决系统可靠性和技术成熟度问题相关研究。另外，正在开发高热流泵驱循环 + 蒸发 – 压缩循环架构对应的演示系统，以验证此架构的散热能力。后续将继续开展此架构的瞬态性能验证。

4 结论

机载电子设备数量随着飞机技术发展会持续增加。现有热管理架构的主要缺点是以低于热沉温度满足先进机载电子设备冷却需求的能力有限。同时，管理不断增长热载荷同时满足飞机体积和重量的限制，必须考虑提高热传输循环换热器换热系数的方法。

本文对现有热传输循环的限制进行了研究，基于此对优化架构能力进行了分析。研究结果建议采取蒸发－压缩循环取代传统的 PAO 循环，其中，蒸发－压缩循环优势总结如下：

- 提供了一种冷却温度低于热沉温度的可靠大功率设备冷却方法；
- 两相换热可在降低换热器尺寸和重量的同时可降低质量流量需求；
- 提供可靠冷却能力，不受热沉温度变化影响；
- 将冷却温度没有严格限制的设备热载荷通过设置在冷凝器和膨胀阀间的换热器带走实现两相换热与最小功率损失相结合目的。

热力学分析结果表明蒸发－压缩循环在满足未来飞机热管理需求上有很大潜力。特别是，以合理的代价对有严格冷却温度需求的大量热载荷进行管理方面，该架构为未来飞机热管理提供了可行替代方案。

致谢

本文工作由空军 SBIR 合同 FA8650–08–C–2814 资助。感谢汤姆・马赫夫基博士对本文的支持和技术指导，感谢费尔南多・罗德里格兹对本文的支持。

术语 / 缩略语

CHF—Critical Heat Flux/ 临界热流

CVC—Cascaded Vapor Compression / 级联蒸发压缩机

EXV—Electronic Expansion Valve / 电子膨胀阀

LHP—Loop Heat Pipe/ 环路热管

MEA—More Electric Aircraft/ 多电飞机

PAO—Polyalphaolefin/ 聚 α– 烯烃

PCM—Phase Change Material/ 相变材料

PL—Pumped Loop/ 泵驱循环

TMS—Thermal Management System / 热管理系统

TXV—Thermostatic Expansion Valve / 热力膨胀阀

VC—Vapor Compression/ 蒸发压缩

参考文献

[1] Hale, C. et al., "High Heat Flux Dissipation for DEW Applications," SAE Paper 2004–01–3205, Power Systems Conference, Reno, Nevada, 2004.

[2] Ramalingam, M., Mahefkey, T., and Donovan, B., "Fuel Savings Analysis and Weapon Platform Thermal Management Options in a Tactical Aircraft," ASME Paper IMECE2003–55055, 2003 ASME International Mechanical Engineering Congress, Washington, D.C., 2003.

[3] Fleming, A.J., Leland, Q.H., Yerkes, K.L., Elston, L.J., and Thomas, S.K., "Aircraft Thermal Management Using Loop Heat Pipes: Experimental Simulation of High Acceleration Environments Using the Centrifuge Table Test Bed," SAE Paper 2006- 01-3066, Power Systems Conference, New Orleans, Louisiana, 2006.

[4] Vrable, D.L. and Yerkes, K.L., "A Thermal Management Concept for More Electric Aircraft Power System Applications," SAE Paper 981289, Aerospace Power Systems Conference, Williamsburg, Virginia, 1998.

[5] Ho, Y., Lin, T., Hill, B.P., and Tibbs, G.B., "Thermal Benefits of Advanced Integrated Fuel System Using JP-8+100 Fuel," SAE Paper 975507, World Aviation Congress, Anaheim, California, 1997.

[6] Mahefkey, T., Yerkes, K., Donovan, B., and Ramalingam, M.L., "Thermal Management Challenges for Future Military Aircraft Power Systems," SAE Paper 2004-01-3204, Power Systems Conference, Reno, Nevada, 2004.

[7] Cole, S.C., Scaringe, R.P., Roth, R.P., and Peles, Y., "System Evaluation of Cavitation Enhanced Heat Transfer in Microchannels," SAE Paper 2006-01- 3062, Power Systems Conference, New Orleans, Louisiana, 2006.

[8] Hall, D.D. and Mudawar, I., "Critical Heat Flux for water Flow in Tubes - II. Subcooled CHF Correlations," International Journal of Heat and Mass Transfer, Vol.23, pp.2605-2640, 2000.

[9] Cole, G.S. and Scaringe, R.P., "Method and Two- Phase Spray Cooling Apparatus," U.S. Patent 6, 498, 725, December, 25, 2002.

[10] Horacek, B., Kim, J., and Kiger, K.T., "Spray Cooling Using Multiple Nozzles: Visualization and Wall Heat Transfer Measurements," ASME Paper HT-FED04- 56163, ASME Heat Transfer/Fluids Engineering Summer Conference, Charlotte, North Carolina, 2004.

[11] Lee, D.-Y. and Vafai, K., "Comparative Analysis of Jet Impingement and Microchannel Cooling for High Heat Flux Applications," International Journal of Heat and Mass Transfer, Vol.42, pp.1555-1568, 1999.

[12] Shanmugasundaram, V., Ramalingam, M.L., and Donovan, B., "Thermal Management System with Energy Storage for an Airborne Laser Power System Application," AIAA Paper AIAA 2007-4817, 5th International Energy Conversion Engineering Conference and Exhibit, St. Louis, Missouri, 2007.

[13] Shanmugasundaram, V., Brown, J.R., and Yerkes, K.L., "Thermal Management of High Heat-Flux Sources Using Phase Change Materials: A Design Optimization Procedure," AIAA Paper AIAA-97- 2451, 32nd Thermophysics Conference, Atlanta, Georgia, 1997.

[14] Cutbirth, M.J., "Thermal Control of Future Avionics Systems," Proceedings of the 2008 IAPG Mechanical Working Group Meeting, Gaithersburg, MD, April, 2008.

[15] Lui, C.I., "An Integrated Fuel Thermal Management System for the F/A-18 E/F Aircraft," SAE Paper 961323, 1996.

[16] Ghajar, A.J., Tang, W, -C., and Beam, J.E., "Methodology for Comparison of Hydraulic and Thermal Performance of Alternative Heat Transfer Fluids in Complex Systems," Heat Transfer Engineering, Vol.16, No.1, 1995.

[17] Sprouse, J.G., "F-22 Environmental Control/Thermal Management System Design Optimization for

Reliability and Integrity – A Case Study," SAE Paper 961339, 26th International Conference on Environmental Systems, Monterey, California, 1996.

[18] Scaringe, R.P., "A Compact Thermal Control System for Aircraft Avionics Pod Cooling," IEEE Paper 97337, 32nd Intersociety Energy Conversion Engineering Conference, Honolulu, Hawaii, 1997.

[19] Scaringe, R.P., and Grrzyll, L.R., "The Heat Pump Thermal Bus – An Alternative to Pumped Coolant Loops," SAE Paper 99APSC-22, Aerospace Power Systems Conference, Mesa, Arizona, 1999.

[20] Scaringe, R.P., "Compact Avionics-Pod-Cooling Unit Thermal Control Method and Apparatus," U.S. Patent 6, 205, 803, March, 27, 2001.

[21] Park, C., Vallury, A., and Perez, J., "Advanced Hybrid Cooling Loop Technology for High Performance Thermal Management," AIAA Paper AIAA-2006-4059, 4th International Energy Conversion Engineering Conference, San Diego, California, 2006.

[22] Incropera, F.P. and DeWitt, D.P., Fundamentals of Heat and Mass Transfer, 5th Ed., Hoboken, New Jersey: John Wiley & Sons, Inc., 2002.

[23] Kandlikar, S.G. and Balasubramanian, P., "An Extension of the Flow Boiling Correlation to Transition, Laminar, and Deep Laminar Flows in Minichannels and Microchannels," Heat Transfer Engineering, Vol.25, pp.86-93, 2004.

[24] Pan, Y. and Webb, B.W., "Heat Transfer Characteristics of Arrays of Free-Surface Liquid Jets," Journal of Heat Transfer, Vol.117, pp.878- 886, 1995.

9 飞机热管理中环路热管的应用：使用离心试验台模拟高加速度环境

安德鲁 J. 弗莱明 [1]，奎因 H. 利兰 [1]，柯克 L. 耶基斯 [1]，利瓦伊 J. 埃尔斯顿 [1]
斯科特 K. 托马斯 [2]

1. 莱特 – 帕特森空军基地空军研究实验室，2. 莱特州立大学

引用: Fleming A J , Leland Q H , Yerkes K L ,et al. "Aircraft Thermal Management Using Loop Heat Pipes: Experimental Simulation of High Acceleration Environments Using the Centrifuge Table Test Bed," SAE International.

摘要

本文描述了研究加速环境对用于执行机构冷却的高温、钛 – 水环路热管影响的试验方案。在直径 8ft（2.4384m）的离心台上安装了一个环路热管，离心台径向加速度可高达 12g。使用一个高温 PAO 循环模拟环路热管冷凝器的热沉。除了进行环路热管（LHP）试验外，本文还建立了飞机高速飞行气动加热的数学模型。用零入射角的平板模拟机翼，通过对平板上的亚声速和超声速气流进行测量以判断是散热还是吸热。分析结果用于确定环路热管在做离心试验时的冷凝器状态。

1 引言

“多电飞机计划”（MEA）是应用于包括作战飞机、运输机、直升飞机和商用飞机等未来飞机的概念技术[1]。“多电飞机计划”提高了飞机可靠性、维修性和保障性，降低了使用成本、重量、体积，同时增强了战斗损伤重构能力[2]。美国空军从 20 世纪 90 年代开始使用这种技术，使用电动驱动装置以减少或取消大量液压、机械和气动系统。第二次世界大战期间首次设想在飞机上应用这一技术，当时由于体积限制无法得到所需发电能力及相应的功率调节设备。最终，在这个计划之前液压、气动和机械系统成为了飞机上的标准配置。

使用电气系统以减少液压、气动和机械系统的使用对飞机而言比较有利，但同时会带来热管理问题。使用电气系统取代集中式液压系统，使得机上缺失一种用于传输和排散废热的主要方式[3]。在多电飞机 MEA 架构中，热载荷分散分布。这意味着机上单个设备热量需要就近排散。

“多电飞机计划”带来了高温、高效、高功率密度电子器件技术的发展。下一代功率电子器件可在高达 200℃的冷板温度下工作，有机会使用无动力冷却方式将设备热量通过飞机蒙皮传递到外界空气中。军机使用剖面对任何热管理系统都有着严格要求。机载电动飞控执行系统需要在以下条件

下工作:① 飞行高度在海平面到40kft(12.2km)以上高度范围内;② 飞行速度在静止到超声速范围内;③ 机动过载为9;④环境温度在 -80 ~ 45℃范围内。机载电动飞控执行系统可能的热管理方案为将电子设备安装在飞机蒙皮上或者采取环路热管将设备热量传递到飞机蒙皮上，后者的安装灵活性高。综上，理解环路热管工作原理及研究加速度对环路热管的影响非常重要。

环路热管（LHP）是苏联 Maidanik 在20世纪80年代初发明出来的，并于1985年在美国申请了专利[4]。环路热管工作原理很简单，是一种无动力驱动的两相热传输装置，利用蒸发潜热将热量从一个地方传递到另一个地方。环路热管包含一个蒸发器、补偿腔、毛细芯、液态与气态工作介质传输管路和一个冷凝器组成，如图1所示。

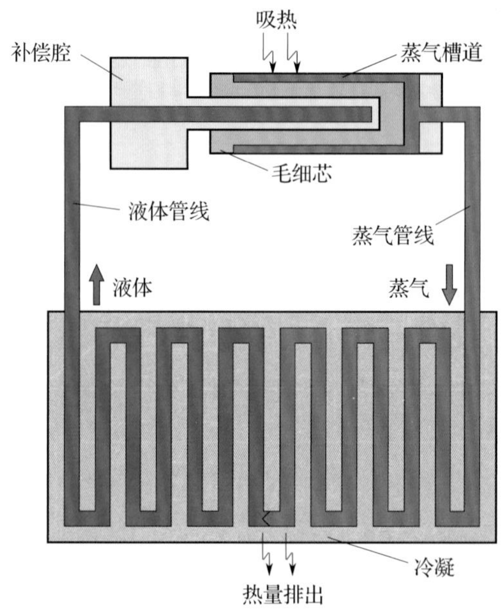

图1　基本型环路热管原理图

利用毛细芯的毛细力驱动制冷剂在系统内流动，制冷剂在蒸发器中吸热发生相变带走设备热载荷直至蒸发器出口为过热蒸气。过热蒸气进入槽道中，在蒸发器和冷凝器间的压差作用下直接流入蒸气管路中。过热蒸气在毛细芯内形成了弯月面，在毛细力压头作用下确保蒸气管路中的过热蒸气不会反流。蒸气继续流入冷凝器，通过安装在冷凝器上的冷板将热量带走，蒸气由气态冷凝为液态。液态制冷剂通过冷凝器出口的液态管路流入补偿腔内，补偿腔起到储液箱作用[5]。

Ku 等[6]搭建了加速度可调的小型 LHP 试验台，用来研究加速度对 LHP 的启动性能的影响，试验使用旋转台模拟不同加速度条件。在此试验台上开展了一系列测试项目，包括施加加速度之前的 LHP 不同热载荷下的启动性能测试、施加加速度之后的 LHP 不同热载荷下的启动性能测试。还对加速度的周期性输入进行了测试。离心试验台可提供的加速度模拟范围为 1.2 ~ 4.8*g*。测试结果显示蒸发器内是否出现过热与热载荷输入和加速度无关。热载荷超过 50W 时，本质上不会出现过热情况。热载荷很小时（如 5W），过热度一直是几度量级。但是当热载荷为 25W 时，过热度在 0 ~ 45℃之间变化。所有的测试项目中 LHP 均可以成功启动。

Ku 等[7]在之前试验的基础上，测试了相同 LHP 在不同热载荷和加速度条件下的温度稳定性。试验结果显示加速度引起的力会导致蒸发器、冷凝器和补偿腔内的制冷剂的重新分配，由此改变了 LHP 的工作温度。由于这种情况并不普遍，因此应考虑 LHP 的所有工作条件。时间足够的情况下，恒定加速度可能会增加也可能会降低 LHP 的工作温度。周期变化的加速度对应的 LHP 的工作温度为准稳态。加速度还会造成 LHP 的工作温度滞后。整个试验期间，LHP 仍旧工作正常。

Ku 等[8]对施加不同加速度的一个小型环路热管进行了更多的试验。加速度范围为 1.2 ~ 4.8*g*。试验结果显示加速度产生了额外压降从而改变了 LHP 中的制冷剂分布。LHP 中增多的液态制冷剂以随机方式影响着制冷剂的蒸发及过热度，反过来影响了 LHP 的启动性能和 LHP 的工作温度。

本文描述了特定加速度场对钛 – 水环路热管影响的试验，对径向加速度下的蒸发器和冷凝器的有效换热系数、热阻和最大稳态热载荷输入值进行了测量。之前研究中的径向加速度最大为 4.8*g*。本试验将径向加速度提高至 10*g*，热载荷提高至 750W。本文给出了试验台设计状态、采集和减少试验数据的推荐方法。此外，本文还建立了高速飞机气动加热的数学模型。

2 试验台搭建

本试验的试验目的是使用位于莱特 – 帕特森空军基地空军研究实验室（AFRL/PRPS）的离心试验台对钛 – 水环路热管在特定加速度环境下的稳态和动态响应进行研究。LHP 是由位于宾夕法尼亚州开斯特的先进冷却技术（ACT）公司研制的。AFRL/PRPS 提出的设计要求如表 1 所示。

表 1　AFRL/PRPS 设计要求

参数	要求	
热参数		
热载荷	500 ~ 5000W	
热流密度	3 ~ 30 W/cm^2	
工作温度	200℃	
冷凝器热沉温度	5 ~ 140℃	
1*g* 下的倾斜范围水平	水平方向 ± 0in	
热阻	50℃ / W	
试验的验证压力	450 psi（200℃）	
材料		
蒸发器外壳材料	CP 钛 2 级	
蒸发器毛细芯材料	CP 钛 2 级	
传输管路材料	CP 钛 2 级	
工作介质	水	
LHP 尺寸		
蒸发器配置	外径 1 in，长 10 in	外径 25.4mm，长 254mm
蒸发器投影面积	8 in × 4 in	203.2mm × 101.6mm
冷凝器投影面积	12 in × 11.25 in	304.8mm × 285.75mm
传输管路长度	约 96in	约 2438.4mm

AFRL/PRPS 特别对最大化环路热管能带走的热载荷和热流密度感兴趣。另外还要求热传输管采取蛇形而非盘绕方式，这样可以降低环路热管上的加速度梯度，从而得到更为理想的结果。

经过分析设计，先进冷却技术（ACT）公司确定了 LHP 的参数，如表 2 所示。

表 2　先进冷却技术（ACT）公司设计的 LHP 几何参数

传输管路		
蒸气管路长度	约 96in	约 2438.4mm
蒸气管路直径	外径 0.375in × 壁厚 0.035in	外径 9.525mm × 壁厚 0.889mm
液体管路长度	约 132in	约 3352.8mm
液体管路直径	外径 0.25in × 壁厚 0.035in	外径 6.35mm × 壁厚 0.889mm
冷凝器管路长度	约 110in	约 2794mm
冷凝器管路直径	外径 0.375in × 壁厚 0.035in	外径 9.525mm × 壁厚 0.889mm
补偿腔		
直径	外径 2.375in	外径 60.325mm
长度	4.5in	114.3mm
腔体位置	CL with evaporator	
毛细芯参数		
孔径	9.1 μm	
渗透率	$1.2x10^{-12}$ m^2	
外径	0.9in	22.86mm
长度	8in	203.2mm
内径	0.315in	8.001mm
槽道数	6	
槽道深度	0.060in	1.524mm
槽道宽度	0.060in	1.524mm

图 2 给出了 ACT 的 LHP 设计图，注意 LHP 弯曲的传输管路。

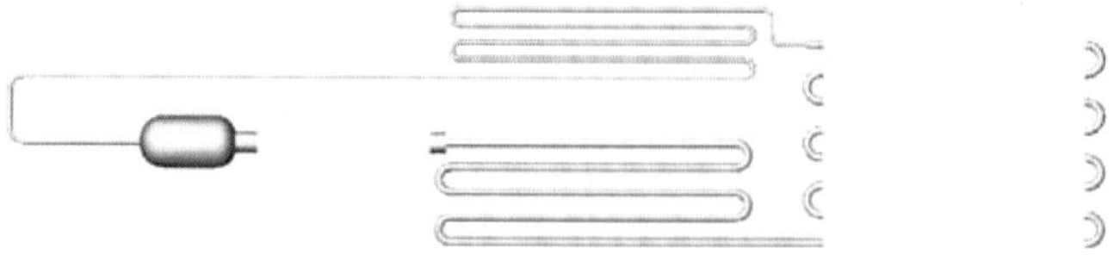

图 2　ACT 的 LHP 设计图

离心试验台见图 3，使用 20hp① 的直流电机驱动直径为 8in 的水平离心试验台。

使用三轴加速度计测量环路热管周围的加速度场。LHP 上的加速度梯度是由在离心试验台上的内径和外径的差值百分比确定的，可使用坐标变换后的加速度计读数计算得到。

① 1hp（英马力）≈ 745.7W。——编辑注

图 3　AFRL/PRPS 离心试验台

使用精密电源（Kepco ATE150-7m）通过集电环给离心试验台上 LHP 蒸发器的 Minco 云母加热器供电。这些集电环独立于测试设备的集电环以降低感应电噪声。通过加热器的电流值可使用精密电流表直接读取，但电压值必须使用测试设备集电环在离心试验台上测量，原因在于控制室与离心试验台之间有电压降。

冷凝器的热量通过三个串联的 Lytron 冷板传递到高温 PAO 循环。图 4 给出了高温 PAO 循环的原理图。

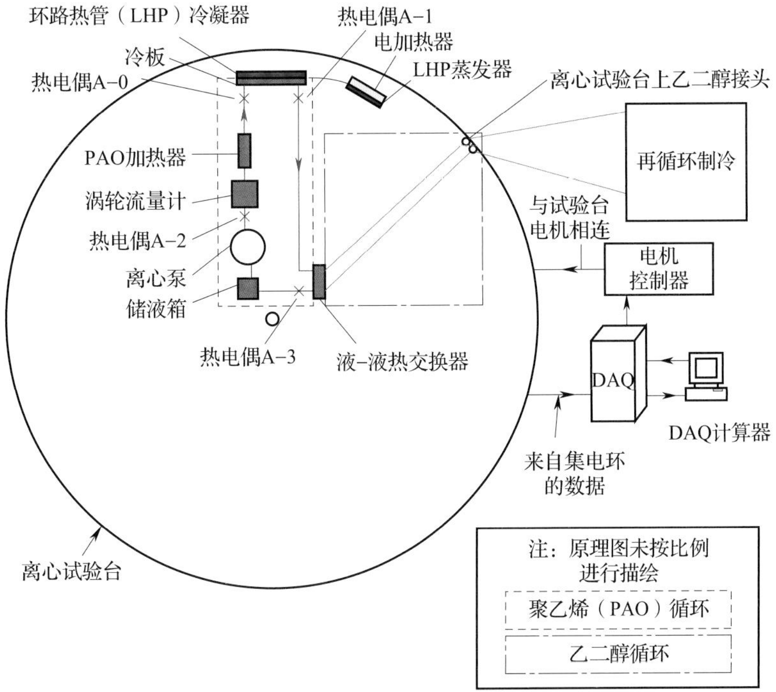

图 4　高温液体循环原理图

高温 PAO 循环中的热量通过液－液热交换器被乙二醇 / 水混合冷却液带走经双路旋转联轴器（Deublin）至离心试验台。再循环制冷机将冷却液温度保持在设定值。使用高压增压泵控制冷却液质量流量，同时有助于再循环制冷循环中低压泵的运行。

使用数据采集系统，通过定制的四十路测试设备集电环，获取环路热管的试验数据。使用一个数据采集主机（Agilent VXI E8408A）测量温度、压力、质量流量、加速度、电压和电流等参数，数据采集主机包含一个命令模块（Agilent E1406A）、5 $\frac{1}{2}$数字万用表模块（Agilent E1411B）、一个 64 通道 3 线多路转接器模块（Agilent E1476A）。此外，使用一个 8/16 通道 D/A 转换模块（Agilent E1418A）结合定制的 LabVIEW 虚拟仪器对高温 PAO 循环的质量流量、离心试验台的转速和加热功率进行控制。使用通信接口总线（GPIB）实现数据采集单元和计算机之间的通信。

使用集电环从离心试验台获取温度数据有些特殊问题。首先，取决于热电偶电缆的材料，热电偶的电缆与通向集电环的电缆连接时至少有一个额外的接线点。为了解决这个问题，在离心试验台上安装了一个 E 型热电偶放大器。E 型热电偶放大器可在不增加额外接线点的情况下将热电偶的毫伏级信号放大至 0 ~ 10V 的信号。另一个问题就是使用集电环会带来电气噪声。使用低通滤波器将来自离心试验台每个热电偶的数据进行滤波后再传给数据采集系统，这样可降低（无法消除）电气噪声。

将 LHP 进行弯曲以匹配离心试验台的径向轮廓，然后垂直安装在离心试验台上。将具有坐标转换的三轴加速度计安装在离心试验台上以测量 LHP 上的加速度场。使用酚醛 G–7 制成的两个支架固定 LHP。将 LHP 安装在 80/20 盒子有金属板的内侧以消除因强迫对流带来的热损失。蒸发器 / 补偿室连同传输管路和冷凝器的中心线距离离心试验台面 101.6cm。加上 LHP 蒸发器 / 补偿室长度，LHP 安装尺寸约占离心试验台面 7.6%。

2.1 试验校准

需要对试验进行校准以最小化与数据采集相关的不确定度。对热电偶和高温环流量计进行校准可提高数据准确度。

使用哈特公司的 6300 校准槽和 1502A 电阻温度检测器（RTD、热电阻）对热电偶进行校准。其中，1502A 电阻温度检测器可检测温度达 280℃，不确定度为 ±0.009℃。校准槽使用道康宁公司的 200.50 硅油。编写了一个 LabVIEW 程序与数据采集系统、校准槽和 RTD 进行数据交互。校准程序将校准槽温度从 40℃开始以 5℃为阶梯升高至 230℃，再从 230℃开始以 5℃为阶梯降低至 40℃，记录每个校准槽温度下的电阻温度检测器（RTD、热电阻）和热电偶测量数据。在每个校准槽温度下，电阻温度检测器（RTD）应达到稳定状态。每 5s 读取一次电阻温度检测器值，读取 100 次的电阻温度检测器值标准误差低于 0.005℃即可认为电阻温度检测器达到了稳定状态。因此校准程序每秒读取一次电阻温度检测器和热电偶的值，读取超过 100 次的电阻温度检测器和热电偶值，并对读取的电阻温度检测器和热电偶数据集分别进行平均处理，最后将电阻温度检测器和热电偶读取值及平均值记录在数据文件中。使用一个手动控制校准槽温度的独立校准槽（Brinkmann Lauda RCS 20–D）对热电偶的 20 ~ 40℃进行校准，校准槽液体为 PAO（聚 α－烯烃）。将所有的数据编译为一个数据集，形成电阻温度检测器与每个热电偶的关系曲线，每条曲线均拟和为 5 阶多项式。将用于高温 PAO 回路中的 4 个热电偶在 20 ~ 145℃范围内校准，用于 LHP 的 12 个热电偶在 20 ~ 230℃范围内校准，这有利于降低冷板热电偶的校准误差。通过电阻温度检测器误差、100 个电阻温度检测器读取值的标准误差、热电偶相比电阻温度检测器平均值的最大误差对热电偶的总不确定度进行评估。用于高温液体循环的热电偶的最大误差为 ±0.12℃，用于 LHP 的热电偶的最大误差为 ±0.34℃。

聚 α－烯烃（PAO）作为高温液冷循环工作介质对流量计校准提出了新的挑战。由于聚 α－烯烃在 20 ~ 140℃温度范围内密度和黏性变化很大，流量计需要满足聚 α－烯烃在不同温度和体积流量下的流量测量要求。为了校准流量计，使用泵驱动聚 α－烯烃流过流量计后流入一个烧杯，通过这个方式可以校准质量流量。实际校准时聚 α－烯烃温度从 20℃开始，每升高 5℃进行一次校准，直至 70℃（高温液冷循环的最高温度）。这样，可以生成流量计电压、温度和质量流量的三维关系图。通过对这些数据进行插值得到对应的质量流量。

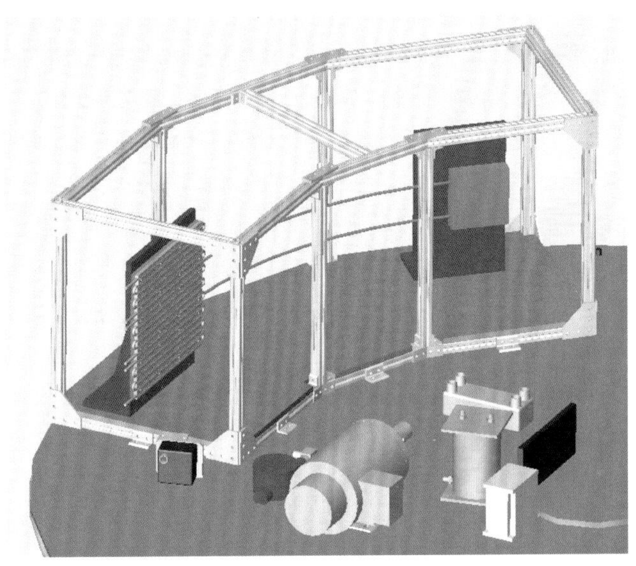

图 5　离心试验台上的 LHP 试验台架

2.2　试验测试参数矩阵

试验的测试变量有蒸发器热载荷输入、热沉温度和加速度场。表 3 给出了试验测试参数矩阵。

表 3　试验测试参数矩阵

热载荷输入 Q	轴向加速度 a_r	范围
阶梯增加	常数	$50<Q<750$W， $0<a_r<10$
稳态	阶梯增加	$50<Q<750$W， $0<a_r<10$
稳态	瞬态	$50<Q<750$W， $0<a_r<10$ 0.01 ~ 0.06Hz
瞬态	瞬态	Q 和 a_r 由之前的测试数据确定，同相 / 异相，耦合
稳态	周期变化	Q 和 a_r 由之前的测试数据确定

试验根据 Wirsch[5]定义的几个判断 LHP 烧干状态条件监测 LHP 的干涸状态：

①蒸发器温度 2min 升高超过 20℃；

②蒸发器温度升高的斜率明显大于储液箱或蒸气管路内温度升高的斜率；

③冷凝器温度降低至接近冷板工作温度；

④液体管路内液态制冷剂温度接近外界环境温度。

试验对不同测试参数下的考虑径向加速度的最大稳态热载荷输入、LHP 的热阻、蒸发器和冷凝的换热系数进行了测量。

3 高速飞机气动加热数学模型

建立高速飞机气动加热数学模型是为了研究使用环路热管（LHP）将设备热载荷传递到战斗机蒙皮上的可行性。过去的研究已经发现冷凝器的边界条件是影响这类热管理方案整体性能的关键因素，因此飞机蒙皮能够带走的热载荷与飞行马赫数、飞行高度、蒙皮温度有关，其中，使用零入射角平板模拟机翼。另外，还考虑了空气物性参数变化对应的影响。由于飞行速度较高且蒙皮温度相对较低，因此本数学模型未考虑热辐射换热量。建立的高速飞机的气动加热数学模型可用来确定 LHP 在马赫数变化情况下的工作边界。

模型中空气的温度和密度随飞行高度变化而变化，并且依据天气条件每天也会变化。为了保证计算的换热系数可满足要求，使用出现频率为 1% 的最高温记录对应的空气温度和密度随飞行高度的关系[9]，见图 6 和图 7。

同时给出了出现频率为 1% 的最低温记录数据[9]和“标准大气”数据[10]。

使用边界层温度计算空气参数[11]。

$$T^{*}=T_{\infty}\left(0.5+0.039Ma_{\infty}^{2}\right)+0.5T_{w} \tag{1}$$

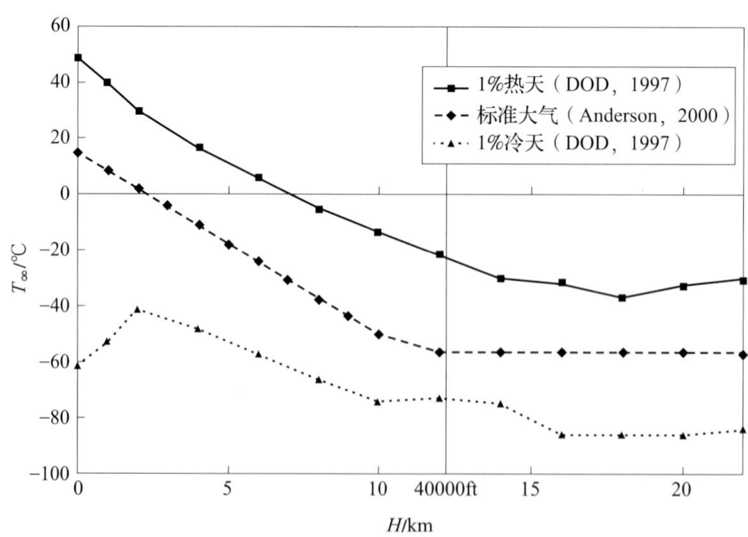

图 6 大气温度随高度的变化曲线

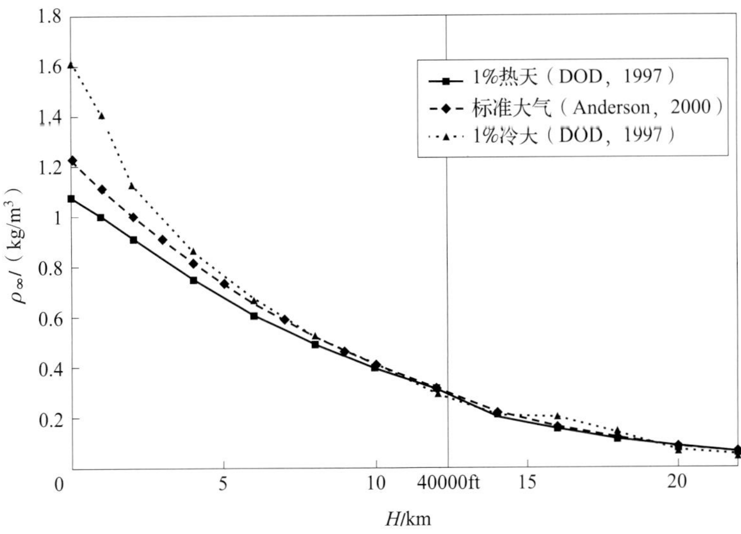

图 7　大气密度随高度的变化曲线

在一定边界层空气温度和压力下的边界层内空气密度使用理想气体方程计算得到，见下式

$$\rho^* = \rho_\infty \left(\frac{T_\infty}{T^*}\right) \tag{2}$$

自由流声速按下式计算得到

$$a_\infty = \sqrt{\gamma R T_\infty} \tag{3}$$

自由流空气速度按下式计算得到

$$U_\infty = (Ma_\infty)\, a_\infty \tag{4}$$

空气的绝对黏度使用下式计算得到[12]

$$\mu = \mu_R \left(\frac{T}{T_R}\right)^{0.76} \tag{5}$$

式中，μ_R 为参考温度 T_R 对应的参考黏度。

长度为 L 的平板雷诺数由自由流空气参数确定，见下式

$$Re_L = \frac{\rho_\infty U_\infty L}{\mu_\infty} \tag{6}$$

使用 Incropera-DeWitt 的空气参数与温度的回归方程[13]确定空气比定压热容和普朗特数，见表 4。

表 4　空气参数与温度的回归方程（Incropera-DeWitt，1990）

$y = a_0 + a_1 T + a_2 T^2 + a_3 T^3$，$T$（K）				
参数	a_0	a_1	a_2	a_3
c_p/（J/（kg · K））	1.0187E+03	-6.9921E-02	-3.3333E-05	4.4444E-07
Pr	8.6418E-01	-9.4177E-04	1.7778E-06	-1.2593E-09

绝热壁面温度按下式计算得到[11]

$$T_{aw}=T_{\infty}\left[1+\gamma\left(\frac{\gamma-1}{2}\right)Ma_{\infty}^{2}\right] \tag{7}$$

式中，恢复系数按下式

$$\gamma=\begin{cases}Pr^{1/2}(\text{层流时})\\Pr^{1/3}(\text{湍流时})\end{cases} \tag{8}$$

平板后端局部蒙皮摩擦系数根据边界层空气参数按下式确定

$$C_{f,L}^{*}=\frac{0.455}{\ln^{2}(0.06\rho^{*}U_{\infty}L/\mu^{*})} \tag{9}$$

平板后端局部斯坦顿数按下式确定

$$St_{L}^{*}=\frac{h_{L}}{\rho^{*}U_{\infty}c_{p}^{*}}=\frac{C_{f,L}^{*}/2}{1+12.7(Pr^{*2/3}-1)(C_{f,L}^{*}/2)^{1/2}} \tag{10}$$

平板后端局部换热系数按下式确定

$$h_{L}=St_{L}^{*}\rho^{*}U_{\infty}c_{p}^{*} \tag{11}$$

平板在长度方向上的平均换热系数按下式近似计算

$$\bar{h}=1.15h_{L} \tag{12}$$

以绝热壁面温度定义的平板平均散热量为

$$q''_{w}=\bar{h}(T_{w}-T_{aw}) \tag{13}$$

对使用 1% 热天数据的高度 H 为 0，5000ft 和 40000ft，马赫数 Ma_{∞} 为 0.98 和 1.4 的计算结果进行比较，所有情况下的平板长度 L 均为 1.0m，平板温度 T_w 均为 135℃。比较结果为平均换热系数最大差值低于 2%。

不同马赫数下的绝热壁面温度随飞行高度的变化曲线见图 8。

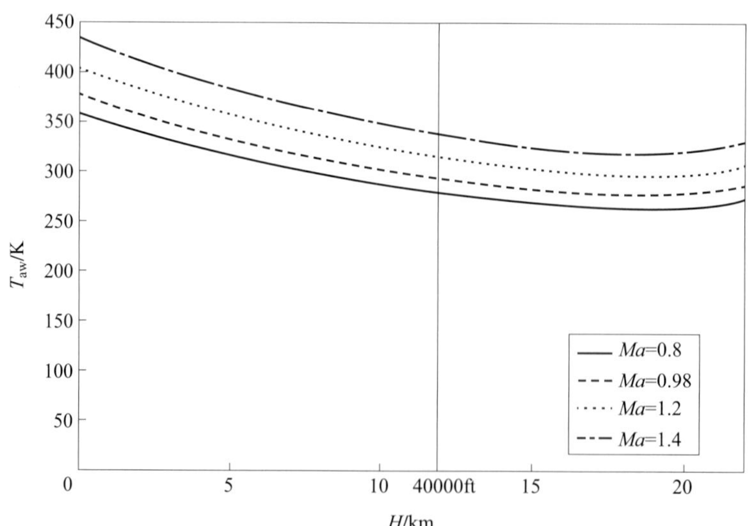

图 8　不同马赫数下的绝热壁面温度随高度的变化曲线（1% 热天数据）

绝热壁面温度随高度的整体变化趋势与图 6 中的自由流空气温度随高度的变化趋势相同，和预计一样，绝热壁面温度随马赫数增加而增加。图 9 给出了温差 $\Delta T=(T_{aw}-T_{\infty})$ 随高度的变化曲线，结果验证了气动加热会升高绝热壁面温度。

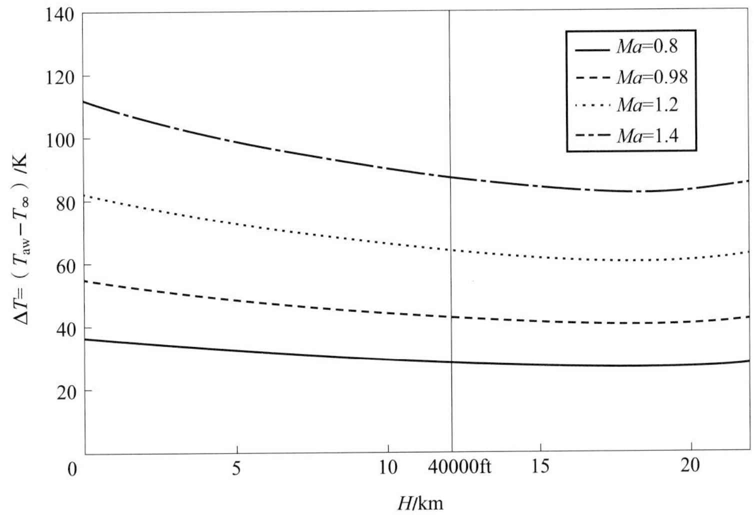

图 9　不同马赫数下的温差（$T_{aw}-T_{\infty}$）随高度的变化曲线（1% 热天数据）

图 10 给出了计算平板散热量 q''_w 时用到的温差 $\Delta T=(T_w-T_{aw})$ 随高度的变化曲线。值得注意的是，一部分曲线对应的温差是负值，说明这时热量从外界空气传递给了飞机蒙皮。热量从空气传递给蒙皮之前的来流最大马赫数按下式计算，不同壁面温度下的来流最大马赫数随高度变化曲线见图 11。

$$Ma_{\infty,\max}=\left[\frac{1}{\gamma}\left(\frac{T_w}{T_{\infty}}-1\right)\left(\frac{2}{\gamma-1}\right)\right]^{1/2} \tag{14}$$

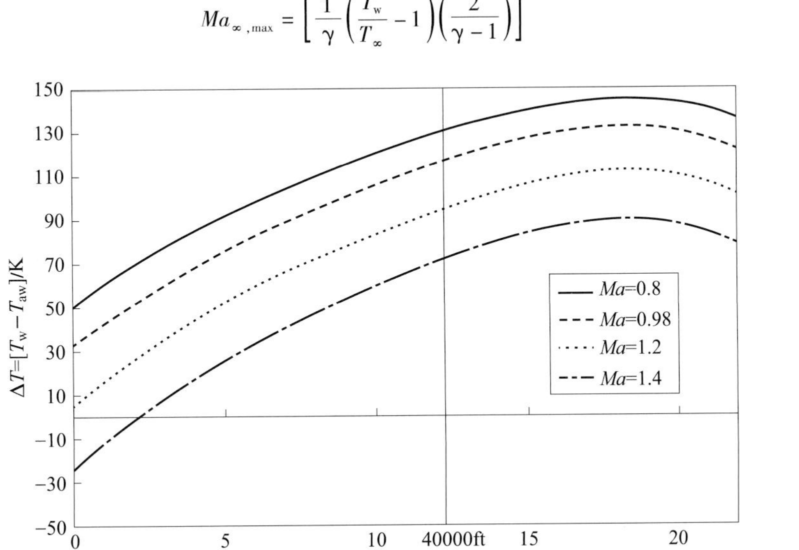

图 10　不同马赫数下的温差（T_w-T_{aw}）随高度的变化曲线（1% 热天数据，T_w=135℃）

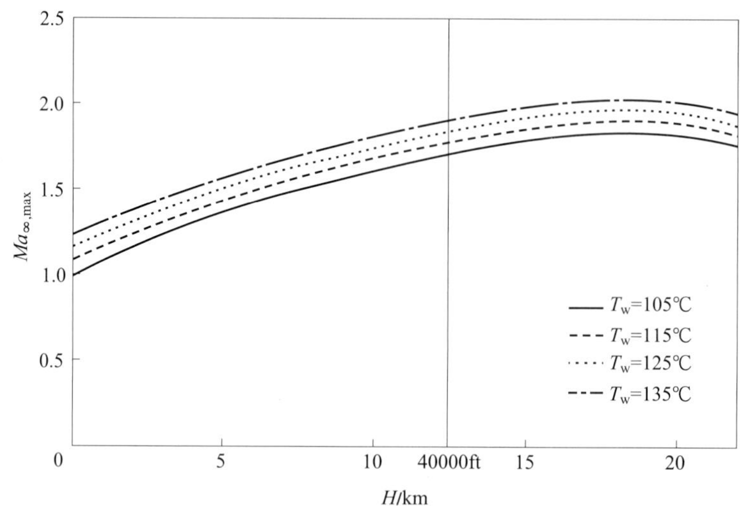

图 11 不同壁面温度下的热量从空气传递给蒙皮之前的最大马赫数随高度的变化曲线（1% 热天数据）

最大马赫数随着高度和壁面温度增加而增加。从图 12 中可以看出，随着高度增加空气密度降低，平均对流换热系数随着高度增加呈单调降低趋势。通常对流换热系数随马赫数增加而增加。

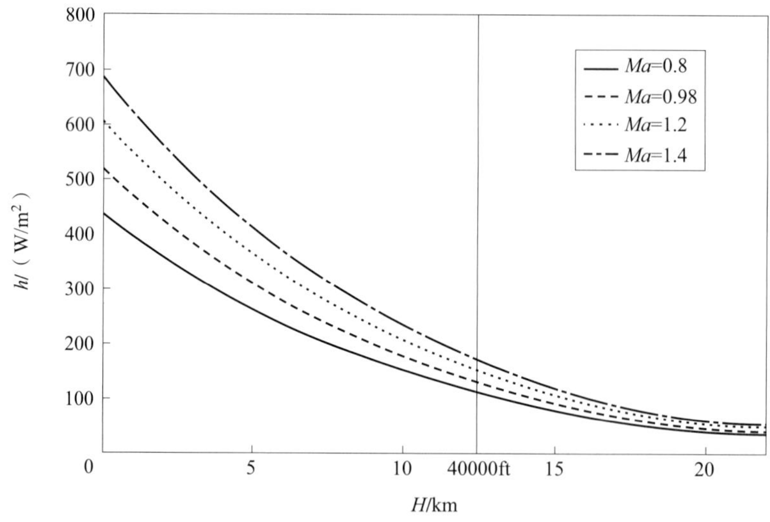

图 12 不同马赫数下平均对流换热系数随高度变化曲线（T_w=135℃，L=1.0m，1% 热天数据）

图 13 给出了平板的平均散热量情况。从图中可以看出，低马赫数情况下，所有高度下的平板散热量均是正值（热量从飞机蒙皮传递到外界空气中）。

高马赫数情况下，由于低高度对应的温差 ΔT 为负值（如图 10 所示）使得平板散热量为负值（热量从外界空气传递到飞机蒙皮上），说明由于气动加热效应此时的绝热壁面温度高于蒙皮温度。

高度 H 分别为 0，10km，20km，平板平均换热量随平板长度的变化情况见图 14、图 15 和图 16。从图中可以看出，平板平均换热系数随平板长度增加而降低（和局部换热系数变化趋势一致），平板入口边 h_L 最高，h_L 随着边界层的增长而降低。

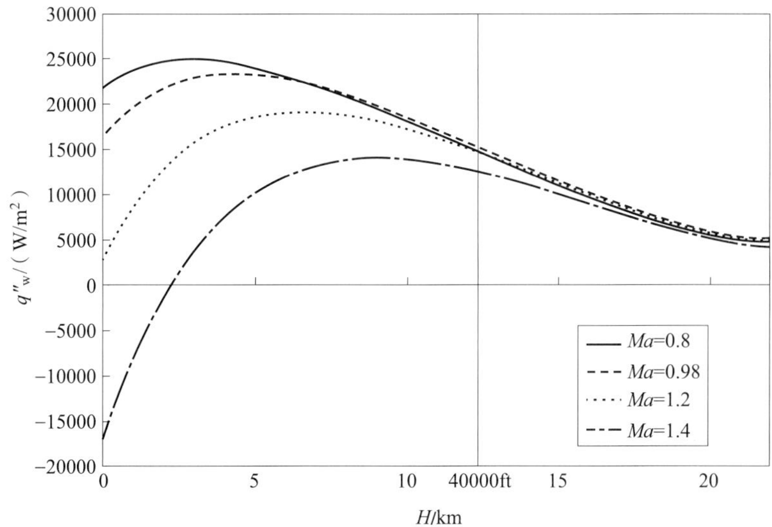

图 13　不同马赫数下平板平均散热量随高度变化曲线（T_w=135℃，L=1.0m，1% 热天数据）

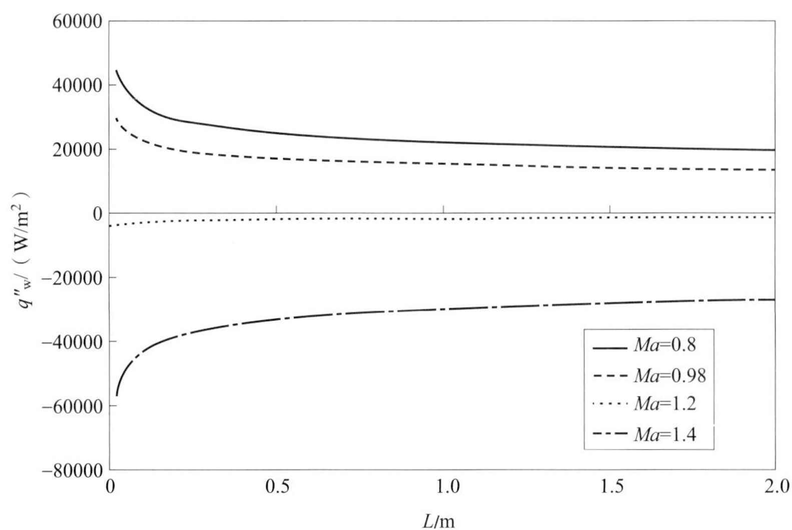

图 14　不同马赫数下平板平均散热量随平板长度变化曲线（T_w=135℃，H=0km，1% 热天数据）

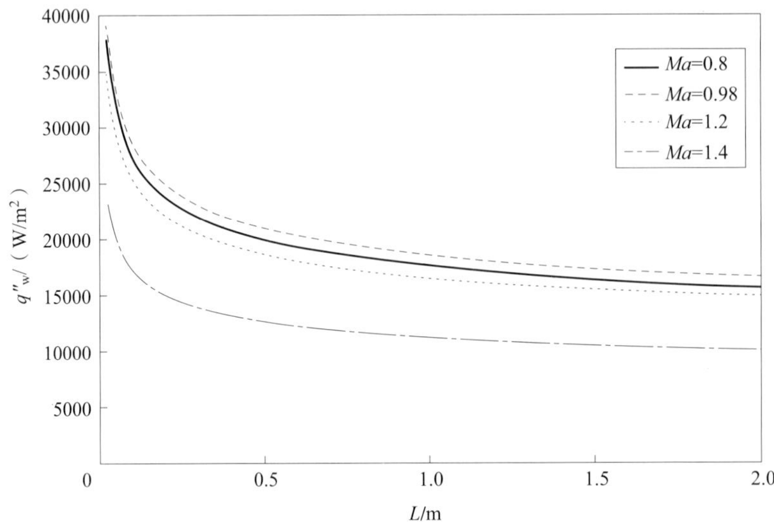

图15　不同马赫数下平板平均散热量随平板长度变化曲线（T_w=135℃，H=10km，1% 热天数据）

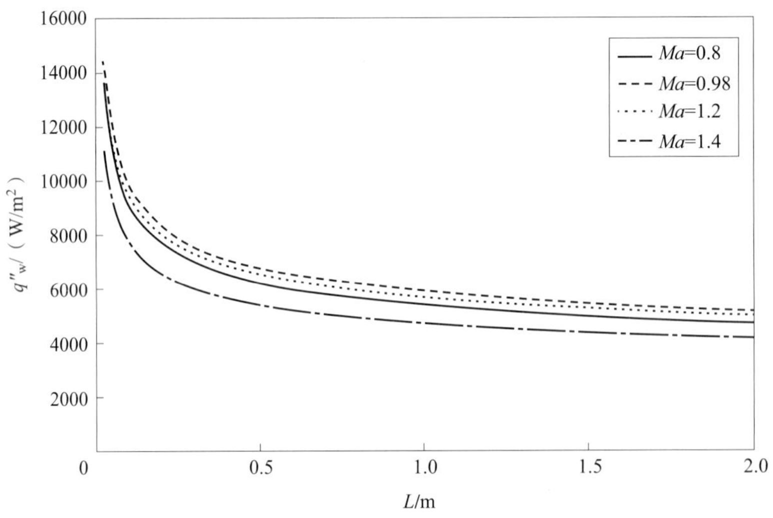

图16　不同马赫数下平板平均散热量随平板长度变化曲线（T_w=135℃，H=20km，1% 热天数据）

图 17 给出了 1% 热天数据、1% 冷天数据和标准天数据（见图 6 和图 7）下平板上平均散热量随高度变化情况。

低高度情况下，由于环境温度低和空气密度大的综合作用，1% 冷天数据下的 q''_w 显著增大。图 18 给出了一定飞行速度下壁面温度对平均散热量的影响。低高度下，平均散热量随着高度和壁面温度增加显著增大。

加热平板的换热分析为机上使用飞机蒙皮将电子执行系统热量带走的可行性提供了重要支撑。分析结果发现飞行高度和飞行速度显著影响飞机蒙皮换热量，蒙皮的气动加热会降低换热量，如果

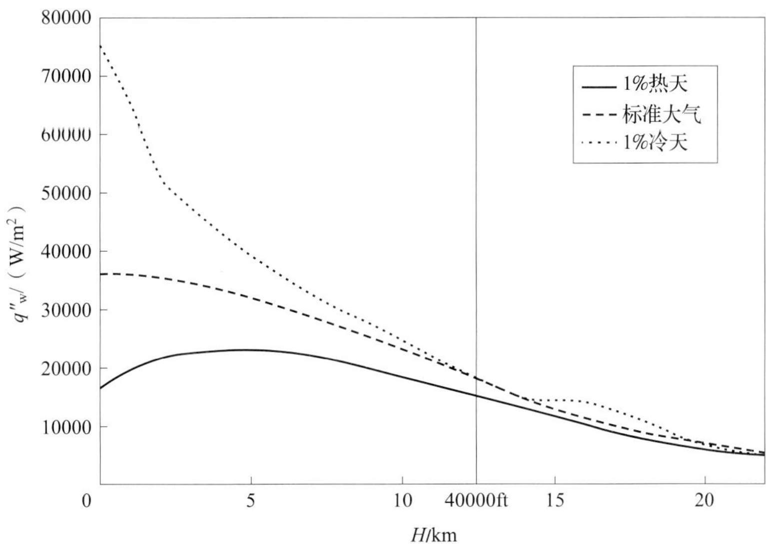

图 17　不同环境条件下平板上平均散热量随高度变化曲线（T_w=135℃，L=1.0m，Ma_∞=0.98）

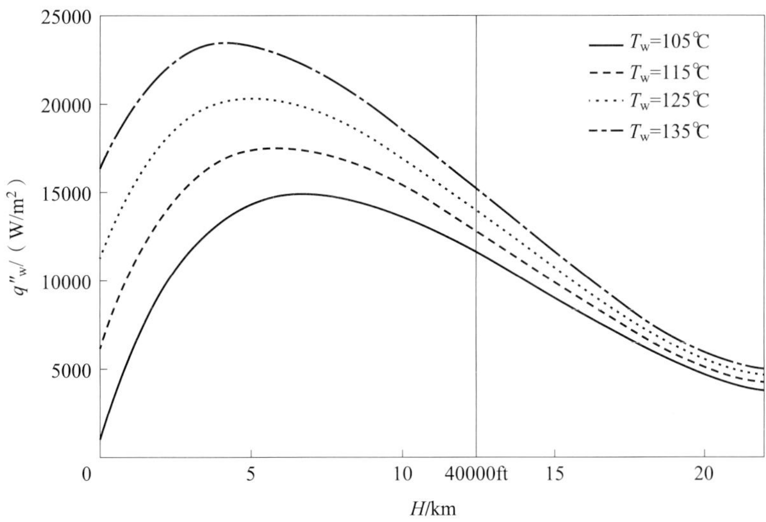

图 18　不同壁面温度下平板上平均散热量随高度变化曲线（L=1.0m，Ma_∞=0.98，1% 热天）

马赫数高到一定程度会使得飞机蒙皮的散热量为零。本文提供了相关的性能曲线。飞行高度会影响自由流温度和密度，由此反过来影响综合换热系数。另外，还发现使用理想气体假设会显著增加 1% 热天或 1% 冷天散热量的计算误差。最后，分析还发现飞机蒙皮温度（直接受执行机构热管理系统影响）对散热量影响很大，特别对低高度情况尤其如此。

4　结论

本文描述了 LHP 稳态加速度试验搭建情况，试验预计在 2006 年夏天进行。建立了亚声速和超声速流动下的平板气动加热数学模型。分析结果显示高马赫数情况下，平板为吸热状态而非散热。

致谢

本文研究是在美国俄亥俄州莱特－帕特森空军基地的空军研究实验室，推进委员会，动力部，电化学和热科学处进行的。

参考文献

[1] Quigley, R., "More Electric Aircraft," Proceedings of 1993 Applied Power Electronics Conference, 1993.

[2] Cloyd, J., "A Status of the United States Air Force's More Electric Aircraft Initiative," SAE Paper #97173, SAE Conference, Blacksburg, VA, 1997.

[3] Vrable, D., Yerkes. K., "A Thermal Management Concept for More Electric Aircraft Power System Applications," SAE Paper #981289, Aerospace Power Systems Conference Proceedings, Williamsburg, VA, 1998.

[4] Maidanik, F., et al., "Heat Transfer Apparatus," U.S. Patent 4515209, 1985.

[5] Wirsch, P., "An Experimental and Numerical Investigation of a Stainless Steel/Ammonia Loop Heat Pipe," M.S. Thesis, Wright State University, Dayton, OH, 1995.

[6] Ku, J., Ottenstein, L., Kaya, T., Rogers, P., Hoff, C., "Testings of a Loop Heat Pipe Subjected to Variable Accelerating Forces, Part 1: Start-up," SAE Paper#2000-01-2488, 2000.

[7] Ku, J., Ottenstein, L., Kaya, T., Rogers, P., Hoff, C., "Testings of a Loop Heat Pipe Subjected to Variable Accelerating Forces, Part 2: Temperature Stability," SAE Paper #2000-01-2489, 2000.

[8] Kaya, T., Ku, J., "Experimental Investigation of Performance Characteristics of Small Loop HeatPipes," 41st Aerospace Sciences Meeting and Exhibit, Reno, Nevada, 2003.

[9] DOD, Global Climatic Data for Developing Military Products, Department of Defense Handbook, MILHDBK-310, 1997.

[10] Anderson, J., Introduction to Flight, Fourth edn., McGraw-Hill, Boston, 2000.

[11] White, F., Heat and Mass Transfer, Addison-Wesley, New York, 1988.

[12] NACA, Equations, Tables, and Charts for Compressible Flow, NACA Report 1135, U.S. Government Printing Office, Washington, D.C., 1953.

[13] ncropera, F., DeWitt, D., Fundamentals of Heat and Mass Transfer, Third edn., Wiley, New York, 1990.

符号说明

A—面积（area），m^2

a—声速（speed of sound），m/s；加速度（acceleration），m/s^2

$C^*_{f,L}$—平板后端局部蒙皮摩擦系数（local skin friction coefficient evaluated at the end of the plate）

c_p—比定压热容（specific heat），J/（kg·K）

g—重力加速度（acceleration due to gravity），m/s^2

h_L—平板后端局部换热系数（local heat transfer coefficient at the end ofthe plate），W/（m^2·K）

$\bar{h}$—换热系统（overall heat transfer coefficient），W/（m^2·K）

H—高度（altitude），m

k—导热系数（thermal conductivity），W/（m·K）

L—平板长度（plate length），m

Ma—马赫数（Mach number）

Pr—普朗特数（Prandtl number）

Q_x—电子组件产生的热量（heat rate generated by the electronics package），W

q_w—平板的平均散热量（average heat flux dissipated from the plate），W/m^2

r—恢复系数（recovery factor）；径向坐标（radial coordinate），m

R—气体常数（particular gas constant），$m^2/(s^2 \cdot K)$，或热阻（thermal resistance），K/W

Re_L—平板后端雷诺数（Reynolds number evaluated at the end of the plate）

St_L—平板后端局部斯坦顿数（local Stanton number evaluated at the end of the plate）

t—厚度（thickness），m

T—温度（temperature），K

T_{aw}—绝热壁面温度（adiabatic wall temperature），K

T_w—壁面温度（wall temperature），K

U—速度（velocity），m/s

V—电压（voltage），V

γ—比热容比（ratio of specific heats）

ΔT—温差（temperature difference），K

μ—绝对黏度（absolute viscosity），$(N \cdot s)/m^2$

ρ—密度（density），kg/m^3

9.8.1 上标

*—边界层状态（film condition）

+—正常状态（normalized）

9.8.2 下标

ρ—自由流状态（freestream condition）

aw—绝热壁面（adiabatic wall）

ct—离心试验台（centrifuge table）

hs—散热片（heat spreader）

max—最大值（maximum value）

R—参考状态（reference condition）

w—飞机蒙皮（aircraft skin）

10 蒸发 – 压缩热管理系统动态热环境下可靠工作能力评估

约瑟夫·霍姆兹，罗伯特·斯卡林格，格雷戈里·科尔

主流工程公司

引　用：Homitz Joseph, R. Scaringe , and G Cole . “Evaluation of a Vapor-Compression Thermal Management System for Reliability While Operating Under Thermal Transients,” SAE International 2010-01-1733.

摘要

随着飞机技术的进步，为了使热管理系统的成本、尺寸、重量和功率需求控制在合理范围内，有必要考虑新型飞机热管理架构。两相冷却技术（如蒸气压缩系统）经证明可获得显著收益，是新型飞机热管理架构的一个重要选择。虽然蒸气压缩技术可提供解决现有飞机热管理系统限制的稳态性能，但是也需要关注系统动态性能。本文主要研究蒸发压缩循环系统的瞬态性能（机上主要热载荷通过蒸发压缩循环系统直接被带走），军机作战时对应的热载荷快速变化对系统性能的影响。

本文通过试验对蒸气压缩系统瞬态能力进行评估，此时蒸气压缩系统将热量排放至作战条件下的典型环境中。为此，研制了一个直接冷却 4 个独立、高热流密度热负载的蒸发压缩循环系统，然后对系统在不同条件下的能力进行评估（保持被冷却设备温度均匀和压缩机进口的制冷剂条件）。此外，针对回热器对系统的影响进行了试验评估，系统中设置回热器可提高压缩机进口过热度，从而提升系统可靠性。

已发表的文献中对热泵循环和在每个冷板进口设置独立控制活门用于控制每个冷板出口制冷剂过热度的优点进行了讨论。验证试验主要关注压缩机进口吸液问题以及在压缩机进口设置气液分离器的必要性。试验过程中，通过自动调节每个冷板出口制冷剂过热度保证压缩机进口无液体、冷板内的温度均匀性，通过控制压缩机转速实现系统高效工作。通过试验验证，蒸发压缩系统可在作战对应的瞬态热载荷条件和瞬态环境条件下可靠工作。

1　引言

机载武器系统的最新发展所对应的冷却需求，超出了现有飞机热管理系统（TMS）[1-3] 的能力。武器系统平均热载荷超过 100kW，峰值热载荷高达 1000kW。另外，电子设备温度需要保持在一定温度以下[4-5]。随着机载电子器件功率密度的增大，设备换热器热流密度需求随之提高[6]。还有，使用电子系统取代机载液压和气动系统后，热传输回路不能使用液压循环，由此增加了机载热负载管理的复杂性[7-8]。

目前的飞机热管理系统强烈依赖于 PAO 泵驱循环和反向布雷顿循环来提供冷却[9]。PAO 循环通常用于收集和传输机上电子设备的废热，反向布雷顿循环用于将热量带走。基于 PAO 的化学稳定性和电绝缘特性且曾用于飞机液冷系统，现代飞机通常使用 PAO 循环作为热量传输通道。如果使用 PAO 泵驱循环和反向布雷顿循环满足上述机载武器冷却需求，由于换热性能相对较差会导致系统体积、重量和功率的需求特别大。

2 两相技术

两相技术因其利用潜热进行热量传输（降低质量流量）和高热流冷却能力（换热系数很大）的特点，在减小系统体积、重量和降低功率需求上有很大潜力，引起了极大的关注[6, 8, 10-13]。两相技术可分为以下 4 个主要方向：相变材料（PCM）、环路热管、泵驱两相循环和蒸发压缩（VC）循环。

已证明，通过使用相变材料管理峰值和瞬态大功率负载可以减少热管理系统（TMS）的重量和体积。但是，由于相变材料单位体积和单位质量存储的热量有限，不适用于大热载荷情况。环路热管是一种无动力装置，利用毛细力驱动制冷剂，通过制冷剂的蒸发相变将设备热载荷带走。环路热管可降低系统功耗，散热能力约 100W[8]。对热载荷大的情况，相比 PAO 循环，泵驱两相循环和蒸发压缩循环都可以减小系统体积和重量且具有冷却高热流设备的能力。[1, 10, 13-16]

图 1 给出了泵驱两相循环和蒸发压缩循环的简化原理图，图 2 是制冷剂为 R134a 的泵驱两相循环（PL）温 - 熵图（*T–S*），图 3 是制冷剂为 R134a 的蒸发压缩循环温 - 熵图（*T–S*）。泵驱两相循环中，有一定过冷度的制冷剂进入泵，经泵增压后，制冷剂压力升高至设备冷却温度对应的蒸发压力，然后进入冷板，在冷板内部分或全部蒸发将设备热量带走，最后进入冷凝器。由于管路摩擦造成系统制冷剂压力下降（图中以控制阀表示），从而使得冷凝器饱和温度下降，这样制冷剂经冷凝器后会有一定过冷度。值得注意的是，泵驱两相循环中制冷剂在蒸发器内的温度一定比在冷凝器中的温度高，此温度差是由管路流阻（摩擦阻力）、蒸发器和冷凝器中的温度梯度导致的。

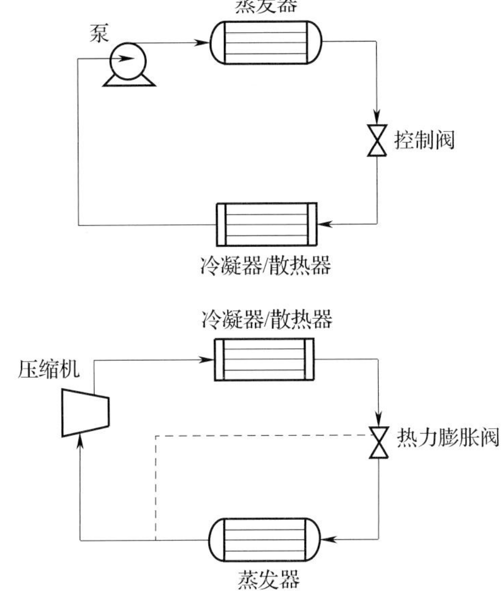

图 1 泵驱两相循环（上）和蒸发压缩循环（下）

蒸发压缩循环中，有一定过热度的气态制冷剂经压缩机将压力提高至冷凝温度对应的冷凝压力，然后通过冷凝器冷凝为高压饱和液态制冷剂，经膨胀装置将压力降低至蒸发压力以上，然后供往蒸发器，低压液态制冷剂在蒸发器中蒸发，将设备热量带走，保证蒸发器出口的气态制冷剂有一定的过热度后供往压缩机。

由于蒸发压缩循环中用于压缩的气态制冷剂比容要大于泵驱两相循环中的制冷剂比热容，因此提供相同压升情况下，泵驱两相循环比蒸发压缩循环的功耗小。但是，如图 2 所示和前文所述，泵驱两相循环中冷凝温度必须高于热沉温度，蒸发温度必须高于冷凝温度。因此无额外冷却循环情况下，泵驱两相循环无法将被冷却设备温度控制在热沉温度以下。从图 3 可以看出，蒸发压缩循环可以将被冷却设备温度控制在热沉温度以下。无额外冷却循环情况下，蒸发压缩循环有满足飞机电子设备低温需求的潜力。

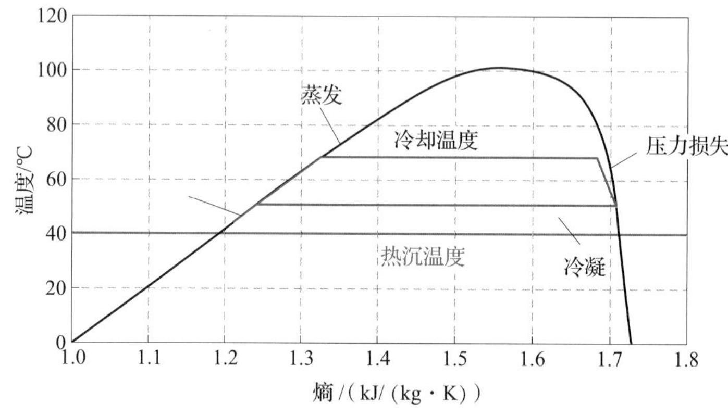

图 2　泵驱两相循环温 – 熵图（*T–S*）

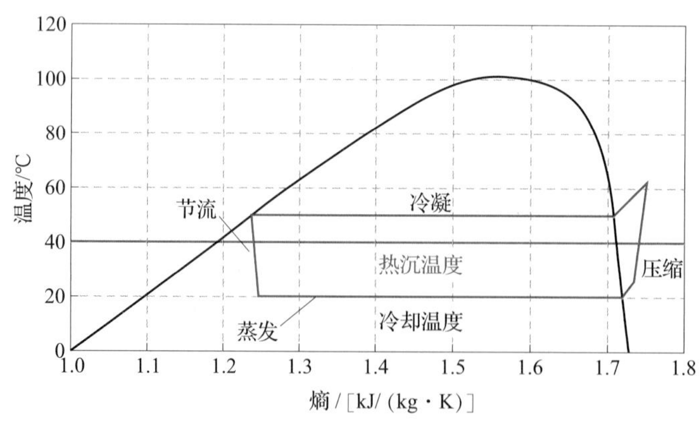

图 3　蒸发压缩循环温 – 熵图（*T–S*）

从可靠性的角度看，泵驱两相循环存在明显局限性。为了充分利用潜热换热，需保证蒸发器内制冷剂压力在蒸发压力附近。但是，为了防止泵发生气蚀，进入泵的制冷剂应有一定过冷度。过冷度的实现一般有以下方式：①通过冷凝器对制冷剂进行一定程度的过冷；②通过设置在泵前的两相分离器和增压储液箱保证制冷剂的过冷度。上述两种方式都可以有效防止泵发生气蚀。尽管有上述措施预防泵发生气蚀，但是当散热能力急剧下降不足以匹配冷却需求时，仍可能会导致蒸气进入泵中导致泵发生气蚀（主要原因在于冷凝器散热能力不足，无法使制冷剂冷凝），从而降低供往设备的冷却流量，最终造成系统冷却能力的急剧下降。这种情况是非常不稳定状态，由于进入泵的制冷剂无过冷导致泵发生气蚀，从而降低介质流量，由此引起过冷度的进一步丧失和泵的进一步气蚀恶化，形成了恶性循环。使用大容积储液箱可能会避免这种气蚀情况但不能阻止冷板温度的升高。综上，泵驱两相循环不是解决军机瞬态大热载荷情况的可行方式。

蒸发压缩循环需要进入压缩机的制冷剂具有一定过热度以防止压缩机发生液击。使用具有反馈控制的节流阀装置（如热力膨胀阀 TXV）来控制蒸发器出口制冷剂的过热度。根据蒸发器压力（制冷剂蒸发压力对应着制冷剂的蒸发温度）和蒸发器出口制冷剂温度对节流阀装置进行有效控制。如果因热载荷或散热能力变化导致蒸发器出口制冷剂过热度偏离预期值，则可调节节流阀装置以保证蒸发器出口制冷剂过热度为预期过热度。当热载荷增加或过热度太高时，则将节流阀装置开大；当热载荷降低或过热度太低时，则将节流阀装置关小。通过调节压缩机功率实现冷却能力控制与热沉能力瞬态管理的解耦。正因如此，蒸发压缩循环可在无额外冷却循环下具有两相换热、提供给设备的冷却温度可低于热沉温度的能力。可以预见蒸发压缩循环在未来飞机热管理系统中的作用会越来越重要。值得注意的是，蒸发压缩循环不存在泵驱两相循环中因泵发生气蚀造成的不稳定情况。如果热沉能力降低，蒸发压缩循环中可通过提高压缩机转速来提高热沉能力以有效散热。

热管理系统（TMS）可靠性是很多特性参数的函数，特性参数包括设备寿命、在特定环境下满足冷却需求的能力、适应性和反复工作能力等。上述特性参数除了受设备和系统设计水平的影响，还会受设备如何协同工作以满足需求的影响。已知蒸发压缩循环是适用于瞬态热载荷不太高情况下的可靠方案。但是机载蒸发压缩循环的可靠性很大程度上取决于如何更好地适应机上热载荷和热沉的变化。影响系统可靠性的一个重要问题是："工作条件改变时，蒸发器出口有多少液态制冷剂，而允许的液态制冷剂又是多少？"因热载荷降低或热沉能力降低，导致蒸发器出口制冷剂中含液态可能会严重影响系统可靠性。如果因制冷剂在蒸发器中未完全蒸发或两相分离器未有效分离蒸发器出口中的液态制冷剂，导致液体进入压缩机，可能会损坏压缩机或降低冷却能力，这样会影响可靠性的所有相关特性参数。除此之外，飞行条件对系统可靠性的影响相对较小。因此，本文的主要目的是，在热载荷快速变化和热沉能力 / 温度快速变化时，评估直接冷却多种高热流密度热载荷的蒸发压缩循环的动态性能。

3 蒸发压缩系统架构

用于评估的系统架构可描述为蒸发压缩热环（VCTB）[10-11]。如图 4 所示，此架构中的蒸发器及其热力 / 电子膨胀阀（TXV/EXV）（带反馈控制的节流阀装置）采取并联布置。由于蒸发压缩热环（VCTB）架构可以单独控制每条支路蒸发器，且每条支路蒸发器与其他支路蒸发器和压缩机之间影响较小，因此蒸发压缩热环架构可管理多个独立热负载。此架构中的压缩机用于保证规定的高压（冷凝压力）和低压（蒸发压力），冷凝器用于保证冷凝器出口制冷剂过冷度，每条支路热力膨胀阀（TXV）蒸发器用于保证蒸发器出口制冷剂过热度。

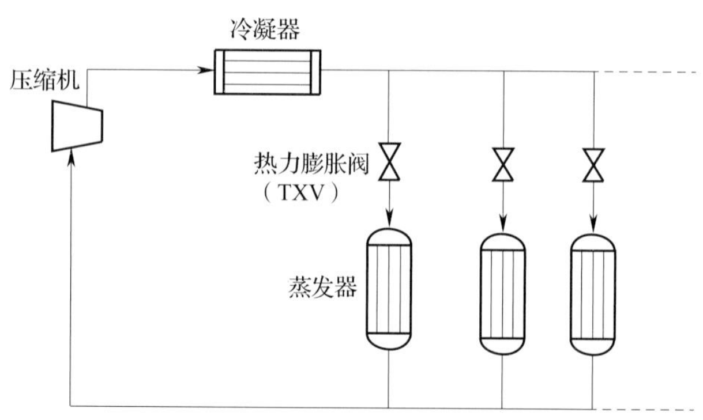

图 4　蒸发压缩热环（VCTB）工作原理图

如果热载荷在热力 / 电子膨胀阀（TXV/EXV）控制范围内，此时相同热载荷的设备可采取串联或多个并联支路架构以降低压缩机进口制冷剂状态控制的复杂性。如果蒸发器布置在串并联混合管网中，控制压缩机前制冷剂的状态会变得更为复杂。因此不建议采用串并联混合管网架构取代蒸发压缩热环架构。

由于变频压缩机技术已成熟应用于飞机上，因此本文使用压缩机变频控制技术降低大瞬态对系统的影响。控制压缩机转速可以调节冷却能力且保证冷却设备的温度相对均匀。

4　试验台搭建

本文研究的 VCTB 试验原理图见图 5。试验中的热量通过钎焊板式换热器（冷凝器）传递至温度可控的水循环中。使用四个高热流密度蒸发器冷板并联模拟蒸发压缩热环架构。

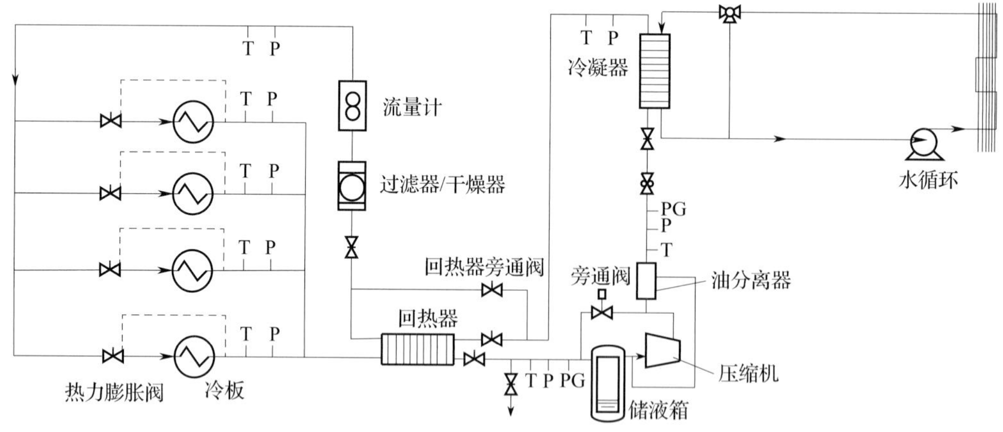

图 5　VCTB 试验原理图

每个冷板为一个并联支路。冷板采取专用的微通道设计，图 6 是冷板设计的三维视图。每个冷板的设计散热量为 500W，在每个冷板上设置了 4 个矩形盒式加热器用于试验中模拟冷板的热载荷。每个矩形盒式加热器尺寸为 152.mm（长）×25.4mm（宽）×6.4mm（高），在交流 120V 下的加热功率为 250W。

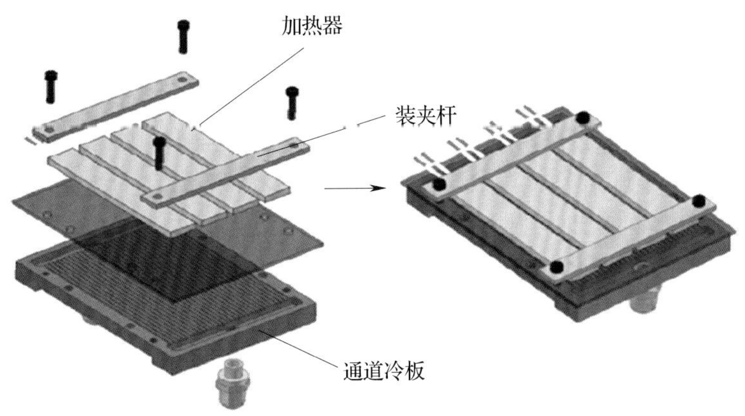

图 6　冷板设计的三维视图

为了抑制冷板内的温度波动，冷板的热质应尽量小。由于系统适应热状态波动的能力是系统可靠性的一部分，因此冷板热质最小化设计对可靠性评价很不利。通过最小化冷却通道周围材料，实现冷板的热质最小化设计。冷板内每个并联通道宽为 2mm，深度为 5mm，长为 158mm。

通过在每个并联支路的冷板上游设置一个热力膨胀阀（TXV），用于控制每个冷板出口制冷剂过热度。热力膨胀阀通过在每个支路冷板出口设置的温度传感器监测冷板出口制冷剂的过热度。

在蒸发压缩热环（VCTB）架构中增加了回热器，以评估使用回热器提高压缩机进口制冷剂过热度的能力（通过降低液态制冷剂进入压缩机的可能性提高系统可靠性）。本文中设置回热器的目的是，将热量从冷凝器出口温度相对较高的过冷液态制冷剂中传递到蒸发器出口温度相对较低的过热制冷剂中。图 7 温－熵图（T–S）给出这一架构对热力循环的影响，这个架构中通过加热进入压缩机之前的制冷剂以确保制冷剂的过热状态。另外，这个架构通过降低蒸发器进口制冷剂的质量含气率提高蒸发器进出口的焓差，这样可降低系统流量需求。见公式（1）

$$\dot{Q}=\dot{m}(\Delta h) \tag{1}$$

式中，$\dot{Q}$ 为蒸发器的稳态换热量，$\dot{m}$ 为制冷剂质量流量，Δh 为蒸发器进出口焓差。

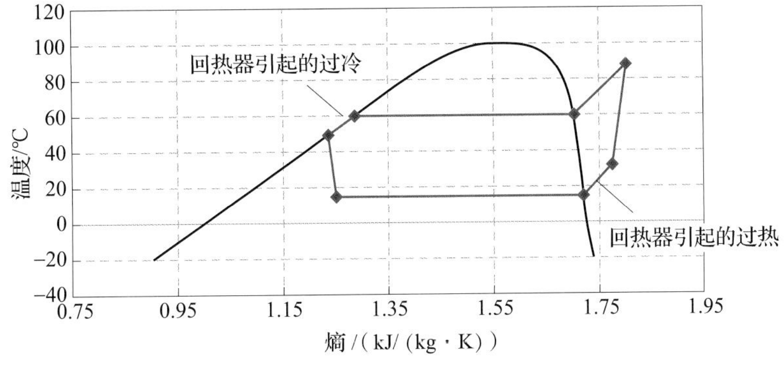

图 7　带回热器的蒸发压缩系统原理图

回热器设计为管式换热器，使用迪图斯－贝尔特（Dittus-Boelter）方程[17]进行计算，见公式（2）

$$Nu_{D}= 0.023\ Re_{D}^{4/5}\ Pr^{n} \tag{2}$$

式中，Nu_D 是努塞尔数，Re_D 是雷诺数，Pr 是普朗特数。加热状态 n=0.4；冷却状态 n=0.3。

回热器最大设计换热量约 300W。管外是冷凝的液态制冷剂，管内是过热的气态制冷剂。管式设计可以通过调整管路的缠绕或增加内部翅片更好地适应其他系统。回热器还可以使用板式换热器，本文不对定制板式换热器的设计与制造进行评价。为了控制回热器的换热量（用于试验对比），在回热器路和回热器旁通路上均设置了针形阀门，通过控制针形阀门开度实现对回热器旁通路的流量的控制，最终实现回热器换热量的控制。

位于压缩机上游的储液箱具有重力气液分离功能。但是值得注意的是，系统工作中并不依靠储液箱的重量气液分离能力对制冷剂质量含气率进行控制。然而，储液箱是验证系统瞬态性能的必要设备。储液箱使用浮子液位计指示液态制冷剂情况（见图 8）。另外，在储液箱另一侧设置了液位目视观察（小透明管）以提供目视确认液位能力。

搭建后的系统图如图 9 所示。由于蒸发温度是制冷剂物性参数和蒸发压力的函数，因此控制压缩机转速保持低压制冷剂的蒸发压力，可实现在热条件变化时对冷板内制冷剂蒸发温度的控制。

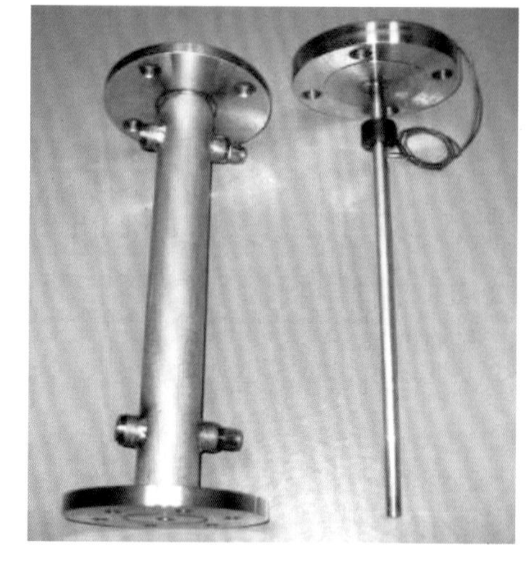

图 8　储液器，外壳（左）和浮子液位计（右）

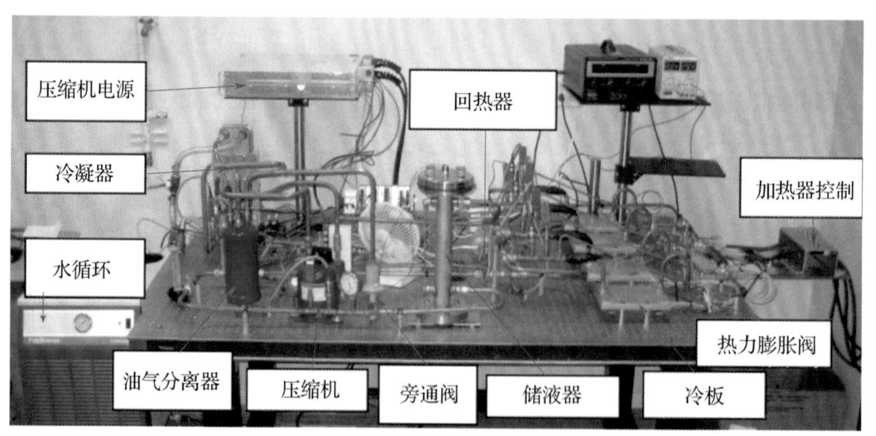

图 9　第一阶段验证试验图片

5　结果与分析

试验对不同系统冷板热载荷和热沉能力下的系统性能进行验证，通过调节 TXV 开度实现每个冷板出口过热度的控制，通过调节压缩机转速实现压缩机进口压力的控制。冷板热载荷和热沉能力可分别改变，也可同时改变。为了验证最严苛瞬态热载荷，着重进行了对所有热载荷进行快速开关的试验。最终试验仅完成了部分热载荷的开关且未达到快速要求，但由于这些试验对系统的影响没有那么大，因此本文不对此进行详细讨论。

如前所述，改变热沉能力是通过控制冷凝器的水侧流量实现的，这种方式可在热沉温度不变的情况下降低热沉能力。这主要用于模拟冲压空气换热器中的冲压空气流量突然降低的情况。调节压缩机转速来改变冷凝温度和制冷剂流量以适应这种变化。

第一次试验将回热器全部旁通，使冷凝器出口制冷剂全部通过回热器旁通路。试验结果如图 10 所示。整个试验期间，液位浮动很小，浮动量在 1/4in 量级。由于整个试验期间没有出现液态制冷剂，因此液位浮动和液位变化无关。液位浮动主要是由于制冷剂蒸气流量的变化带来的暂时性浮力变化。在最初的系统调试中，将一些液态制冷剂特意转移至储液箱，会导致液位突然下降或升高，液位峰值高于 2in。系统正常工作（储液箱中无液体）时，液位在 1.5in 和 1.7in 之间浮动。由于最低液位高度约为 1in，因此液位不可能为 0。储液箱中无液体时的液位测量值 1.5 ~ 1.7in 与最低液位高度 1in 之间的差值，是由气态制冷剂高速流动阻力引起的浮力导致的。随着过热制冷剂连续不断流入储液箱，这种小的差别不应归因于液态制冷剂的累积。

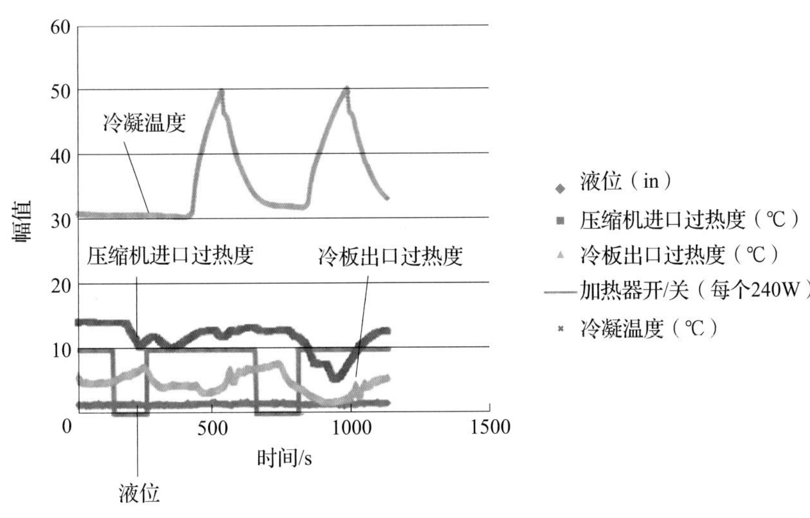

图 10 无回热器 VCTB 试验结果

这个试验允许系统在冷板热载荷作用下达到稳定状态。系统一达到稳定状态，就将所有加热器全部关闭。这样相当于按预期降低冷板出口和压缩机进口的制冷剂过热度。然而，如数据显示，储液箱的液位没有增加。除了关闭加热器带来的过热度变化，压缩机进口压力还会因热力膨胀阀（TXV）的流阻增加而降低。压缩机通过降低压缩机速度来适应这种情况，如图 11 所示。这种控制方式可实现压缩机在高效工作的同时降低液体进入压缩机的风险。从图 12 中可以看出，在所有的试验状态下压缩机进口压力几乎保持不变。

从图 10 显示的试验初始热载荷情况下，电加热器重新打开之前过热度恢复至相对稳定的状态。这导致了预期的过热度短暂上升。从这一点开始，突然降低经冷凝器的水侧流量以快速降低热沉能

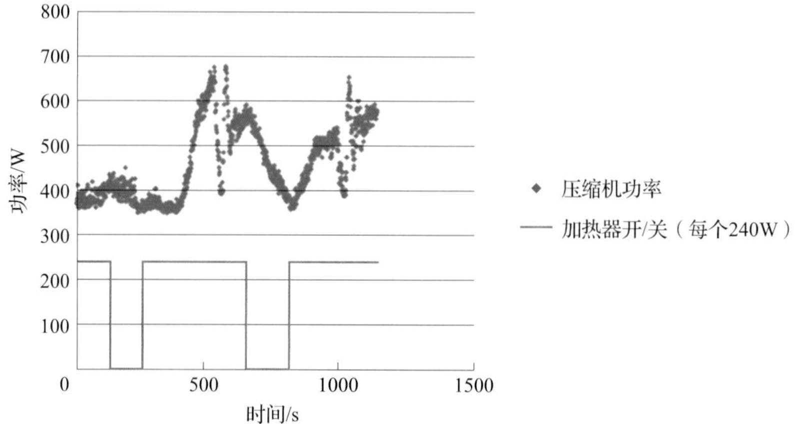

图11　无回热器试验中压缩机功率随热条件变化的响应

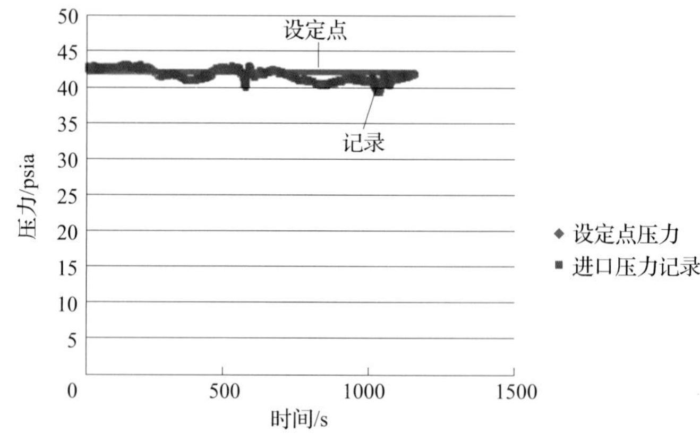

图12　无回热器试验中压缩机压力随热条件变化的响应

力，由此引起了冷凝温度的升高。冷凝温度升高意味着冷凝压力升高，需要提高压缩机功率以保持压缩机进口压力为定值。为了降低冷凝温度需要提高冷凝器水侧流量。由于压缩机控制可以很好应对上述情况，因此上述情况对系统性能影响很小。

试验结果显示由于系统热质和热力膨胀阀（TXV）响应影响，加热器打开比关闭更容易降低过热度。尽管冷板按最小化热质进行设计，但不可能完全消除这种影响。因此，加热器关闭时热载荷变化会滞后，加热器打开时热载荷变化很快且热力膨胀阀响应非常快，有时打开时会有一点超调，使得加热器刚打开时过热度会短暂下降。基于此，在加热器打开的同时改变冷凝器能力的情况下，试图根据到达储液箱的液体来确定系统是否工作在边界包线。结果见图 10 和图 11。由图 10 可以看出，试验过程中没有液体进入储液箱。

为了说明回热器如何进一步降低液体进入压缩机的可能性，进行了不同回热器流量试验。冷凝器出口制冷剂全部通过回热器的试验结果见图 13 ~ 图 15。此外，如图 13 所示，所有试验的储液器中均未发现液体。图 13 还显示了压缩机进口的过热度比之前试验结果有显著升高，可以作为质量

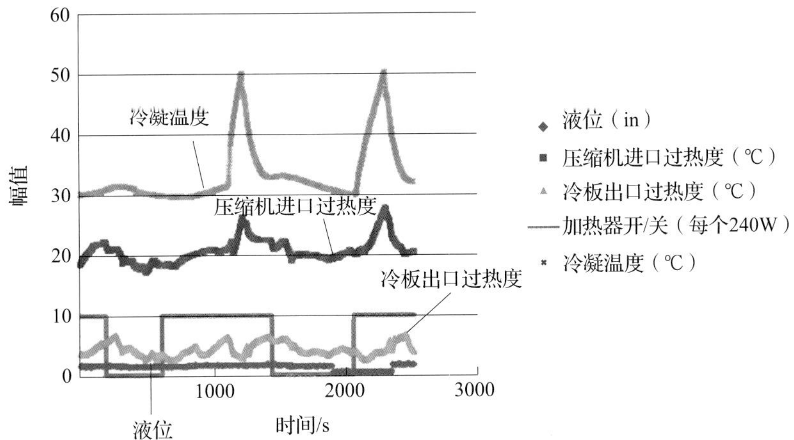

图13 制冷剂全部通过回热器的 VCTB 试验结果

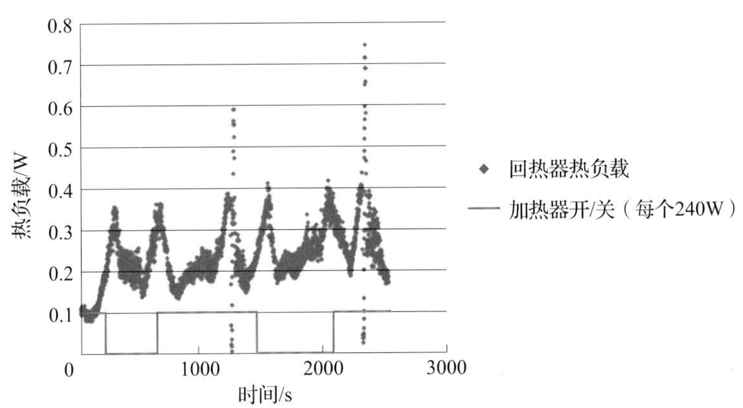

图14 制冷剂全部通过回热器时回热器换热量试验结果

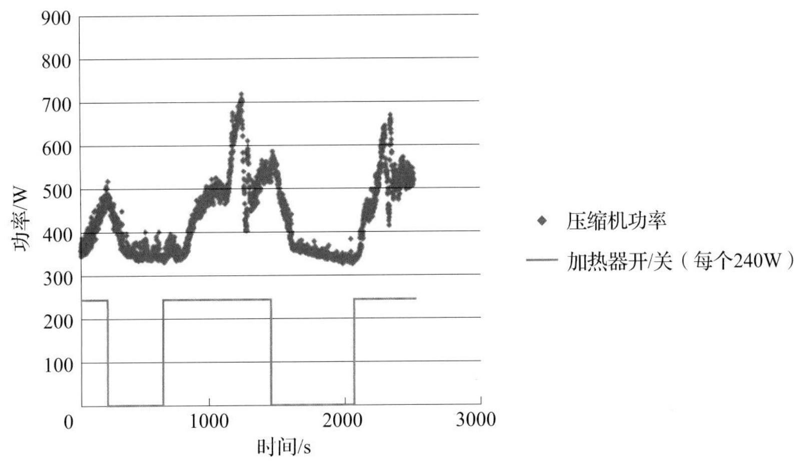

图15 制冷剂全部通过回热器时压缩机功率随热条件变化的响应结果

含气率（干度）管理的预判方式。图 14 给出了回热器换热量试验结果，显示试验数据在回热器设计点（制冷剂全部通过状态为 300W）上下波动。图 15 给出了压缩机功率试验结果，与以前试验结果图 11（无回热器）相比，压缩机功率变化很小。对图 15 和图 11 上的压缩机功率按试验时间进行数学平均后发现，有回热器比无回热器的压缩机功率降低约 2%。但是，需要注意的是，虽然两个试验的热载荷条件相似，但不是严格相同。压缩机功率比较结果表明，使用回热器可在无额外功率损失的情况下提升可靠性。

为了验证热沉温度急剧变化对系统性能的影响，试验中在固定流量水循环中加入冰水和沸水实现热沉温度的快速变化。冷水的试验结果见图 16 和图 17，此试验中没有使用回热器。试验中热载荷模拟应与用于机上热管理系统瞬态分析的试验条件保持一致。虽然，如前所述，系统应能处理热载荷和热沉能力同时变化的情况。从图 16 中可以看出，热沉温度以比较大的幅度下降对系统性能的影响很小，主要原因在于加冰水之前，为了保证水循环中没有气体已在水循环内加入了冰水，导致热沉温度下降值不超过图 16 中的曲线。不管怎样，如前所述，初次试验已表明冷凝温度升高比冷凝温度降低更容易对系统产生不利影响。图 17 给出了压缩机功率随系统流阻变化的响应结果。

热水的试验结果见图 18 和图 19，此试验中没有使用回热器。同样地，试验中热载荷模拟应与用于机上热管理系统瞬态分析的试验条件保持一致。从图 18 中可以看出热沉温度按超过 4℃ /s 升高对系统性能的影响很小。图 19 给出了压缩机功率随系统流阻变化的响应结果。

从上述结果中得到一个关注点为，压缩机功率的快速变化可能确实会降低可靠性（降低电机器件寿命）。但是，上述试验模拟的是机上系统工作时可能遇到的最坏情况，实际上，试验模拟状态（100% 降低热载荷的同时，热沉能力也快速变化）在机上出现的概率很低。试验中对冷却温度的要求也很严格。可通过降低冷却温度要求以降低压缩机功率变化频次，或者冷却温度要求保持不变，此时维护电机的成本会抵消更换冷却电子设备的成本。

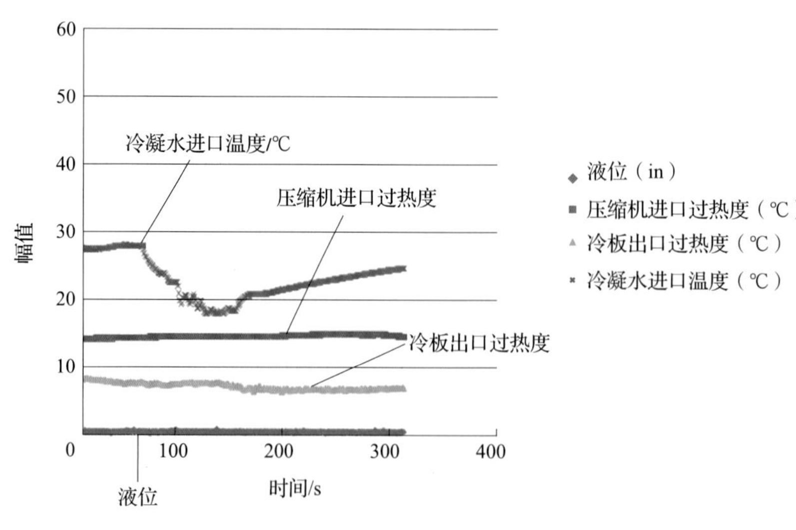

图 16　无回热器冷水试验结果

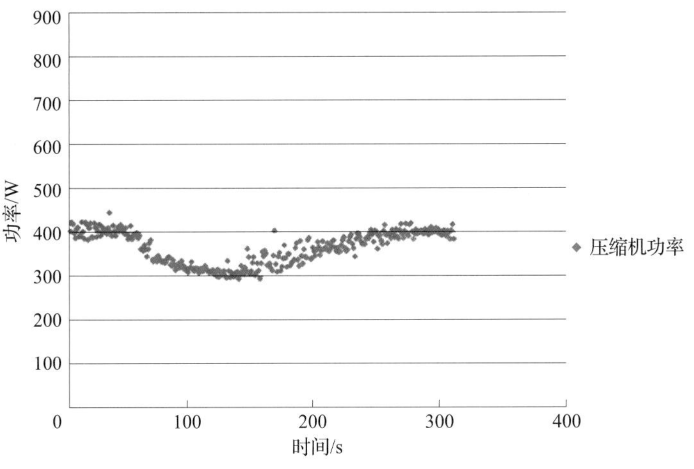

图 17　无回热器冷水试验的压缩机功率试验结果

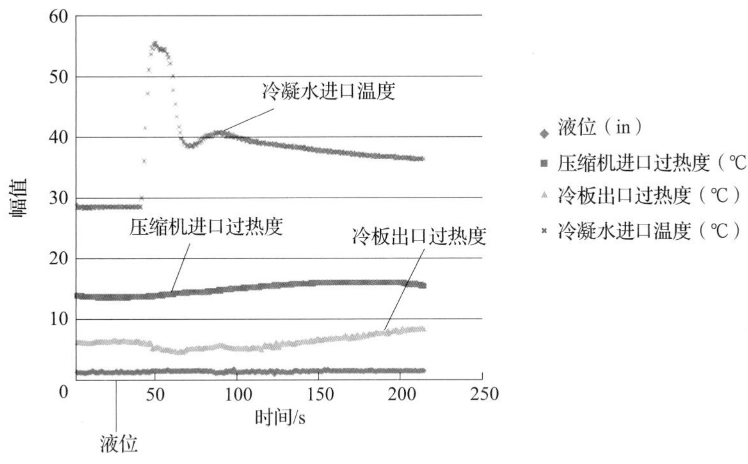

图 18　无回热器热水试验结果

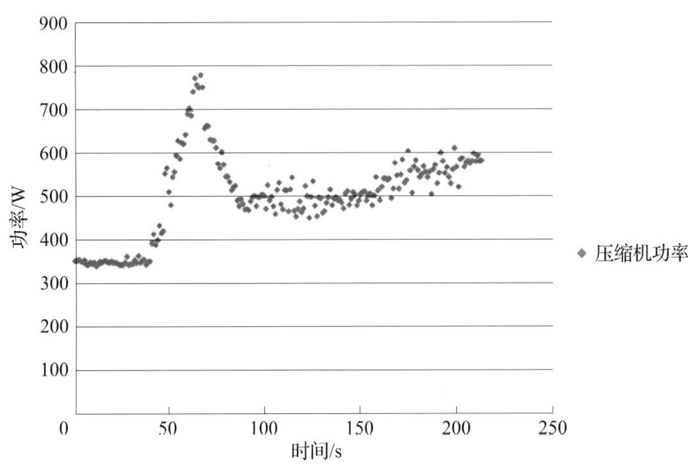

图 19　无回热器热水试验的压缩机功率试验结果

6 结论

本文的研究结果表明，多热负载 VC TMS 能够在与机上环境相似的热载荷快速变化和热沉能力快速变化的情况下可靠工作（部件无失效、冷却能力未降低、适应性好，可重复工作）。为了降低系统控制复杂度及提供模块化系统设计，用于试验的架构为蒸发压缩热环（VCTB）架构。另外，已证明使用回热器可在无显著功率损失的情况下降低液体进入压缩机的可能性。对本文的具体成果总结如下：

● 研制了一套台式 VCTB 系统，包括 4 个独立、定制、高热流密度的蒸发式冷板，通过热力膨胀阀（TXV）、压缩机转速控制、热沉能力和热沉温度控制、压缩机进口液体监测实现系统控制。

● 对仅热载荷在 0%～100% 变化、仅热沉能力快速变化、热载荷在 0%～100% 变化的同时热沉能力快速变化的情况下的系统响应进行了量化。试验结果表明在飞机瞬态热环境下 VCTB 可以可靠工作。

● 对使用回热器提高压缩机进口制冷剂过热度的效果进行了量化。试验结果如预期一样，所需功率没有明显增加。

● 将系统对热沉温度以超过 4℃ /s 的速率快速变化的响应进行了量化。试验结果表明，这些变化不会降低系统冷却能力。

本文所采用的控制系统和回热器均适用于其他基于蒸发压缩（VC）的热管理系统。由于蒸发压缩热环（VCTB）和回热器所有管路内均是单相制冷剂，因此本文采用的蒸发压缩热环和回热器技术可满足文中描述场景下的变加速度要求。本文研究表明，只要进行适当的系统设计并注重系统的高效运行，就可以得到先进蒸发压缩热管理系统的固有可靠性。

致谢

感谢空军研究实验室特拉维斯・米查拉克对本文的支持和技术指导，感谢空军研究实验室费尔南多・罗德里格斯对本文的支持。

本文研究由空军 SBIR 合同 FA8650-09-M-2941 资助。

术语 / 缩略语

EXV—Electronic Expansion Valve/ 电子膨胀阀

HX—Heat Exchanger/ 换热器

PAO—Polyalphaolefin/ 聚 α- 烯烃

PCM—Phase-Change Material/ 相变材料

SH—Superheat/ 过热

T—Temperature/ 温度

TMS—Thermal Management System/ 热管理系统

TXV—Thermostatic Expansion Valve/ 热力膨胀阀

VC—Vapor Compression/ 蒸发压缩

VCTB—Vapor-Compression Thermal Bus/ 蒸发压缩热环

参考文献

[1] Homitz, J., Scaringe, R. P., Cole, G. S., Fleming, A. et al., "Comparative Analysis of Thermal Management Architectures to Address Evolving Thermal Requirements of Aircraft Systems," SAE Technical Paper 2008-01-

2905, 2008, doi: 10.4271/2008-01-2905.

[2] Ramalingam, M., Mahefkey, T., and Donovan, B., "Fuel Savings Analysis and Weapon Platform Thermal Management Options in a Tactical Aircraft, " ASME Paper IMECE2003-55055, 2003 ASME International Mechanical Engineering Congress, Washington, D. C., 2003.

[3] Vrable, D. L. and Donovan, B. D., "High Heat Flux Thermal Management for HPM Sources, " SAE Technical Paper 2004-01-3203, 2004, doi: 10.4271/2004-01-3203.

[4] Hale, C., Hopkins, K., Boyack, C., Lind, T. et al., "High Heat Flux Dissipation for DEW Applications," SAE Technical Paper 2004-01-3205, 2004, doi: 10.4271/2004-01-3205.

[5] Scaringe, R. P., "A Compact Thermal Control System for Aircraft Avionics Pod Cooling, " IEEE Paper 97337, 32nd Intersociety Energy Conversion Engineering Conference, Honolulu, Hawaii, 1997.

[6] Shanmugasundaram, V., Brown, J. R., and Yerkes, K. L., "Thermal Management of High Heat-Flux Sources Using Phase Change Materials: A Design Optimization Procedure, " AIAA Paper AIAA-97-2451, 32nd Thermophysics Conference, Atlanta, Georgia, 1997.

[7] Mahefkey, T., Yerkes, K., Donovan, B., and Ramalingam, M. L., "Thermal Management Challenges for Future Military Aircraft Power Systems, " SAE Technical Paper2004-01-3204, 2004, doi: 10.4271/2004-01-3204.

[8] Fleming, A. J., Leland, Q. H., Yerkes, K. L., Elston, L. J. et al., "Aircraft Thermal Management Using Loop Heat Pipes: Experimental Simulation of High Acceleration Environments Using the Centrifuge Table Test Bed," SAE Technical Paper 2006-01-3066, 2006, doi: 10.4271/2006-01-3066.

[9] Sprouse, J. G., "F-22 Environmental Control/Thermal Management System Design Optimization for Reliability and Integrity-A Case Study, " SAE Technical Paper 961339, 1996, doi: 10.4271/961339.

[10] Scaringe, R. P. and Grzyll, L. R., "The Heat Pump Thermal Bus-An Alternative to Pumped Coolant Loops, " SAE Technical Paper 1999-01-1356, 1999, doi: 10.4271/1999-01-1356.

[11] Scaringe, R. P., "Compact Avionics-Pod-Cooling Unit Thermal Control Method and Apparatus, " U. S. Patent6, 205, 803, March, 27, 2001.

[12] Cutbirth, M. J., "Thermal Control of Future Avionics Systems, " Proceedings of the 2008 IAPG Mechanical Working Group Meeting, Gaithersburg, MD, April, 2008.

[13] Park, C., Vallury, A., and Perez, J., "Advanced Hybrid Cooling Loop Technology for High Performance Thermal Management, " AIAA Paper AIAA-2006-4059, 4th International Energy Conversion Engineering Conference, San Diego, California, 2006.

[14] Cole, G. S. and Scaringe, R. P., "Method and Two-Phase Spray Cooling Apparatus, " U. S. Patent 6, 498, 725, December, 25, 2002.

[15] Lovell, T. W., Zielke, D., and Benning, S. L., "Augmented Avionics Cooling for Existing Aircraft," SAE Technical Paper 961341, 1996, doi: 10.4271/961341.

[16] Bower, J., Klausner, J. F., and Sathyanarayan, S., "High Heat Flux, Gravity-Independent, Two-Phase Heat Exchangers for Spacecraft Thermal Management, " SAE Technical Paper 2002-01-3196, 2002, doi:

10.4271/2002-01-3196.

［17］Ncropera, F. P. and DeWitt, D. P., Fundamentals of Heat and Mass Transfer, 5th Ed., Hoboken, New Jersey: JohnWiley & Sons, Inc., 2002.

作者联系方式

本文作者联系方式如下：

Mainstream Engineering Corporation 200 Yellow Place

Rockledge, FL 32955

321-631-3550

下篇

飞机热管理：能量综合系统分析

Aircraft Thermal Management:
Integrated Energy Systems Analysis

引 言

本篇描述了使用综合分析技术对机上所有系统的产热、传热和散热过程进行仿真分析的情况。其中，本书将综合分析技术称为能量综合系统分析（IESA）。文献对这种分析技术进行了多方面描述。分析建模的目的是对带走商用或军用飞机增长的大量热载荷的高效系统架构进行理解、优化和验证。

在商用飞机领域，增加系统重量、功率消耗、阻力和由于使用货舱空间扩展冷却系统，在带来成本的同时需要最小化飞机运营成本，由此催生了能量综合系统分析（IESA）在商用飞机上的应用。

在军机领域，能量综合系统分析还被认为是下一代喷气战斗机武器系统成功应用的关键因素。2014 年，考虑热问题将会是限制未来军用飞机性能的因素之一，美国空军研究实验室航空航天系统董事会成立了航空航天综合热管理中心。

本篇选取了 SAE 出版的飞机热管理能量综合系统分析的相关文章。这些文章涵盖了由政府和工业部门资助的如飞机能量综合技术（IVENT）计划等热管理能量综合系统分析的最新进展，以及提出与当前研究相关的建模方法对应的较早发表的文章。这些文章主要讨论了军用飞机建模方法，所提出的工具和方法经过少许修改即可用于商用飞机仿真分析。

关于飞机热管理能量综合系统分析的其他信息可参见由 AC–9 飞机环境系统委员会发布的 SAE AIR 5744 和本书的上篇“飞机热管理系统架构”。其中，SAE AIR 5744 定义了飞机热管理系统工程设计准则，“飞机热管理系统架构”讨论了使用本书中提出的各种分析方法和程序研究出的更为有效的飞机热管理方式。

11 一种用于飞机综合热管理系统的㶲分析方法

R. S. 菲格里奥拉 [1]，罗伯特 · 蒂普顿 [2]

1. 克莱姆森大学，2. 洛克希德 - 马丁

引用：Figliola R S, Tipton R . “An exergy-based methodology for decision-based design of integrated aircraft thermal systems, ” SAE International, 2000-01-5527.

摘要

本文详细阐述了将㶲分析方法作为飞机综合热管理系统热设计方法的概念。㶲分析方法已在某先进飞机的环境控制系统（ECS）中成功应用，同时该系统中也应用了能量分析方法。本文建立了基于上述两种方法的 ECS 简化分析模型，并对其进行了对比分析，以确定使用㶲分析方法进行全系统优化以获得最小总起飞重量（GTW）过程的有效性。㶲分析方法和能量分析方法解决问题的方式不同，因此不宜直接对比这两种方法。另外，㶲分析方法的主要分析目标是高熵设备。尽管如此，㶲分析方法依然可以提供信息来辅助估算设备和系统效率。使用两种分析方法得到的结果相似，但均非精确结果。本文对㶲分析方法及具体实现进行了描述，并进一步验证了㶲分析方法有利于综合系统设计。

1 引言

热管理系统部分依据部件或系统的热力学特性进行决策。传统设计中使用能量分析方法对热管理系统进行决策，此方法本质上基于热力学第一定律。㶲分析方法以熵产最小化作为优化目标以获得系统最优解。能量分析方法的基础是系统进出口能量守恒（包含换热、做功和质量流量）。热力学第一定律的前提是能量守恒，另一方面，能量代表了系统做功的能力，或系统进行预期变化的能力。热管理系统中㶲不守恒，实际上㶲会部分或全部损失掉。㶲损失与熵产呈正比关系，㶲损失降低了设备或系统的效率。因此，基于熵产最小化进行设备 / 系统设计可降低设备 / 系统㶲损失，从而提升设备 / 系统效率。

如前所述，飞机综合系统中应用㶲分析方法比传统方法更有优势。㶲分析方法已成功应用于设备和陆基电源设计中[1-3]。Tipton 等[4]首次将㶲分析方法应用于环境控制系统中，本文对这种方法进行了研究。通过考虑每个设备熵产的不可逆性，以期得到最大化利用可用能量的设计目标。该方法的最大特点为熵是状态参数，系统的不可逆过程与系统内设备的熵产总和有关，方便增加限制条件（如尺寸或重量）。但是，未见相关文献使用㶲分析方法对飞机系统进行全系统优化设计的研究。

本文研究的起因是如何评估在电子设备基盘上应用喷雾冷却技术（是先进飞机环境控制系统

（ECS）的一部分[4]）对飞机的影响。本文的重点不是评估这种新型冷却技术，而是研究包含电子设备基盘的模型以及应用此技术对飞机的影响。

最近，美国空军赞助的研讨会[5]的参会者提出，在实现飞机革新的、完全综合的设计方法过程中，存在几个尚未解决的重要问题。其中，明确证实㶲分析方法在系统和飞机层级具有优势是重中之重。本文详细介绍了在飞机综合热管理系统中使用㶲分析方法作为热设计方法的概念。

2 分析方法

综合系统的传统能量分析主要是热力学第一定律能量分析，通过对系统内部件的能量分析实现系统分析。部件包含换热器、冲压空气损失、涡轮机械、节流阀、喷嘴、燃烧室和管道等。系统性能变化与能量变化有关。系统性能由一系列给定工作条件确定。系统最优设计是通过改变适当的参数获得目标函数的最小化实现的，比如能量利用最小化（飞机可等效于起飞重量最小化）。例如，系统的优化设计可能对应燃油或重量最小化，也可能与阻力最小化有关。设计过程中通过控制相关限制变量（如尺寸）减小系统重量、驱动主要设备的发动机提取功率和阻力。最后需要明确的是，系统优化设计需要满足给定应用场景下系统所有的性能要求。由于能量分析方法是传统设计方法，因此本文不对其详细描述。

综合系统的㶲分析方法包含了热力学第二定律分析，通过对系统内设备的熵产分析实现系统分析。熵产与能量损失 / 损耗有关，即熵产具有不可逆性。系统变化与熵的变化有关。㶲分析方法的最大特点为熵是状态参数：每个分系统的熵产为分系统内设备熵产的简单叠加。同样，系统的熵产为每个分系统熵产的总和。这就是㶲分析方法的优点，即易于量化效率损失。因此，㶲分析方法可对系统内每个设备的效率损失进行量化，从而可提出利于系统改进的问题，可扩展至制造效率和维护效率方面。进一步讲，㶲分析方法提供了对不同物理系统进行比较的基础。㶲分析方法的优化目标为使系统熵产最小化（或㶲损失最小化）。

为了评估开放系统中设备 / 子系统的不可逆性，将热力学第二定律使用熵产形式进行描述如下[7]

$$\dot{S}_{\text{gen}}=\frac{\partial(\omega s)}{\partial t}-\frac{\dot{Q}}{T}+\sum_{\text{out}}\omega s-\sum_{\text{in}}\omega s\geqslant 0$$

式中：ω 为质量流量；s 为熵；T 为温度；Q 为换热量。该公式定义了被评估设备 / 分系统的熵产率。在所有连接管道中，熵产与压降和摩擦损失有关，按下式进行建模

$$\dot{S}_{\text{gen}}=\frac{\omega}{\rho T}\Delta p$$

换热器熵产按下式

$$\dot{S}_{\text{gen}}=\omega c_p\ln\left(\frac{T_{\text{out}}}{T_{\text{in}}}\right)_1+\omega c_p\ln\left(\frac{T_{\text{out}}}{T_{\text{in}}}\right)_2-\omega R\ln\left(\frac{p_{\text{out}}}{p_{\text{in}}}\right)_1-\omega R\ln\left(\frac{p_{\text{out}}}{p_{\text{in}}}\right)_2$$

式中，下标 1 和 2 代表流向。

工程系统的热力学不可逆性直接关系到系统可用功的损失 / 损耗。系统的不可逆性和系统的净熵产率与参考温度（如环境绝对温度）[7]有关。计算不同系统架构的熵产率，可以实现比较不同系统架构以获得最优架构的目的。因此，评估单个设备熵产可以确定此设备对系统总不可逆性的影响[8]。

为了进行全系统的熵产分析，提出了熵产率的量纲一（旧称无量纲）形式熵产数。参考文献

[1]、[3]、[6]和[9]~[11]给出了计算熵产数的不同方法。本文从特定设备的换热和结温角度对熵产进行了量纲一处理，得到熵产数 N_s，熵产数的典型形式如下

$$N_s=\frac{T}{q'}\frac{\mathrm{d}\dot{S}}{\mathrm{d}x}=\frac{\omega}{\rho q'}\left(-\frac{\mathrm{d}P}{\mathrm{d}x}\right)+\frac{\Delta T}{T}\left(1+\frac{\Delta T}{T}\right)^{-1}$$

式中，q' 是换热量，ρ 是流体密度，$\frac{\mathrm{d}P}{\mathrm{d}x}$ 是压力降，ΔT 是温降。这个方法适用于所有设备和连接管路。方程由两部分组成：一部分是由摩擦阻力对应的压力降引起的，另一部分是由温差对应的换热引起的。设计阶段在特定设备/分系统上应用此方法时，这两部分的作用是相反的。因此，可使用熵产最小化对设备进行优化设计以确定最优设计/最优设计范围。这个方法可通过系统中每个设备的熵产数对设备低效率进行度量，从而提出以飞机起飞重量最小化为优化目标时的系统可改进问题。

3 系统建模

Tipton 等[4]建立了一种包含 7 个综合子系统的先进飞机环境控制系统（ECS）模型，并于近期得到进一步扩展。图 1 给出了典型 ECS 的简化原理图。对每个子系统的 ECS 分析模型都进行了编码，其计算工具驻留在电子表格风格的用户界面之后，这样很容易与数值数据进行连接。图 2 给出了用户界面的示例。用于 ECS 不同子系统分析的所有热力学参数、能量及㶲分析数据要么使用独立计算程序计算得到，要么从制造商处获取，并与模型连接在一起。

该模型包含了某一任务剖面下的子系统和设备分析，以及整个剖面下的子系统和设备综合分析的方法。本文仅对巡航阶段进行描述。能量分析最终确定系统的燃油损失或起飞重量（GTW），㶲分析用于满足 ECS 剖面内系统性能要求基础上降低系统熵产数 N_s。如参考文献[12]和[13]中所述，所有变量最终都可以用重量、阻力/发动机功率/引气提取来表示。

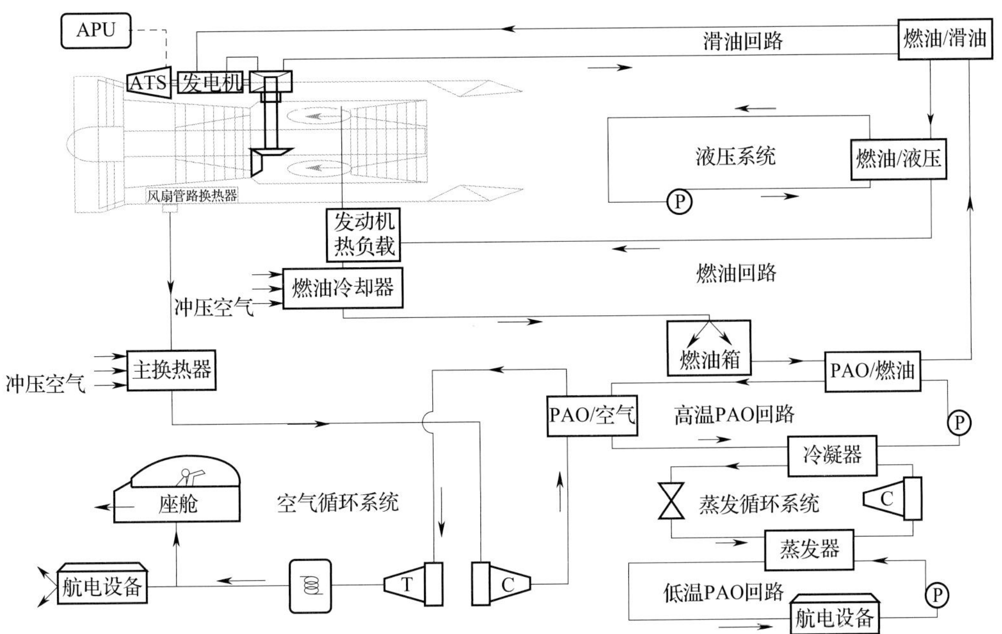

图 1 先进飞机环境控制系统原理图

		L,cold (in)	L,hot (in)	L,free (in)	G_c,cold (lb/in²-min)	G_c,hot (lb/in²-min)	h,cold (Btu/hr-ft²-F)	h,hot (Btu/hr-ft²-F)	ΔP,cold (psi)	ΔP,hot (psi)	UAtot (BTU/hr-F)	NTU	ε	Duty (BTU/min)	Weight (lbs)
	evap.	10.3	10.3	8.1	2.7	11.1	200.0	188.3	0.1	0.8	17886.5	1.6	0.8	2981.6	77.6
	cond.	9.8	9.8	7.1	8.6	3.3	189.2	150.0	0.3	0.0	12256.8	1.6	0.8	4453.8	63.7
x2	pao /fuel	7.1	7.1	7.1	5.9	11.9	181.6	217.9	0.0	0.3	7479.3	2.1	0.8	2446.7	38.1
x2	cooler	2.8	13.9	12.2	1.5	5.2	41.7	160.6	1.0	0.1	3384.9	2.4	0.8	6958.6	44.4
														TOTAL	306.4

τ (hr)	Mach #	Alt. (ft)	ω_{ram} (lb/min)	$T_{ram,i}$ (F)	$T_{ram,e}$ (F)
1.33	0.90	45000	98.2	-70	226

Wght (lb)	Ram (lb)	Pwr (lb)	GTW (lb)
67.8	97.7	29.4	195.0

16

	Station #	Fluid State	ω (lb/min)	T (F)	P (psia)	h (Btu/lb)	s (Btu/lb-R)
Cold PAO	1	liquid	350.0	86.0			
	2	liquid	350.0	86.7			
	3	liquid	350.0	70.6			
R-12	4	two-phase	86.4	175.5	332.7	51.2	0.0960
	5	sup.vap.	86.4	66.6	80.5	51.2	0.1021
	6	sup.vap.	86.4	76.6	80.5	85.7	0.1676
	7	sat.liq.	86.4	224.0	332.7	102.8	0.1765
Hot PAO	8	liquid	112.5	128.7			
	9	liquid	225.0	131.5			
	10	liquid	225.0	166.7			
	11	liquid	112.5	167.4			
Fuel Loop (x2)	12	liquid	111.5	115.0			
	13	liquid	111.5	156.9			
	14	liquid	111.5	167.3			
	15	liquid	111.5	194.6			
	16	liquid	45.0	299.5			
	17	liquid	66.5	299.5			
	18	liquid	66.5	115.0			

Refrigerant
◉ R-12
○ R-114

Flight Condition
○ Ground Idle
◉ Cruise
○ Supersonic
○ Loiter

	Hx Load (BTU/min)	Differ. %
cond.	4454.8	-0.021
pao /fuel	2446.2	0.024

		HeatLoad (BTU/min)	ε
	avionic	2850.0	
	evap.	2981.6	0.800
	cond.	4453.8	0.800
	pao /air	350.0	
x2	pao /fuel	2446.7	0.800
x2	fuel/oil	625.0	
x2	fuel/hyd	1675.0	
x2	engine	6450.0	
x2	cooler	6958.6	0.800

	Work Load (hp)	η
pump 1	3.1	
comp.	34.7	0.650
pump 2	2.1	
TOTAL	39.9	

	Device	Sgen (BTU/min-R)	Ns_{gen}
	avionics	5.220	1.000
	pump_1	0.483	0.092
	evap.	0.136	0.026
	throttle	0.525	0.101
	comp.	0.767	0.147
	cond.	0.388	0.074
	pump_2	0.281	0.054
	pao /air	0.588	0.113
x2	pao /fuel	0.083	0.016
x2	fuel/oil	0.912	0.175
x2	fuel/hyd	2.360	0.452
x2	engine	9.173	1.757
x2	cooler	2.779	0.532

Sub System	Sgen (BTU/min-R)	Ns_{gen}
cold pao	0.282	0.054
vapor	0.145	0.028
hotpao	0.075	0.014
fuel	16.961	3.249
TOTAL	17.463	3.346

☑ Entropy Generation
☑ Update Tables
☑ Hx Sizing
☑ Fuel Penalty
☐ Performance
☐ Converge_1 Plot
☐ Converge_2 Plot
☑ Update Variables

图2 环境控制系统用户设计界面

如图 1 所示，飞机 ECS 模型包含的 7 个综合子系统为：①冷 PAO 回路，②蒸发循环系统，③空气循环系统，④热 PAO 回路，⑤滑油回路，⑥液压系统，⑦燃油回路。

如图 1 所示，喷雾冷却航电设备基盘处于冷 PAO 回路中。冷 PAO 回路使用的冷却液为聚烯烃。在冷 PAO 回路的建模中，首先需要将航电设备冷却需求（如界面温度和热载荷）作为冷 PAO 回路的初始边界条件。另外，还需要设置满足典型先进飞机 ECS 性能的冷却液质量流量。虽然系统工作时冷却液质量流量保持恒定，但是冷却液质量流量仍然是全系统优化的优化参数之一。根据液冷管网流阻（包含航电设备和蒸发器流阻）计算得到液体泵驱动冷却液在系统中循环所需的功率。最后，蒸发器热载荷由航电设备热载荷与液体泵工作热载荷的总和确定。

蒸发循环系统由蒸发器、压缩机、冷凝器和膨胀阀四个简化的部件组成。制冷剂为 R-12。为了确保冷凝器制冷剂侧热载荷能全部传递到液体侧（热 PAO 回路），使用迭代程序获得换热器的收敛尺寸。迭代程序首先设定冷凝温度（冷凝器出口制冷剂温度）初始值。然后进行包含各设备的全系统计算分析，根据冷凝器制冷剂侧和液体侧的参数计算得到冷凝器热载荷。根据与上一次计算得到的冷凝器热载荷差值对冷凝温度进行调整后，重复进行系统热力学计算，直至本次计算与上一次计算的冷凝器热载荷差值在设定误差范围内 / 满足收敛要求。

空气循环系统的主要目的是为座舱和强迫通风电子设备提供充足的冷却空气，其中强迫通风电子设备热载荷比冷 PAO 回路中的电子设备热载荷小得多。使用开环空气循环冷却来自发动机的引气后，供给座舱和强迫通风电子设备。对空气循环回路系统进行建模时，模拟座舱和强迫通风电子设备冷却需求的必要条件包括空气流量和空气 / 电子设备接口处的空气温度。本文为了简化仿真，未对空气循环系统建模进行详细描述。

空气循环系统和热 PAO 回路的唯一接口是热 PAO 回路和空气循环系统之间的换热器，因此可将此接口（PAO）空气换热器热载荷简单处理成热 PAO 回路的一个边界条件。表 1 中的热载荷典型值来自先进飞机四个独立工作条件下的 ECS 性能数据。选择的这些工作条件代表了某典型作战飞机的飞行剖面，并可用于系统设计的性能评估。

表 1　不同工作状态下的典型热载荷和发动机燃油流量

工作状态	发动机燃油流量		发动机热载荷		液压热载荷		滑油热载荷		空气热载荷	
	lb[①]/min	kg/s	Btu/min	kW	Btu/min	kW	Btu/min	kW	Btu/min	kW
地面待机	20	0.1512	2697	47.42	1542	27.11	602	10.59	570	10.02
巡航	40	0.3024	6445	113.33	1663	29.24	620	10.90	341	6.00
超声速	200	1.5120	14009	246.34	2003	35.22	700	12.31	566	9.95
空闲	80	0.6048	5598	98.44	1752	30.81	490	8.62	700	12.31

与冷 PAO 回路类似，热 PAO 回路也是使用聚烯烃为冷却液的闭式液冷循环。另外，热 PAO 回路的两个边界条件分别是先前确定的冷 PAO 回路冷凝器热载荷和 PAO/ 空气换热器热载荷。首先，根据液冷管网流阻（包含三个换热器）计算得到液体泵驱动冷却液在系统中循环所需的功率。然后，为了确保热 PAO 回路热载荷可以全部传递到燃油中，再次使用迭代程序得到 PAO/ 燃油换热器的收敛尺寸。其中，燃油代表了全系统的最终热沉。迭代程序过程与蒸发循环系统分析中类似，只是使用离开燃油箱的燃油温度（见图 1）作为初始条件，而不是使用换热器中的 PAO 温度作为初始条件。

闭式滑油回路使用的润滑油牌号为 L7808。闭式滑油回路主要用于冷却机械齿轮箱和发动机驱动的发电机，其中，发动机驱动的发电机为蒸发循环压缩机和液体泵提供所需电功率。对闭式滑油回路进行建模时，首先需要上述工作条件下的机械设备冷却温度要求和燃油 / 滑油换热器热载荷。与空气循环系统的 PAO/ 空气换热器类似，热载荷的典型值来自某先进飞机相同工作条件下的 ECS 性能数据。最后，通过燃油 / 滑油换热器将机械设备的热量传递到燃油循环中。

液压系统使用的液压油牌号为 83282。液压系统主要用于冷却飞行中驱动飞机起落架和飞控舵面的液压设备。再一次说明，本文仅考虑与燃油回路的接口。因此，对液压系统进行建模的充分条件是飞机四种工作条件下的冷却温度要求和燃油 / 液压换热器典型热载荷。

燃油回路是 ECS 液冷回路的热沉。燃油回路使用的燃油牌号为 JP4，是用于先进飞机的一种典型航空燃油。燃油回路边界条件包括之前确定的 PAO/ 燃油换热器热载荷、燃油 / 滑油换热器热载荷、燃油 / 液压换热器热载荷和发动机热载荷。如前所述，发动机热载荷来自上述工作条件的飞机 ECS 性能数据。除了热载荷，每个工作条件分析还需要燃油温度限制要求（295°F/146.11℃ ~ 300°F/148.89℃）

① 1lb（磅）≈ 0.454kg；
② 1Btu（英制热单位）≈ 1.055kJ。——编辑注

和发动机所需燃油流量。燃油箱平均燃油温度保持在 115°F/46.11℃。

在上述分系统边界条件下，使用迭代程序获得燃油 / 滑油换热器和燃油 / 液压换热器的收敛尺寸。一旦确定燃油 / 滑油换热器和燃油 / 液压换热器的尺寸，即可通过流出燃油箱总燃油流量减去发动机所需燃油流量得到流经燃油冷却器（见图 1）的燃油流量。然后，使用迭代程序对燃油冷却器尺寸进行迭代直至燃油箱进出口燃油温度相等。对燃油冷却器尺寸进行迭代时，需要考虑整个飞行剖面下的飞行高度和马赫数变化，原因在于飞行高度和马赫数对冲压空气流量影响很大。

4 分析过程

在传统能量分析中，通过权衡特定设备冷却要求和飞机性能要求确定系统性能和设备重量。这种设计方法类似于目前工业上使用的综合热管理程序中的传统节能方法。能量分析结果有冲压空气流量 / 阻力、设备重量、发动机功率提取和发动机引气提取。可参考 SAE 手册[12]，计算每个分系统的燃油损失，叠加后得到飞机总燃油损失或总起飞重量（GTW）。值得注意的是，计算得到的飞机总起飞重量，指的是由 ECS 模型中的系统和变量导致的总起飞重量，不是真正意义上的飞机总起飞重量。然后，以最小化飞机总起飞重量为优化目标，通过改变换热器效率、换热器尺寸和 ECS 冷却液流量等参数对全系统进行优化设计。最后，分析优化设计后的系统性能，以确定系统性能是否满足先进飞机典型飞行剖面下的所有工作条件。

在㶲分析中，首先对系统中每个设备（包括航电设备、压缩机、膨胀阀、换热器和泵）的熵产进行评估。然后考虑到熵为状态参数，分系统熵产等于设备熵产之和[6]。最后，对 7 个分系统的熵产求和，得到全系统总熵产。

本文使用的优化程序是一个简单的敏感度分析，可为每个系统变量提供参数评估。ECS 分系统建模中所涉及的优化参数可分为两大类：冷却液流量和换热器效率。在优化过程中，冷 PAO 回路和热 PAO 回路的冷却液流量为变量。另外，蒸发器、冷凝器和 PAO/ 燃油换热器的效率也是变量。第二类系统参数包含所有直接影响飞机总燃油损失或总起飞重量，以及与和系统设计有关的变量。

此处定义的总起飞重量指的是系统工作和固定设备重量对应的燃油损失部分，其中，设备重量仅对应典型设备重量。起飞重量的燃油损失由四种不同的燃油损失构成，分别是设备重量对应的燃油损失、冲压空气对应的燃油损失、发动机引气对应的燃油损失和轴功率提取对应的燃油损失。因此，设计过程的控制变量包括上述三种热交换器的尺寸（或重量）、通过燃油冷却器的冲压空气、来自发动机的引气流量、用于驱动压缩机和液体泵所需的功率。

5 结果和讨论

基于换热器效率和冷却液质量流量的系统级敏感度分析通过最小化 GTW 或 N_s 实现。本文讨论的部件包括蒸发器、冷凝器、PAO/ 燃油热交换器、燃油冷却器以及热 PAO 回路和冷 PAO 回路。换热器效率范围为 $0.5<\varepsilon<0.95$，质量流量范围为 $125<\omega<425$lb/min（$57<\omega<193$kg/min）。

图 3 和图 4 给出了图 1 中 PAO 回路的不同冷却液质量流量下的 GTW 和 N_s 的敏感度分析结果。图 3（a）是系统 GWT 与冷却液质量流量的关系图，从图 3（a）中可以看出：质量流量增加，对应的质量流速增加会提高蒸发器换热效率，从而降低所需蒸发器换热面积和尺寸，但最终的蒸发器尺寸会增加，对应的蒸发器重量增加最大约 16%。但是，轴功率提取重量损失随液体泵重量损失增加

而降低。冷凝温度随质量流量增加而降低，保持燃油温度不变的情况会降低所需燃油流量和所需冲压空气流量，会稍微降低对应的冲压空气燃油损失。图 3（b）是冷却液质量流量对系统熵产的影响图，航电设备出口熵产随质量流量增加而增加，而航电设备进出口温差随质量流量的增加而降低，温差降低会降低航电设备出口熵产增加量。另一方面，蒸发器进出口温差增加液体泵需求增加会导致系统熵产增加。冷却液质量流量为 300lb/min，保持燃油温度限制条件下，系统熵增随燃油流量需求降低而增加。冷却液质量流量为 300lb/min 时系统 GTW 最小，冷却液质量流量为 275lb/min 时系统 N_s 最小。

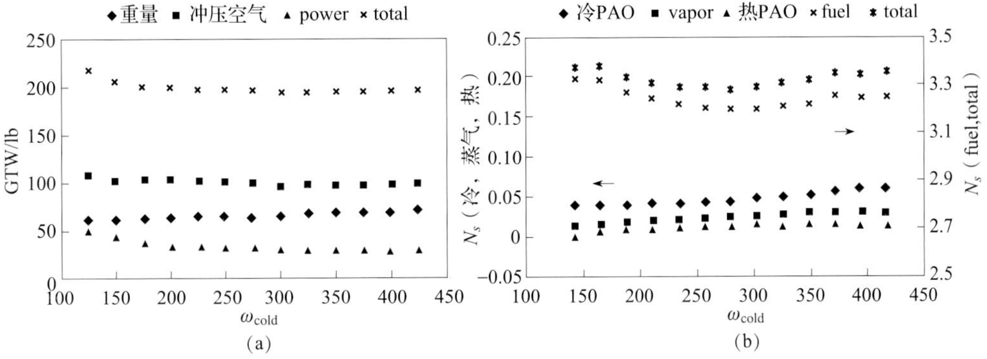

图3 （a）总起飞重量与冷 PAO 质量流量关系图；（b）熵产数与冷 PAO 质量流量关系图

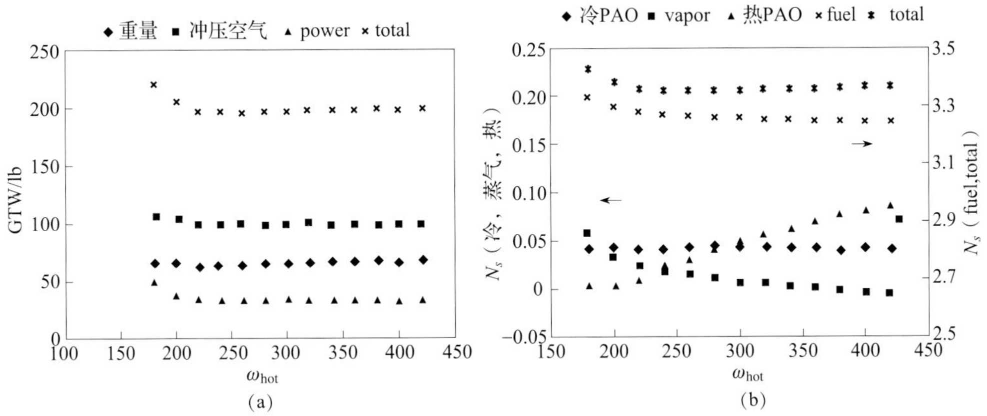

图4 （a）总起飞重量与热 PAO 质量流量关系图；（b）熵产数与冷 PAO 质量流量关系图

与图 3（a）、（b）类似，图 4（a）、（b）给出了热 PAO 回路的不同冷却液质量流量下的 GTW 和 N_s 的敏感度分析结果。冷 PAO 回路和热 PAO 回路分析结果均显示：冷却液质量流量小于等于 260lb/min，系统 GTW 和 N_s 随着冷却液质量流量增加呈快速下降趋势；冷却液质量流量大于 260lb/min，系统 GTW 为常数，系统 N_s 随着冷却液质量流量增加而缓慢增加。系统 N_s 的缓慢增加主要由质量流量大和低温差下所需液体泵驱动功率大导致的系统较高的静损失而引起。冷却液质量流量为 300lb/min 时系统 GTW 最小，冷却液质量流量为 260lb/min 时系统的 N_s 最小。

图 5 和图 6 给出了 PAO 回路蒸发器和冷凝器的效率对系统 GTW 和 N_s 的影响。图 5（a）给出了系统 GTW 随蒸发器效率的变化情况。蒸发器重量随效率的提高而增加，主要由于蒸发器尺寸随效率增加而增大。轴功率提取重量损失随效率的增加而降低，在试验测试范围内轴功率提取重量损失可降低约 35%。蒸发器效率提升，蒸发循环中的冷凝温度会降低，从而降低了换热器温差和压缩机功率需求。图 5（b）给出了系统 N_s 随蒸发器效率的变化情况。蒸发器效率小于等于 0.75 时，系统 N_s 随蒸发器效率增加而降低；蒸发器效率大于 0.75 时，由于保持燃油温度限制下所需燃油质量流量会随着蒸发器效率的提高而增加，对应的系统 N_s 也会随着蒸发器效率增强而增加。两种分析方法随影的效率最小值均为 0.75。与图 5（a）、（b）类似，图 6（a）、（b）给出了系统 GTW 和 N_s 随冷凝器效率的变化情况。从图 6（a）中可以看出，冷凝器效率为 0.8 时系统 GTW 最小。从图 6（b）中可以看出，冷凝器效率为 0.8 时系统 N_s 最小。

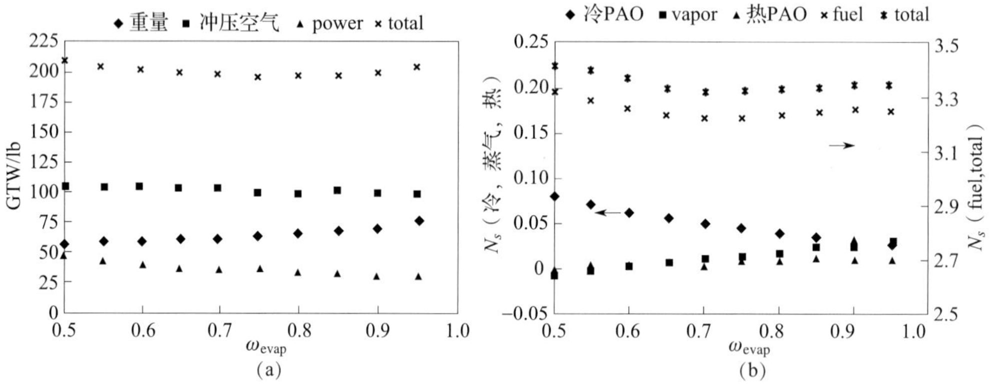

图 5 （a）总起飞重量与蒸发器效率关系图；（b）熵产数与蒸发器效率关系图

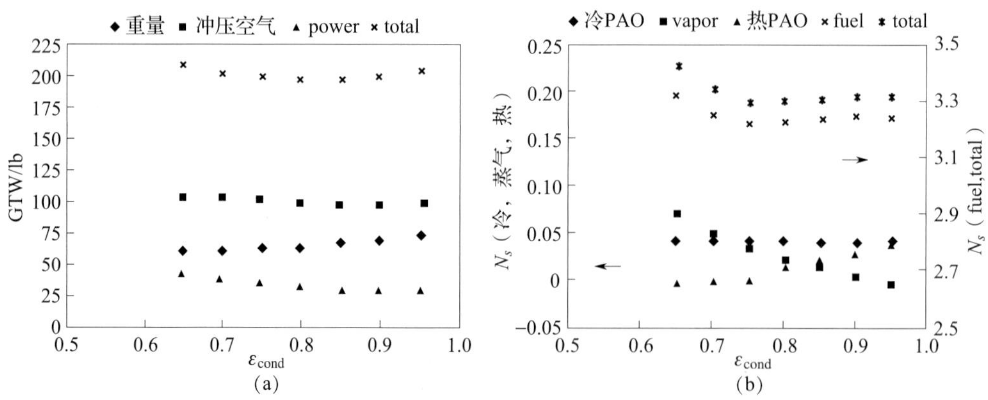

图 6 （a）总起飞重量与冷凝器效率关系图；（b）熵产数与冷凝器效率关系图

本文研究的两种分析方法得到的结果相似，但均非最优解。分析结果与最优解的差异主要来自于不确定性。从图 3 ~ 图 6 可以看出，高熵产部件对系统优化影响最大。燃油燃烧和混合对系统设计的熵产计算影响很大，但是在 ECS 的 GTW 和燃油损失计算中未考虑这部分影响。对熵产计算的不确定性进行限制可能会成为㶲分析方法是否能成功应用的重要条件[14]。

从概念上讲，满足约束条件且使熵产最小化的设计应为最优设计。但仍存在一个与建议目标有关的基本问题。对使用这两种分析方法的分析结果进行直接对比非常困难，主要原因在于这两种分析方法的分析对象不同，回答的问题不同。在 ECS 设计相关问题中，能量分析方法要回答“需要多少燃油才能克服 ECS 性能要求对飞机造成的不利影响”，此方法是寻求在最小 GTW 前提下以最小燃油损失（成本最低）实现系统性能的最优设计方法。㶲分析方法需要回答“需要浪费多少燃油或利用燃油多少潜力才能克服 ECS 设计中的不可逆性”，系统设计的不可逆性与能量的浪费 / 损耗有关，也与系统熵产增量有关，此方法是寻求以最小化燃油消耗实现系统工作的方法。本文对可成功应用于飞机系统设计中的㶲分析方法进行了说明和阐述。

6 结论

本文对应用于飞机 ECS 系统分析与评估的两种方法（㶲分析方法和传统能量分析方法）进行了对比。建立了这两种分析方法的 ECS 简化分析模型，并对比以确定使用㶲分析方法进行全系统优化获取最小的总起飞重量（GTW）的有效性。本文通过相关参数评估了使用㶲分析方法的优势。由于能量分析方法和㶲分析方法解决的问题不同，因此无法对其进行直接对比。另外，高熵产设备对㶲分析方法的目标有很大影响。尽管如此，㶲分析方法可以提供信息以辅助设备和系统效率的估算。使用两种分析方法得到的结果相似但均非精确结果。需要进一步研究以验证㶲分析方法有利于综合系统设计。

参考文献

[1] Bejan, A. 1987, “Review: The Thermodynamic Design of Heat and Mass Transfer Processes and Devices,” International Journal of Heat and Fluid Flow, Vol. 8, pp. 258–276.

[2] Bejan, A. 1989, “Advanced Energy Systems: Minimizing Entropy in Thermal Systems,” Mechanical Engineering, August 1989, pp. 88–91.

[3] Herbein, D. S. and Rohsenow, W. M., 1988, “Comparison of Entropy Generation and Conventional Method of Optimizing a Gas Turbine Regenerator,” International Journal of Heat and Mass Transfer, Vol. 31, pp. 241–244.

[4] Tipton, R., Figliola, R. S., and Ochterbeck, J. O., “Thermal Optimization of the ECS on an Advanced Aircraft with an Emphasis on System Efficiency and Design Methodology,” AIAA/SAE/MDO Conference, Paper 97, Williamsburg, 1997.

[5] “Workshop: Energy–Based Design and Optimization Workshop of the Air Force Research Laboratory,” Blacksburg, VA, March, 2000.

[6] Bejan, A., 1996, Entropy Generation Minimization: The Method of Thermodynamic Optimization of Finite–Size Systems and Finite–Time Processes, CRC Press, New York.

[7] Van Wylen, G., Sonntag, R., and Borgnakke, C., 1994, Fundamentals of Classical Thermodynamics, 4th edition, John Wiley & Sons, New York.

[8] Bejan, A., 1978, “General Criterion for Rating Heat–Exchanger Performance,” International Journal of Heat and Mass Transfer, Vol. 21, pp. 655–658.

[9] Kotas, T. and Shakir, A., 1986, "Exergy Analysis Of A Heat Transfer Process At A Subenvironmental Temperature, " AES-3, Second Law Analysis and Modeling, ASME, New York.

[10] Sarangi, S. and Chowdary, K., 1982, "On The Generation Of Entropy In A Counterflow Heat Exchanger, " Cryogenics, 22, pp. 63–65.

[11] Sekulic, D. P., 1986, "Entropy Generation In A Heat Exchanger, " Heat Transfer Engineering, 7, pp. 83–88.

[12] SAE International, 1989, Aircraft Fuel Weight Penalty Due to Air Conditioning, AIR 1168/8, SAE Aerospace Applied Thermodynamics Manual.

[13] SAE International, 1990, Aerothermodynamic Systems Engineering and Design, AIR 1168/3, SAE Aerospace Applied Thermodynamics Manual.

[14] Figliola, R. S. and Beasley, D. E., Theory and Design for Mechanical Measurements, Wiley, 3rd edition, New York, 2000.

12 多电飞机热管理系统动态建模

K. 麦卡锡[1]，E. 沃尔特[1]，A. 赫尔策尔[1]，
R. 伊兰戈万[2]，G. 罗[2]，W. 万尼斯[2]，
C. 谢梅[3]，
J. 多尔顿[4]，
S. 艾德恩[5]，P. 拉姆[5]，C. 米勒[5]，A. 苏塞纳坦[5]，
1. PC 克劳斯公司，2. 波音，3. 洛克希德 - 马丁，4. Avetec，5. 美国空军（USAF）

引用：Mccarthy K, Walters E, Heltzel A,et al. “Dynamic Thermal Management System Modeling of a More Electric Aircraft, ” SAE International, 2008-01-2886.

摘要

先进多电飞机在电气、机械和结构设计上的发展，给热管理系统（TMS）带来了显著压力。为了满足先进飞机日益增长的需求，本文基于 MATLAB/Simulink 开发了热管理系统级分析工具用于快速的系统分析和优化。希望通过数值积分方式对系统热能进行计算，对热管理系统的最恶劣情况进行更加精确的预测。另外，工具是公开的，使用者可以修改模型、可以对多任务剖面下的先进综合架构设计进行系统级影响评估。

1 引言

传统设计中，飞机、动力和供电系统的设计和优化均在分系统级进行，很少考虑热管理系统（TMS）设计。由于传统飞机结构蒙皮热阻小、设有冲压进气换热器、用电需求相对较小，这样的设计原则是满足飞机设计需求的。先进飞机大量使用复合材料蒙皮，使得结构蒙皮热阻很大从而降低了蒙皮的对流冷却能力。另外，先进飞机冲压进气换热器的截面积不断减小，同时，为了支持大量高功率负载，供电系统规模几乎呈数量级增长，使得先进飞机的热载荷大量增加。上述情况对当前军用飞机的热管理提出了挑战，因此需要开发热管理系统的动态建模、仿真和分析工具。在早期飞机概念设计阶段，此工具可用于热管理系统设计和优化。另外，热管理系统动态仿真工具可与飞机、动力和供电系统模型进行联合仿真，实现飞机级动态优化。本文开发了基于 Simulink 的具有拖拽功能的热管理系统动态仿真工具，此工具包含了热管理系统的部件模型（比如换热器、燃油箱、空气循环机等）。部件模型利用建模规范易于从概念设计扩展到特定 / 当前飞机级。

1.1 燃油热管理系统

先进多电飞机的燃油热管理系统（FTMS）是机上热负载的一个重要热沉[1-2]。机上机械 / 电气

负载热量通过燃油－滑油回路换热器传递到燃油中，目的是最大化进入发动机燃烧室的燃油温度，从而获得燃油最大热沉能力。预测整个任务剖面下的燃油温度变化情况对确定是否发生飞机部件过热和/或超出流体温度限制非常重要。

燃油箱模型使用单点方法模拟燃油和空气夹层，使用有限体积法计算燃油箱壁面温度。考虑燃油和燃油箱壁面之间、空气夹层与燃油箱壁面之间、燃油和空气夹层之间的对流换热，根据温差、燃油箱干壁面和湿壁面的固定换热系数、表面积（由燃油箱内燃油量确定）确定对流换热量。下式为确定燃油温度的时间微分公式

$$\rho V c_p \frac{\mathrm{d}T_f}{\mathrm{d}t} = \sum_{i=1}^{n} h_i A_i (T_i - T_f) + \dot{m} c_p (T_{in} - T_f) + h_{fg} A_{fg} (T_g - T_f) \tag{1}$$

式中，来流可以来自任何一个上游燃油箱，也可以来自任何额外的燃油源。空气夹层温度用下式计算

$$\rho V c_p \frac{\mathrm{d}T_g}{\mathrm{d}t} = \sum_{i=1}^{n} h_i A_i (T_i - T_g) + h_{fg} A_{fg} (T_f - T_g) \tag{2}$$

燃油－空气接触面积会随着燃油消耗发生变化。所有燃油箱壁面面积数据均通过工具从电子表格导入到模型中。

第二个部件，燃油箱环境界面（TEI）用于确定每个燃油箱内部表面的温度。燃油箱环境界面模型使用有限体积法对通过燃油箱壁面和/或飞机蒙皮的瞬态换热量进行计算。外表面要考虑对流换热、红外辐射和太阳辐射，内表面仅考虑对流换热。

有限体积法允许在不需要结构化网格情况下使用多个材料层[3]。使用调和平均数确定热导率不同材料之间的导热量，其中，调和平均数是每层节点和接触面之间材料热导率和厚度的函数。界面的热导率表示如下

$$k_{if1-2} = \frac{\Delta x_{if1} + \Delta x_{if2}}{\dfrac{\Delta x_{if1}}{k_1} + \dfrac{\Delta x_{if2}}{k_2}} \tag{3}$$

如前所述，外表面温度计算需要同时考虑对流换热和辐射换热。由于红外辐射是四阶形式，因此需要迭代计算。本文使用牛顿－拉普森迭代算法对外表面温度进行求解，见下式[4]

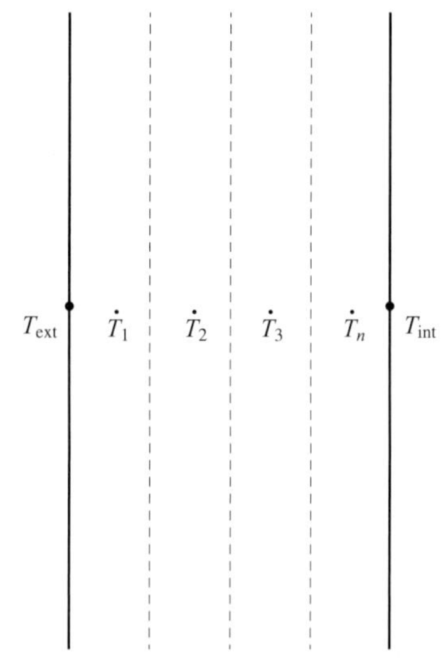

图1　有限体积离散材料厚度

$$h(T_{\text{conv}} - T_{\text{ext}}) + \varepsilon\sigma(T_{\text{rad}}^4 - T_{\text{ext}}^4) + \alpha Q''_{\text{sol}} + \frac{k}{\Delta x}(T_1 - T_{\text{ext}}) = 0 \tag{4}$$

每次迭代的表面温度计算式如下

$$T_{\text{ext}}^{k+1} = T_{\text{ext}}^{k} - \frac{f(T_{\text{ext}}^{k})}{g(T_{\text{ext}}^{k})} \tag{5}$$

其中

$$f(T_{\text{ext}}^{k}) = hT_{\text{ext}} + \frac{k}{\Delta x}T_{\text{ext}} + \varepsilon\sigma T_{\text{ext}}^4 - \left(hT_{\text{conv}} + \varepsilon\sigma T_{\text{rad}}^4 + \alpha Q''_{\text{sol}} + \frac{k}{\Delta x}T_1\right) \tag{6}$$

$$g(T_{\text{ext}}^{k}) = h + \frac{k}{\Delta x} + 4\varepsilon\sigma T_{\text{ext}}^3 \tag{7}$$

虽然模型在每个时间步长下迭代计算的效率偏低，但发现收敛所需迭代次数通常要少于 5 次。因此，该求解不会带来计算负担，并且没必要进行线性化处理（计算辐射问题的常见做法）。

假设节点之间的温度呈现线性关系，可按下式基于相邻节点的导热对内部节点温度的时间微分进行计算

$$\rho_i \Delta x_i c_{p,i} \frac{\mathrm{d}T_i}{\mathrm{d}t} = \frac{k_{if_{i-1}}}{\Delta x_{if_{i-1}}}(T_{i-1} - T_i) + \frac{k_{if_i}}{\Delta x_{if_i}}(T_{i+1} - T_i) \tag{8}$$

将换热系数和燃油箱温度从燃油箱模型传递到燃油箱环境界面（TEI）模型中，燃油箱内表面温度按下式计算

$$T_{\mathrm{wall}} = \frac{hT_{\mathrm{tank}} + \dfrac{k}{\Delta x}T_n}{h + \dfrac{k}{\Delta x}} \tag{9}$$

使用 Simulink 数值积分求解器对每个时间步长下的内部节点温度进行计算，在同一时间步长下使用 while loop 循环语句进行多次牛顿－莱富森迭代。这种方法在保证计算效率的同时可以获得比传统稳态计算精确度更高的结果。本文对一个六面燃油箱 / 燃油箱环境界面综合模型在包含 20 个连续状态时长为 240min 的任务剖面下的性能进行了计算，计算费时约 1s。

接下来，需要确定公式（4）边界条件中的输入参数。外表面暴露在流经机翼表面的气流中，根据飞行马赫数和飞行高度确定空气特性参数。热管理系统动态仿真工具箱提供了飞机建模常用的一系列空气特性参数，并且可对空气特性参数变化进行计算，其中，空气特性参数变化是飞行高度、飞行马赫数、环境条件、一天中的时间、日期和纬度的函数。使用上述参数确定外表面对流换热温度，其中，绝热壁面温度[5]按下式计算

$$T_{ad} = T_{amb}\left[1 + Pr^{1/3}\left(\frac{\gamma - 1}{2}\right)M^2\right] \tag{10}$$

结合绝热壁面对流换热温度和有效平板长度输入，用户可以计算平板换热系数。层流和湍流的平板努塞尔数按下式计算

$$Nu_l = \begin{cases} 0.664P_r^{1/3}Re_l^{1/2}, & \text{当} Re_l < 5\times10^5 \\ 0.0296P_r^{1/3}Re_l^{1/2}, & \text{当} Re_l \geqslant 5\times10^5 \end{cases} \tag{11}$$

平板换热系数按下式计算[6]

$$h = \frac{Nu_l k}{x_l} \tag{12}$$

还需要确定表面的辐射参数。考虑一年中某一位置 / 时间下昼夜周期的太阳辐射，确定太阳的高度角和天顶角。基于日数（1 ~ 365）的太阳高度角按下式计算

$$\delta = 23.45\sin\left(\frac{360}{365}(284 + N)\right) \tag{13}$$

太阳的天顶角由下式计算得到

$$\cos(\theta_z) = \cos(h)\cos(\delta)\cos(\phi) + \sin(\phi)\sin(\delta) \tag{14}$$

式中，ϕ 为纬度，h 为太阳时角[7]。实际的太阳辐射强度可以按下式计算得到

$$Q''_{\text{sol}} = Q''_{\text{sol, max}} \cos(\theta_z) \tag{15}$$

最大太阳辐射强度随飞行高度的增加而增加。飞机下表面的太阳辐射强度是自云层或地表的反射量，反射量的值由用户设定。根据任务剖面，纬度和/或太阳时角会发生很大变化。如果需要提高计算精确性，热管理系统动态仿真工具箱可根据飞行剖面进行表查询得到对应的随时间变化的维度和太阳时角。

必须考虑表面的红外辐射，表面红外辐射有发射和吸收两部分，其中发射部分是飞机表面温度的函数，吸收部分来自于有效天空温度。大气中的分子既吸收太阳辐射也吸收红外辐射，吸收的能量以红外波发射出去。分子数量随着高度的增加而减少，因此对流层内有效天空温度随着高度增加而降低，对流层以上直至 12mile（19.3km）高度内天空辐射温度基本保持不变。高度小于等于 36000ft（10972.8m），高度每升高 1000ft（304.8m）天空辐射温度一般降低 3.57°R①。高度大于 36000ft（10972.8m）小于 64000ft（19507.2m），天空辐射温度为定值 390°R（−56.45℃）[8]。空中状态，飞机下表面辐射温度为地表或云层的温度。地面状态，飞机下表面辐射温度为跑道的温度。通过修改底层代码模拟地面或云层红外辐射量的衰减。

通过燃油箱环境界面（TEI）模型封装界面，用户可以为每个面设置辐射参数（如红外发射率、太阳辐射吸收率）、上表面/下表面、无辐射、对流换热参数（如换热系数、对流换热温度）和壁面材料形式（如层数、材料类别和每层厚度）。用户可以通过特定电子表格将飞机蒙皮特有的材料形式导入热管理系统动态仿真工具箱中。

建立了时长 240min 任务剖面下的通用燃油箱模型。任务剖面描述如下：飞机在前 60min 处于地面待机状态，爬升至 30kft（9150m）巡航高度，120min 时以超声速（*Ma*1.2）俯冲至 25kft（7625m）高度，135min 时立即下降，然后剩余的 105min 处于地面状态。120min 时燃油质量最小为

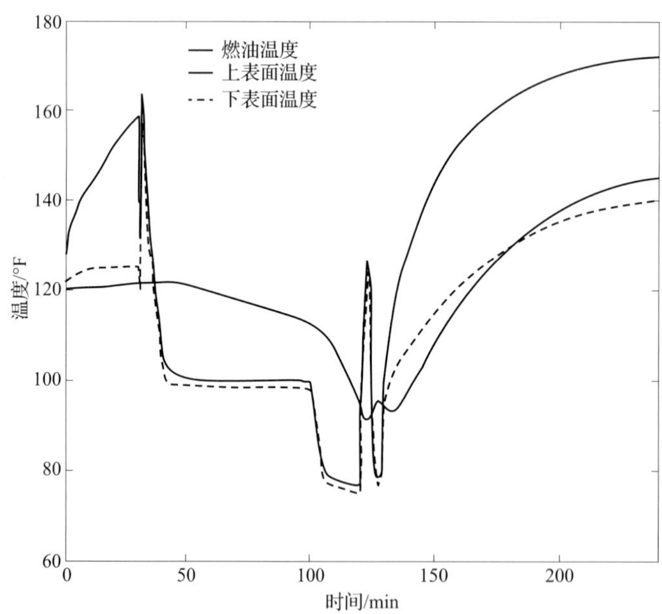

图 2　燃油箱温度和燃油箱壁面外蒙皮温度

① 1°R（兰氏度）=5/g κ ≈ 0.556k。

60lb（27.24kg），外界环境空气特性按 5% 热天数据，位于赤道春分期间，任务开始于 10：00AM。

任务剖面的前 60min：燃油箱上壁面温度显著升高，原因在于太阳辐射加热和与燃油不接触；燃油箱下表面温度升高主要来自于 140°F（60℃）跑道的红外辐射，但由于燃油箱下表面与燃油充分接触使得燃油箱下表面温度升高没那么显著。在热管理系统（TMS）设计中需要对 TMS 最恶劣工作条件进行预测，其中，燃油温度预测对于预测 TMS 最恶劣工作条件很重要。

2 背景

飞机热管理系统典型设计分析是对最恶劣情况下稳态工作点进行分析[1-2]。这种方法可满足传统飞机设计要求。但随着飞机能力的增长，热限制越来越多，需要一种更精确的方法用于预测热管理系统的最恶劣工作点。

另一方面，本文在先进换热器设计、热能存储装置和先进机体结构材料性能预测上也开展了重要研究。这些概念设计尚不足以支撑典型任务场景下的动态评估。虽然实现了设备级优化，但对系统级设计的影响很难预测。

计算资源充足情况下，可对整个剖面的系统动态特性进行仿真。最后，本文开发了基于 Simulink 的具有拖拽功能的工具箱用于预测多种任务场景、环境类型和安装位置情况下的系统最恶劣工作条件。此工具箱还可以与超详细概念设计的集总参数综合以评估对热管理系统的影响。

3 热管理系统（TMS）部件建模

本文使用 Matlab/Simulink 数值软件开发了热管理系统动态仿真工具箱。Simulink 提供的广泛的数值积分求解器非常适合热管理系统换热问题的计算。Simulink 的图形编程环境，可以让建立的模型显示为传统流程图形式。这样，用户可以相对容易地将原理图转换为 Simulink 模型。部件模型如图 3 所示。

每个部件模型均包含一个用户接口，通过双击模型图框打开用户接口，用户可以通过调整通用模型接口参数生成部件特定模型。

3.1 环境控制系统

热管理系统动态仿真工具箱里有一套额外的 TMS 部件，包括一系列环境控制系统（ECS）特有部件。包括空气循环机模型（压气机、涡轮、水分离器、排液器、管道、换热器和喷射器）、热源模型（如驾驶舱、设备舱和内部热源）和对满足温度要求的所需空气流量计算，其中，驾驶舱和设备舱模型可以计算通过飞机蒙皮的换热量。

ECS 的规模取决于设备舱、驾驶舱和其他空气冷却设备所需的冷却量。设备舱一般通过飞机蒙皮换热。与燃油箱类似，研究传递到设备舱的热能随时间变化的情况，对预测设备舱最恶劣情况非常重要。因此，对燃油箱环境界面（TEI）模型进行修改并综合单节点法以实现对舱室温度的预测。采用有限体积法对舱室内壁温度进行预测。舱室温度的时间微分形式如下

$$\rho V c_p \frac{\mathrm{d}T_{\mathrm{bay}}}{\mathrm{d}t} = \sum_{i=1}^{n} h_i A_i (T_i - T_{\mathrm{bay}}) + \dot{Q}_{\mathrm{int}} + \dot{m} c_p (T_{\mathrm{in}} - T_{\mathrm{bay}}) \tag{16}$$

式中，每个壁面的换热系数基于用户指定的海平面高度和舱室环境压力计算得到，$\dot{Q}_{\mathrm{int}}$ 与机械 / 电气系统内部热载荷有关。为了预测给定工作条件下保证用户指定温度所需进气流量，将时间微分设为零，得到空气流量如下

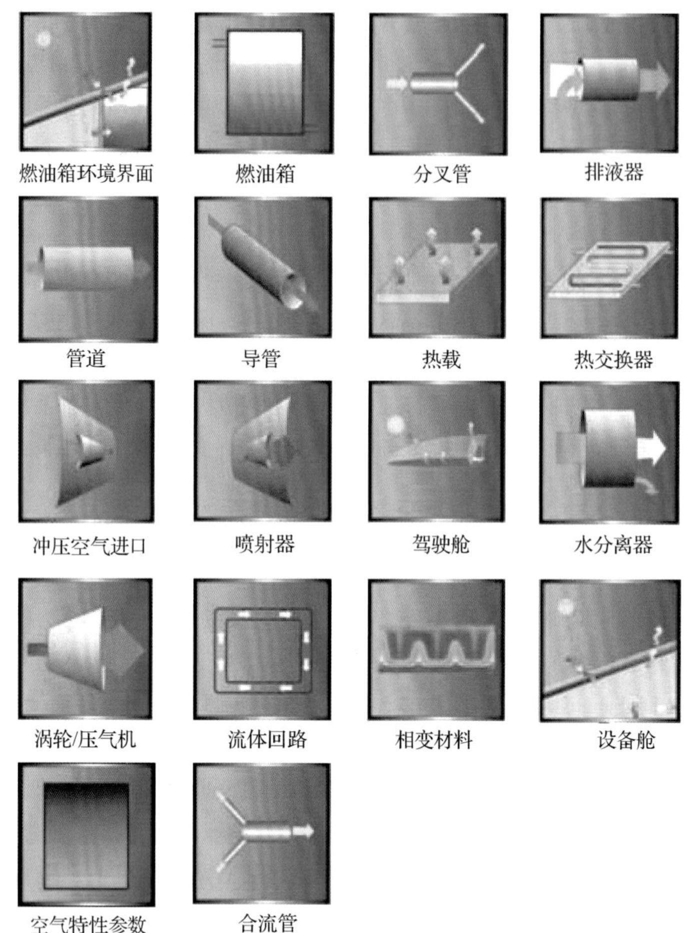

图 3　拖拽式热管理系统部件模型

$$\dot{m}=\frac{\sum_{i=1}^{n}h_iA_i(T_i-T_{\text{desired}})+\dot{Q}_{\text{int}}}{c_p(T_{\text{desired}}-T_{\text{in}})} \tag{17}$$

通过所需舱室温度、进口温度和公式（17）流量确定舱室有效冷却要求。本文对内部设置恒定 2.5kW 热载荷的舱室在图 2 所示任务剖面下的舱室冷却要求进行了计算。计算结果见图 4。

地面状态下，由于飞机表面的外部加热，舱室冷却要求高于舱室热载荷。飞行状态下，由于部分热量传递到外界环境中，舱室有效冷却要求低于舱室热载荷。ECS 中另一个重要热载荷是驾驶舱。

驾驶舱换热和设备舱换热类似，主要不同在于通过舱盖的太阳辐射。用户可以指定太阳辐射投影面积。舱盖外表面有辐射换热和对流换热。在舱室模型中可以设置内部热载荷（包括电子设备和飞行员），并可对所需冷却空气流量进行预测。为了计算从外界环境传递到驾驶舱的热量，使用公式（4）和公式（8）分别对舱盖外表面和内部材料进行计算。

舱盖内储存的热量通过对流传递到驾驶舱。座舱温度按公式（16）计算，保证舒适座舱温度所需的空气流量按公式（17）计算。

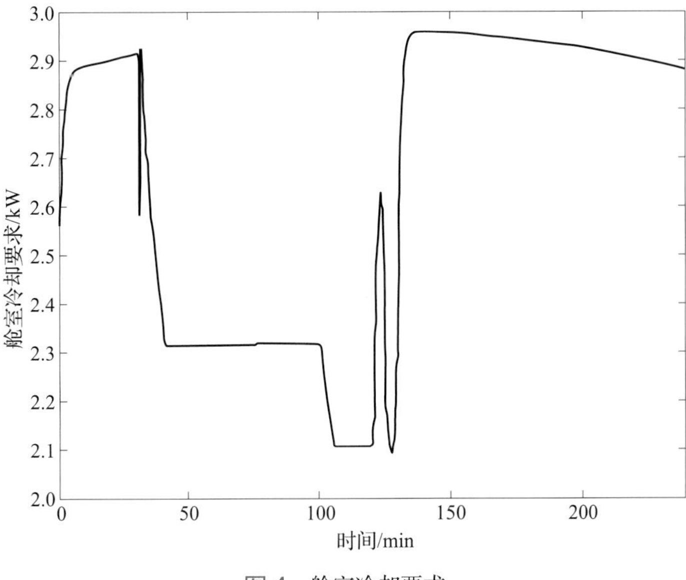

图 4 舱室冷却要求

本文对太阳辐射投影面积为 30ft^2（2.787 ㎡）、两名乘员（每个乘员热载荷为 120W）、电子设备热载荷为 500W 的大容积驾驶舱在图 2 所示任务剖面下的驾驶舱冷却需求进行了计算。

飞行员和电子设备产生的内部热量总计为 740W，从图 5 可以清楚地看出，驾驶舱冷却要求明显大于 740W，原因在于驾驶舱尺寸大对应的太阳辐射比较大。用户可以利用驾驶舱和舱室模型对整个任务剖面下的 ECS 冷却需求进行预测，并对最恶劣情况进行评估。

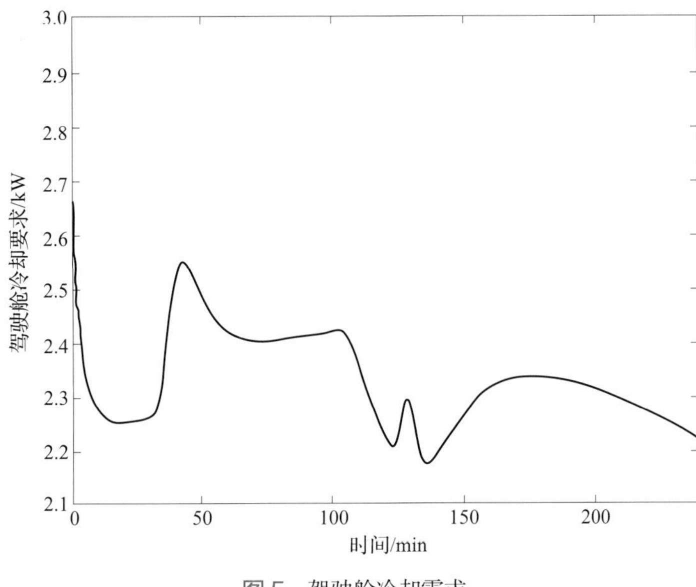

图 5 驾驶舱冷却需求

3.2 换热器部件模型

换热器是先进多电飞机的重要设备。为了适应换热器设计技术发展，建立了一个换热器通用模型，此模型可通过调整换热系数模拟用户自定义换热器。换热器设计者可根据给定流量、设计工作条件、流体类型确定换热器效率。其中，给定流量、设计工作条件、流体类型信息通过工具从电子表格导进模型中。目前正在进行先进微通道换热器设计详细研究，尚无法支持全任务剖面下的系统级分析[9]。将换热器 CFD 模型转换为集总参数模型，并将此模型集成在热管理系统动态仿真工具箱中，使用户可以对先进技术对系统 / 任务级的影响进行分析。

目前正在研究可用于高脉冲功率电子设备的热交换器的另一种形式，即相变材料（PCM）。为了合理冷却脉冲功率电子器件，必须调整二次冷却侧尺寸以支持脉冲热载荷幅度。利用相变材料的潜热，在较长周期时间内对脉冲能量进行存储和释放，实现脉冲负载的平均，会显著降低热管理系统（TMS）规模[10]，如图 6 所示。

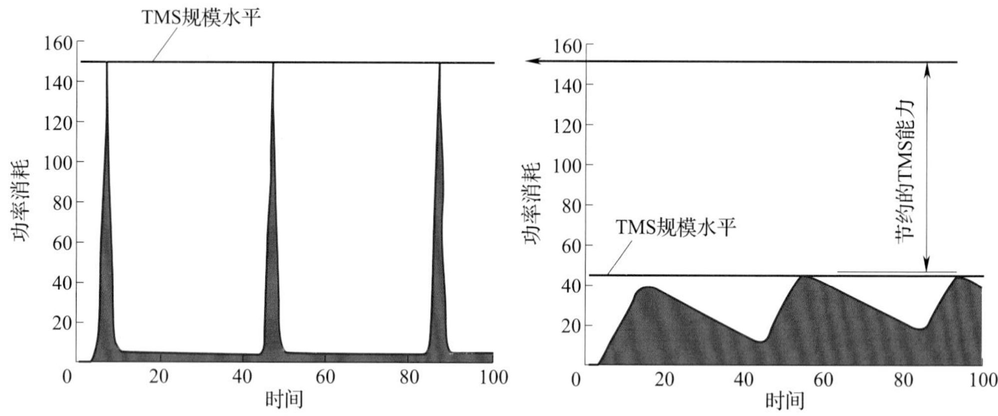

图6　没有 PCM（左）和有 PCM（右）时对 TMS 规模的理论影响

相变材料模型通常涉及多维 CFD 分析，对于动态过程相对较小的时间步长，多维 CFD 分析需要大量的计算资源。为了进行很多小时下的系统级分析，需要将多维 CFD 分析简化为一维动态分析。进行一维动态分析时，可以将采用多种形式（如增加翅片或与碳纳米管综合）提高导热系数的情况近似处理为有效导热系数，最大限度降低对二维分析的需求。采用有限差分焓法计算材料内部的温度分布[11]。定义节点焓的时间微分见下式

$$\rho_i \Delta x_i \frac{\mathrm{d}\widetilde{h}_i}{\mathrm{d}t}=\frac{k}{\Delta x_{i-1}}(T_{i-1}-T_i)+\frac{k}{\Delta x_i}(T_{i+1}-T_i) \tag{18}$$

式中，PCM 的导热系数是定值，密度是相态（固态 / 液态）的函数。如公式（18）所示，进行微分求解必须确定每个节点的温度。某节点温度是该节点材料状态（固态、熔融、液态）的函数。下式给出了不同状态下节点的温度

$$T_i=\begin{cases}\dfrac{\tilde{h}_i}{Cp_s}, & \tilde{h}_i<c_{p_s}T_{\text{melt}}\\ T_{\text{melt}}, & c_{p_s}T_{\text{melt}}\leqslant\tilde{h}_i<c_{p_s}T_{\text{melt}}+L\\ \dfrac{\tilde{h}_i-(c_{p_s}-c_{p_l})T_{\text{melt}}}{c_{p_l}}, & \tilde{h}_i\geqslant c_{p_s}T_{\text{melt}}+L\end{cases} \quad (19)$$

对占空比 2%、脉冲周期 100s、热流密度 100W/in^2（15.5W/cm^2）的脉冲电子设备进行分析。冷边空气流速按 2ft/s（0.61m/s），对流换热温度按 100°F（37.78℃）。考虑三种热沉材料，分别是石蜡、等质量的铝、碳纳米增强蜡（导热系数为普通石蜡的 10 倍）。脉冲电子设备在 300s 开始第一次脉冲。每种热沉材料下的电子设备表面温度分析结果见图 7。

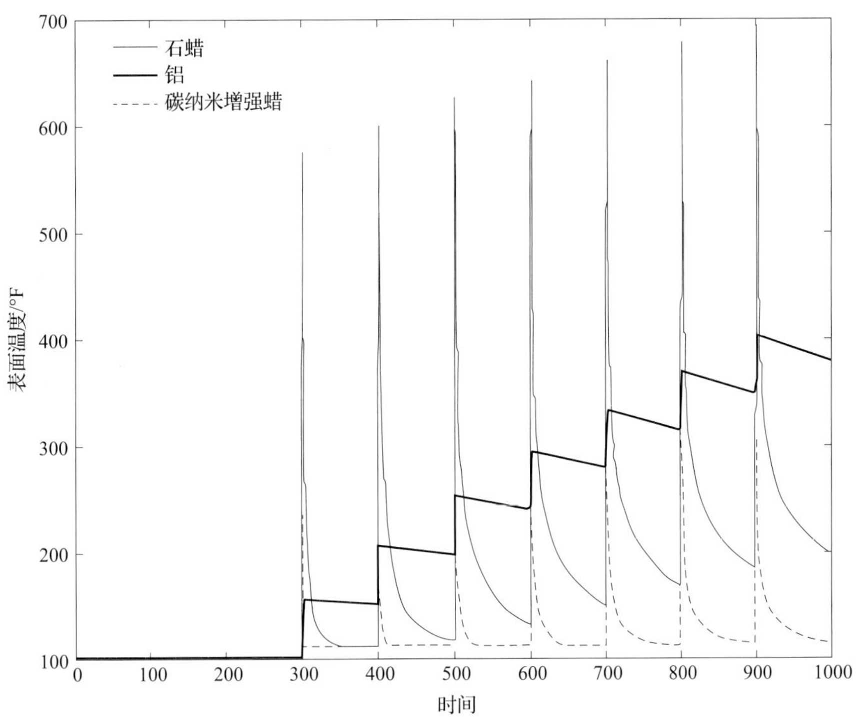

图 7　三种热沉材料对应的电子设备表面温度分析结果

从图 7 可以同时看出相变材料（PCM）的优势和典型导热系数低（$\kappa\approx 0.14$Btu/（h · ft · °R））的劣势。使用石蜡材料时的温度峰值可达 600°F（315.56℃），主要原因是石蜡导热系数很低，无法有效利用石蜡潜热。虽然石蜡对应的温度峰值显著大于铝对应的温度峰值，由于利用了石蜡的潜热、热量在相变材料厚度方向分布，使得电子设备表面温度回落至熔化温度（111°F/43.89℃），最终石蜡对应的平均温度低于铝对应的平均温度。由于提高了导热系数，碳纳米增强蜡对应的温度峰值大幅降低并且峰值持续时间大幅缩短。

铝对应的平均温度高于其余两种材料对应的平均温度，为了降低平均温度使铝具有同等性能，必须增加二次冷却。由此体现了相变材料的优势。通过空气或燃油冷却将储存在 PCM 中的能量传递到热管理系统（TMS），因此 PCM 模型除了提供部件级性能评估的能力外，还通过综合工具集的其他 TMS 部件提供对 TMS 系统级影响的分析能力。

4 系统建模

用户可以在单独分系统模型中定义任务剖面（马赫数 / 高度，发动机燃油流量）、飞机热载荷、日期类型 / 位置 / 一年中的时间、油箱放油顺序以及任何内部 / 外部对流换热温度，作为模型输入数据源。然后，用户拖入必要的 TMS 组件（分叉管、合流管、燃油箱、换热器等），对其进行连接，最终形成完整的热管理系统（TMS）架构。

然后，用户可以运行仿真算例以评估不同回路的温度和压力，确定热管理系统架构是否满足系统要求。通常，用户想最大化燃油燃烧前的燃油温度，这样可以提高发动机效率，同时最大化燃油热沉能力。但这可能会使燃油或其他回路温度到达最大温度限制值。为了降低温度需要更高的燃油流量。多余的燃油流量必须返回燃油箱，此时回油温度通常较高。用户可以对带走回油中热量的措施进行分析。可以通过飞机蒙皮的对流换热降低回油温度，这种方式会带来显著的局部红外特征。也可以通过燃油 - 空气换热器将回油中热量带走，这种方式需要增加冲压进气口，由此增加进气截面积和进气阻力。用户可根据热、规模和性能评价准则对多个系统进行评估以确定最优系统。

5 结论

本文基于 MATLAB/Simulink 开发了热管理系统动态仿真工具集，用于综合热管理系统快速的性能分析和优化。通过数值积分方式对系统热能进行计算，对热管理系统（TMS）最恶劣情况进行更加精确的预测。综合了先进设计概念的集总参数性能计算为用户提供评估先进设计概念对热管理系统的系统级影响能力。先进设计概念包括对微通道换热器性能和相变材料的综合。随着电气、机械和结构技术的不断发展，能够综合先进设计的系统级仿真工具越来越重要。

致谢

感谢美国空军航空系统中心（ASC）和先进虚拟发动机实验室（Avetec）对本文的资助。

参考文献

[1] SAE AC-9 Aircraft Environmental Systems Committee, The Advanced Environmental Control System (AECS) Computer Program for Steady State Analysis and Preliminary System Sizing, AIR1706, Warrendale, PA, 1997.

[2] SAE AC-9 Aircraft Environmental Systems Committee, Heat Sinks for Airborne Vehicles, AIR1957, Warrendale, PA, 2002.

[3] E. A. Thornton, Thermal Structures for Aerospace Applications, American Institute of Aeronautics and Astronautics, Inc., Reston, VA, 1996.

[4] E. K. P. Chong, S. H. Zak, An Introduction to Optimization, John Wiley and Sons, Inc. New York, NY, 2001.

[5] R. W. Truitt, Fundamentals of Aerodynamic Heating, The Ronald Press Company, New York, 1960.

[6] F. P. Incropera and D. P. DeWitt, Fundamentals of Heat and Mass Transfer, John Wiley and Sons, Inc.,

New York, NY, 2002.

[7] P. I. Cooper, "Absorption of Radiation in Solar Stills," Solar Energy, 12 (1969) 333–346.

[8] R. Siegel and J. Howell, Thermal Radiation Heat Transfer, Taylor and Francis, New York, NY, 2002.

[9] A. J. Heltzel, "Thermal–Hydraulic Performance of Microstructured Heat Exchangers," accepted to the 2008 SAE Power Systems Conference, November 11–13, 2008.

[10] D. L. Vrable, K. L. Yerkes, "A Thermal Management Concept for More Electric Aircraft Power System Applications," SAE Power Systems Conference, Williamsburg, VA, Apr. 21–23, 1998.

[11] H. S. Carslaw, and J. C. Jaeger, Conduction of Heat in Solids, Oxford University Press Inc., New York, NY, 1959.

13 基于综合建模和仿真手段促进飞机发动机与热管理系统的能量优化

亚当・C. 马泽尔，埃琳娜・加西亚，迪米特里・A. 马弗里斯

佐治亚理工学院

引用：Maser A C, Garcia E, Mavris D N . "Facilitating the Energy Optimization of Aircraft Propulsion and Thermal Management Systems through Integrated Modeling and Simulation," SAE Technical Paper 2010-01-1787, doi:10.4271/2010-01-1787.

摘要

本文利用 MATLAB/Simulink 和推进系统数值仿真（NPSS）的强大功能创建了一个战斗机平台综合多学科仿真环境。全系统仿真模型包括相互综合的发动机、供电和热管理分系统模型，可与飞机模型和任务剖面相关联。利用全系统仿真模型可以对发动机和热管理分系统的温度、性能及控制特性进行仿真分析，可以开展包含对发动机引气、功率提取和热管理需求进行优化的系统级优化评估研究。另外，还可以用来验证未来技术和先进热管理构型以提升性能和任务能力。

1 引言

由于系统向多电化转变，加上更低的燃油消耗目标、更严格的热管理要求，在飞机设计过程中进行能量优化得到了越来越多的关注[1]。为了适应这种发展，需要建立模型对不同分系统之间的能量交换情况进行分析，并对机上详细功率分配进行预测。因此，使用多学科建模仿真手段进行系统级能量优化非常重要。

建模和仿真环境必须包括飞机能源架构相关的所有分系统。每个模型应能对复杂、动态分系统的接口、与飞机整体性能的联系进行追踪[2]。很重要的一点是，综合仿真可将飞机性能与各单独分系统设计参数定量变化联系起来。为了应对能量优化的挑战，必须重点聚焦动力和热管理分系统（TMS）。发动机能量提取的有效利用和无用能量的有效管理是系统级优化问题的重要部分。

2 综合战斗机建模概览

鉴于 Simulink 软件为面向对象软件以及具有数值积分和优化能力，Simulink 非常适合对战斗机进行系统级仿真。本文建立了几个重要分系统的系统级模型（动力、能源和热管理分系统），并将这些模型和飞机模型与任务剖面进行了综合。图 1 是系统级模型的概览。

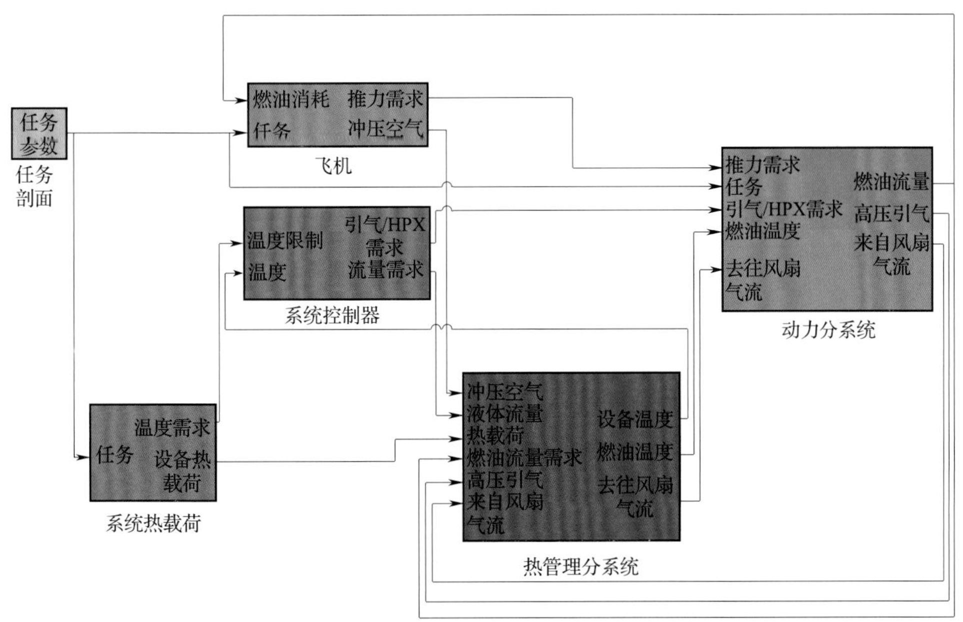

图1 战斗机系统级模型

如图 1 所示，Simulink 系统级模型中包含六个分系统模块。图 1 左上角黄色的模块是任务剖面模块，这个模块对仿真中的所有任务级参数进行处理，将每一时间步长对应的参数传递给其他分系统。任务剖面模块右侧的蓝色部分是飞机模块，这个模块提供实时的飞行重要参数（如重量、升力、阻力），另外还利用能量平衡确定整个飞行剖面下的飞机推力需求。绿色部分是动力分系统模型，这个模块负责计算整个任务剖面下的发动机推力和燃油消耗。动力分系统模型需要从任务剖面模型、飞机模型、热管理分系统（TMS）模型中获取信息，其中热管理分系统模型是红色模块。由于轴功率提取和热管理分系统引气需求会影响发动机性能，动力分系统模型和热管理分系统模型的一些连接就会特别重要。关于热管理系统和动力系统相互影响的更多细节将在本文后续部分展开讨论。系统级模型的最后一个模块是系统热载荷模块（洋红色部分），这个模块对整个任务剖面下的不同设备的热载荷和温度需求进行实时监控。系统控制器使用相关温度信息对整个任务剖面下的动力分系统和热管理分系统进行控制。

上述六个模块通过 Simulink 的不同数据线连接在一起。许多重要参数（如推力、重量、推力对应的燃油消耗、热管理系统温度和流量）作为变量保存在 MATLAB 工作区中。在后续章节将对各分系统进行详细说明。

2.1 任务剖面

将任务剖面所有必需信息保存成易读、可更改的 EXCEL 电子表格形式。表格文件分为 7 列，包含了任务剖面每个阶段对应的数据。这些列涵盖了每个阶段的起始时间、每个阶段的持续时间、对应马赫数和对应飞行高度。另外还有指定阶段的热参数（系统热载荷模型利用此信息确定全任务剖面下的热载荷和温度需求），热参数以 5 个阶段函数（慢车、起飞、巡航、机动、下降）表示。最后，任务剖面电子表格文件还规定了任务剖面中每一次武器发射的时间。

任务剖面电子表格通过黄色任务剖面模块与系统级的 Simulink 模型进行交互。任务剖面模块能从电子表格读取与时间有关的合适信息，将读取的数据以 Simulink 查询表形式存储成 MATLAB 变量。然后，这些信息以独立信号的形式从 Simulink 查询表中发出，与任务参数总线数据结合后从任务剖面模块中发出。这些信息可以在仿真的任意时间被其他的分系统获取。

2.2 飞机模型

飞机模型是系统级仿真非常重要的部分，原因在于飞机模型为热管理分系统、动力子系统、任务剖面建立了必要联系。为了实现能量优化总目标，建立分系统变化对任务效能的直接联系非常重要。飞机模型使用一组性能方程对每一个时间步长下作用在飞机上的力以及推力需求进行计算。飞机模型如图 2 所示，位于系统级 Simulink 仿真模型中蓝色的飞机模块里。飞机模型的主要输入是前文讨论过的任务剖面模块产生的任务参数、动力分系统计算得到的燃油消耗。飞机模型可以对确定任务剖面任一点的飞机推力需求所需的信息进行计算。飞机推力需求是动力分系统仿真最重要的参数。

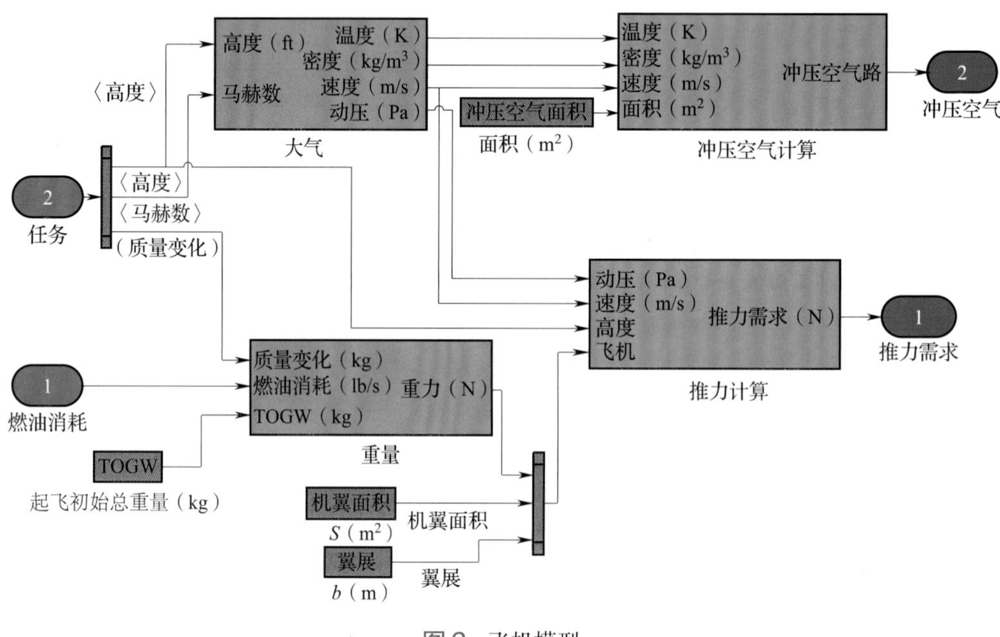

图 2　飞机模型

进行推力计算之前，需要先计算当前飞机的重量。在重量模块中对重量信息进行计算。重量模块的输入为发动机燃油消耗、飞机起飞初始总重量（TOGW）、重量减少相关信息，使用数值积分器对整个任务剖面下飞机起飞初始总重量进行不断初始化后重新计算燃油消耗后的飞机重量。使用离散重量变化模拟武器载荷减少，并用于对积分器的重新初始化。

使用重量模块计算出的当前飞机重量，结合飞机模块的其他飞机参数对推力需求进行计算。使用基于飞机能量平衡的独立模块完成推力需求计算[3]。使用飞机速度变化率和飞行高度变化率计算由飞机加速度引起的推力需求。使用独立的阻力曲线模块计算克服稳态水平阻力的推力需求。计算得到的推力需求值及其他飞行参数从飞机模型发出，传递给其他分系统。

2.3 系统热载荷

与任务剖面模块类似，以 Simulink 查询表的形式创建了热载荷和温度需求的表格。在橘色系统热载荷模块中可以找到这些查询表和数据总线结构。系统热载荷包括 FADEC、驾驶舱、强迫通风电子设备、液体冷却电子设备、综合转换控制器（ICC）、液压、发动机滑油和发动机起动机 / 发电机（ESG），以及燃油泵设备热载荷。

模型中的每个表格都包含必要的数据，数据以 5 个阶段函数（慢车、起飞、巡航、机动、下降）表示。如前所述，任务阶段信息可以从任务剖面模块的数据总线获取。热载荷和温度要求存储在电气模型的两个独立数据总线中，从电气模型发出信息，可被热管理分系统使用。

2.4 热管理分系统

本文基于图 3 所示的基本热管理架构，利用 Simulink 对热管理系统（TMS）进行了建模。与前文类似，热管理系统模型集成在系统级 Simulink 模型中的红色热管理模块中。热管理系统模型输入为来自飞机模块的飞行参数、来自系统热载荷模块的设备热载荷和温度要求，另外与动力分系统以紧密耦合形式交换信息（见图 1 的系统级框图）。图 4 是基本热管理架构的顶层模型。

热管理系统的顶层视图包括两个独立的模块，分别是燃油热管理系统（FTMS）和能源热管理系统（PTMS）。通过空气冷却循环将这两个分系统连接在一起。将来自两个分系统的热管理系统的许多重要流体特性存储在 MATLAB 工作区中。设备温度反馈给系统控制模块的同时，将当前的燃油温度传递给发动机。动力分系统模型和飞机模型会反过来将燃油流量和冲压空气特性发给燃油热管理系统，燃油热管理系统同时还接收来自动力分系统模型的引气流量。另外，通过安装在发动机风扇涵道的换热器将能源热管理系统和动力分系统耦合起来。

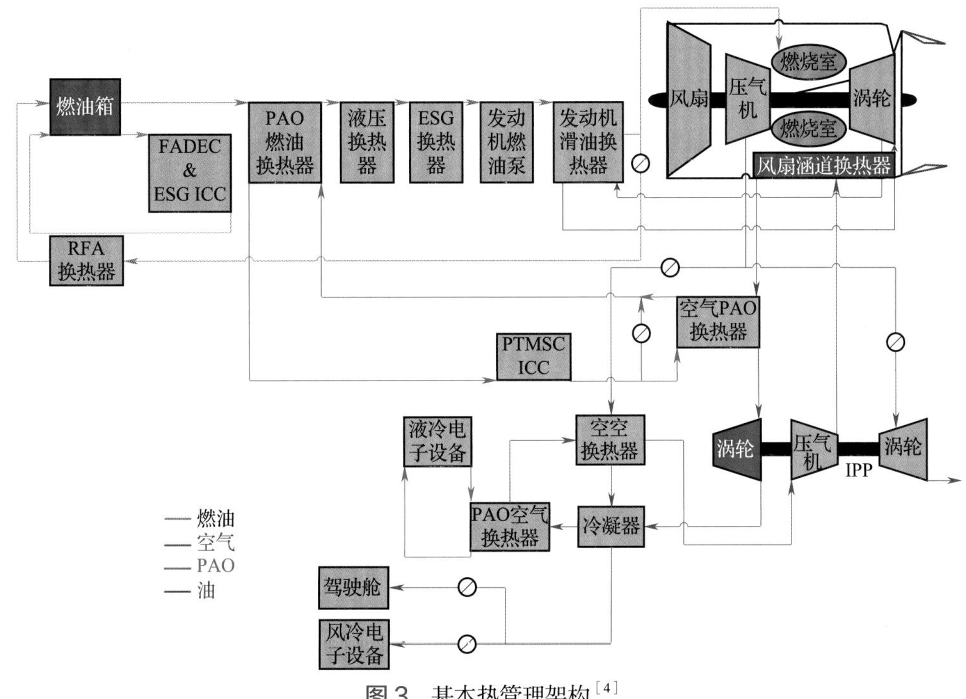

图 3　基本热管理架构[4]

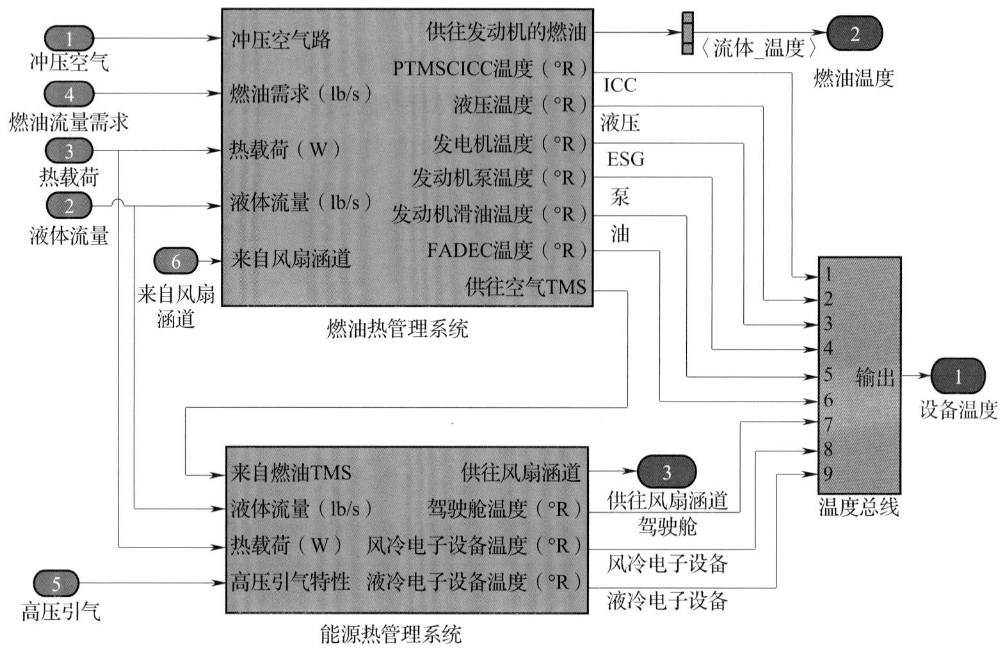

图4　热管理分系统顶层模型

燃油热管理系统（FTMS）模型输入为综合转换控制器（ICC）、液压、发动机起动机/发电机（ESG）、燃油泵、发动机滑油、FADEC的热载荷，还接收系统控制器计算得到的流量需求。此模型是利用P.C.Krause and Associates，Inc.（PCKA）开发的热管理系统（TMS）工具包的不同模块搭建而成[5]。这个Simulink工具包包含许多热模块、空气循环模块、使用本地Simulink工具搭建的飞机开源模块。将来自系统热载荷分系统的每个热载荷值以热载荷集合模型传递给动态热载荷模块。使用Simulink数据总线（含冷却液类型、流量、温度和压降信息）将这些模块连接在一起。工具包还包含了多种类型的换热器模型，换热器模型对于连接不同流体和燃油箱模型以分析燃油箱中燃油体积和燃油温度非常必要。

能源热管理系统（PTMS）模型也是利用PCKA开发的热管理系统工具包的不同模块搭建而成。能源热管理系统模型输入为驾驶舱、强迫通风电子设备和液体冷却电子设备热载荷，同时接收来自系统控制器的流量需求。与燃油热管理系统中的建模方式一样，建立了热载荷和换热器的模型。能源热管理系统中最重要的设备是综合能源组件（IPP）。综合能源组件（IPP）使用空气制冷循环将压气机引气温度控制在预定温度。使用部分发动机引气驱动综合能源组件，带动综合能源组件轴上的二级涡轮旋转。能源热管理系统模型中包含了一个详细、动态的综合能源组件模型。

2.5　系统控制器

系统级仿真的下一个模块是洋红色的系统控制器模块，这个模块可以分析动力和热管理分系统的关键温度、性能和控制特性。系统控制器模块可以对热管理系统的液体流量、低压功率提取需求和高压功率提取需求进行计算。目前系统控制器模块使用三个独立PI控制器实现控制功能，其中第一个控制器用来实时获取追踪综合能源组件轴的转速，通过控制进入综合能源组件动力涡轮的发动机引气量保证综合能源组件的设计转速；第二个控制器用来通过实时监测驾驶舱温度来调节控制驾驶舱供气量；第三个控制器用来控制 PAO 循环中换热器旁路阀，如果发动机风扇涵道不能提供足够的冷却，将 PAO 循环中换热器旁路阀打开，部分热载荷通过燃油被带走。

2.6 动力分系统

动力分系统模型见图 1 系统级模型右侧的绿色框。使用 NPSS 软件对真实发动机进行独立建模，NPSS 是工业标准燃气涡轮循环分析软件，适用于发动机设备建模领域，具有非常好的鲁棒求解能力。将 NPSS 发动机模型与 Simulink 模型直接连接，以保证系统级仿真的无缝连接。由于发动机性能建模、设计点设计、非设计点性能分析的复杂性，使用 NPSS 进行发动机建模非常有必要。另外，由于发动机和 TMS 之间有大量交联，因此建立高保真的发动机模型非常重要。

图 5 是动力分系统模型。Simulink 模型用于建立 NPSS 和 Simulink 之间的通信，控制燃油流量。燃油控制流程如下：首先将来自飞机模型的推力需求转换为高压轴转速需求，然后与来自发动机 FADEC 的动态发动机模型实时高压轴转速进行比较，根据比较结果调节燃油流量。维持合适压气机喘振范围的低压轴转速，限制了燃油流量。

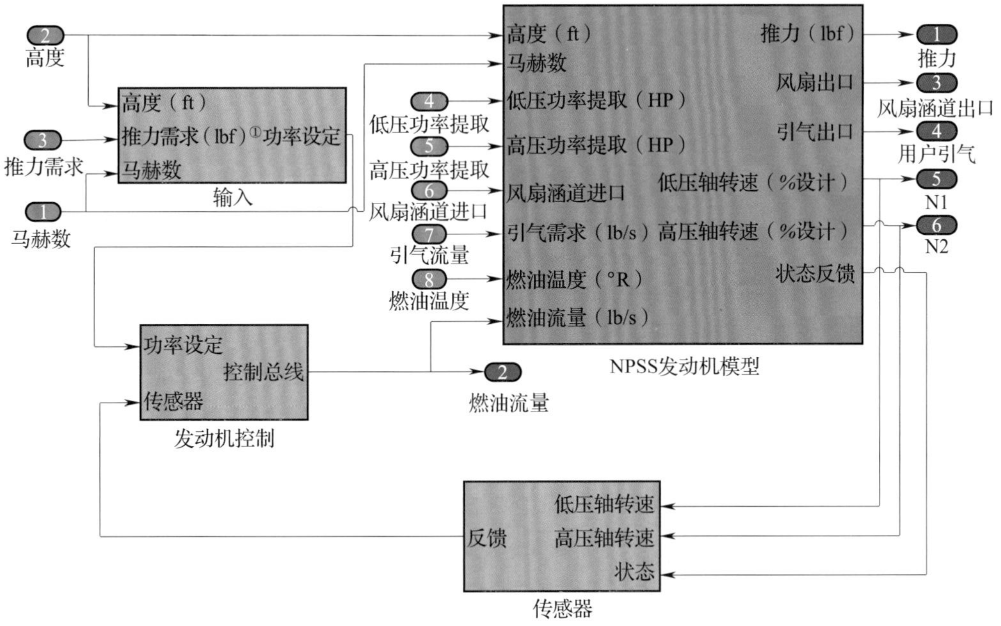

图 5 动力分系统模型

2.6.1 Simulink 和 NPSS 综合

如前所述，在 Simulink 里使用 S 函数将 NPSS 发动机模型与系统级 Simulink 仿真模型连接在一起[6]。在仿真的每个步长下，两个模型之间的变量可以很容易地相互传递。在 NPSS 动态链接数据库和用户定义构型文件的帮助下，可以实现数据集合在 S 函数中的输入输出，以及 S 函数与 NPSS 发动机模型之间的数据交互。

---

① 1lbf（磅力）≈ 4.448N。——编辑注

2.6.2 NPSS 混流涡扇发动机模型

发动机模型可对双轴混流涡扇（MFTF）发动机动态性能进行仿真，由完全公开的数据库组成。发动机的 NPSS 设备级模型如图 6 所示，基于 NPSS 可视化环境搭建而成，模型包括压气机和涡轮尺寸影响、技术水平、设备雷诺数影响、涡轮冷却流量和泄漏量，压气机负载和可变喷嘴面积。另外，使用风扇涵道换热器冷却压气机出口空气来模拟空气冷却技术。

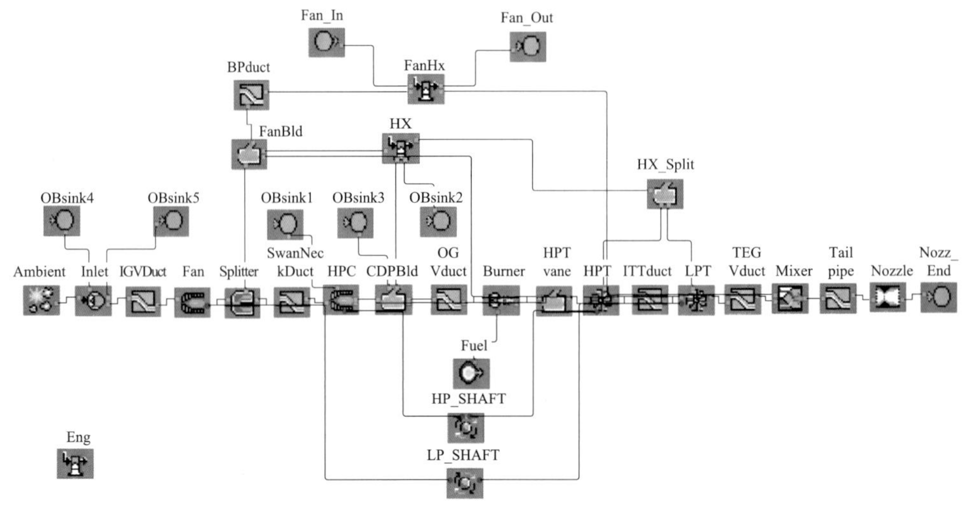

图 6　NPSS 发动机模型示例

为了获取轴动力和轴功率提取能力，每个轴均有响应的转动惯性。还有一些部件模型用于初始化燃油流量、从发动机风扇和高压压气机（HPC）获取引气需求。热管理系统（TMS）模型与风扇引气出口（FanBleedOut）、高压引气出口（HPCBleedOut）部件进行数据交互用于获取发动机引气需求，与燃油部件模型进行数据交互用于得到燃油温度。将推力需求、功率设定和环境大气条件从飞机和任务剖面两个 Simulink 模块传递给 NPSS 发动机模型。

发动机模型还包含利用风扇涵道空气冷却的换热器模型，此换热器模型可与热管理系统进行综合。综合仿真时，将热管理系统模型与 Fan_In 和 Fan_Out 部件模型直接连接，如图 6 所示。使用 NPSS 建立的换热器模型替代使用 Simulink 建立的换热器模型，以利于发动机循环的仿真收敛。

3 仿真结果总结

本文进行了时长 2h 任务剖面下的战斗机系统级 Simulink 模型与 NPSS 发动机模型的联合仿真。仿真开始，发动机模型运行在设计模式以确定发动机尺寸。当确定了设计点下的发动机尺寸后，发动机模型就运行在非设计状态，此时开始系统级仿真。在仿真的每个时间步长下，同时运行战斗机系统级 Simulink 模型和 NPSS 发动机模型。需要采取定步长方式以实现战斗机系统级 Simulink 模型和 NPSS 发动机模型的有效连接。为了保证全任务剖面下的综合模型仿真收敛，步长设为 1ms。

3.1 热管理系统（TMS）流体网络温度

仿真最重要的任务是对热管理系统温度进行分析，实现不同流体网络温度和流量的仿真及分析。风扇循环、引气流体网络和燃油循环的温度仿真结果分别见图 7 ~ 图 9。图 7 再次给出

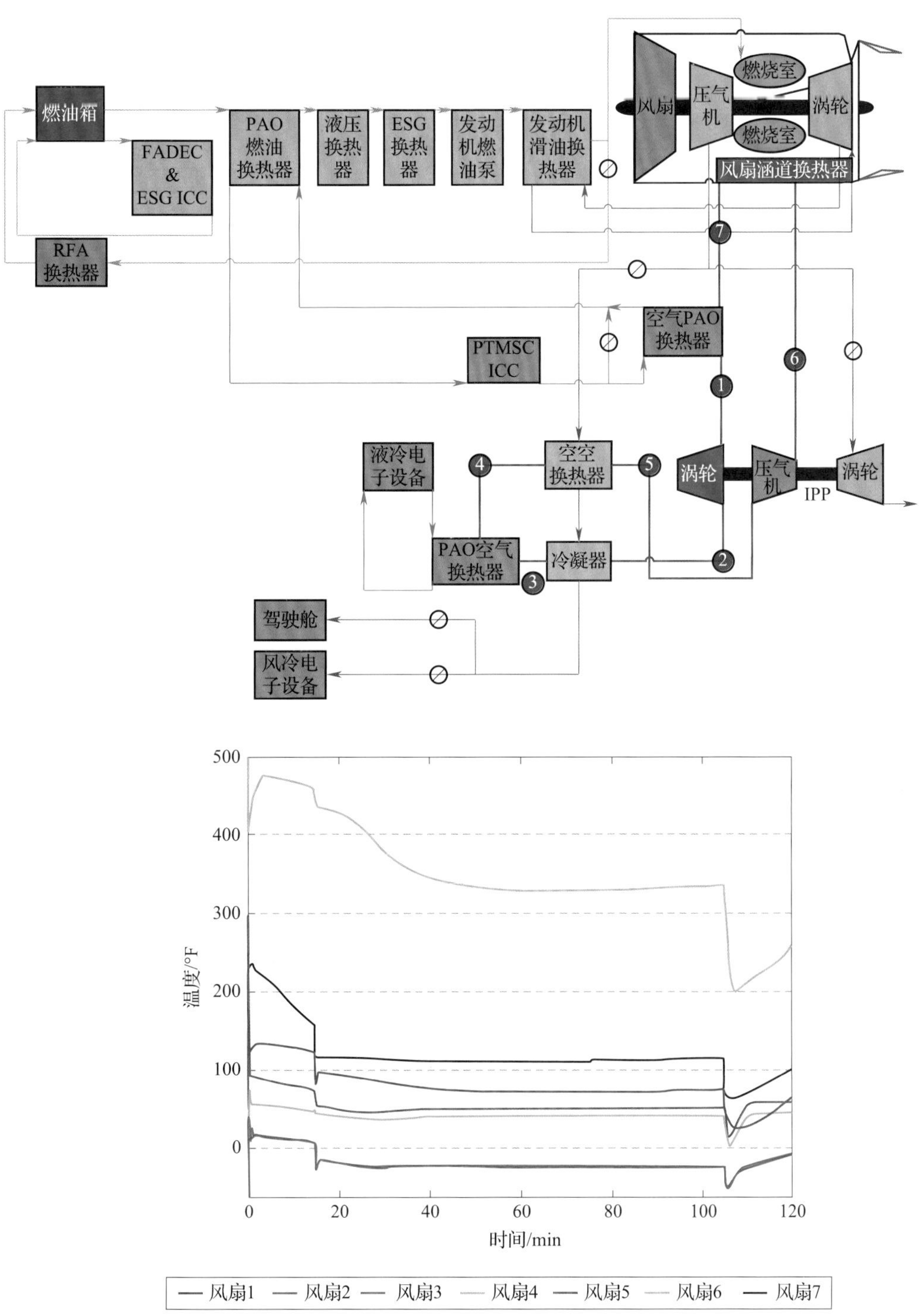
燃油箱
FADEC
&
ESG ICC
RFA
换热器
PAO
燃油
换热器
液压
换热
器
ESG
换热
器
发动
机燃
油泵
发动机
滑油换
热器
风扇
压气
机
燃烧室
燃烧室
涡轮
风扇涵道换热器
空气PAO
换热器
PTMSC
ICC
液冷电
子设备
空空
换热器
涡轮
压气
机
涡轮
IPP
PAO空气
换热器
冷凝器
驾驶舱
风冷电
子设备
500
400
300
200
100
0
温度/°F
0
20
40
60
80
100
120
时间/min
风扇1
风扇2
风扇3
风扇4
风扇5
风扇6
风扇7

图7　风扇循环温度

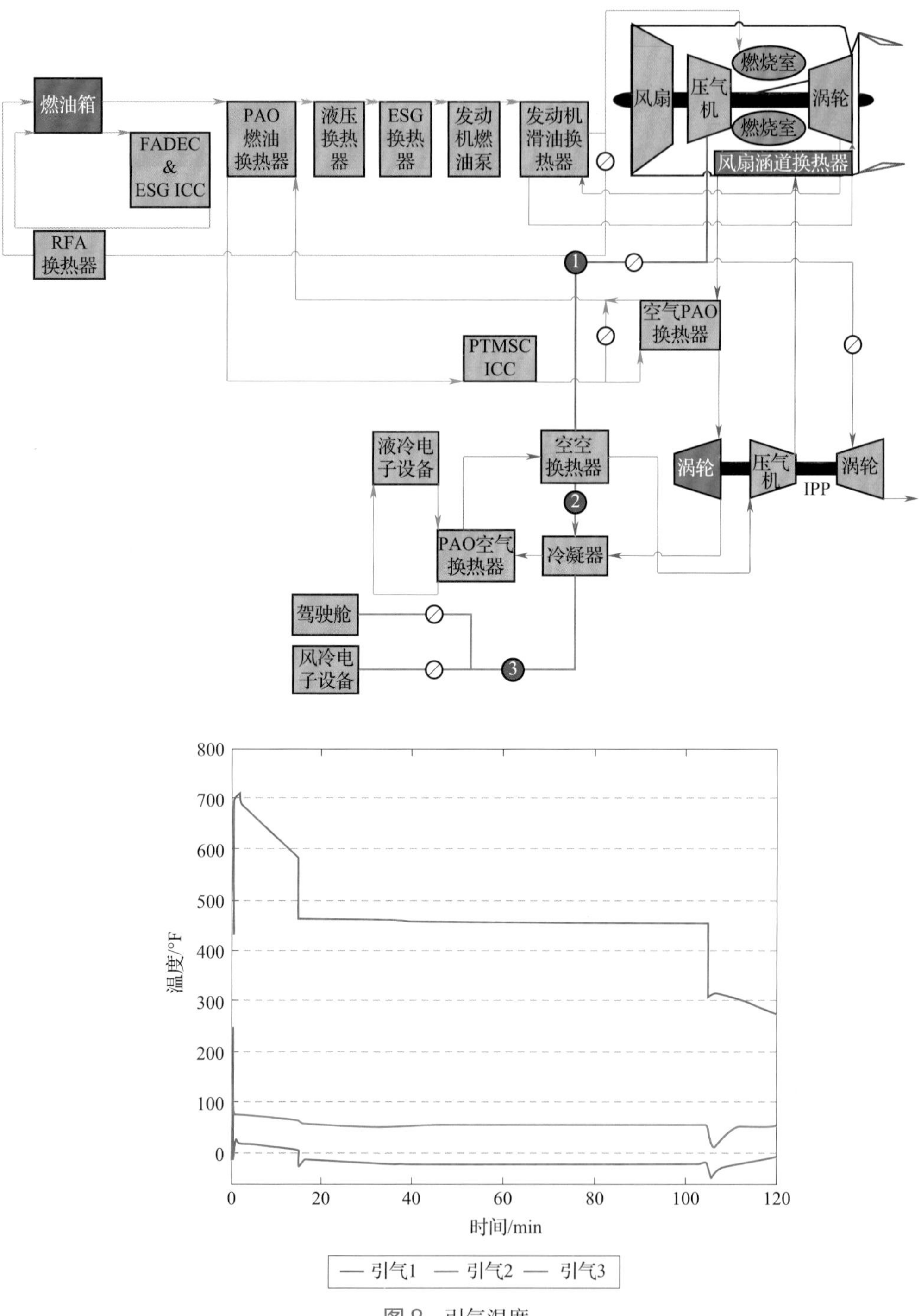
燃油箱
FADEC & ESG ICC
RFA 换热器
PAO 燃油换热器
液压换热器
ESG 换热器
发动机燃油泵
发动机滑油换热器
风扇
压气机
燃烧室
燃烧室
涡轮
风扇涵道换热器
空气PAO 换热器
PTMSC ICC
液冷电子设备
空空换热器
PAO空气换热器
冷凝器
涡轮
压气机
IPP
涡轮
驾驶舱
风冷电子设备
1
2
3
800
700
600
500
400
300
200
100
0
温度/°F
0
20
40
60
80
100
120
时间/min
— 引气1 — 引气2 — 引气3

图8 引气温度

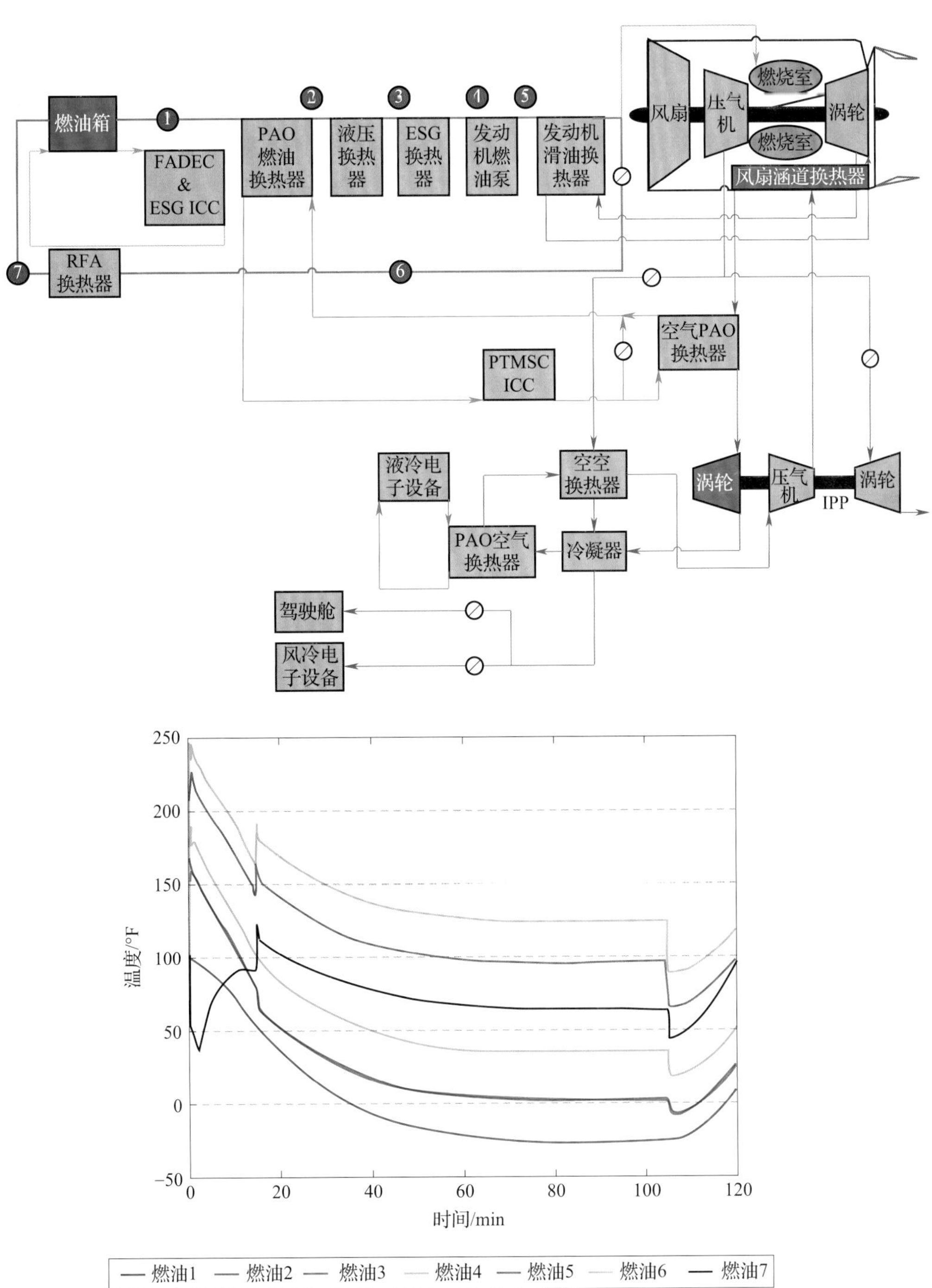
燃油箱
FADEC & ESG ICC
RFA 换热器
PAO 燃油换热器
液压换热器
ESG 换热器
发动机燃油泵
发动机滑油换热器
风扇
压气机
燃烧室
燃烧室
涡轮
风扇涵道换热器
空气PAO换热器
PTMSC ICC
液冷电子设备
空空换热器
PAO空气换热器
冷凝器
涡轮
压气机
IPP
涡轮
驾驶舱
风冷电子设备
温度/°F
时间/min
燃油1
燃油2
燃油3
燃油4
燃油5
燃油6
燃油7

图9 燃油循环温度

了基本热管理系统（TMS）架构，并将对应的风扇循环标红高亮显示。对循环中 7 个重要位置的温度进行监测，7 个位置的温度以不同颜色同时显示在一个随时间变化的图中。风扇循环使用发动机风扇涵道空气和燃油对发动机引气和液冷循环的 PAO 进行冷却。第一个监测点是空气 –PAO 换热器的气体侧出口，空气 –PAO 换热器的气体侧出口空气经综合能源组件（IPP）的制冷涡轮后供往冷凝器，在涡轮出口设置了第二个监测点，在冷凝器中冷却发动机引气后供往 PAO– 空气换热器，在 PAO– 空气换热器中冷却液冷循环的 PAO 后供往空气 – 空气换热器，在第二个空气 – 空气换热器中对发动机引气进行预冷后供往综合能源组件（IPP）的压气机，经压气机压缩后供往安装在发动机风扇涵道中的换热器，经安装在发动机风扇涵道中的换热器降温后返回空气 –PAO 换热器气体侧入口，至此完成一个循环。

用相同的流程对图 8 中的引气温度进行分析。第一个监测点放在高压压气机出口，高压压气机出口引气温度太高，无法直接供给驾驶舱和强迫通风电子设备，因此高压压气机出口高温引气首先通过空气 – 空气换热器初步降温后供往冷凝器，经冷凝器获得供给驾驶舱和强迫通风电子设备的合适温度。

最后，图 9 为燃油循环温度。在燃油循环中布置了 7 个独立的温度监测点，7 个点的温度同时显示在一张图中。来自燃油箱出口燃油分支出口的燃油供往燃油 –PAO 换热器，在燃油 –PAO 换热器中将来自 ICC 和发动机引气的热量带走，然后燃油依次流经液压换热器、ESG 换热器、发动机燃油泵和发动机滑油换热器后供往冲压空气换热器，冲压空气换热器将燃油温度降低后与 FADEC 燃油循环混合后返回燃油箱中，至此完成一个循环。

3.2 设备温度

主要设备的温度分析结果见图 10 ~ 图 18。这些图根据前面讨论过的温度测试点的数据和系统热载荷模块的温度要求联合绘制而成。蓝色曲线是监测点的温度，绿色曲线是温度限制要求。

从上述设备温度分析结果可以看出：通过控制液体循环的流体流量可将设备温度保持在相对接近温度限制的水平。与预期一致，满足驾驶舱、液冷电子设备、风冷电子设备的温度要求的难度最大。驾驶舱、液冷电子设备、风冷电子设备均使用发动机引气和综合能源组件（IPP）空气循环进行冷却，因此，可以通过合理调整系统控制器提升系统性能。

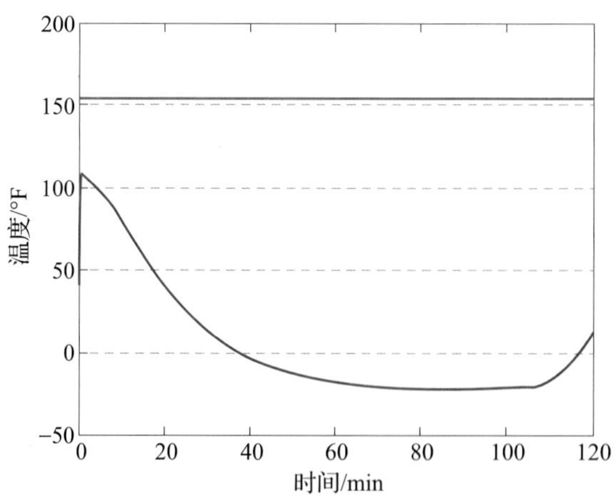

图 10 变频控制器的温度仿真结果

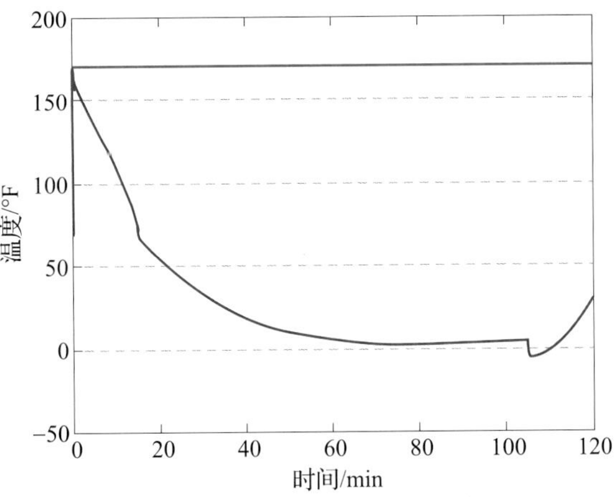

图11 液压温度仿真结果

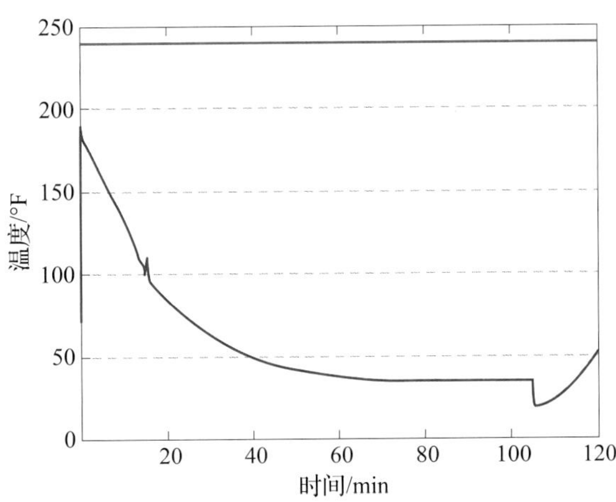

图12 发电机温度仿真结果

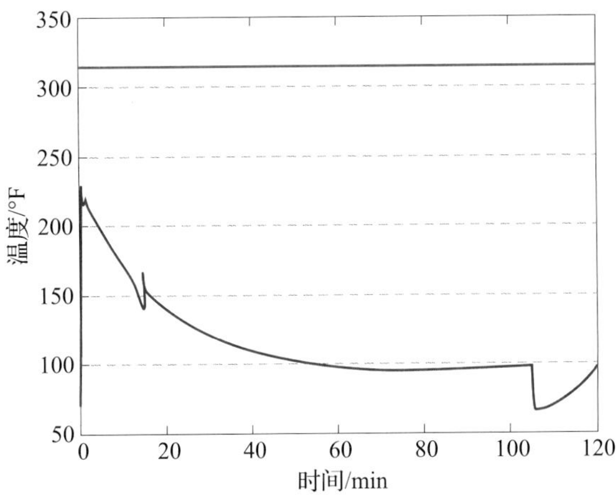

图13 发动机燃油泵仿真结果

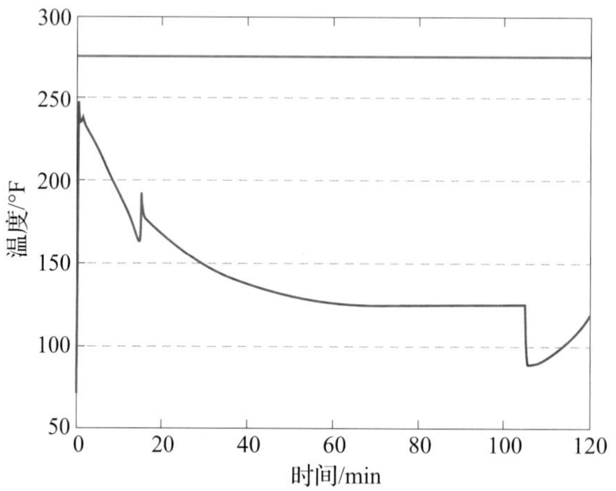

图 14　发动机滑油温度仿真结果

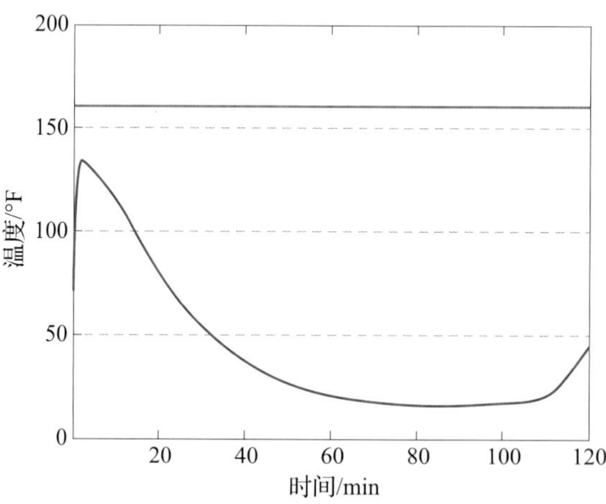

图 15　FADEC 温度仿真结果

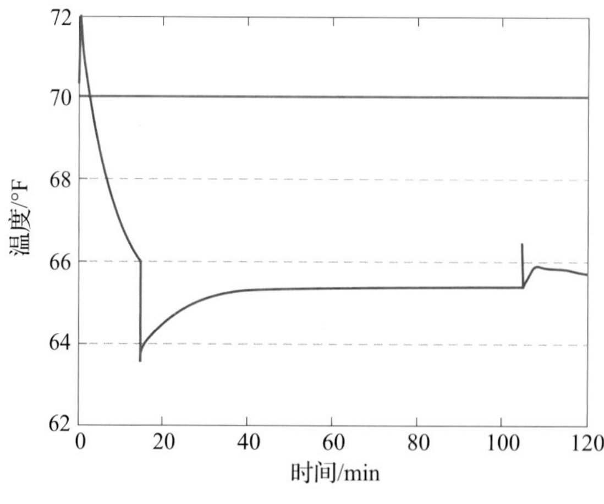

图 16　驾驶舱温度仿真结果

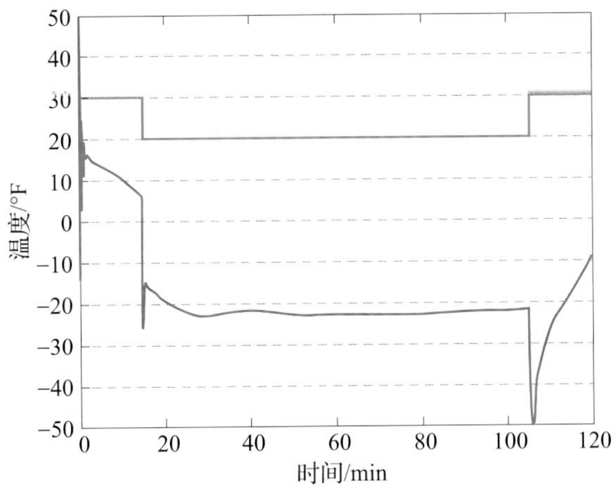

图17 风冷电子设备温度仿真结果

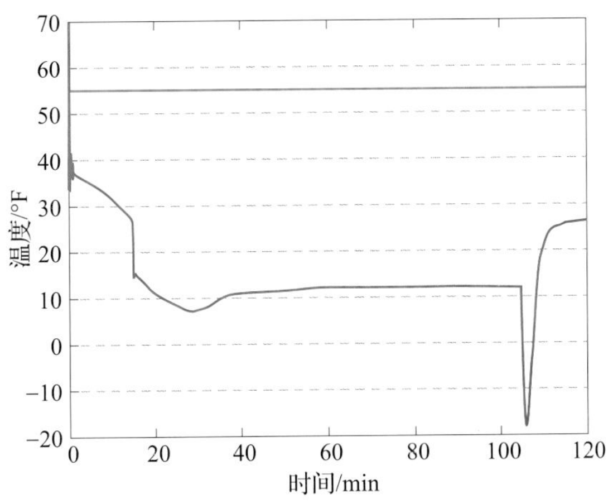

图18 液冷电子设备温度仿真结果

4 下一步工作

目前研究的重点是，建立基本建模和仿真环境以支持未来能量优化的研究。后续工作的重点是根据需要建立高保真模型以用于综合系统建模，以及进行系统级能量优化和不同热管理系统（TMS）架构概念的权衡分析。

4.1 高精度建模和仿真

为了提高系统级建模和仿真的精度，可采取以下方式。首先采取更好的系统热载荷评估方式取代当前的查询表格方式，采取基于物理系统分析方法对整个任务剖面下的发动机滑油、燃油泵、ESG热载荷进行评估，不太重要的热载荷可从电气模型或者当前查询表格的简化版中获取。其次，当前研究重点是对更详细的飞行器模型进行综合，虽然稳态计算的推力需求剖面足够支撑当前工作，但是使用带发动机反馈的动态飞机模型可以提高仿真精度。

4.2 能量优化和系统权衡

系统级优化的关键是发动机能量提取的有效利用和废弃能量的有效管理。综合模型可以进行包括发动机引气、功率提取和热管理需求优化的系统级权衡评估研究。另外，热管理和动力分系统的变化会直接影响对应的任务性能。综合模型还可以对未来技术及先进热管理构型进行评估，以明确是否能提升任务能力和性能。

当前研究的重点是用于系统级优化的多学科设计优化（MDO）策略。将多级多学科设计优化方法与综合建模环境进行综合，可以在实现动力和热管理分系统优化的同时，实现对全机能量优化贡献的管理。多学科设计优化技术有利于深入理解建模和仿真环境，进一步拓展建模和仿真能力，最终实现对典型任务剖面下的动力和热管理分系统的综合性能进行优化的目的。

结论

为了进行热管理分系统变化对飞机系统级性能影响的定量分析，本文建立了一个综合、多学科建模和仿真环境以开展飞机级的权衡和优化。仿真需要获取不同分系统之间复杂的交联关系，对动力和热管理分系统架构进行研究及能量优化分析。

致谢

感谢 UES 公司的迈索尔·拉姆林厄姆和空军研究实验室（AFRL）的米奇·沃尔夫、查德·米勒、约翰·奈鲁斯的研究。特别感谢佐治亚理工学院航空航天系统设计实验室（ASDL）的吉米·泰在 NPSS 发动机建模方面的帮助，以及莱特州立大学的罗里·罗伯茨在 IPP 模型及其控制器方面的工作。

参考文献

[1] Walters, Eric A., Iden, Steve, et. al., INVENT Modeling, Simulation, Analysis and Optimization, AIAA 2010-287.

[2] Bodie, Mark, Russell, Greg, McCarthy, Kevin, Lucas, Eric, Zumberge, Jon, and Wolff, Mitch, Thermal Analysis of an Integrated Aircraft Model, AIAA 2010-288.

[3] Mattingly, Jack D., Heiser, William H., and Pratt, David T.. Aircraft Engine Design. Reston, VA: AIAA, 2002.

[4] Iden, Steven M., Integrated Vehicle Energy Technology INVENT Program Overview, 8 Sep 2008.

[5] McCarthy, K., Walters, E., Hetzel, A., Elangovan, R. et al., “Dynamic Thermal Management System Modeling of a More Electric Aircraft,” SAE Technical Paper 2008-01-2886, 2008, doi: 10.4271/2008-01-2886

[6] Maser, Adam C., Garcia, Elena, Mavris, Dimitri N., Thermal Management Modeling for Integrated Power Systems in a Transient, Multidisciplinary Environment, AIAA 2009-5505.

14 用于提升飞机性能的能源和热管理系统设计

马克·博迪

PC 克劳斯公司

引用: Bodie M . “ Power Thermal Management System Design for Enhanced Performance in an Aircraft Vehicle,” SAE Technical Papers, 2010, 1.doi: 10.4271/2010-01-1805.

摘要

随着飞机能力的提升，现代飞机热管理变得越来越具有挑战性。由于使用耐热复材蒙皮、高隐身需求、冲压进气口尺寸和数量均减小，因此降低了飞机将热载荷传递到外界环境的能力。现代飞机散热能力降低的同时热载荷不断增加，飞机设计早期阶段飞机需求和仿真预测方面均存在不确定性，因此采取鲁棒优化方法设计热管理系统有利于降低不确定性影响。影响热管理系统鲁棒优化的三个干扰因子为：①发动机风扇涵道空气温度；②电子设备热载荷；③发动机推力。用于热管理系统鲁棒优化的三个控制因子为：①压气机增压比；②回油换热器（RFHX）面积；③回热器（RHX）面积。其中，发动机风扇涵道空气温度和电子设备热载荷是热管理系统鲁棒优化的主要因素。干扰因素的最恶劣情况组合可导致回油热载荷增长 258%。热管理系统鲁棒优化的最主要控制因素是压气机增压比，其次是回油换热器面积。对控制因素进行优化可将回油热载荷平均值减少 51%、将回油热载荷方差减少 63%。通过采用鲁棒优化方法，可以最大限度降低设计周期中不确定性的影响。

1 引言

随着飞机能力的提升，现代飞机热管理变得越来越具有挑战性。增加现代飞机热管理难度的其中一个因素是大量使用高热阻复材蒙皮，此外，飞机高隐身要求需要减小冲压进气口尺寸。现代飞机散热能力降低的同时机上热载荷不断增加，现代航空电子设备、先进任务系统、基于燃油液压的矢量推力控制系统、增加的发动机电动附件对应的热载荷相比传统飞机增长了 3 ~ 5 倍[1]。

空军研究实验室明确了开发综合热管理模型的必要性，以降低现代飞机热管理风险。热管理模型能够在飞机设计早期进行热性能预测及热管理系统优化。使用仿真模型可以在飞机硬件出现问题之前识别和明确对应的热问题，从而降低飞机设计成本。

与设计方法相关的一个问题是飞机需求和设计的不确定性。比如，电子设备热载荷会随着任务能力要求的提升而增加。另外，物理硬件内部部件性能可能无法预测。随着飞机研制的深入，飞机设计及需求的不确定性将会降低，但是设计更改成本将会增加。在设计的早期阶段，使用仿真模型进行系统鲁棒优化设计具有较大的优势。

降低设计周期中不确定性影响的一个方法是对部件进行优化使其对不确定性不敏感。很多研究人员已对通过鲁棒优化降低设计周期中不确定性影响进行了研究。Taguchi 首次进行了鲁棒优化研究，采取了两步优化方法，第一步降低干扰因素对应的变化，第二步调整响应平均值以适应目标值。此方法在给定干扰水平下调整控制参数对系统响应进行测量，然后对其进行统计分析，以确定最小响应方差对应的最优控制参数值，然后调整响应平均值以适应目标值[2-3]。

大量研究者在 Taguchi 研究基础上进行了深入研究，形成了更强大、通用的方法[4-6]。Box，Montgomery，Welch，Lucas 等将控制因素和干扰因素结合起来，采用响应面模型进行了鲁棒优化[7-8, 15-16]。陈使用折中规划法扩展了响应模型方法[9]，此方法应用了最大化信号强度、最小化变量的多目标优化方法，使用折中规划法得到最优解对应的帕累托前沿面，消除常规加权优化方法无法得到帕累托集的主要缺陷[10-11]。Messac 使用物理规划方法阐述了鲁棒优化设计问题，基于设计者偏好处理每个设计指标变量、设计变化、设计变量变化和参数变量[12]。

本文目标是采取鲁棒优化方法降低不确定性对飞机能源和热管理系统（PTMS）的影响。具体来讲，本文通过调整能源和热管理系统（PTMS）控制因子实现回油热载荷平均值和方差的最小化。飞机燃油用于冷却飞机上一系列的热源，是衡量飞机热管理裕度的重要载体。为了将飞机热载荷有效带走，燃油温度必须控制在最高温度限制以下。如果燃油温度超过最高温度限制，会降低飞机任务能力。

本文分为 5 节：第 2 节描述了用于预测飞机热性能的模型；第 3 节描述了鲁棒优化问题；第 4 节描述了鲁棒优化研究的结果；第 5 节是结束语。

2 飞机热模型

飞机热模型包括以下分系统模型：①飞机系统（AVS）；②发动机；③发动机燃油热管理系统（EFTMS）；④飞机燃油热管理系统（AFTMS）；⑤能源热管理系统（PTMS）[1]。组成飞机热模型的各个分系统模型间的主要交互关系见图 1。

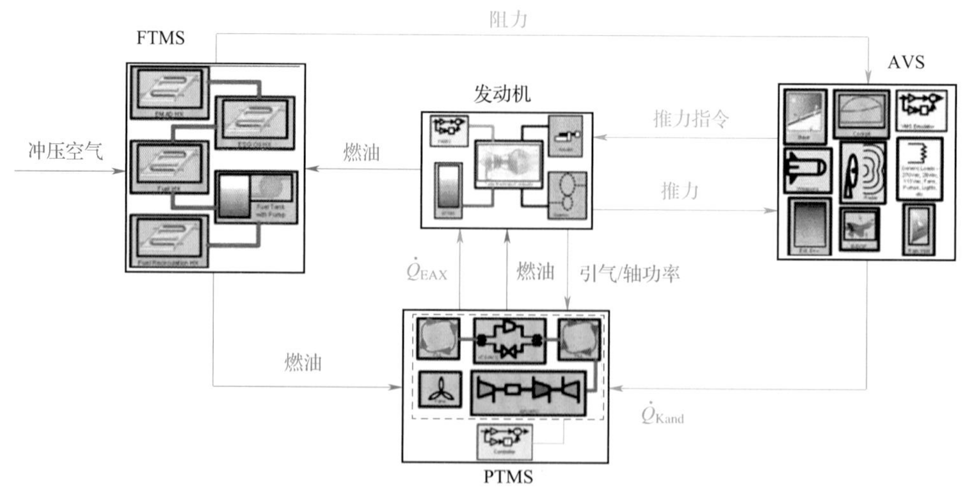

图1 飞机热模型

飞机系统（AVS）使用模拟低阻力概念飞机的阻力极曲线进行建模。飞机系统模型主要功能是向其他部件模型提供模拟的飞机飞行条件。飞机系统模型向发动机模型提供模拟的推力指令、高度和马赫数，还为能源热管理系统（PTMS）模型提供模拟的飞机热载荷。

使用涡扇发动机稳态空气动力学模型对发动机性能进行模拟。发动机模型可从飞机系统模型中获取模拟的大气条件和推力指令，可向能源热管理系统（PTMS）模型提供引气及发动机内部状态信息，还可向发动机燃油热管理系统（EFTMS）模型提供燃油质量流量指令。

发动机燃油热管理系统模型用于模拟将发动机热载荷传递到燃油中的换热过程。发动机热载荷由增压泵热载荷、主驱动燃油泵热载荷和发动机滑油热载荷组成，其中，发动机滑油热载荷用于模拟发动机轴承热载荷。发动机燃油热管理系统模型除了计算发动机热载荷对燃油的影响外，还提供了燃油箱回油控制逻辑。燃油箱回油控制逻辑用于控制燃油温度和发动机滑油温度处于最大温度限制值以下。如果燃油温度或者发动机滑油温度超过最大温度限制值，发动机燃油热管理系统会增大燃油流量。发动机燃烧所需之外的燃油通过回油返回到飞机燃油箱中。

飞机燃油热管理系统（AFTMS）模型用于模拟飞机燃油箱的热性能，可以模拟飞机表面的太阳辐射换热、红外辐射换热和气动对流换热。通过燃油箱壁面的热传导建立了机身 / 燃油与外表面之间的换热通道。采用有限体积法对壁面材料进行建模的同时对燃油容积采用标准集总热容法进行建模[13]。关于发动机模型、发动机燃油热管理系统模型和飞机燃油热管理系统模型更全面的描述详见参考文献［1］。

能源热管理系统（PTMS）采用闭式空气制冷循环管理飞机液冷电子设备、风冷电子设备和驾驶舱热载荷。闭式空气制冷循环架构由引气循环（紫色）、闭式空气循环（红色）、开式空气循环（蓝色）组成，见图 2。引气循环将来自发动机的高压引气供往动力涡轮（PT），来自发动机的高压引气在动力涡轮中膨胀做功带动制冷组件。另外，引气循环还为开式空气循环提供补充空气。

闭式空气循环不仅用于冷却液冷设备，还用于冷却开式空气循环的空气。闭式空气循环通过压缩空气在制冷涡轮（CT）内膨胀降温得到冷却空气，冷却空气将液冷设备热载荷和开式空气循环热载荷带走。液冷设备热载荷通过冷板传递到 PAO 循环冷却液中，然后通过空气 –PAO 换热器将热载荷传递到冷却空气中。冷却空气吸收液冷设备热载荷升温后进入逆流回热器（RHX），对来自压气机的高压空气进行降温。

压气机用于提高空气压力，提高压力的同时使得温度升高，可使用较低温度空气对其进行冷却。闭式空气循环使用两个换热器将来自压气机的高温高压空气中的热量带走。主热沉是安装在主发风扇涵道中的发动机风扇涵道换热器（FDHX，主发工作即可持续工作）。高温液冷循环（HLL）作为辅助热沉，当温度超过热负载规定温度情况下使用。高温液冷循环是 PAO 循环，可将闭式空气循环中高温空气热载荷传递给飞机燃油。

燃油循环将来自油箱的燃油供给发动机。燃油从燃油箱供往发动机的过程中，将来自发动机全权限数字式控制器（FADEC）、能源热管理系统和发动机燃油热管理系统和其他设备的热量带走。燃油箱回油控制逻辑用于控制燃油温度和发动机滑油温度处于最大温度限制值以下。如果燃油温度或者发动机滑油温度超过最大温度限制值，发动机燃油热管理系统会

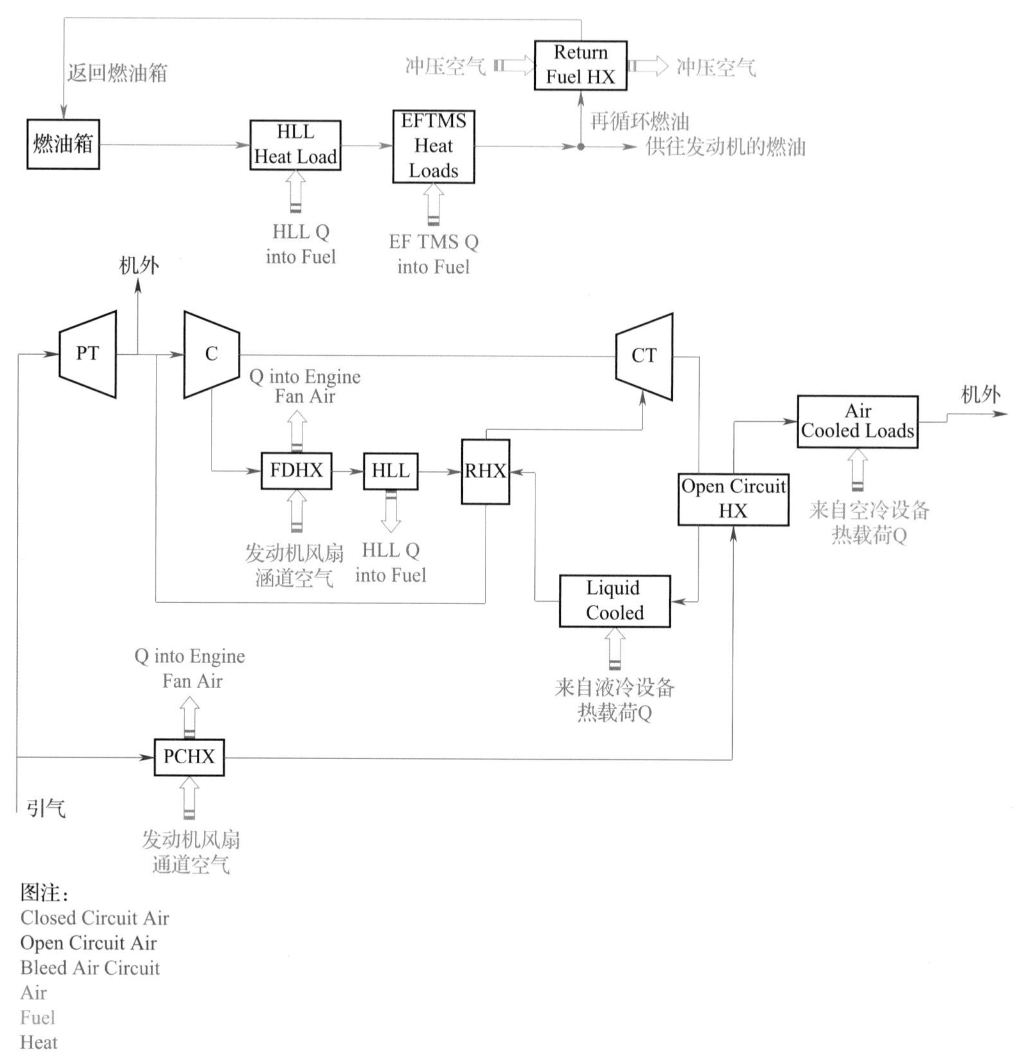

图2　热管理系统架构

增大燃油流量。发动机燃烧所需之外的燃油通过回油返回到飞机燃油箱中。回油通过回油换热器（RFHX）进行冷却后返回燃油箱。燃油首先带走的是发动机全权限数字式控制器（FADEC）热量。由于发动机全权限数字式控制器具有严格的温度限制，因此需要对燃油箱出口燃油温度进行严格限制。

3　鲁棒优化问题

鲁棒优化的目标是降低设计不确定性对燃油箱回油热载荷的影响。使用飞机燃油对发动机全权限数字式控制器进行冷却。如果燃油温度超过限制值，发动机全权限数字式控制器将无法得到有效冷却，进而会导致任务终止。本文通过对能源热管理系统控制因子的优化，实现因设计不确定性导致的回油热载荷及其变化最小化的目的。

能源热管理系统（PTMS）与许多分系统都有交联关系。设计早期，这些交联关系存在不确定性。比如，作为能源热管理系统的主要热沉，发动机风扇涵道空气温度通常使用发动机模型计算得到。设计早期，需求和设计变更会导致发动机风扇涵道空气温度计算不准确。另外，不同发动机之间存在差异，而能源热管理系统对发动机差异不敏感。随着飞机设计的深入，可能会增加一些先进的或非计划内的航空电子设备功能需求。先进航空电子设备功能可能会导致热载荷比初始设计热载荷大。此外，飞机阻力极曲线也可能随设计深入而改变，从而使得发动机推力发生变化。鲁棒优化问题中不可控的干扰因素是与发动机风扇涵道空气温度、航空电子设备热载荷、发动机推力相关的不确定性。

在鲁棒优化问题中，需要改变控制因子以最小化不可控干扰因素的影响。本文选择压气机增压比、回油换热器（RFHX）面积、回热器（RHX）面积作为控制因子，明确使设计不确定性对回油热载荷影响最小的控制因子，然后可以对部件进行优先排序，重点关注最重要部件，以减少能源热管理系统的性能变化，从而实现能源热管理系统鲁棒性设计。

鲁棒优化问题可描述为最小化性能均值与方差的多目标优化问题。均值目标函数旨在最小化正常干扰条件下的回油热载荷（kW），方差目标函数旨在最小化干扰条件下的回油热载荷（kW）变化值。

$$
\begin{gathered}
\text{Min} \quad E_z[y(x,\ z)] \\
\text{Min} \quad V_z[y(x,\ z)] \\
\text{S.t.}\ x_L \leqslant x \leqslant x_U
\end{gathered}
\tag{1}
$$

式中，x 表示可控因子，z 表示不可控干扰因子。可控因子有压气机增压比 x_1、回油换热器面积 x_2、回热器（RHX）面积 x_3。基本能源热管理系统是目前最先进的设计，因此需要考虑实际综合和技术的限制对可控因子进行优化。压气机增压比限定在额定值的 ±10% 之间，换热器面积限定在额定值的 ±10% 之间。

不可控干扰因子有发动机风扇涵道空气温度 z_1、航空电子设备热载荷 z_2、发动机推力 z_3。与发动机风扇涵道空气温度相关的不确定性限定在额定值的 ±20°F 之内，与电子设备热载荷相关的不确定性限定在额定值的 ±10% 之内，与发动机推力相关的不确定性限定在正常值的 ±10% 之内。

考虑到目前仿真的复杂性以及多目标优化问题需要函数的数量，使用响应面法（RSM）建立了经验目标函数。响应面法将来自设计试验的试验数据拟合成了数学响应模型。另外，为了提升优化计算速度，响应面法建立了响应函数和响应因子的直接联系，这样可方便评估响应因子重要性。关于响应面法（RSM）的进一步描述详见参考文献［14］~［16］。

4 优化结果

对低空突防任务阶段下的低阻力概念飞机热约束进行了建模，该任务阶段对应的高度为海平面、飞行马赫数为 0.6、环境条件为 Mil-HDBK-310 中 1% 的热天天气。

本文使用中心复合序贯试验设计（CCD）生成系统响应。中心复合序贯试验设计有六个因子（三个可控因子和三个不可控因子），需要 59 个试验[16]。试验采用的因子变化范围为 -1 ~ +1（-1 为最小值，0 为额定值，+1 为最大值）。

采用回归分析确定根据试验设计（DEO）生成系统响应的模型形式。按照以下三个步骤对模型形式进行选择：第一步，选择一个含所有交联关系的二次模型；第二步，对系数重要性进行假设试验，将 F 值不显著的系数从模型中删除[17]；第三步，通过 F 值不显著的系数生成模型组，然后对方程组进行模型适配度检查。通过残差平方和（PRESS）预测、调整多重判定系数 R^2_{adj} 以及 F 值统计值确定模型适配度[17]，选择具有多重判定系数 R^2_{adj} 最大、F 值最大、残差平方和（PRESS）最小的模型形式。选择的模型形式见公式（2），其中，可控因子和干扰因子限定在 –1 和 1 之间，系统响应是回油热载荷（单位为 kW）。

$$\hat{y}=19.82-8.49X_1-2.70X_2-1.96X_3+9.15Z_1+9.10Z_2-5.05Z_3+1.74X_1^2+1.32Z_1^2+1.15Z_2^2+1.27X_1X_2+2.34Z_1Z_2-1.61Z_1Z_3-1.51Z_2Z_3-2.49X_1Z_1-1.92X_1Z_2-1.33X_1Z_3-1.39X_2Z_1-1.50X_2Z_2+1.02X_2Z_3 \tag{2}$$

表 1 给出了模型与统计值的适配性。

表 1　模型与统计值的适配性

R^2_{adj}	R^2_{pred}
0.9791	0.9751

将公式中的因子限定在 –1 和 1 之间，因子对系统响应的重要性可根据系数大小确定。从公式（2）可以看出：干扰因子发动机风扇涵道空气温度 Z_1 为 9.15、干扰因子电子设备热载荷 Z_2 为 9.10 对回油热载荷影响最大。发动机风扇涵道空气温度升高 20°F 对燃油热载荷的影响等同于电子设备热载荷增加 10% 对燃油热载荷的影响。发动机风扇涵道空气温度升高会降低发动机风扇涵道换热器（FDHX）的换热效率，能源热管理系统（PTMS）需要采用额外的高温液冷循环（HLL）将热量传递到燃油中，最终实现将能源热管理系统热量有效传递到环境中的目的。虽然干扰因子发动机推力 Z_3 比干扰因子 Z_1、Z_2 对燃油热载荷的影响小，但仍对燃油热载荷产生很大的影响。发动机推力减小会降低燃油质量流量，这样会降低燃油回到燃油箱前的吸热能力。干扰因子为最恶劣状态（Z_1=1，Z_2=1，Z_3=–1）、控制因子为额定状态时，回油热载荷为 51.05kW。干扰因子和控制因子均为额定状态时，回油热载荷是 19.82kW。干扰因子使得回油热载荷增加至 258%。图 3 给出了干扰因子 Z_1 和 Z_2 的响应面结果。

在额定干扰因子条件下，均值响应可以表示为

$$E_z\left[y(x, z)\right]=19.82-8.49X_1-2.70X_2-1.96X_3+1.74X_1^2+1.27X_1X_2 \tag{3}$$

从公式（2）和公式（3）可以看出，控制因子压气机增压比 X_1 为 8.49 对回油热载荷影响最大。压气机增压比增加会升高闭式空气循环的空气温度和压力，这样会增加发动机风扇涵道空气热沉能力，从而可降低通过额外高温液冷循环（HLL）将热量带到燃油中的需求。控制因子回热器（RHX）面积 X_3 对系统响应的影响最小。图 4 给出了控制因子 X_1 和 X_2 的响应面结果，图 5 给出了控制因子 X_1 和 X_3 的响应面结果。

对 Z=0 进行一阶泰勒展开并采用方差算子确定了方差模型[15]，见公式（4）

$$V_z\left[y(x,z)\right]=\sum_{i=1}^{3}\left(\frac{\partial y(x,z)}{\partial z_i}\right)^2\sigma_{z_i}^2+\sigma^2 \tag{4}$$

式中，σ_z^2 是方差算子，σ^2 是回归模型的均方残差（为 4.8（kW）^{2}）。

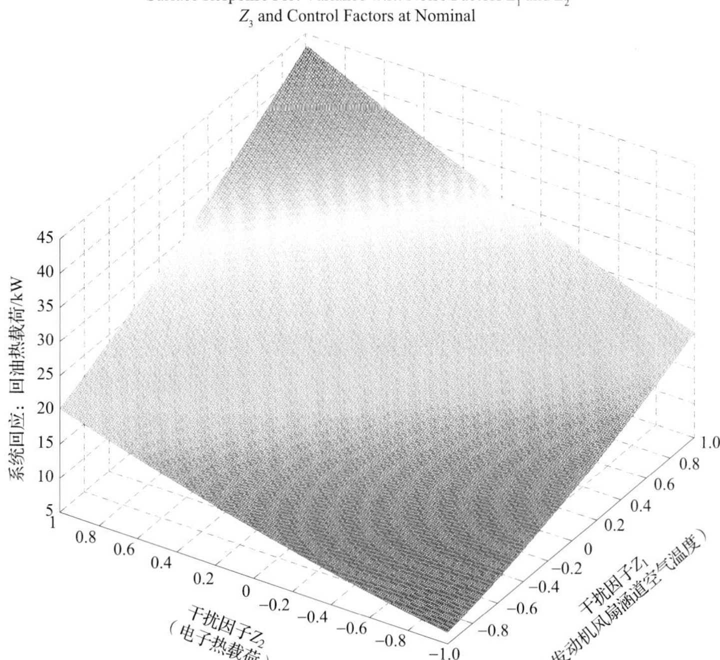

图3　响应面：干扰因子 Z_1 和 Z_2

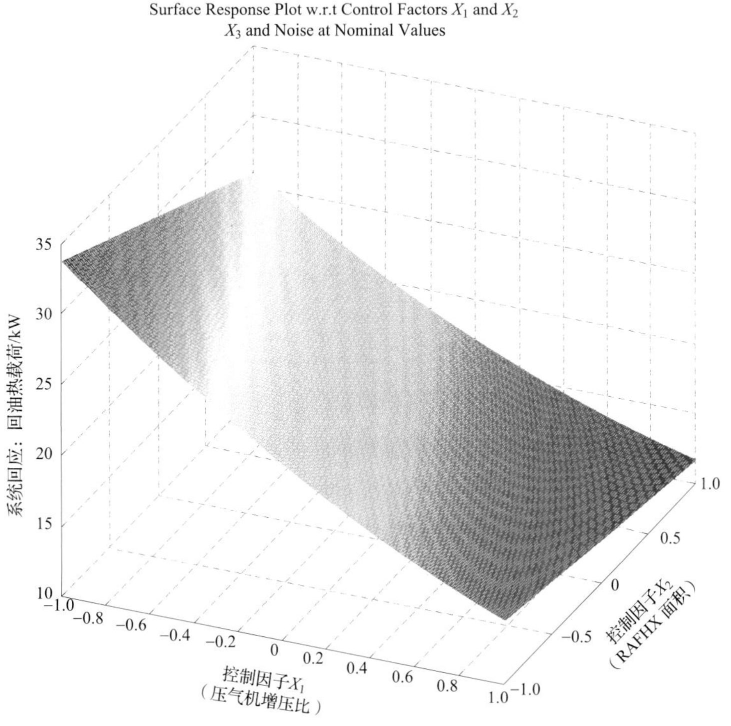

图4　响应面：控制因子 X_1 和 X_2

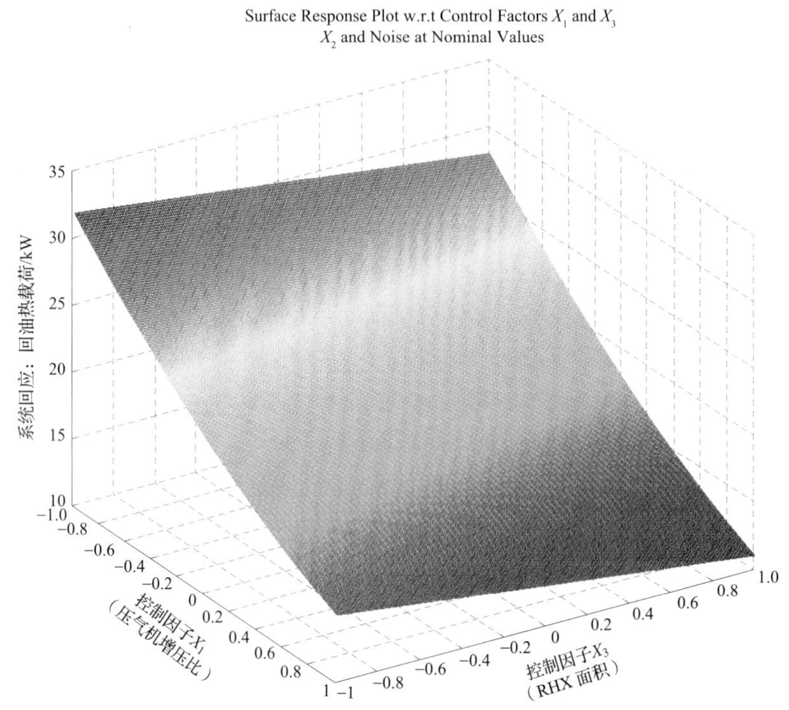

图5 响应面：控制因子 X_1 和 X_3

将干扰值设为 0 均值，标准偏差设为 ±1，此时方差模型可变为以下形式

$$V_{z1}[y(x,z)]=9.15^2+2(9.15)(-2.49)X_1+2(9.15)(-1.39)X_2+2(-1.39)(-2.49)X_1X_2+(2.49^2)X_1^2+(1.39^2)X_2^2$$

$$V_{z2}[y(x,z)]=9.10^2+2(9.10)(-1.92)X_1+2(9.10)(-1.50)X_2+2(-1.92)(-1.50)X_1X_2+(1.92^2)X_1^2+(1.50^2)X_2^2$$

$$V_{z3}[y(x,z)]=5.02^2+2(-5.02)(1.33)X_1+2(-5.02)(1.25)X_2+2(1.25)(1.33)X_1X_2+(1.33^2)X_1^2+(1.25^2)X_2^2$$

$$V_z[y(x,z)]=V_{z1}[y(x,z)]+V_{z2}[y(x,z)]+V_{z3}[y(x,z)] \tag{5}$$

在鲁棒优化问题中，通过调整控制因子以降低干扰因子对系统响应的影响。控制因子和干扰因子的相互作用项决定了控制因子降低干扰因子对系统响应影响的能力。从公式（2）和公式（5）可以看出：控制因子 X_1 对不可控干扰的影响最大。与均值目标函数一样，压气机增压比增加会增加发动机风扇涵道空气热沉能力，降低对燃油热沉的需求。控制因子回油换热器（RFHX）面积 X_2 对回油热载荷方差也有很大的影响，回油换热器面积 X_2 增加会提高回油换热器的换热效率，从而使得冲压空气从燃油带走的热量增加。由于缺少相互作用项（见式（5）），控制因子 X_3 对降低干扰对系统响应的影响没有关系。图 6 给出了控制因子 X_1 和 X_2 的方差响应面。

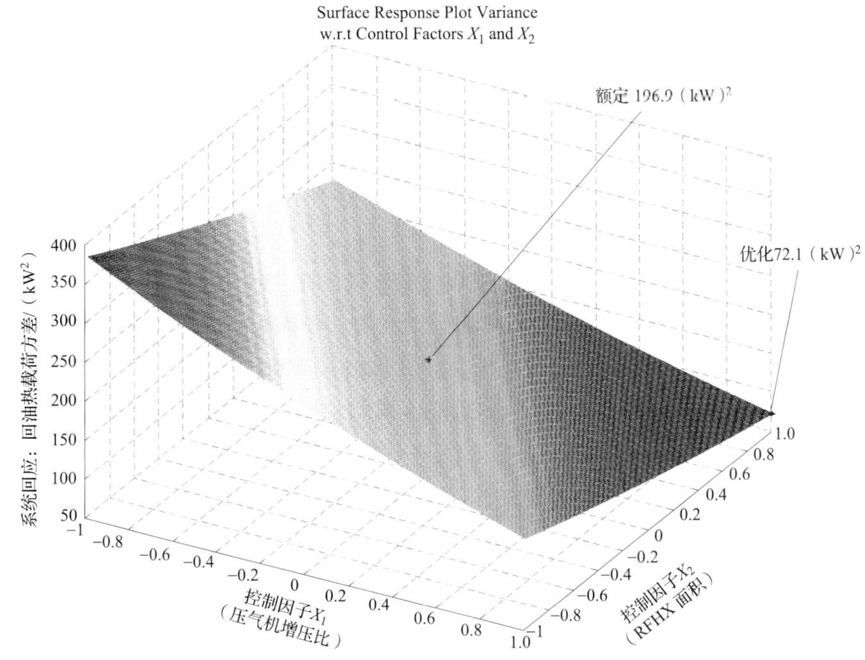

图6　方差响应面：控制因子 X_1 和 X_2

公式（2）和公式（5）分别是鲁棒优化问题中的均值目标函数和方差目标函数。本文使用 MATLAB 优化工具箱中 fmincon 函数获得上述约束目标函数的最小值，均值目标函数解会使得控制因子处于边界值，即 X_1=1，X_2=1，X_3=1。其中，控制因子压气机增压比 X_1、控制因子回油换热器（RFHX）面积 X_2、控制因子回热器（RHX）面积 X_3 均有 10% 的增量。另外，从响应面图（见图 4 和图 5）也可以得到优化结果，每个响应面优化图中的最小回油热载荷对应的控制因子均达到极限值。最优控制值下的回油热载荷为 9.69kW，比额定回油热载荷 19.82kW 降低了 51%。

与均值目标函数一样，方差目标函数解也会使得控制因子 X_1 和 X_2 处于边界值，即 X_1=1，X_2=1。其中，控制因子压气机增压比 X_1、控制因子回油换热器（RFHX）面积 X_2 均有 10% 的增量。方差目标不是回热器（RHX）面积的函数，可以任意设置。正如可以从响应面图（见图 6）得到均值优化结果一样，回油热载荷方差最小对应的控制因子 X_1 和 X_2 均达到了极限值。最优控制值下的回油热载荷方差为 72.1（kW）^{2}，比额定回油热载荷方差 196.9（kW）^{2} 降低了 63%（见图 6）。

由于上述两个目标函数对应的最优解均使得控制因子处于设计范围的极限值，因此无法同时最小化燃油热载荷均值和燃油热载荷方差。

5　结论

在飞机设计的早期阶段，需求和设计不确定性很大。降低不确定性影响的一种策略是设计对不确定性不敏感的部件。鲁棒优化问题旨在通过正确选择控制因子以降低不可控干扰因子对设计的敏感度。本文采用鲁棒优化方法降低设计不确定性对回油热载荷的影响。

鲁棒优化分为两步。

第一步，使用高精度仿真模型生成响应面模型。响应面法（RSM）提供了系统响应与独立变量关系的数学模型，如果独立变量设定范围是 -1 ~ 1，则可以通过变量系数的大小对每个独立变量的相对重要性进行评估。因此，通过对数学模型的简单检查，可以确定重要变量，对其进行优先级排序，从而可以关注到能提升性能的最重要部件。

第二步，提出一个多目标优化问题，该问题能同时使得由不可控干扰因子引起的回油热载荷和回油热载荷方差最小。

本文选取了发动机风扇涵道空气温度、航空电子设备热载荷、发动机推力三个不可控干扰因素用于分析。分析结果发现，发动机风扇涵道空气温度、航空电子设备热载荷是影响回油热载荷的主要干扰因素。干扰因素的最恶劣情况组合比额定状态下的回油热载荷增加 258%。分析结果表明了三种不可控干扰因子方差的重要性，以及在未来能源热管理系统（PTMS）设计和分析中考虑方差的必要性。

为了降低干扰因子对系统的影响，本文选择了压气机增压比、回油换热器（RFHX）面积、回热器（RHX）面积作为能源热管理系统优化的三个控制因子。分析结果表明：压气机增压比是影响回油热载荷的主要能源热管理系统控制因子。采用了多目标优化方法获得最小的回油热载荷均值和方差。结果发现：均值优化和方差优化中的控制因子最优值均在最大边界处。优化使得回油热载荷均值减少 51%，回油热载荷偏差减少 63%。

致谢

感谢 INVENT 项目（FA8650-04-D-24090012）、RZPE 和 RZPA 的研究对本文的支持。

术语 / 缩略语

AFRL—Air Force Research Laboratory/ 空军研究实验室

AFTMS—Aircraft Fuel Thermal Management System/ 飞机燃油热管理系统

AVS—Air Vehicle System/ 飞机系统

C—Compressor/ 压气机

CCD—Central Composite Design/ 中心复合序贯设计

CT—Cooling Turbine/ 冷却涡轮

DOE—Design of Experiments/ 试验设计

EFTMS—Engine Fuel Thermal Management System/ 发动机燃油热管理系统

FADEC—Full Authority Digital Engine Control/ 发动机全权限数字式控制器

FDHX—Fan Duct Heat Exchanger/ 风扇涵道管路热交换器

HLL—Hot Liquid Loop/ 高温液冷回路

PAO—Poly-Alpha-Olefin/ 聚 α - 烯烃

PT—Power Turbine/ 动力涡轮

PTMS—Power and Thermal Management System/ 能源和热管理系统

RHX—Recuperator Heat Exchanger/ 回热器

RSM—Response Surface Method/ 响应面法

TMS—Thermal Management System/ 热管理系统

参考文献

[1] Bodie, M., Russell, G., McCarthy, K., Lucus, E., Zumberge, J., and Wolff, Mitch. Thermal Analysis of an Integrated Aircraft Model, AIAA Paper 2010–288, 48th AIAA Aerospace Science Meeting, Orlando, Florida, January 4–7, 2010.

[2] Taguchi, G. Quality Engineering through Design Optimization, Kraus International Publications, New York, 1986.

[3] Taguchi, G. Systems of Experimental Design, Vols. 1 and 2. Kraus International Publications, New York, 1987.

[4] Box, G., Bisgaard, S. and Fung, C. An Explanation and Critique of Taguchi's Contributions to Quality Engineering. Quality and Reliability Engineering International, Vol. 4123–131. 1988.

[5] Box, G. Signal to Noise Ratios, Performance Criteria, and Transformations. Technometrics, Vol. 30. No. 1 1–16. 1988.

[6] Nair, V. N. Testing in Industrial Experiments with Ordered Categorical Data, Technometrics, Vol. 28, 283–291. 1986.

[7] Welch, W., Yu, T., Kang, S., Wu, J. Computer Experiments for quality Control by Parameter Design. Quality Technology, Vol. 22, 15–22. 1990.

[8] Lucas, J. How to Achieve a Robust Process Using Response Surface Methodology. Journal of Quality Technology, Vol. 26, No. 4, 248–260. 1994.

[9] Chen, W., Allen, J., Tsui, K., and Mistree, F. A Procedure for Robust Design: Minimizing Variations Caused by Noise Factors and Control Factors. ASME Journal of Mechanical Design. Vol. 118. 478–485. 1996.

[10] Chen, W., Messac, A., Sahai, A., and Sundararaj, G. Exploration of the Effectiveness of Physical Programming in Robust Design. J Mech Design. Vol. 122. 155–163. 2000.

[11] Bowman, V. On the Relationship of the Tchebycheff Norm and the Efficient Frontier of Multiple–Criteria Objectives, Lecture Notes in Economics and Mathematical Systems, Vol. 135, 75–85. 1976.

[12] Messac, A. and Ismail–Yahaya, A., Multi–Objective Robust Design using Physical Programming. Struct Multidisciplin Optimiz 2002. Vol 23. No. 5. 357–371. 2002.

[13] McCarthy, K., Walters, E., Heltzel, A., et. al., "Dynamic Thermal Management System Modeling of a More Electric Aircraft," 2008 SAE Power Systems Conference, Bellevue, WA, November 11–13, 2008.

[14] Montgomery, D., Introduction to Statistical Quality Control. John Wiley & Sons, Inc., 2005.

[15] Box, G., and Draper, N., Empirical Model–Building and Response Surfaces. John Wiley & Sons, Inc., 1987.

[16] Montgomery, D., Design and Analysis of Experiments. John Wiley & Sons, Inc., 2009.

[17] Montgomery, D., Peck, E., and Vining, G. Introduction to Linear Regression Analysis. John Wiley & Sons, Inc., 2006.

作者联系方式

Mark Bodie

Senior Engineer

PC Krause and Associates Inc.

1950 Fifth St. Bldg 18A Rm227

WPAFB 45433-7251

Mark. Bodie@WPAFB. AF. MIL

phone:(937) 255-5582

cell phone:(937) 286-1567

15 电源与热管理系统综合优化

戴维·博登，鲍勃·埃勒，斯科特·克莱门茨

洛克希德－马丁航空公司

引用：Bodden D, Eller B, Clements S. "Integrated Electrical and Thermal Management Sub-system Optimization," SAE Technical Paper 2010, 1.doi:10.4271/2010-01-1812.

摘要

飞机系统正朝着多电驱动和多电架构的方向发展，需要高精度仿真准确预测系统峰值用电量以应对由此引起的瞬态用电需求。另外，多电系统设备需要大功率电子设备进行驱动，这样会带来额外热载荷，会增加对热管理系统性能的需求。因此，设计早期阶段，进行电气系统与热管理系统的综合仿真及优化非常必要。洛克希德－马丁航空公司（LM）基于 MATLAB/Simulink/SimPowerSystems 开发了电气和热管理系统快速仿真工具箱，并利用该工具箱对电气与热管理系统综合进行了仿真和优化。

1 引言

传统的战斗机电源系统（EPS）负载分析方法详见参考文献［1］，包含使用电子表格对稳态和瞬态用电负载进行估算。实际上，电源系统设计通常在稳态用电负载基础上考虑一定余量以应对瞬态用电负载。因此，实际峰值用电负载在进行实验室试验后才能确定，可能存在重大设计缺陷及重复设计的风险。

已证实，在多电系统（如 F-35 飞机）设计中使用此方法是有缺陷的。F-35 多电系统指的是发动机采取电起动方式和主飞控作动器使用电驱动替代液压驱动。图 1 是采用参考文献［1］方法对 F-35 电源系统（EPS）进行传统用电负载分析的结果，从图中可以看出：50ms 瞬态用电负载是稳态用电负

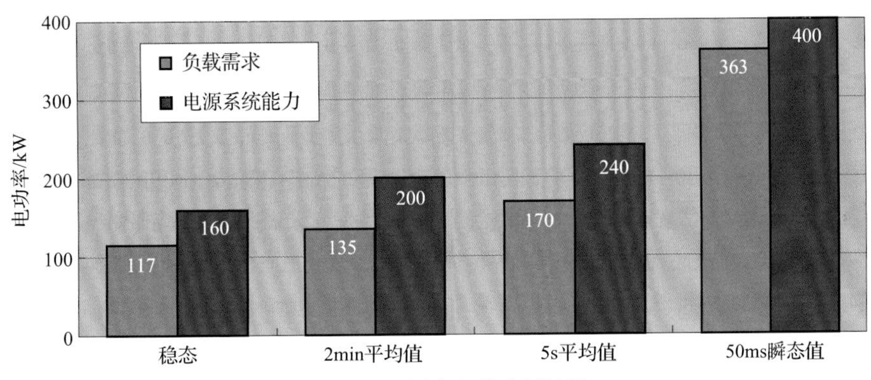

图 1　F-35 用电负载分析结果

载的 3 倍。通常采取的设计余量按稳态用电负载的 25%、5s 平均用电负载的 50% 用来应对瞬态用电负载，对 F-35 这样的多电飞机是不够的。

为了对电源系统的动态特性进行建模和仿真，洛克希德－马丁航空公司开发了基于 MATLAB/Simulink/SimPowerSystems 的电源系统（EPS）建模模块，称之为 SimEPS，此建模模块便于图形化建模。MATLAB/Simulink 作为电源系统核心建模环境在文献中被广泛引用[2-3]，主要原因在于：

① MATLAB/Simulink 是工程师和工程专业学生广泛使用的工具，可最大程度节省熟练使用时间；

②除了具有系统仿真能力，MATLAB/Simulink 还具有很强的分析能力；

③ MATLAB/Simulink 具有系统物理场可视化能力，可为所有分系统提供一个通用的仿真分析环境；

④ SimPowerSystems 是基于物理模型的建模环境，可以生成系统状态空间公式。

生成的系统状态空间公式可与基尔霍夫电压和电流定律相关的约束条件合并。图 2 给出了为 SimEPS 开发的典型系统模型。虽然 SimPowerSystems 中已有很多模型，但仍在 SimEPS 中开发了对应模型以应对战斗机电源系统建模仿真的额外需求。

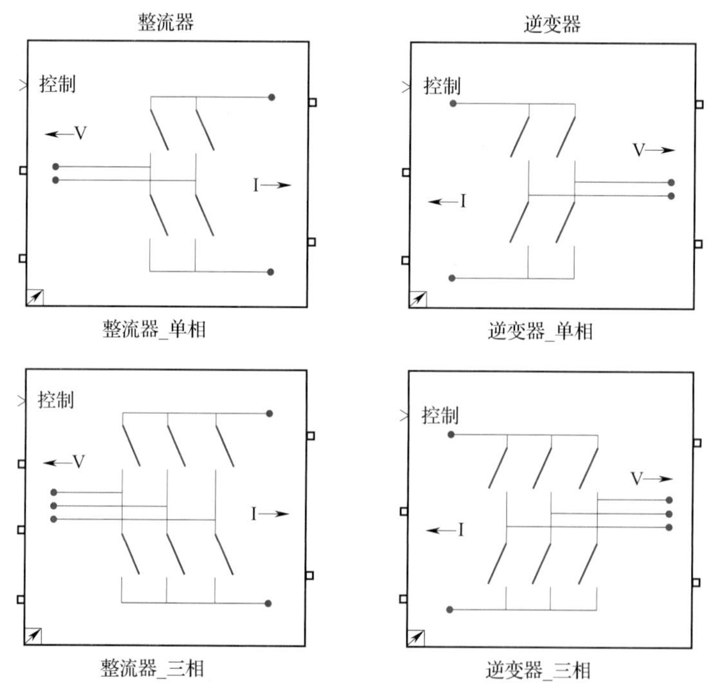

图 2　典型 SimEPS 模块

同样，基于 MATLAB/Simulink 环境开发了热管理系统（TMS）模块集，可兼容 SimEPS 模块用于热管理和电源系统综合仿真和优化。本文使用洛克希德－马丁公司开发的 SimEPS 和 TMS 模块开展了热管理和供电系统综合仿真和优化验证。

2　EPS/TMS 系统综合建模

图 3 给出了用于系统级优化验证的仿真模型。仿真模型由 JP8 航空燃油热管理冷却回路模型和电源系统模型综合而成，其中，电源系统模型包含驱动热管理回路泵的电机及其电源（发电机）。热

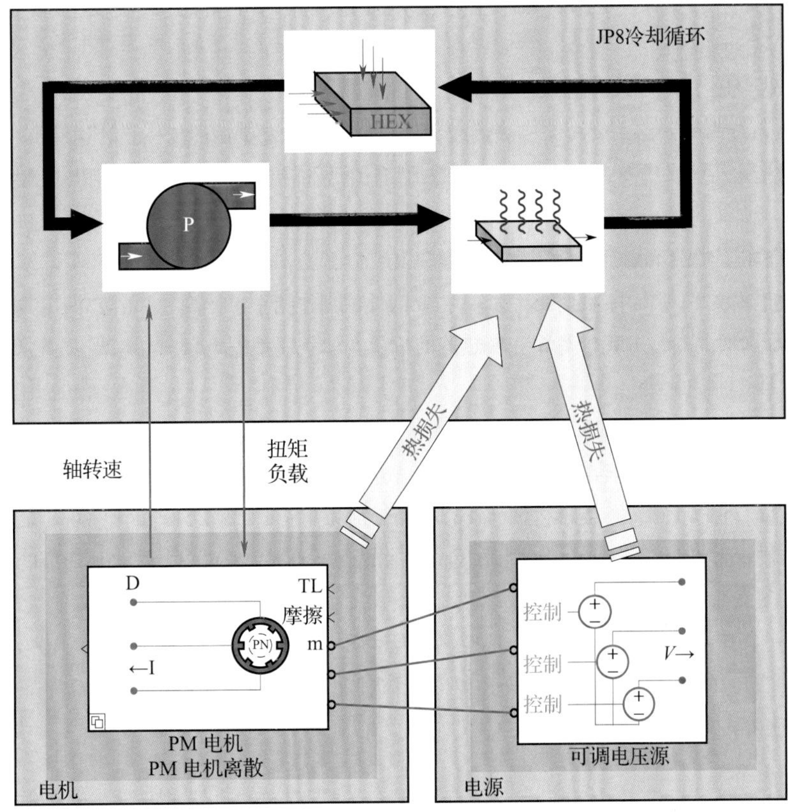

图 3 EPS/TMS 综合仿真

管理回路泵向电机提供扭矩输入，电机及电源热载荷传递给热管理冷却回路。

综合仿真采用定步长求解器，这样可简单使用 Matlab/Simulink 采样频率转换模块对电气部件模型和热模型按照采样频率进行分类。电气部件模型设置较高的采样频率，以实现对电气控制部件高频转换的精确仿真。冷却回路不包含高频部件，因此可设置较低的采样频率以节省全系统仿真时间。电源和热管理系统的进一步描述详见以下各节。

2.1 电源系统

电机的主要部件有三相永磁电机、三相开关式变频器和变频控制器。变频控制器在最大转换频率 8kHz 处进行脉宽调制（PWM），实现调节电流使电机转速为用户定义转速的目的。三相变频器模型输入有电源输出和变频控制器控制信号。三相永磁电机模型需要对电机内电气和机械元件进行建模，模型输入有变频器三相电气输出、热管理回路泵的扭矩和电机内部摩擦。还有用于计算电机输入功率（P_{in}）、输出功率（P_{out}）和热损耗的模型，模型计算的电机热损耗作为热管理回路的热载荷输入。

包含 SimEPS 模块部件的电源模型用于模拟三相电压源的调节。电源模块的主要部件有三相可调电压源、三相整流器和制动斩波器。使用电流控制模块对整流器开关进行控制，其中电流控制模块使用脉宽调制（最大开关频率为 8kHz）来控制电压。当输出电压超过额定电压 270V 至少

10V 时，制动斩波器工作。电源模型还包含热损耗计算，热损耗计算结果作为热管理回路的热载荷输入。

2.2 热管理系统

热管理系统冷却回路主要由泵、热负载和换热器组成。泵模型的压头是转速和 JP–8 流量的函数，设定为指定压头。JP–8 冷却回路使用代数约束计算所需流量，平衡泵压升和热负载及换热器的压力损失。冷却回路中电气部件的输入有电机和电源的热载荷、驱动冷却回路泵的电机轴转速。如前所述，泵输出的扭矩负载作为永磁电机模型输入。

为了便于本文下一节讨论的系统优化，主要部件仿真包括重量计算。基于 TMS 工具箱图形用户界面（GUI）内嵌的参数方程计算泵和换热器的重量及体积。根据重量与功率需求函数对电机和电源重量进行计算。

2.3 EPS/TMS 系统综合仿真

图 4 为 EPS/TMS 系统综合仿真结果，其中，仿真的约束值为：① JP–8 冷却回路压力设定为定值 25psi（172.375kPa）；②换热器和热负载的压降分别为 0.5psi（3.4475kPa）和 3.0psi（20.685kPa）；③泵的压头设置为 10ft（305cm）。仿真目的是评估系统热载荷从 42kW 开始增加所对应的系统响应情况，在 0.4s 热载荷增加了 10%，在 0.7s 热载荷又增加了 10%。由于冷却回路压力限定为额定值 25psi（172.375kPa），JP–8 流体温度会升高。从换热器温度图中可以看出：热载荷每升高 10%，JP–8 流体温度升高约 2°R–272℃。仿真结果还显示 JP–8 流体黏度随着 JP–8 流体温度的升高而降低，使得所需 JP–8 流量和泵功率略有下降。

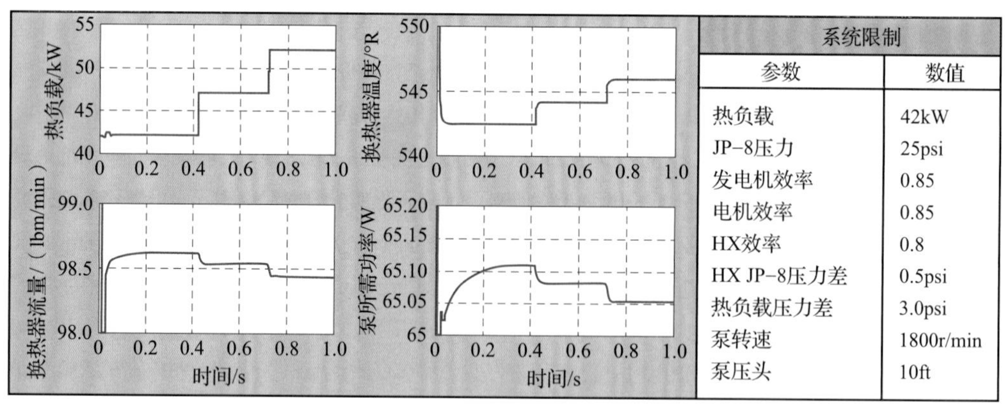

图 4　EPS/TMS 综合仿真结果

3 综合优化验证

优化的目标是评估需要提高系统部件中的效率类型，实现不增加系统重量的情况下增加系统热负载的能力。优化可以进行智能决策，确定系统设备研究方向及重新设计路线以提高全系统性能，对概念设计和初步设计阶段的设备选型及设备性能确定方面非常有用。

优化问题描述为将系统热载荷增加 5kW（即增加至 47kW）对应的系统重量最小化问题，此时系统优化后的重量和流体温度不应高于基准系统（分别为 84lb 和 542°R）。发电机和电机的效率可以提高 2%（效率范围为 0.85 ~ 0.87），换热器的效率可以提高 3%（效率范围为 0.8 ~ 0.83）。由于效率提高后的边界值已接近 90%，因此选择的效率边界提高值对改进设备是合理的。最后，换热器的 A 侧压降允许在 0.5psi（3.4475kPa）的基准基础上变化 ±0.2psi（1.379kPa）。换热器 A 侧压降变化会导致换热器 A 侧管路长度变化，从而导致换热器尺寸和重量的变化。然而，压降随流体温度的变化参数曲线显示：换热器 A 侧压降为基准值 0.5psi（3.4475kPa）时，回路温度最低。任何因系统重量变化带来的换热器 A 侧压降变化均会导致回路温度升高，因此不希望换热器 A 侧压降有很大变化。

使用 Simulink 设计优化库进行系统优化[4]。设计优化库允许对系统的瞬态响应和系统参数进行约束。如前所述，电气部件的总重量是所需功率的函数，还可以假定采取更好的设计和材料提高电气部件效率，从而降低重量，因此，"重量曲线"在稳定之前有一个瞬态区域（稳定时间约 0.05s）。图 5 给出了在优化库的信号约束对话框中绘制的一个重量曲线示例，其中信号约束对话框有两个作用：首先允许在瞬态响应上设置边界，其次允许定义"目标"特征曲线。上边界和下边界之间显示为"允许"区域（白色），上边界和下边界外显示为"不允许"区域（黄色阴影）。由于只有重量的稳态值对优化重要，因此初始允许区域应设置大一些以包含瞬态特性。但是，一旦达到稳定状态，允许区域将下降至限制值 84lb（38.136kg）。"目标"线为瞬态特性结束后虚线显示的 75lb（34.05kg）线，其中 75lb（34.05kg）接近但低于预期值。优化程序运行时，在约束边界范围内对全系统"重量曲线"与规定的"目标"线进行匹配优化。为流体温度特性定义了类似的约束和目标。

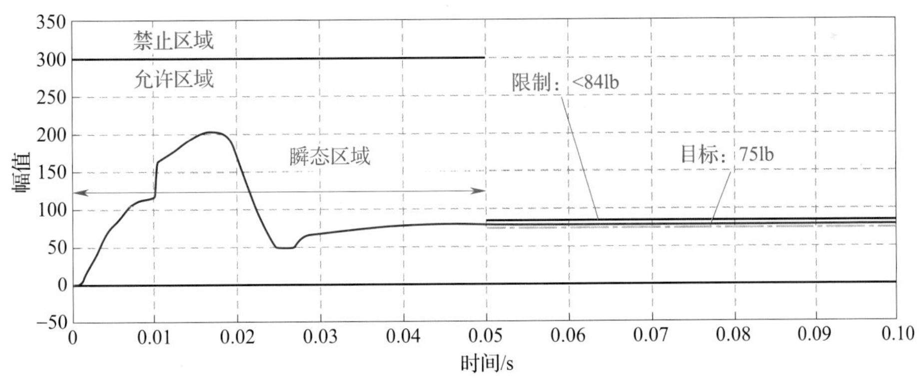

图 5 用于系统优化库的系统重量约束对话框

最佳解决方案（表 1 的"优化运行 1"）对应的系统重量为 82.6lb，发电机效率为 86.1%、电机效率为 85.8%、换热器效率为 82.9%。发电机和电机效率略有增加（可用 2% 的约 1%），换热器效率增加至接近上限（可用 3% 中的 2.9%）。由于增加的热载荷必须通过换热器将热量带走，因此上述优化结果是符合预期的。最后，如预期一样，换热器 A 侧压降从基准值 0.5psi 轻微改变至 0.45psi。如前所述，换热器 A 侧压降降低会减少换热器 A 侧管路长度，从而降低换热器重量。本次优化中系统重量降低的第二个原因是，由于发电机和电机效率略有提高，使得发电机和电机所需功率降低，从而降低系统重量。

表 1　优化运行结果

参数		优化运行 1		优化运行 2		优化运行 3		优化运行 4	
		范围	优化结果	范围	优化结果	范围	优化结果	范围	优化结果
发电机效率 /%		85 ~ 87	86.1	85	N/A	85	N/A	85	N/A
电机效率 /%		85 ~ 87	85.8	85	N/A	85	N/A	85	N/A
换热器效率 /%		80 ~ 83	82.9	80 ~ 83	83	80 ~ 85	83	80 ~ 85	84.7
A 侧 Δp（psi）		0.3 ~ 0.7	0.45	0.5	N/A	0.5	N/A	0.3 ~ 0.7	0.32
流体温度	°R	≤ 542	542	≤ 542	542	≤ 542	542	≤ 542	542
	℃	≤ 27.96	27.96	≤ 27.96	27.96	≤ 27.96	27.96	≤ 27.96	27.96
重量	lb	≤ 84	82.5	≤ 84	84.5*	≤ 84	84.5*	≤ 84	80.5
	kg	≤ 38.136	37.455	≤ 38.136	38.363*	≤ 38.136	38.363*	≤ 38.136	36.549

* 表示优化程序无法得到满足所有约束的解决方案。

考虑到换热器效率很可能是解决优化问题的主要因素，下一个问题就变成了通过改变换热器效率确定换热器改进措施的问题。表 1 的“优化运行 2”中，换热器 A 侧压降、电机效率和发电机效率为基准值，和上次优化时的限制一样。如果换热器效率允许提高 3%（与上次优化一样），则优化程序将无法找到满足所有约束的解决方案，但可以得到系统最佳重量约为 84.5lb（换热器效率约为 83%）。虽然此解决方案稍微重于基准系统（带走热载荷较小），但可满足其他优化准则（带走热载荷较大）。如果允许将换热器效率进一步提高至 85%，虽然优化程序仍然无法满足所有系统要求（“优化运行 3”），但在换热器效率为 83% 时可得到系统局部最小值为 84.5lb（与“优化运行 2”的最优解一样）。最后，表 1 的“优化运行 4”允许换热器效率和 A 侧压降都可以变化，此时得到的最优解还会显著降低换热器 A 侧压降，从而降低换热器 A 侧管路长度，最终将系统重量降低至 80.5lb。从上述优化结果中可以看出，通过使用更高效率的较小换热器替换基准系统中的换热器，可以在提高系统换热能力的同时降低系统重量。

4　结论

本文基于洛克希德 – 马丁航空公司开发的电气和热管理系统仿真工具箱，使用 MATLAB/Simulink 对供电与热管理系统综合进行了仿真和优化。优化演示验证了通过可以进行优化的权衡类型，确定设备改进方向，在保持规定系统重量目标下提升系统能力。通过适当建模，可将这种优化方法进行扩展以满足全寿命周期成本、可靠性等其他性能目标。

该仿真和优化演示还指出，分系统综合仿真的固有难点之一是系统时间常数不同。热管理系统比供电系统的时间常数要低得多，其中，供电系统通常需要使用高频脉宽调制对电机、变换器等设备进行控制。使用 Matlab/Simulink 采样频率转换模块对热管理系统和供电系统进行采样频率分类，可使每个分系统在自身合适的时间步长下运行，避免两个分系统均以最高的采样频率运行。

虽然 Simulink 设计优化库是有效解决特定优化问题的优化环境，但可能会不适合用于更为复杂的 EPS 模型，主要原因是在 Simulink 环境中运行更为复杂的 EPS 模型会导致运行时间很慢。解决更为复杂问题的比较好的办法是使用 MATLAB 的实时工作工具箱生成模型可执行代码，利用合适的优化技术在批处理环境中运行这些代码。通常，Simulink 是一个有效的图形建模环境，但由于运行时间慢无法用于复杂模型的仿真。本文的研究表明，生成模型可执行代码，并通过优化代码使其可以在多个节点并行运行，然后在计算机主机上运行此优化代码，可获得复杂系统仿真和优化的最快运行时间。减少运行时间的另一种方法是通过链接通信软件（如分布式异构仿真（DHS）软件）使用一组个人计算机（PC）对复杂系统进行仿真及优化[3]。另外，对洛克希德－马丁航空公司这种拥有可以进行计算流体动力学仿真的超级计算机的大型公司来讲，使用超级计算机对分系统进行仿真和优化是最有效的方法。

参考文献

[1] Mil–E–7016F. Military Specification: Electrical Load and Power Source Capacity, Aircraft. 20 July 1976. Rev F.

[2] Ueda, J., Daniszewski, D., Monroe, J., Masrur, A., et. al., "Electrical Modeling and Simulation with MATLAB/Simulink and Graphical User Interface Software," SAE Technical Paper 2006–01–3039, 2006, doi: 10.4271/2006–01–3039.

[3] Amrhein, M., Wells, J., Walters, E., Matasso, A., et. al., "Integrated Electrical System Model of a More Electric Aircraft Architecture," SAE Technical Paper 2008–01–2899, 2008, doi: 10.4271/2008–01–2899.

[4] "Simulink Design Optimization 1.1.1." MathWorks. n. d. Web. 11 August 2010.<http: //www.mathworks.com/products/sl–design–optimization/index.html>.

作者联系方式

David S. Bodden

david.s.bodden@lmco.com

Bob G. Eller

bob.g.eller@lmco.com

Scott N. Clements

scott.clements@lmco.com

16 动态仿真在热管理系统设计中的优势

佩德罗·德尔瓦尔，帕布尔·布莱克斯·穆尼奥斯

空中客车防务与航天公司

引用：Del Valle, P.and Blazquez Munoz, P.,“Advantages of the Dynamic Simulation for the Thermal ManagementSystems Design,” SAE Technical Paper 2014-01-2152, 2014, doi: 10.4271/2014-01-2152.

摘要

过去十年，在研究多电飞机概念的同时，研究出了达到飞机内部能量优化的先进热管理系统。

先进热管理系统是有效利用机上热源和冷源以降低发动机燃油消耗的复杂系统，其中，降低电功率、最小化重量、优化飞机动力学（比如最小化冲压进气面积）、减少发动机引气均可以降低燃油消耗。

任何用于能量优化的热管理系统都是复杂而先进的。由于必须考虑大量变量和接口，因此需要尽最大努力进行系统设计及综合。

在系统研发和设计早期，建模仿真非常重要。并且这些仿真模型在系统整个生命周期内（如测试、验证、使用、系统更改）都有用，因此必须对这些仿真模型进行升级更新以满足每个阶段的要求，还必须使用实验室和样件数据对仿真模型结果进行校核。

另外，使用动态模型取代典型稳态模型，设计者可以考虑热惯性以设计与预期操作对应的较为理想系统，还可以考虑不同飞行剖面下需要带走热载荷的变化。这样可以实现系统在实际应用场景下的优化设计，而不是应对最恶劣应用场景的过设计。

本文描述了使用动态模型进行热管理系统的概念设计和尺寸设计情况。

1 引言

系统工程的当前趋势是增加系统设计的复杂性。由于可能考虑其他系统的参数，系统需要与其他系统进行综合，这对工程师来讲是比较难的。

还有，高质量和快速研发的要求使得系统设计者以更高效更节省费用的方式工作。

当前的系统设计包含与其他系统的大量接口，这些都是系统的一部分，导致影响系统架构的参数呈指数级增长。因此，从研发早期开始，系统设计就是一项艰巨的任务。

尤其在机载热管理系统（TMS）设计方面存在以下情况。

● 航空电子设备功能不断增强，控制计算机中使用的处理器能力越来越强大且体积越来越小，导致航空电子设备的热耗和热流密度不断增加。

● 由于飞行任务的变化，（如新型无人机需要长时间在高空飞行以应对战斗机的快速机动），需要考虑机上其他系统（如燃油或滑油）的冷却 / 加热需求。

● 设计人员需要合理的系统冷却策略，使得热管理系统（TMS）在上述复杂架构下可以满足新的冷却 / 加热要求。

另外，当前倾向于增加货架产品（COTS）的应用以降低产品研发及生产费用。货架产品的费用通常低于定制设计的产品，也更易于维护。这种趋势意味着系统设计还需要承受货架产品固化的需求且不能对其进行更改，否则货架产品将丧失优势。

综上所述，热管理系统设计已成为一项复杂而艰巨的任务。本文的重点是设计并研发一种机载热管理系统，为机上所有电子设备、驾驶舱、燃油、滑油等提供空气 / 液体冷却，系统规模将严重影响飞机总体设计。

从早期阶段就需要进行灵活建模以进行系统权衡研究。另外，研制早期顶层需求经常发生变化，因此还要考虑由于顶层变化带来的变量变化情况。

从研制早期就使用动态仿真建模手段，有助于开发过程更加敏捷，并且由于不需要试验或样件研制等费用高昂的开发方式，从而可以节约费用。

图 1 给出了用于系统工程研制流程中的典型 V 模型。

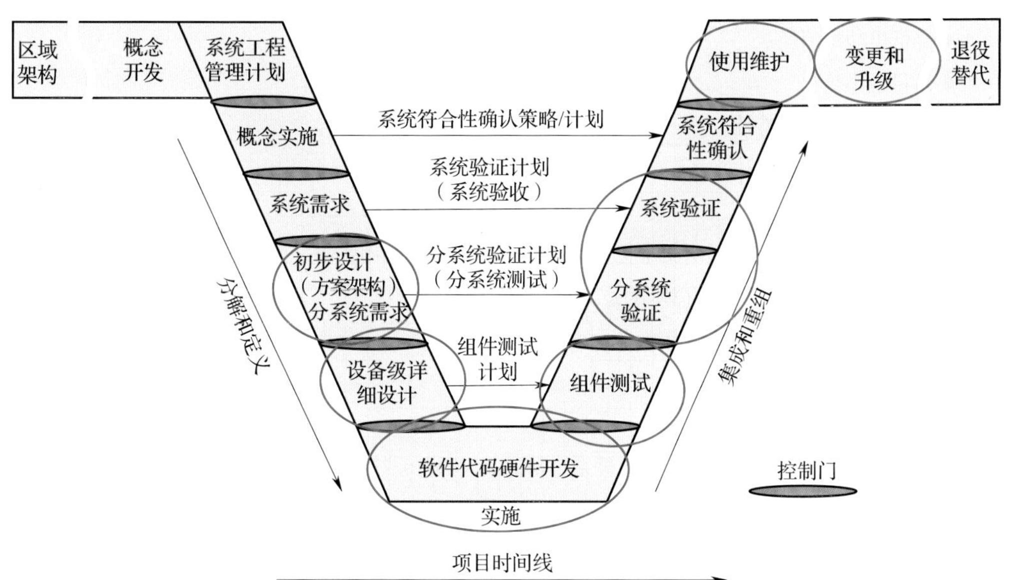

图1　系统工程 V 模型（来源于美国运输部研究与特殊项目管理局）

动态仿真建模可用于图 1 标出的流程中，描述如下。

高级设计：对多种架构进行仿真，帮助对设备及系统架构的评估和选型，获得权衡研究所用的初步计算结果。

● 设备级详细设计：确定最终架构、设备选型，进行系统尺寸设计，获得系统性能。

● 软件编码 / 硬件制造：对系统控制器（PID）进行设计和调优。

- 组件测试：使用实验室试验结果和样件测试结果进行模型校准（包含瞬态特性），对系统模型进行验证。
- 系统验证：降低实验室、机上地面和飞行测试小时数，缩短排故周期。
- 操作和维护：通过对飞行过程中的系统故障特性再现方式（包含瞬态条件）进行系统排故。
- 变更和升级：如果更改比较小，则可在不进一步测试情况下对更改进行验证。针对严重影响系统性能的重要更改，可在降低所需测试次数情况下对更改进行验证。

上述几点可以总结为，系统研发中使用动态模型可以降低研发费用的同时缩短将产品投放到市场的时间。

2 热管理系统设计场景

如前所述，当前系统设计框架已发展到难度很高的水平。本节主要对先进热管理系统设计的难度进行解释说明。

2.1 复杂度

以往环境控制系统（ECS）根据最大热载荷进行设计，根据热载荷选择标准冷却系统（如冲压空气、电动风扇或压气机、引气等）。

现在，环境控制系统发展到先进热管理系统（TMS），后者更有助于提高飞机内效率和能量回收。先进热管理系统是随多电飞机概念发展而提出的，有以下特点：

- 降低电功率消耗；
- 重量最小化；
- 优化飞机动力学特性；
- 降低发动机引气量；
- 节省燃油消耗。

热管理系统的新概念包括对机上已有热源和冷源的有效利用，与之前的设计概念相比，热管理系统的新概念目的是降低机上功率消耗。

由于系统工作模式多，系统作为几个变量（如任务剖面、设备）的函数带来的多功能需求使得系统设计复杂度呈指数增长。

2.2 系统接口

根据机上各系统的冷却要求，热管理系统与机上大部分系统都有接口。

这意味着热管理系统需要考虑对环境条件有要求的系统带来的冷却要求，这些系统包括燃油系统、驾驶舱环境调节或最新的复杂 AESA 雷达（有源相控阵雷达）等。

热管理系统架构及系统复杂度，取决于与热管理系统有接口的几乎机上所有系统的需求，其中，系统架构可能会包含不同类型的设备冷却、热沉、制冷组件等。值得注意的是，接口需求的任何变化均会严重影响热管理系统最终架构。

在系统研制早期应进行需求分析与系统设计的迭代，以避免在实施和集成阶段中进一步的延迟和成本损失。

在迭代过程中使用动态模型非常有用，可以快速修改模型获得不同架构的仿真结果，以支持系统设计状态冻结前的系统权衡研究。

2.3 环境条件

全天候气候要求已成为用户普遍的需求，用户希望飞机具有每天 24h 全球飞行的能力。

这意味着飞机应能在最宽泛的环境条件范围内工作，其中应考虑的环境条件有温度、压力、沙尘、污染物和盐雾等。热管理系统应能耐受这些环境条件。

如前所述，热管理系统会使用外界大气以提高系统效率，但是全天候气候条件要求使得这一方式变得比预想要困难得多，对应的系统架构及控制软件也会复杂得多。

另外，飞机全球范围内飞行会带来其他的需求（如耐沙尘或盐雾），也会增加系统设计的难度。

2.4 任务和热载荷剖面

通常，飞机，特别是热管理系统（TMS），应按能在确定的任务剖面下工作而进行设计，任务剖面应在概念设计之前与用户达成一致。

任务剖面会严重影响热管理系统的架构和性能。不同类型飞机（如监视、侦察、空空作战、空地作战），其热载荷及冷却系统的选择也会有很大不同。仅仅根据任务剖面的需求就可以将一些系统架构从备选列表中删除。

应在概念阶段提供机上计算机信息，这些信息将用于改进任务剖面下所需系统性能（是时间的函数），其中，任务剖面信息来自于工作计算机。主要通过考虑任务剖面下电子设备、驾驶舱空调及时间对应的热惯性进行改进的。

2.5 实际设计

就动态仿真而言，最后也是最重要的一点是，允许系统基于真实使用场景进行设计，从而避免了系统过设计（如关注于最恶劣使用场景）。

前面章节已经描述了增加热管理系统设计复杂度的各个方面，以及自研制开始阶段使用动态模型的好处。

总结为：动态模型允许调整系统架构，可按照实际使用情况而不是最恶劣情况进行系统设计，并通过考虑以下因素保证系统性能：

- 任务剖面；
- 由于设备切换导致的热载荷随时间的变化；
- 设备热惯性；
- 环境条件；
- 作为时间函数的接口需求。

这样，热管理系统所需功率消耗会最小，降低燃油消耗的同时可增加航程、续航能力和/或武器有效装载。

这基本就是设计者的主要目标，也是动态模型仿真相比较稳态模型仿真的最大优势。

3 基于动态仿真的先进热管理系统研制

热管理系统是与机上其他系统（如燃油、航电、飞控系统等）有很多接口、高度依赖外部环境条件（如环境温度、太阳辐射、湿度等）的复杂系统，有用于控制整个系统（如阀门、压气机、风扇等）的复杂软件。

可用热源和冷源随着任务时间发生变化。比如太阳辐射日变化，电子设备热载荷在飞行任务剖面各阶段是不同的，燃油消耗变化，不同飞行高度下的空气密度与温度是不同的。另外，根据材料种类和质量，加热和冷却过程会有时间响应（即热惯性）。基于上述原因，稳态模型无法得到系统真实特性，仅能评估全系统的稳态性能。

根据稳态模型和最恶劣情况确定的热管理系统通常会过设计，功率消耗和重量都比较大。采用真实使用场景动态模型确定的热管理系统相对合适，功率消耗和重量都会降低，从而可降低燃油消耗、保证长航时工作。

下面说明动态模型中可能影响热管理系统的因素。

3.1 太阳辐射日变化和世界位置

通常，极热条件下的太阳辐射量按 1120W/m^2（STANAG 2895 规定，见参考文献［1］），与飞机飞行位置及时间没有关系。

热管理系统动态建模使用一个模块获得更准确的太阳辐射量。这个模块首先根据飞机位置（如经度和纬度）计算每个时间下的太阳方位，NOAA 中给出了日期和时间的建议方程（见参考文献［2］）。

一旦确定太阳方位（太阳高度和方向角），基于不同的输入参数（如大气层透明度、反射率、太阳距离变化等），使用 RiXX 提出的方程（见参考文献［3］）即可计算出飞机上的太阳辐照度和地球辐射量。

另外，太阳辐射计算模块还可以计算晴天和多云天气条件下的辐射冷却影响，其中辐射冷却是飞机表面到大气空间的长波辐射。

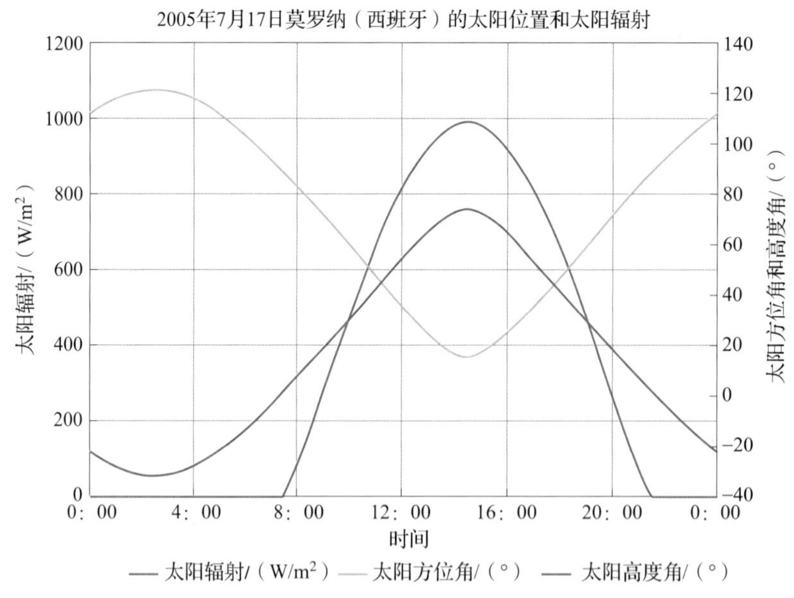

图 2　指定位置下太阳位置和太阳辐射随时间变化的预测值

3.2 基于气候带的环境温度

和太阳辐射一样，环境温度也依赖于世界位置和时间。当地真实温度取决于很多因素（大多数是随机因素），因此建立计算当地真实温度的模型会非常复杂。

使用世界不同区域标准大气[1]定义的气象条件进行动态建模。这些气象条件定义为全球范围内的极热区域、热天以及高湿环境区域、冷天环境区域（见图 4 ~ 图 6），还包括日温度变化（见图 3）、年温度变化、环境温度随高度的变化。

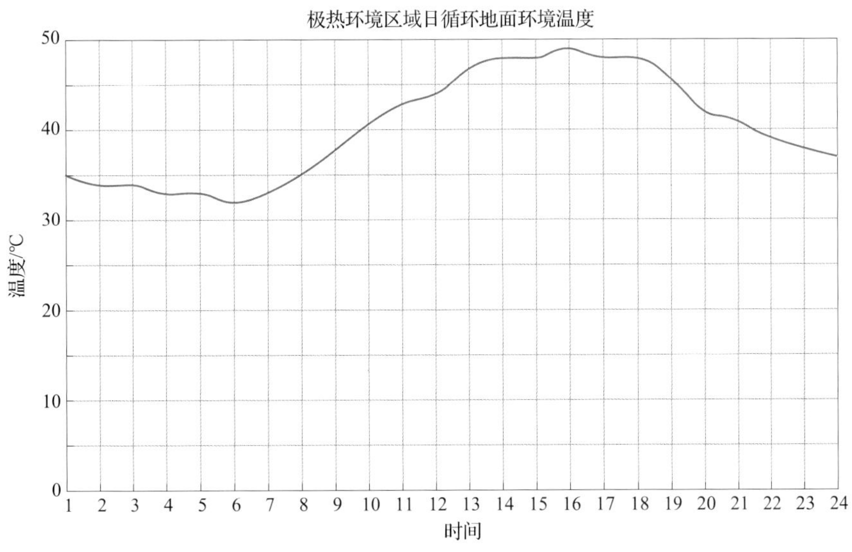

图 3 极热环境区域日循环地面环境温度

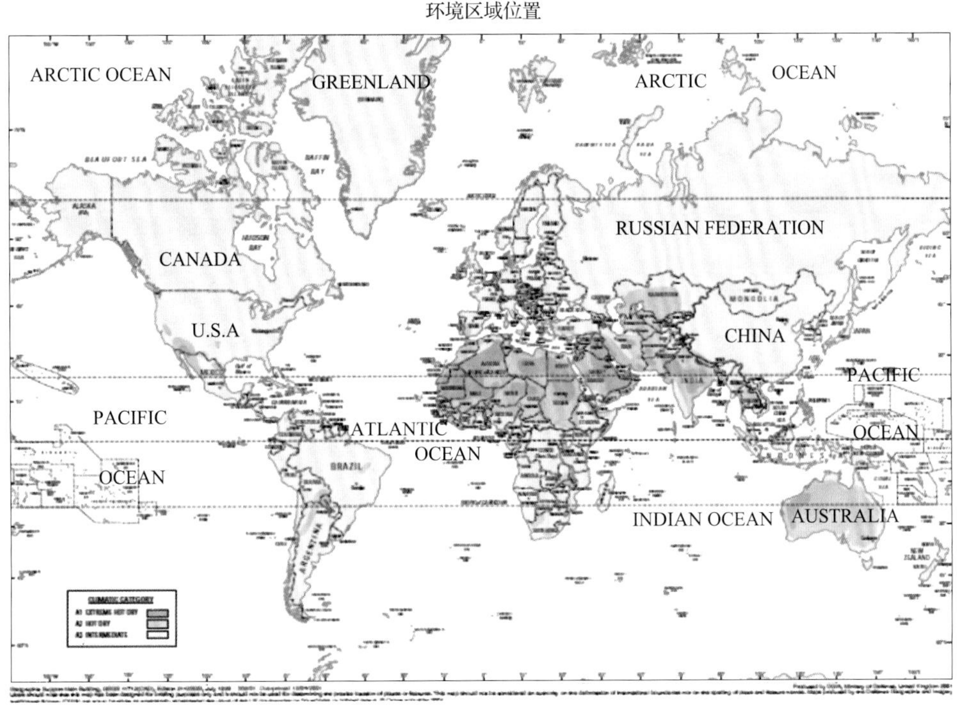

图 4 STANAG 2895 规定的热天环境区域

环境区域位置

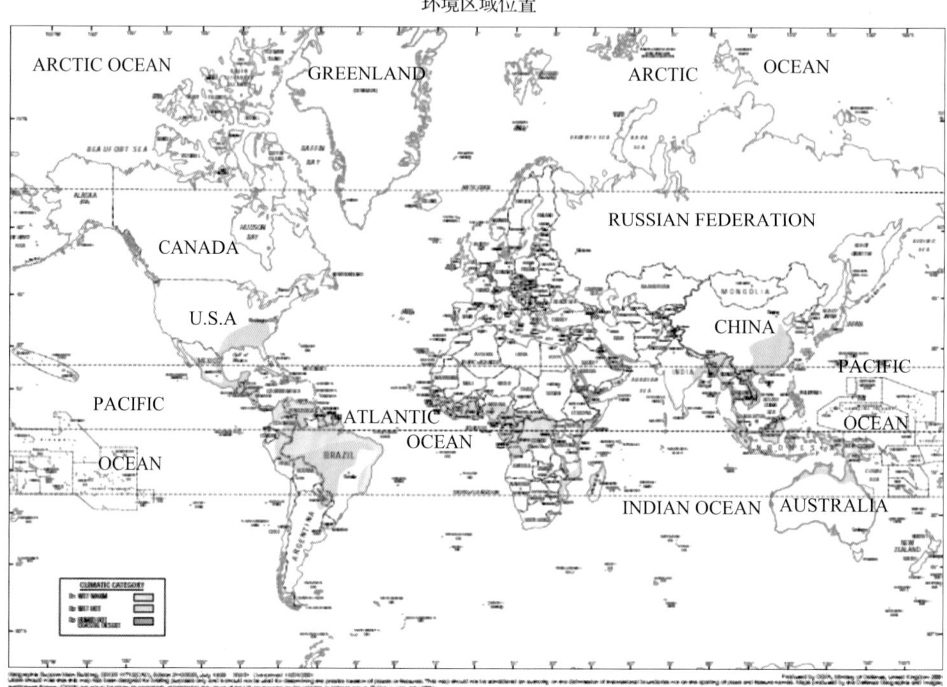

图5 STANAG 2895 规定的热天及高湿环境区域

环境区域位置

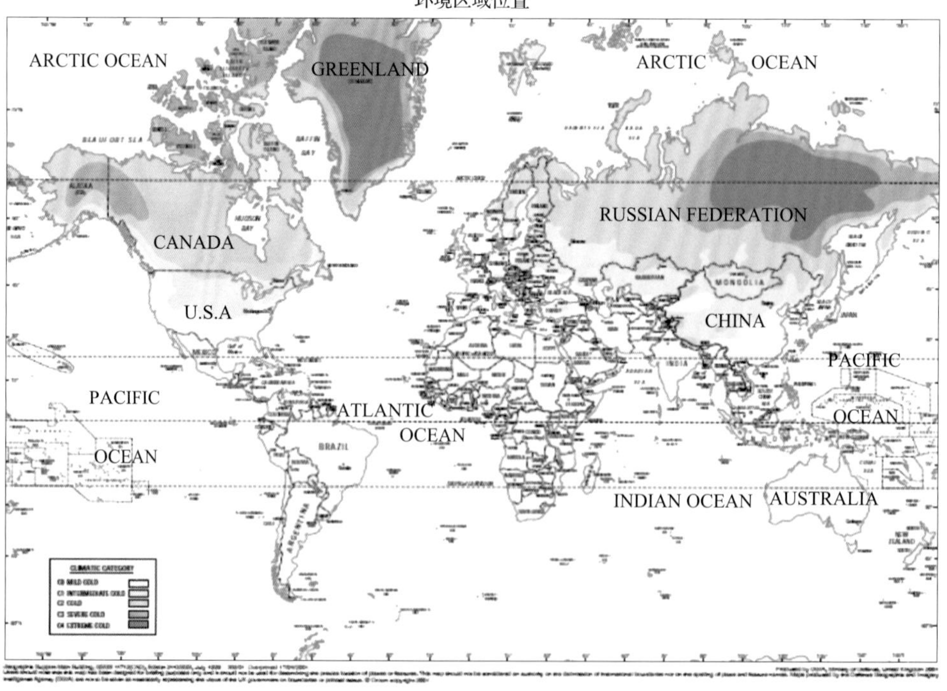

图6 STANAG 2895 规定的冷天环境区域

3.3 基于任务类型的设备工作占空比循环

飞机（主要是无人机/UVA）的发展趋势是功能最大化以尽可能支持任务，这样需要很多的计算机、天线、雷达、传感器等，对应的设备热耗很大。如果这些热源同时工作，需要的冷却能力会很大。由于机上电功率有限，加上所有功能不会同时工作，这样可以得到机载设备的工作占空比循环。由此可以优化功率消耗和热耗，从而实现热管理系统（TMS）的优化设计。

动态建模使用一个模块来管理整个任务剖面下的热载荷占空比循环（图7给出了示例），这样用于仿真的任务剖面每一时间步对应的航电和雷达热载荷就是实际值而不是最大值。

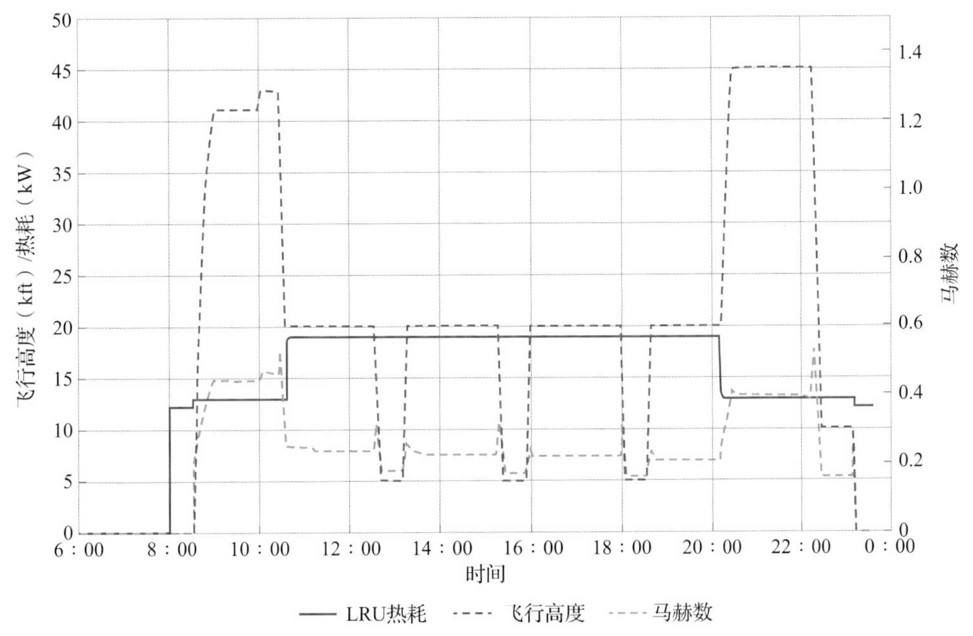

图7 包含实际热载荷的设备工作对应的任务剖面示例

3.4 基于飞行剖面的不同热沉

随着电功率需求和热载荷的增加，先进热管理系统（TMS）架构变得越来越复杂。架构中包含满足冷却和加热需求的不同方式，根据飞行条件情况热管理系统以最有效方式重构工作。

机上主要可用冷源是外界大气，可用于直接和间接冷却。

间接使用外界大气的一种方式是使用机上燃油作为冷源，此时使用外界大气对燃油进行冷却，其中，可以采取换热器方式或者直接被机翼外空气冷却。另一种方式是可以用于冷却冷却液（如乙二醇水溶液），其中，冷却液用于冷却高热耗设备（如雷达）。冷却介质必须被主要冷源（如外界大气）直接或间接冷却。

机上热源有电子设备和雷达的热耗、发动机的散热、润滑油的吸热、飞机高速飞行带来的气动加热和太阳辐射等。

热管理系统采用多种技术将热量从热源传递到冷源中。例如，引气系统将发动机引气，通过布莱顿循环进行温度压力调节，获取所需冷却空气。再例如，蒸发冷却系统（VCS）使用闭式蒸发压缩循环将热源（蒸发器）的热量传递到冷源（冷凝器）中。另外还有很多其他的可行技术。

动态模型可以用来检查哪种冷源效率更高以及整个飞行剖面下什么时候效率最高。如当燃油温度低于规定值且燃油量充足时，燃油可一直作为冷源使用。燃油温度高于规定值或燃油量不足时，使用外界空气（如冲压空气冷却）作为备份冷源。图 8 给出了一个示例。

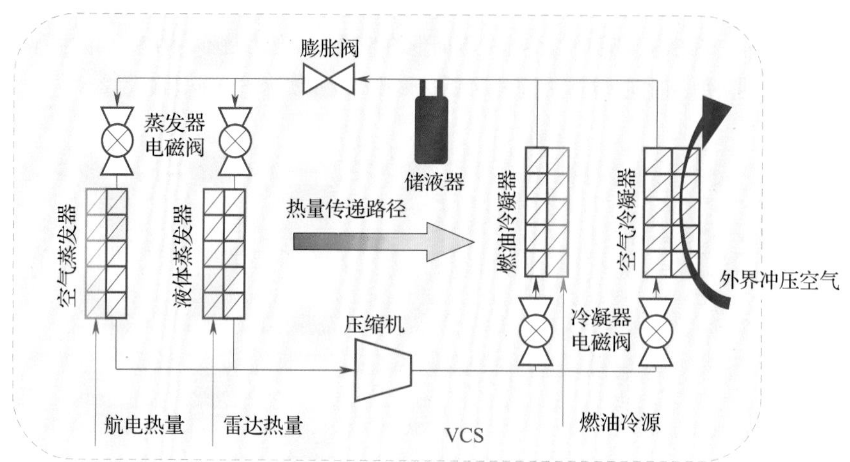

图 8　使用动态模型检查高效冷源对应的蒸发冷却系统示例

3.5　节省架构定义 / 权衡时间

系统设计的概念阶段是系统研制的第一个阶段（见图 1）。在这个阶段中，需要根据系统顶层需求，对各种可能的架构进行筛选，确定系统最终架构。这样就需要对很多概念架构的结果进行评估。

每个架构的评估时间应尽可能短。即插即用动态模型允许设计者在短时间内完成多种可能架构的分析和检查。

动态模型还包括重量、功率消耗、尺寸和费用的分析，这样设计者在获得系统性能结果的同时还可以对系统进行充分权衡。

可对特定任务剖面下，包含所有可用数据的系统架构进行仿真分析。可基于与其他系统的接口、限制要求、机上的综合情况，对每个架构及不同飞行剖面的优势和劣势进行评估。

3.6　用于真实场景的系统设计点优化

成熟度级别较高的热管理系统（TMS）模型可以根据实际使用场景对系统架构进行优化。这意味着系统需要设计成在所有的使用场景下都可以保证参数在限制范围内。使用动态模型的好处是：由于考虑了部件的热惯性，可以对系统的动态特性进行分析，而不仅仅是稳态特性分析。

例如，作战飞机通常需要考虑低空大速度飞行的场景。从冷却角度来看这个场景是非常恶劣的情况，原因在于发动机引气的温度很高、用于冷却的外界空气的温度和动能损失也很高。如果按照稳态进行设计，满足这个阶段冷却需求对应的冷却系统就会过设计。不过，由于燃油消耗原因这个飞行阶段时间通常很短。设计者使用动态模型可以对优化后系统在整个瞬态过程中的最高温度进行分析，见图 9。

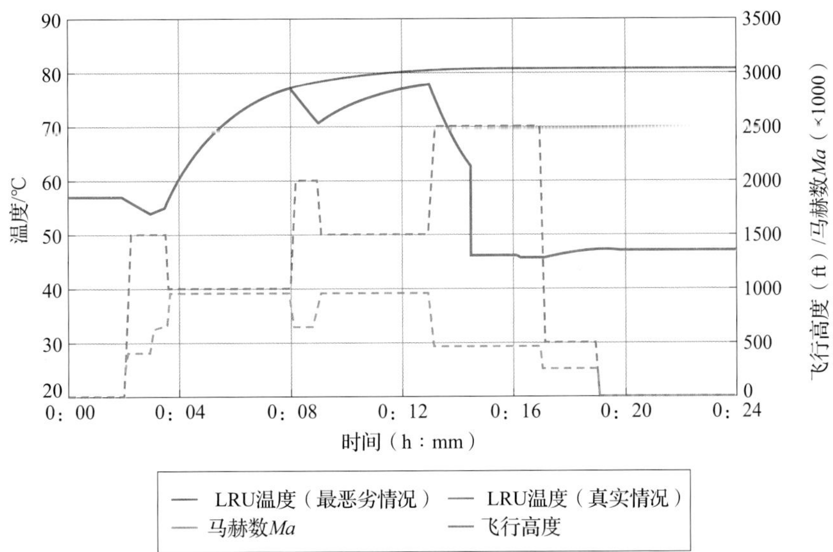

图9 考虑和未考虑任务剖面下的设备热惯性对应的结果对比示例

3.7 软件（SW）控制循环优化

除了上面提到的优势，动态模型还可以节省软件开发的费用和时间。在系统设计的初期阶段，通过将热管理系统（TMS）控制器的控制率注入到模型中，实现对系统特性和性能的检查。

热管理系统有些参数用于系统控制（如湿度、温度、压力等）。这些参数和其他系统的很多因素有关，控制率无法采用分析方式进行设计，需要基于试验方法进行设计（如实验室测试）。动态模型可以短时完成不同控制率的检查、减少实验室测试工况。

例如，布莱顿循环出口温度控制是通过控制布莱顿循环入口热空气旁路活门开度实现的，活门开度控制布莱顿循环入口热空气旁路与布莱顿循环出口冷空气进行混合的温度。布莱顿循环出口冷空气取决于很多因素，如压气机和涡轮性能、换热器冷边进口条件等，这些因素也是随时间而变化的。

因此，无法通过经典控制理论得到PID控制器的控制常数。动态模型可以将不同PID控制器常数注入模型中，对其进行分析从而筛选出用于系统控制的常数，可以减少实验室测试工况（见图10）。

3.8 软件（SW）/模型综合

机载软件开发是涉及很多人、会产生很多文档的耗时流程。软件一旦开发出来，就需要在不同的测试平台（软件级、硬件/软件集成、系统集成）和地面/飞行测试（飞机集成）中进行测试。由于控制率的错误设计意味着需要启动软件修复流程、会成倍增加开发的成本和时间，因此将控制率的错误设计降到最低非常重要。

在系统研制过程中可并行对动态模型进行更新，使其更加真实可靠。另外系统动态模型还可以与其他系统模型进行综合。当模型成熟度较高时，还可以与机载控制软件进行综合（见图11）。这样，系统/软件开发者可以同时运行模型和机载软件以检测系统性能，减少软件开发中的修复次数。

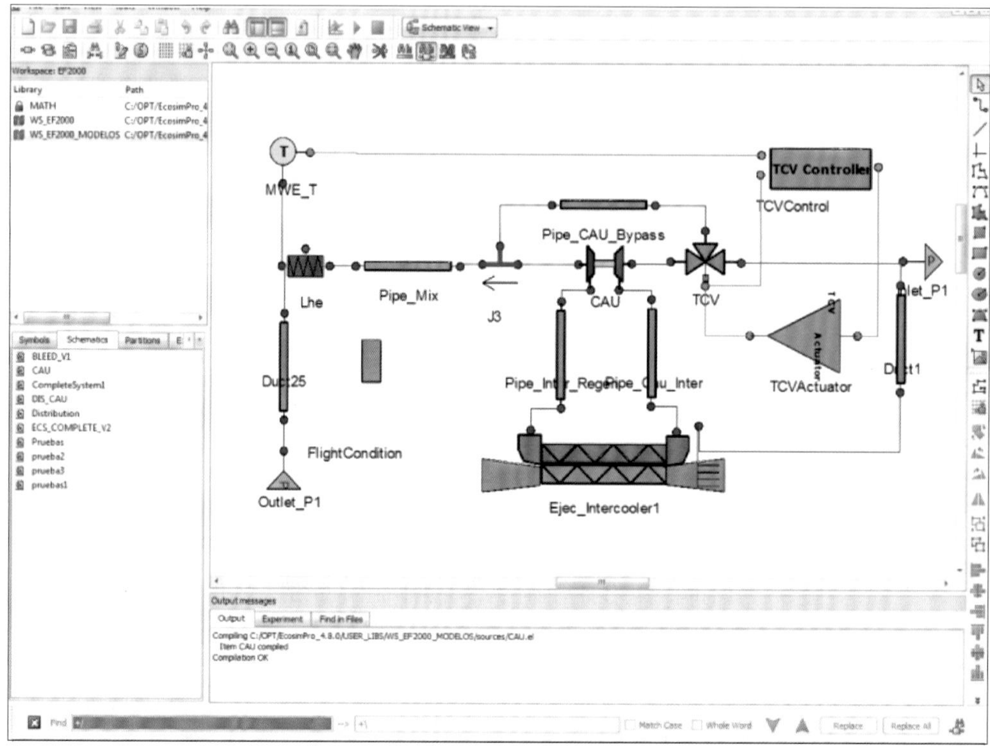

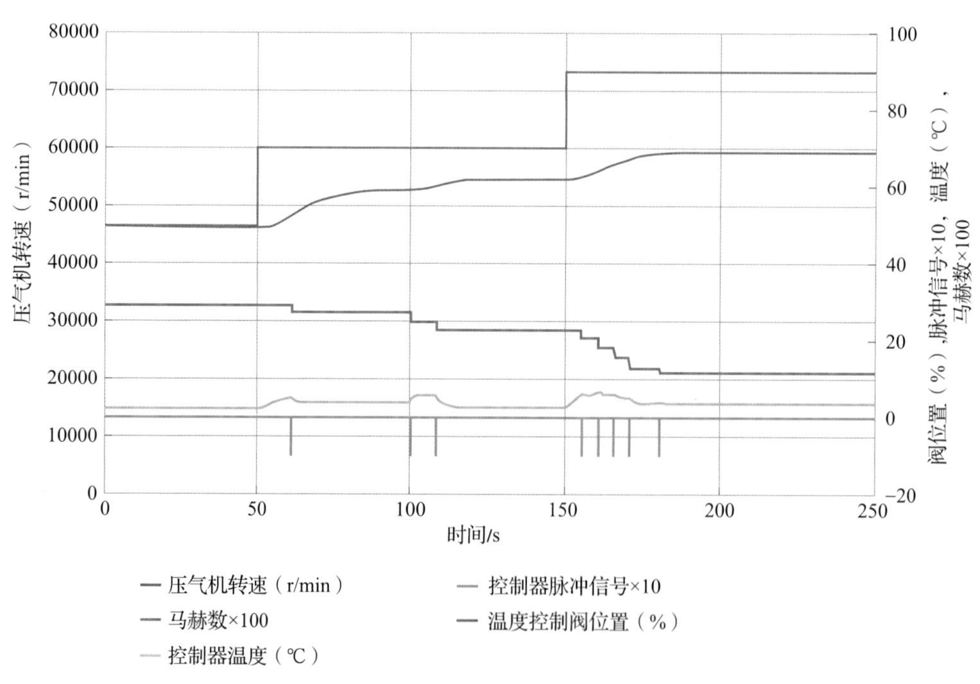

图 10　制冷包软件控制循环示例

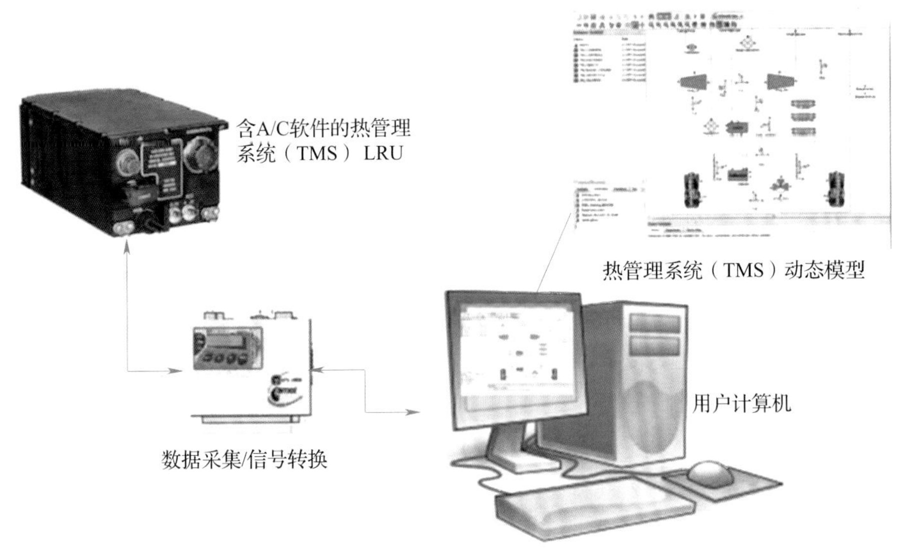

图 11　系统控制软件的综合测试平台示例

4　飞机系统的动态热特性

飞机正常工作时，环境条件变化会对大部分机载系统带来严重影响。飞机正常工作对应的周围环境温度和边界条件变化使得不同系统和设备热特性发生改变。

动态热分析在评估设备冷却、驾驶舱空调或燃油调节所需的冷却能力时非常重要，以确保既能满足冷却需求也能实现功能。

热惯性可定义为物体温度接近周围环境温度的滞后程度，温度变化取决于物体比热容、导热系数、尺寸、质量、吸收率和其他因素。

对于一个没有新增功，仅受加热 / 冷却源以辐射、对流、导热等形式影响的封闭系统，能量方程可简化如下

$$\frac{\partial T_b}{\partial t} \cdot m \cdot c = \sum Q$$

式中，T_b 是物体温度，m 是质量，c 是比热容系数，Q 是热量。

例如，物体或流体与周围环境的对流换热量定义如下

$$Q = h \cdot A \cdot (T_s - T_b)$$

式中，h 是对流换热系数，A 是与外界环境的接触面积，T_s 是环境温度。

求解微分方程得到

$$T_b = T_s - \Delta T_0 \cdot e^{-t/\tau}$$

其中

$$\Delta T_0 = (T_s - T_b)_0$$

$$\frac{1}{\tau} = \frac{h \cdot A}{m \cdot c}$$

常数 τ 是系统热惯性常数，表示从开始点到稳定温度的 63.2% 对应点之间的时间。

热源或冷源（如燃油、滑油、电子设备等）的热响应时间通常小于等于暴露在相同边界条件下的时间（取决于所有研究工况对应的参数）。在这些研究工况中，重点是根据飞机任务对实际达到的温度进行计算，以合理设计热管理系统。

5 结论

如文中所述，从系统研制的早期就开始使用动态模型的主要好处是，节省系统研制所需的费用和时间（见图 1）。

动态模型的多功能性可以让设计者在复杂度高的框架内工作，获得完全满足需求的非过设计系统，从而使得设计以更为有效和节省费用的方式进行，避免了系统性能的过设计。

如文中所述，系统研制越复杂越能证明使用动态模型的合理性。根据不同方面对系统的影响，针对每个场景下的系统复杂性进行评估。

根据不同项目（欧洲战斗机、塔拉里奥无人机、亚特兰特无人机等）的研制经验和已有项目（在欧洲战斗机、F-18 寿命升级、F-5 寿命升级等集成 AESM 雷达）的改进经验，与稳态模型比起来，使用动态模型可以降低实验室测试 / 飞行测试对应的费用和进度风险。

动态模型可以用于在初始投资之前对项目的可行性和不同替代方案进行评估，包含满足真实需求的最佳概念方案对应的动态分析结果。

术语 / 缩略语

AESA—Active Electronically Scanned Array/ 有源相控阵

COTS—Commercial Off-The-Shelves/ 货架产品

ECS—Environmental Control System/ 环境控制系统

MEA—More Electric Aircraft/ 多电飞机

MLU—Mid-Life Upgrade/ 中期升级改装

NOAA—National Oceanic and Atmospheric Administration/ 美国国家海洋与大气管理局

PID—Proportional-Integral-Derivative/ 比例 - 积分 - 微分

SAF—Spanish Air Force/ 西班牙空军

SW—Software/ 软件

TMS—Thermal Management System/ 热管理系统

UAV—Unmanned Air Vehicle/ 无人机

VCS—Vapour Cooling System/ 蒸发冷却系统

参考文献

[1] “Extreme Climatic Conditions and Derived Conditions for use in Defining Design/Test Criteria for NATO Forces Materiel”, STANAG 2895 MMS /Edition 1/, February 1990.

[2] NOAA. National Oceanic and Atmospheric Administration. http: //www.noaa.gov/

[3] Bird Richard E. & Hulstrom Roland L., “A simplified clear sky model for direct and diffuse insolation on horizontal surfaces”, Colorado, February 1981.

[4] Lienhard John H. IV / Lienhard John H. V, “A heat Transfer Book” text book Third Edition, Cambridge Massachusetts, 2003.

[5] White Frank M., Fluid Mechanics. McGraw–Hill, Inc., USA.

[6] del Valle, P., Blázquez, P., Soriano, E., "Usage of Dynamic simulation of Thermal Management Systems during the full life–cycle", Presentation at SAE 2013 AeroTech Congress & Exhibition, Sep. 2013.

[7] Blázquez Pablo, "Fuel temperature estimation and energy balance within an UAV Integral wing fuel tank", Wessex Institute of Technology–Heat Transfer Congress 2014 paper, June 2014.

作者联系方式

佩德罗·德尔瓦尔

空中客车防务与航天公司系统工程

Email: Pedro.Delvalle@cassidian.com

Phone:(+34915292490)

帕布尔·布莱克斯·穆尼奥斯

空中客车防务与航天公司系统工程

Email: Pablo.Blazquez@cassidian.com

Phone:(+34915292109)

17 用于先进高超声速飞机的热管理评估工具

F. 伊萨克[1]，A. T. 瓦塞尔[1]，J. L. 法尔[1]，C. E. 华莱士[1]，V. 范格里斯森[2]

1. 科学应用国际公司，2. 莱特－帕特森空军基地

引用：Issacci F, Wassel A T, Farr J L,et al." A Thermal Management Assessment Tool for Advanced Hypersonic Aircraft," doi: 10.4271/921941.

摘要

本文主要研究可以用于热管理系统部件、分系统和系统级评估、设计和优化的热管理工程计算工具。飞机综合热管理代码（Vehicle Integrated Thermal Management Analysis Code，VITMAC）可以对飞机主动冷却系统热力学耦合特性、相关机身结构热响应、飞机内部和外部热载荷进行模拟仿真。

该代码可对沿冷却剂流动方向的稳态和瞬态热力学参数、机身/发动机结构周围温度进行预测，提供全机工作流体的质量流量、压力、温度分布。

本文的稳态和瞬态说明示例用于证明代码能力，这些示例给出了冷却剂侧热力学特性和结构侧热响应的耦合特性，可清楚地证明管网中的设备、水力附件、泵、涡轮和冷却剂供液箱等之间的动态交互特性。

1 引言

随着现代和未来飞机热载荷的不断增长，对机上热管理系统的能量收集、分配和排散能力要求越来越高。为了适应不断增长的热载荷、保证机上不同冷却系统间的合理综合，热管理系统变得越来越复杂。

因此，热管理必须是飞机设计过程的重要组成部分，特别在超声速飞机结构设计概念确定、合适结构和热防护材料选择中，热管理扮演着重要角色。美国国家航空航天飞机（NASP）就是高超声速飞机的一个例子。存在上述设计问题的同时，红外传感器能力不断提高，导致飞机更易于被探测到和受到攻击。因此，热管理方案需要降低蒙皮温度，并控制蒙皮温度至最小值，从而控制飞机的红外特征。

超高声速飞机设备和分系统的高热载荷，加上飞机重量和快速扭转要求，使得仅依靠高温结构材料用于热防护的方式无法满足要求。相反，必须采取嵌入式多回路主动冷却循环的机身结构设计方式。此外，为了保证飞机结构、设备和分系统处于可接受热工作条件下，必须对采取燃油作为主要冷却剂的多种主动冷却及热控制概念进行综合设计。

在超高声速飞机热管理系统设计和优化过程中，工程人员必须使用计算工具来评估各种飞机冷却概念与热防护系统综合的性能。对这个计算工具最重要的要求就是具有飞机气动加热和内部热载

荷、机身结构热响应、冷却剂管网热力学特性耦合计算能力。这种综合计算能力嵌入在飞机综合热管理代码中。

本文描述了飞机综合热管理代码的现有能力。首先，对依据主要物理过程的数学方程进行建模的全机建模方法进行了描述。然后，描述了必要的辅助关系式和所需热物理参数。提供了一个示例，用来证明代码能力并描述热管理方案内不同设备之间的动态耦合特性。最后，对结果进行了总结。

2 建模方法

飞机综合热管理代码（VITMAC）采用的建模方法是，将飞机热管理系统模拟为一个具有相邻结构的分支/汇合、开环/闭环流体回路，这些回路可能会承受外部或内部的热载荷[1-3]。典型冷却回路包含一系列相互连接的部件（如管道、面板、泵、涡轮、附件等），流体回路还可以通过中间结构部件将热量传递到另外的流体回路中。图 1 是一个使用 VITMC 搭建的通用主动冷却系统。在图中，回路由相互连接的控制体表示，用于模拟不同机身和/或发动机部件。使用氢作为冷却剂的飞机主冷却网络与二次冷却回路交换能量，将高温区域的热量传递到低温区域中。以面板为例，重新绘制了代表面板的控制体，以更详细地显示飞机外部结构、嵌入式冷却剂通道和内部支撑结构。类似地，对代表前缘的控制体进行了扩展，以显示具有射流冲击冷却结构的冷却通道，以及周围的机身结构。

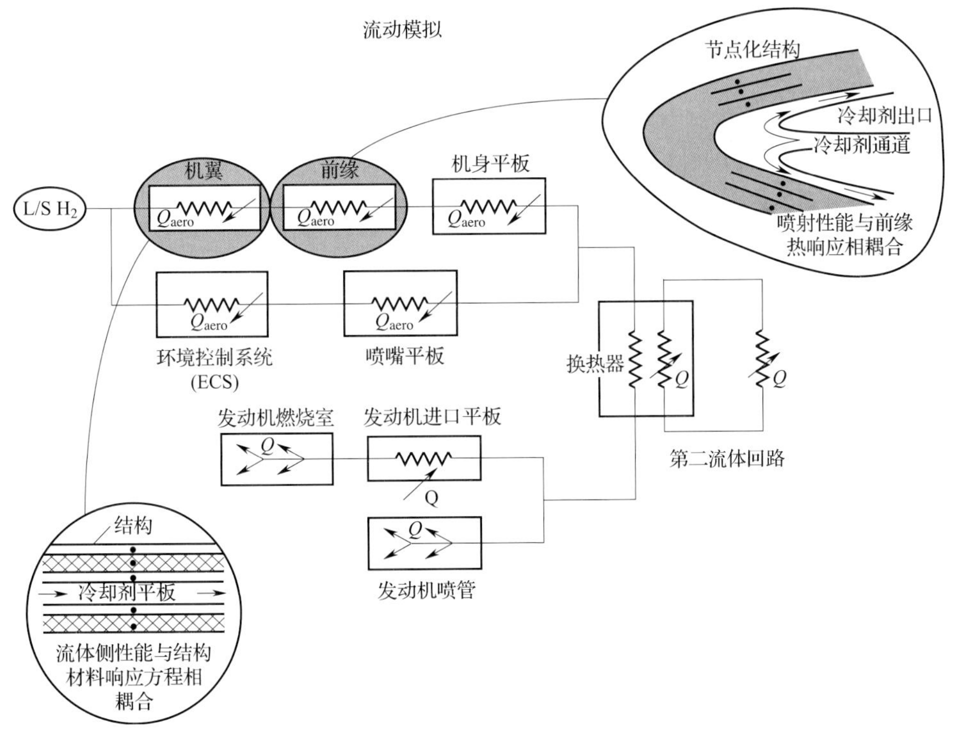

图1 使用 VITMAC 搭建的通用主动冷却系统

图 2 是通过 VITMAC 搭建的主动冷却回路，该回路由相互连接的控制体和承受外部热负荷的整体结构组成。冷却系统的流体来自设为源的储液罐（如油箱），离开系统进入设为水池的储液罐（如发动机）。每个控制体均有进口和出口，进口可接收一个或多个上游控制体的流量，出口流量可

供往一个或多个下游控制体。另外，每个控制体均与和冷却剂进行热传导的结构相连[2-3]。每个结构均可以接收外部热流 $\dot{Q}_j$，内部可以设为几种不同材料。外部热流 $\dot{Q}_j$ 可能来自气动加热、燃烧或一些内部部件的散热。

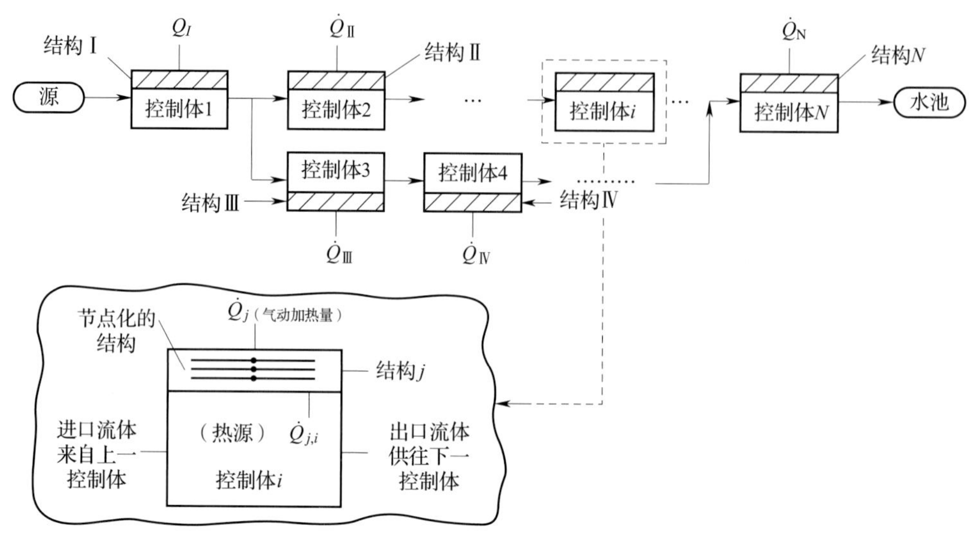

图2　主动冷却网络的 VITMAC 示例

3　数学方程

本节给出了热流体网络和结构热响应这两个主要模块的数学方程。

3.1　热流体网络

本节描述了主动冷却网络中工作流体的热力学响应。热流体网络模型通过对控制流体质量、动量和能量的瞬态（或稳态）方程进行求解获得热力学响应[4]

$$\frac{\partial \rho}{\partial t}+\frac{\partial \rho u}{\partial x}=\dot{S}_m \tag{1}$$

$$\frac{\partial \rho u}{\partial t}+\frac{\partial \rho uu}{\partial x}=-\frac{\partial P}{\partial x}+\dot{S}_u \tag{2}$$

$$\frac{\partial \rho \hat{h}}{\partial t}+\frac{\partial \rho u\hat{h}}{\partial x}=-\frac{\partial P}{\partial t}+\dot{S}_h \tag{3}$$

式中，自变量 t 和 x 分别是时间和沿流向的距离，方程式右侧的源项 $\dot{S}$ 分别表示工作流体质量、动量和能量的增减。

根据状态方程，流体密度与其压力、温度有关

$$\rho=\rho(P,\ \hat{h})=\rho(P,\ T) \tag{4}$$

对于理想气体，流体密度可用下式计算得到

$$\rho=PM/\Re T \tag{5}$$

方程（1）到方程（4）含有 ρ、u、P 和 $\hat{h}$ 四个未知数。

流体焓与流体温度的关系式如下

$$\hat{h}=\hat{h}_0+\int_{T_0}^{T} c_p \mathrm{d}T \tag{6}$$

式中，$\hat{h}_0$ 是参考温度 T_0 下的参考焓。

流体焓还可以是流体压力和温度的函数，见下式

$$\hat{h}=\hat{h}(T,\ P) \tag{7}$$

使用方程（6）或方程（7）进行迭代计算，可得到液冷回路中的各点流体温度。

参考文献［4］给出了动量方程的源项，如下式

$$\dot{S}_u V=-A_{\mathrm{w}}\tau_{\mathrm{w}}-F_{\mathrm{loss}}V+\dot{S}_m u_m V \tag{8}$$

方程（8）右侧三项分别是质量增减对应的壁面剪切力、阻力损失及动量的增减项。壁面剪切力项为非线性，通常用摩擦系数 f 和速度 u 表示

$$\begin{gathered}A_{\mathrm{w}}\tau_{\mathrm{w}}=A(fL/D_{\mathrm{h}})1/2\rho u\,|\,u\,| \\ \tau_{\mathrm{w}}=(f/4)1/2\rho u\,|\,u\,|\end{gathered} \tag{9}$$

阻力损失项 $F_{\mathrm{loss}}V$ 是由于面积突然变化或流经阀门、弯头和连接件造成的损失，通常可用损失因子 K_{loss} 表示

$$F_{\mathrm{loss}}V=\int_A K_{\mathrm{loss}}1/2\rho u\,|\,u\,|\mathrm{d}A \tag{10}$$

能量方程的源项见下式

$$\dot{S}_h V=\dot{Q}+\dot{S}_m \hat{h}_m V \tag{11}$$

方程右侧项分别是质量增减对应的壁面换热、能量的增减项。壁面换热项通常用壁面换热系数 h 表示

$$\dot{Q}=A_{\mathrm{w}}h(T_{\mathrm{w}}-T) \tag{12}$$

换热系数 h 和表面摩擦系数 f 由流动参数和几何参数决定，通常用雷诺数和努塞尔数表示[5-6]。参考文献［6］和［7］提供的 K_{loss} 的数值解可用于大部分的流动构型。

为了获得方程解，需要补充两个方程用来模拟含有分支和汇合点的流体回路，确保：①流动接头的压力具有单值性；②流出控制体各支路流量之和与流入控制体流量保持一致。这部分的方程在第 4 节提供。

3.2 结构热响应

本节描述了指定机身 / 发动机结构部件内部具体传热对应的方程。固体侧能量方程可用以下集总热容形式表示[2]

$$mc_p\frac{\mathrm{d}T}{\mathrm{d}t}=\dot{Q}_{\mathrm{c}}+\dot{Q}_{\mathrm{r}}+\dot{Q}_{\mathrm{aero}}+\dot{Q}_{\mathrm{int}}+\dot{Q}-\dot{Q}_{\mathrm{rerad}} \tag{13}$$

式中，$\dot{Q}_{\mathrm{c}}$ 是相邻结构层的导热，$\dot{Q}_{\mathrm{r}}$ 是具体辐射换热，$\dot{Q}_{\mathrm{aero}}$ 是外表面的气动加热，$\dot{Q}_{\mathrm{int}}$ 是内部发热，$\dot{Q}$ 是结构表面与相邻流体之间的对流换热，$\dot{Q}_{\mathrm{rerad}}$ 是向周围环境的辐射换热。

方程（13）可用于求解所有的结构部件，其中每个结构部件都可以由几种不同的材料组成（见图 3）。导热项 $\dot{Q}_{\mathrm{c}}$ 和辐射换热项 $\dot{Q}_{\mathrm{r}}$ 通常表示成层间热阻形式[8]。VITMAC 采取将机身结构内的多维导热 / 辐射换热转换成一维导热 / 辐射换热进行计算，用来模拟冷却剂流道周围所有结构的换热情况。

以节点 k 为例（参见图 3），$\dot{Q}_c$ 可以写成以下形式

$$\dot{Q}_{c,k}=C_{c,k-1}(T_{k-1}-T_k)-C_{c,k}(T_k-T_{k+1}) \tag{14}$$

$\dot{Q}_r$ 可以写成以下形式

$$\dot{Q}_{r,k}=C_{r,k-1}(T_{k-1}^4-T_k^4)-C_{r,k}(T_k^4-T_{k+1}^4) \tag{15}$$

气动热载荷 $\dot{Q}_{aero}$ 可通过表格输入，也可使用气动加热预测工具计算得到。$\dot{Q}_{int}$ 可以表示为随时间变化的发热率，$\dot{Q}$ 由方程（12）计算得到，$\dot{Q}_{rerad}$ 表示外表面与周围环境的辐射换热。

固体侧方程考虑了与温度相关的热物理特性，同时为每个结构外表面设置了多个边界条件选项。

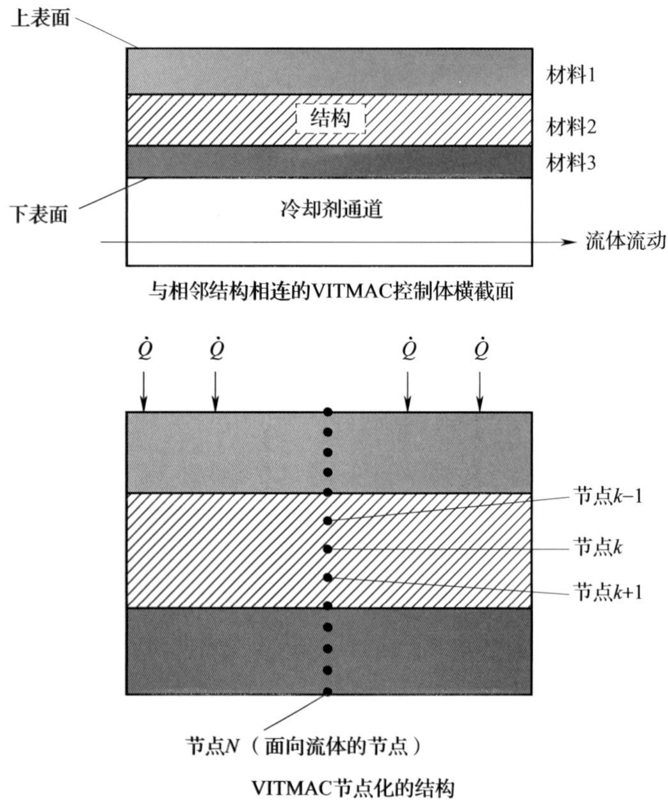

图 3　带有嵌入式冷却剂通道机身结构的 VITMAC 模型

3.3　建模辅助方程和热物理特性

仿真计算中必须确定守恒控制方程中的换热系数 h、摩擦系数 f 和损失系数 K_{loss}。换热系数可从管道或通道内层流、过渡流或湍流关联式中得到，用努塞尔数形式表示为[5-6]

$$Nu=hD_h/k=Nu(Re_{D_h}^{a},Pr^{b}) \tag{16}$$

摩擦系数 f 可用下式表示

$$f=f(Re^{c}) \tag{17}$$

对于粗糙表面，摩擦系数 f 为通道粗糙表面高度和粗糙表面雷诺数的函数。损失系数 K_{loss} 表示由于流动分离或流动阻力造成的压力损失，通过试验确定每种流动构型对应的损失系数 K_{loss}。文

献［6，7］提供了流经大部分阀门、连接件、弯头和面积变化构型的 K_{loss} 数值。损失系数 K_{loss} 有时候用管路摩擦系数 f、等效长度与直径的比表示成 $K_{loss}=fL/D_h$。VITMAC 包含了与流体网络仿真有关的约 35 种流动构型的 K_{loss} 值。

为了实现系统内流动和传输过程的控制方程组闭合，需要流体和材料的热物理特性。VITMAC 可进行变物性计算，并允许热物理特性随温度变化。工作流体的导热系数、黏度和比热容可按拟合成温度函数曲线提供[3，5]，也可以从嵌入在 GASPLUS 计算代码的物性函数中提取[9]。结构和热防护材料的导热系数，比热和表面发射率（如果有）按温度函数提供。基于主流和相邻表面之间的平均液膜温度对换热系数和摩擦系数进行计算。

流体网络包含泵、压气机和涡轮等动力机械，为驱动流体在整个系统中循环提供动力。目前，模型包含了基于通用性能曲线和热力学关系确定的简单部件性能特性，求解过程加入这些准稳态元件响应模型，用于表示泵、压气机或涡轮等流体控制体的热力学响应。

4 控制方程的控制体形式

流体和结构侧的守恒控制方程应采取离散化形式以进行数值求解。首先将前面提到的连续方程在每个控制体上进行积分得到连续方程的有限容积形式，方程（1）、（2）和（3）的有限容积形式如下

$$V_i \frac{\mathrm{d}\rho_i}{\mathrm{d}t} = \dot{m}_{i,\,\mathrm{in}} - \dot{m}_{i,\,\mathrm{out}} + S_{m.i} V_i \tag{18}$$

$$V_i \frac{\mathrm{d}\rho_i u_i}{\mathrm{d}t} = (\dot{m}u)_{i,\,\mathrm{in}} - (\dot{m}u)_{i,\,\mathrm{out}} + S_{u.i} V_i - \int_{V_i} \left(\frac{\partial P}{\partial x}\right)_i \mathrm{d}V \tag{19}$$

$$V_i \frac{\mathrm{d}\rho_i \hat{h}_i}{\mathrm{d}t} = (\dot{m}\hat{h})_{i,\,\mathrm{in}} - (\dot{m}\hat{h})_{i,\,\mathrm{out}} + S_{h.i} V_i + V_i \frac{\mathrm{d}P_i}{\mathrm{d}t} \tag{20}$$

流入控制体 i（$\dot{m}=\rho Au$）的质量流量可以表示成以下形式

$$\dot{m}_{i,\,\mathrm{in}} = \sum_j f_{ji} \dot{m}_j \tag{21}$$

式中，f_{ji} 是进入控制体 i 占离开控制体 j 的流量分数。同样，流入控制体 i 的焓流量可以表示成以下形式

$$(\dot{m}\hat{h})_{i,\,\mathrm{in}} = \sum_j f_{ji} \dot{m}_j \hat{h}_j \tag{22}$$

最后，以每个控制体的质量流量和压降形式将方程（19）进行改写，得到流体侧连续方程最终形式如下

$$V_i \frac{\mathrm{d}\rho_i}{\mathrm{d}t} = \sum_{\mathrm{j}} f_{\mathrm{ji}} \dot{m}_{\mathrm{j}} - \dot{m}_i + S_{m.i} V_i \tag{23}$$

$$\Delta P_i = \Delta P_{i,\,F} + \Delta P_{i,\,K} + \left(\dot{m}_i u_i - \sum_j f_{ji} \dot{m}_j u_j\right) / A_{\mathrm{eff}} + \frac{\mathrm{d}\rho_i u_i}{\mathrm{d}t}(V_i / A_{\mathrm{eff}}) - S_{m.i} u_{m.i} (V_i / A_{\mathrm{eff}}) \tag{24}$$

$$\rho_i V_i \frac{\mathrm{d}\hat{h}_i}{\mathrm{d}t} = \sum_{\mathrm{j}} f_{ji} \dot{m}_j \hat{h}_j - \dot{m}_i \hat{h}_{\mathrm{i}} + V_{\mathrm{i}} \frac{\mathrm{d}P_i}{\mathrm{d}t} + \dot{Q}_{\mathrm{i}} + S_m \hat{h}_m V_i \tag{25}$$

方程（24）中，$\Delta P_{i,\,F}$ 是由于表面摩擦引起的压降，为（fL/D_h）的函数；$\Delta P_{i,\,K}$ 是由于阻力引起的压降，为 K_{loss} 的函数。

方程（25）中，$\dot{Q}_i$ 为流体与周围结构之间的换热，表示如下

$$\dot{Q}_i = \sum_{j=1}^{J} h_{ij} A_{w,j} (T_{w,j} - T_i) \tag{26}$$

式中，$A_{w,j}$ 和 $T_{w,j}$ 分别为流体控制体 i 的面积和壁面温度，h_{ij} 为对流换热系数。方程（25）中使用了箱体和管路模型，出口焓应用迎风离散格式[4, 10]。

需要增加两个方程来模拟流体网络中的分支和汇合。第一个方程要求节点处的流体压力值为唯一值，即

$$P_i = P_{i+1} + \Delta P_i \tag{27}$$

第二个方程要求流出控制体 i 与进入所有控制体 j 的流量和相等。

$$\sum_j f_{ij} = 1 \tag{28}$$

最后，使用对前一个时间步长值的向后差分，将方程（18）~ 方程（20）中的 d/dt 项重新写成有限差分形式。

为了保证流体方程和结构方程之间的完全隐式耦合，首先将方程（26）中的换热项 $\dot{Q}$ 整理成消去结构温度 $T_{w,j}$ 的结构热物理性质和几何参数形式，即

$$\dot{Q}_i = \sum_{j=1}^{J} h_{ij} A_{w,j} (A_j^* T_i + B_j^* - T_i) \tag{29}$$

式中，A_j^* 和 B_j^* 是仅取决于材料属性，结构物理尺寸和外部边界条件的参数。下一步，通过消去温度 T_i，使用方程（6）将公式（29）整理成流体焓（$\hat{h}_i$）的形式。

固体侧方程（13）的有限差分形式如下（见图 3）

$$T_k = A_k T_{k+1} + B_k T_{k-1} + C_k \tag{30}$$

式中，k 是每个材料内部的节点编号。

需要进行一系列转换才能得到方程（30）。首先，对方程（15）的辐射换热项在先前值处进行泰勒级数展开，以实现辐射换热项的线性化。然后，使用局部能量平衡确保材料分界面的热流连续性。最后，将导热热阻、辐射热阻与材料属性、物理尺寸进行综合分组，以获取非线性系数 A_k、B_k 和 C_k。非线性系数中也包含了辐射、对流或绝热边界条件。对于表示外表面的材料节点 N，方程（30）应包含相邻流体温度，即

$$T_N = A_N^* T_i + B_N^* \tag{31}$$

5 算例和结果

本节选择了三个算例来验证当前 VITMAC 的能力。这些算例可以演示不同复杂度的冷却网络的稳态和瞬态响应，均使用氢作为工作流体。

第一个算例是如图 4 所示的简单直通冷却网络。从流体源供入压力 401atm①（4.07×10^7N/m^2）和温度 56K（−217.15℃）的氢，通过管路分别流经两个冷板，最后流入压力为 184atm（1.86×10^7N/m^2）的水池中。加在两个冷板上的热载荷分别为 2×10^5W 和 2.93×10^5W，冷板的几何结构如图 5 所示。冷板 1 的结构材料是耐热铬镍合金。冷板 2 内部与流体接触的材料为洛克合金（Lockalloy），外部设置了碳 – 碳隔热层。在冷板的外表面施加加热载荷，同时冷板内部表面被氢流冷却。

① 1atm（标准大气压）=101.325kPa。——编辑注

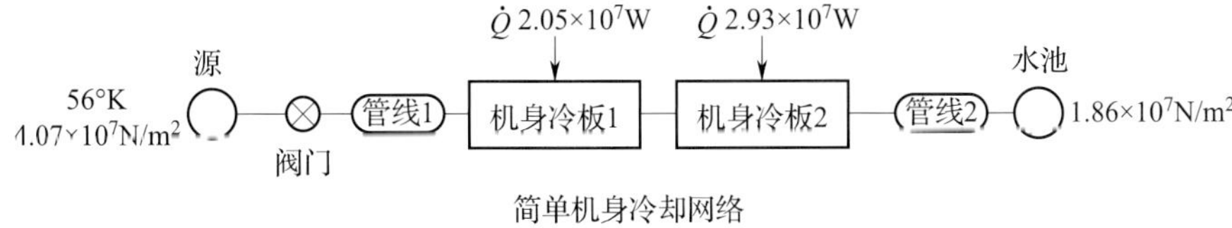

简单机身冷却网络

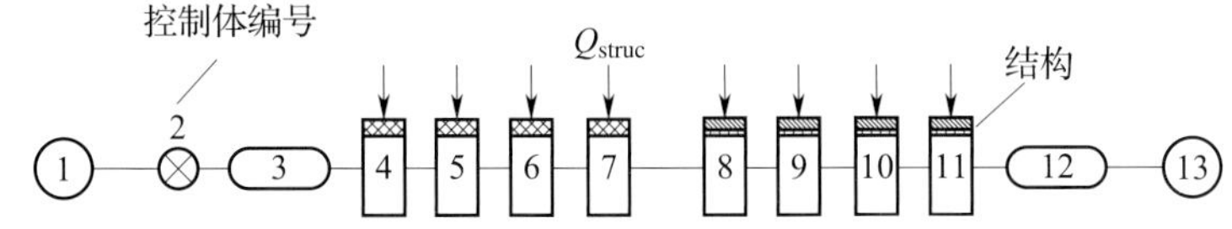

简单机身冷却网络的VITMAC网络模型

图4　简单机身冷却网络和 VITMAC 网络模型（算例 1）

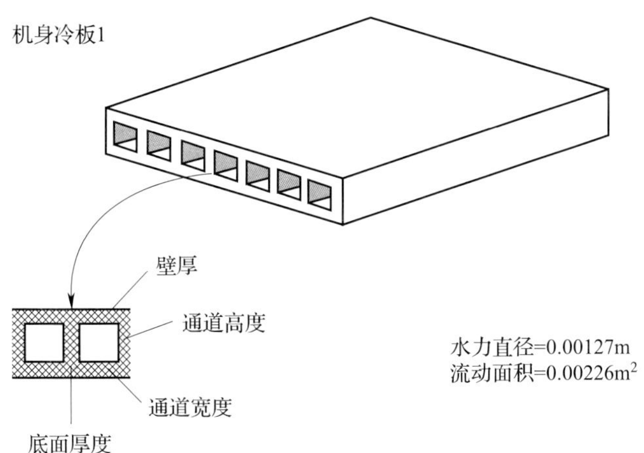

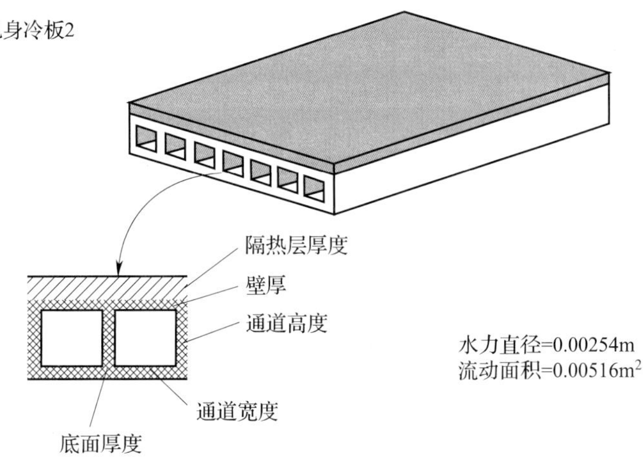

图5　用于机身冷却网络的冷却几何结构（算例 1）

图 4 给出了使用 VITMAC 控制体搭建的冷却网络。通过调整阀门损失系数将系统氢质量流量控制为 2.82kg/s，仿真得到系统排气温度稳态结果为 1111K（837.85℃）。图 6 和图 7 分别绘制了冷却网络中氢稳态温度和氢压力分布曲线，同时图 6 还绘制了冷板外表面温度曲线。从图中可以看出：由于碳 – 碳隔热层的隔热作用，冷板 2 外表面温度高于冷板 1 外表面温度，同时进入冷板 2 的氢温度也高于进入冷板 1 的氢温度。

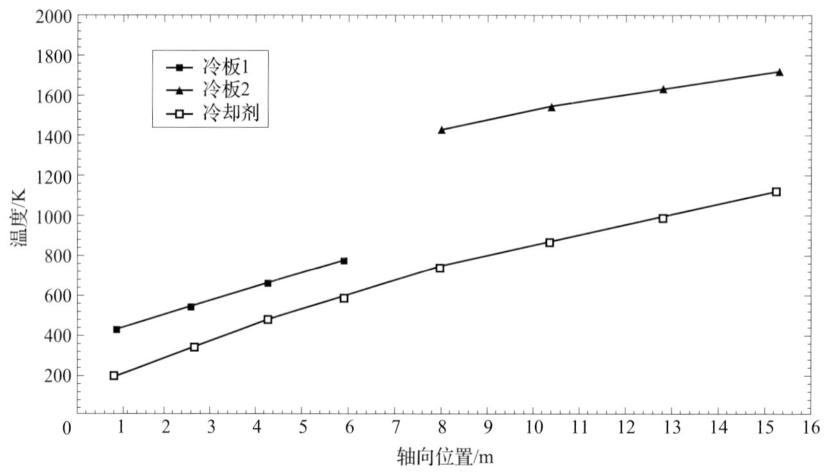

图6　冷却剂和冷板表面温度分布（算例 1）

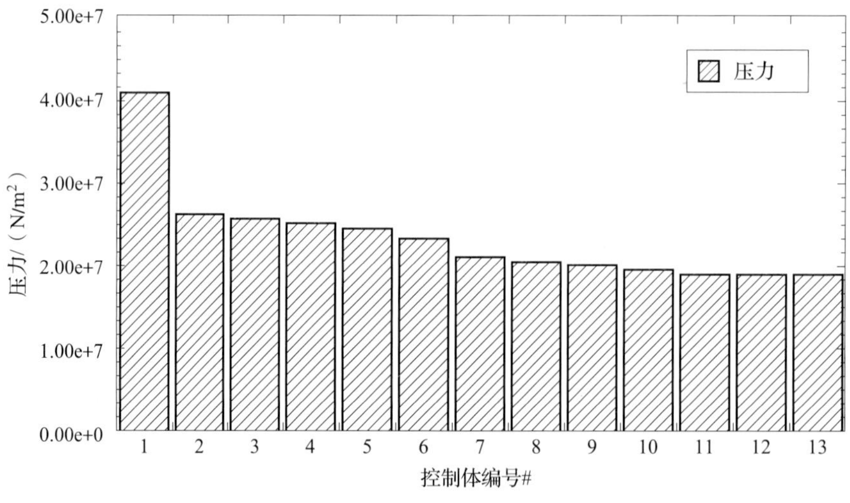

图7　沿着流向的冷却剂压力分布（算例 1）

第二个算例是如图 8 所示的包含一个低压氢源、一个泵、三条分支、一个汇合点、一个涡轮、一个水池的冷却网络，其中，三条分支分别代表机体、机身和整流罩，涡轮用于将氢排放至水池中，水池代表发动机。将从氢源流出的氢压力保持在 4atm、温度保持在 33K（–240.15℃），发动机的氢压力保持在 167atm（$1.69 \times 10^7 N/m^2$）、氢温度保持在 1111K（837.85℃）。

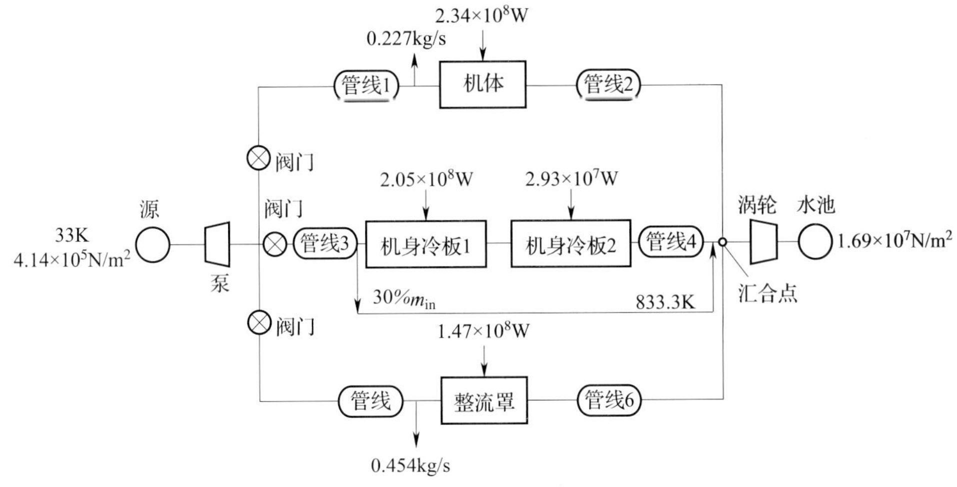

简单发动机冷却网络

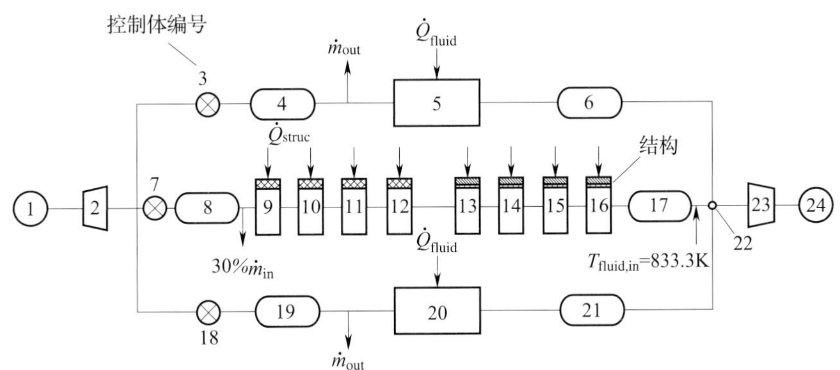

简单发动机冷却网络模型

图 8 简单发动机冷却网络和相应的 VITMAC 网络模型（算例 2）

图 8 给出了使用 VITMAC 控制体搭建的冷却网络。机身支路模型可复制算例 1 中的模型（见图 4 和图 5），在进入冷板 1 之前将 30% 流量旁通掉，旁通流量以温度 833K（559.85℃）供入管线 4 出口。机头和整流罩支路的质量流量分别为 0.22kg/s 和 0.45kg/s，加热载荷分别为 2.34×10^8W 和 1.47×10^8W。调整机头和整流罩控制体的损失系数使其流阻分别为 170atm（1.75×10^7N/m^2）和 136atm（1.40×10^7N/m^2）。假设泵的效率为 0.8，性能曲线如图 9 所示。涡轮效率取 0.9，压比取 1.1。通过调整每条支路的阀门，获得每条支路的质量流量，最终得到管网出口温度为 1111K（837.85℃）。

图 10 和图 11 给出了沿流动的稳态压力和温度分布。泵将氢增压至 397atm（4.08×10^7N/m^2），此时系统总流量约为 28.1kg/s。为了使得管网出口氢温度达到 1111K（837.85℃），机头、机身和整流罩支路所需流量为 15.6kg/s、2.4kg/s 和 10.1kg/s。本算例仅为演示使用，泵和涡轮之间没有考虑功率平衡。仿真结果显示：涡轮做功为 7.80×10^6W，泵的功耗为 9.71×10^6W。

第三个也是最后一个算例如图 12 所示。图中的热流体网络由两个可进行热量交互的直通冷却回路组成。

第一个流体回路由一个流体源、管路部件、一个压气机、一个涡轮、加热 / 散热的三个部件和一个水池组成。流体首先在压气机中压缩，然后在换热控制体中加热（可以是燃烧室或加热板），随后在涡轮中膨胀。涡轮膨胀做功等于压气机功率消耗。

第二个流体回路由两个流体源（比如模拟两个不同的油箱）、阀门、管路部件、一个泵、换热控制体和三个水池（如模拟三个飞机发动机）组成。泵驱动冷却剂在流体回路中流动。

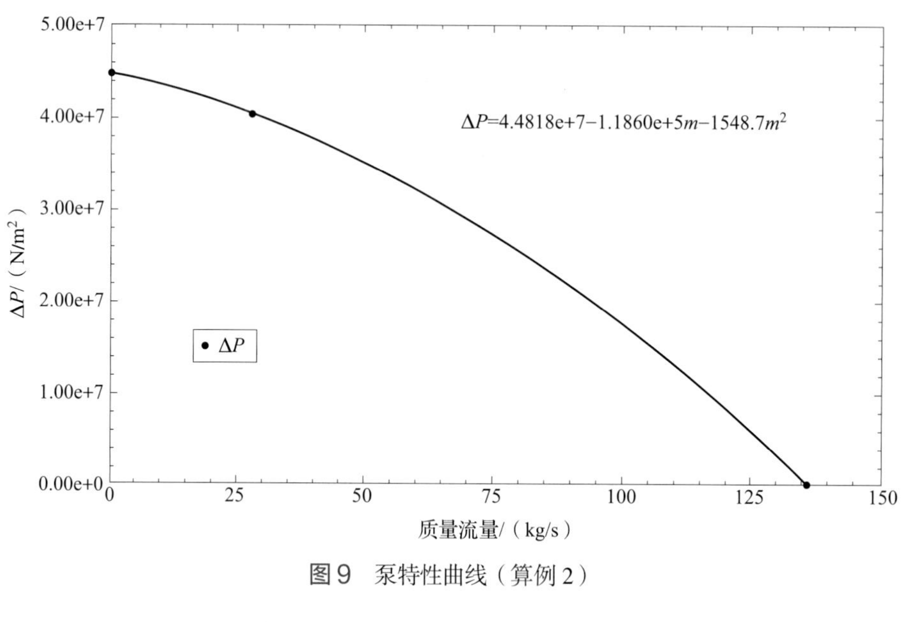

图 9　泵特性曲线（算例 2）

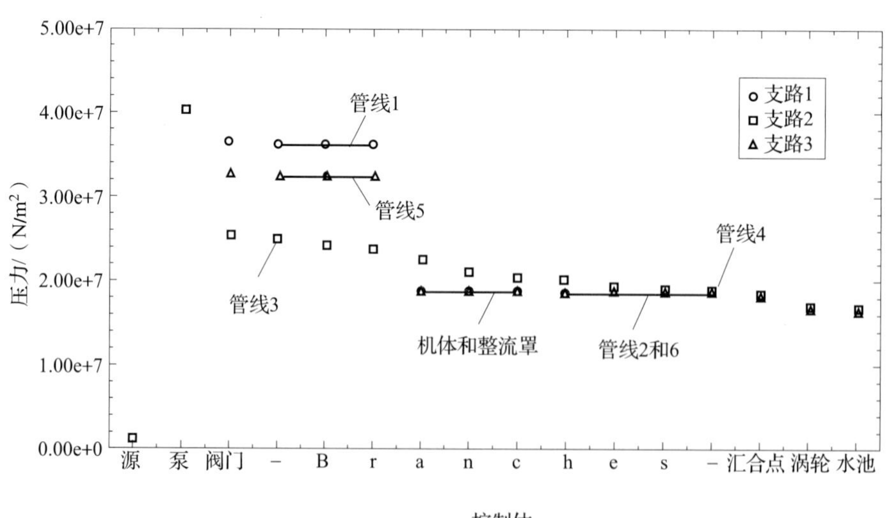

图 10　冷却剂沿流向的压力分布（算例 2）

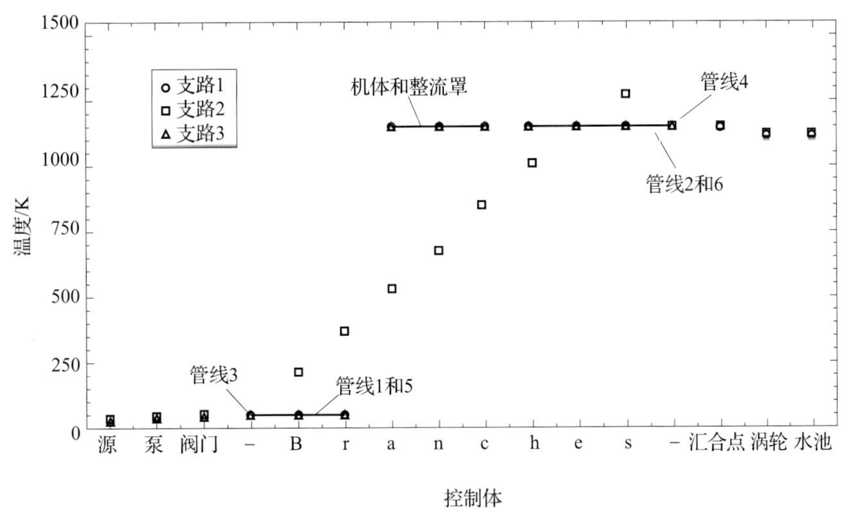

图 11　冷却剂沿流向的温度分布（算例 2）

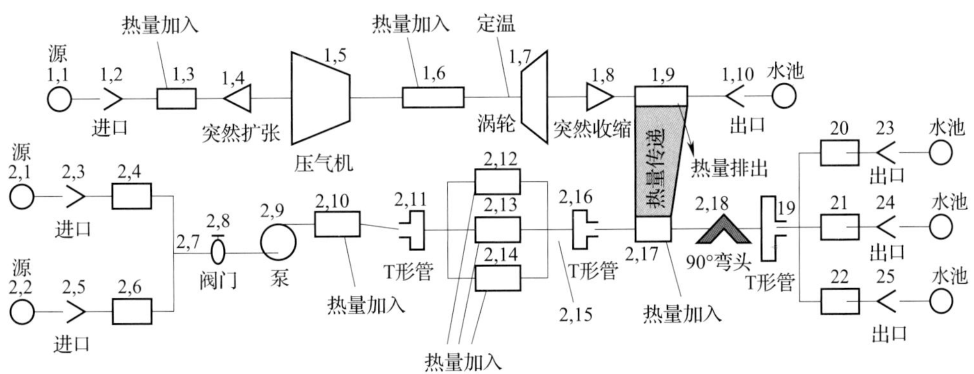

图 12　多回路、流体源和水池的演示说明算例（算例 3）

对第三个算例分别进行了稳态仿真和瞬态仿真。对算例中的两个流体回路中均假定系统压力较低，第一个流体回路和第二个流体回路的氢源压力分别设为 3atm 和 4atm，水池的压力都设为 1atm。稳态工况下，各换热控制体热载荷输入均为恒定热载荷，具体如下：第一个流体回路的换热控制体 3、6、9 上的热载荷分别是 4MW、6MW 和 –6MW，第二个流体回路换热控制体 10、12、13、14、17 上的热载荷分别是 5MW、5MW、5MW、5MW 和 6MW。相应的稳态压力、质量流量和温度分布如图 13 所示，其中，涡轮上游的峰值温度可达 1500K（1226.85℃）左右。压力分布图可以看出为了实现功率平衡使得压气机和涡轮的压比不同。

瞬态仿真结果如图 14 ~ 图 19 所示。施加在换热控制体上的热载荷与时间的关系见图 14。如图 15 所示，流体源（比如油箱）压力随着时间线性降低。图 15、图 16 和图 17 给出了管网选定位置处的压力、质量流量和温度随时间的变化图，结果表明：由于流体源压力和热载荷均随时间变化，因此系统流量随时间变化较大。从温度随时间的变化图中可以看出：系统峰值温度能够达到 1200K（926.85℃）和 1400K（1126.85℃），此时对应的热载荷最大。

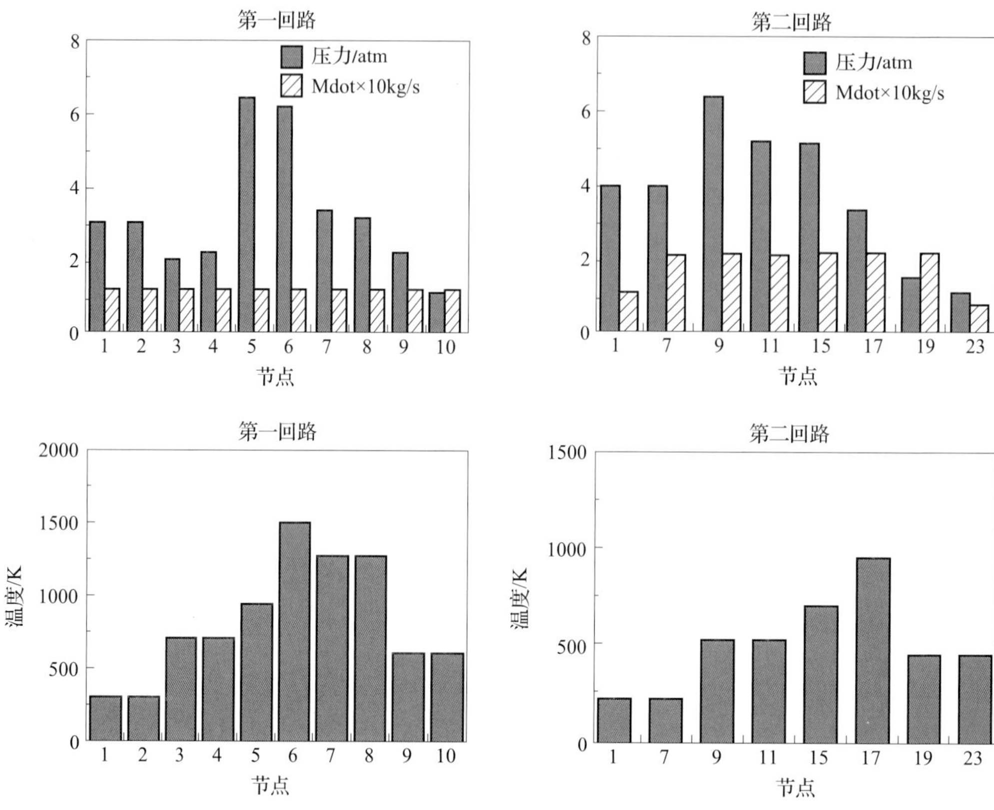

图13　压力、流量和温度分布（算例3），稳态仿真

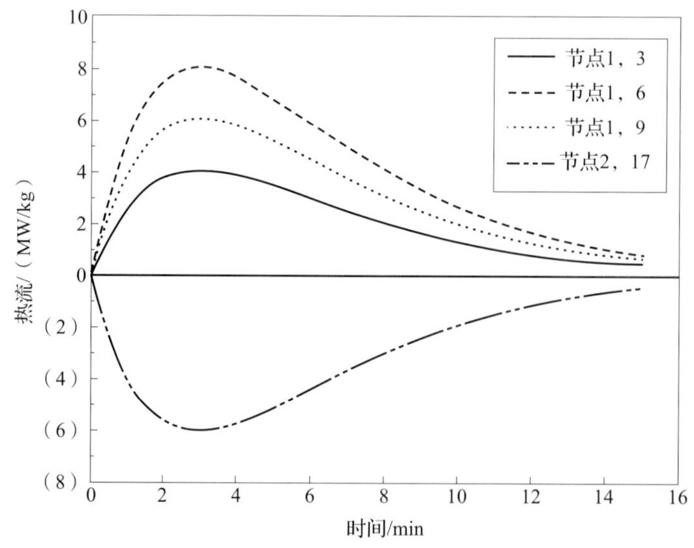

图14　热载荷随时间的变化（算例3），瞬态仿真

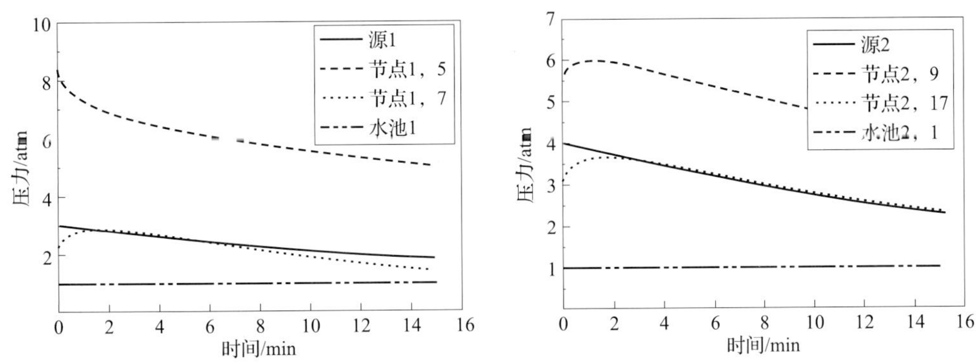

图15 压力随时间的变化（算例3），瞬态仿真

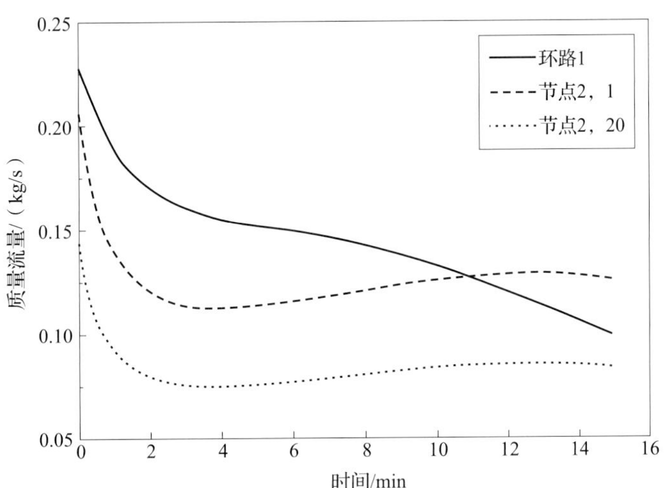

图16 质量流量随时间的变化（算例3），瞬态仿真

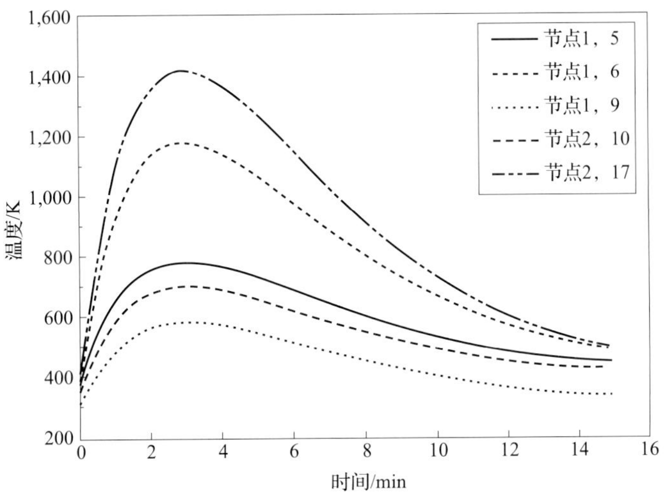

图17 氢温度随时间的变化（算例3），瞬态仿真

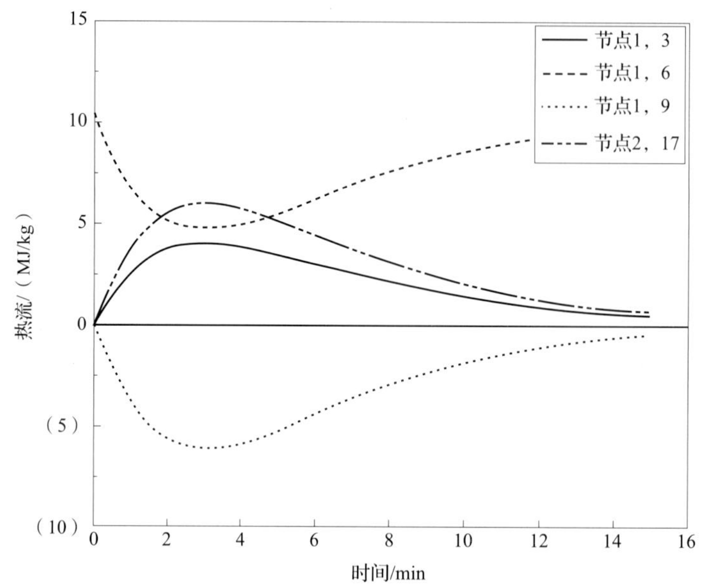

图18　热载荷随时间的变化（算例3），涡轮进口温度恒定时的瞬态仿真

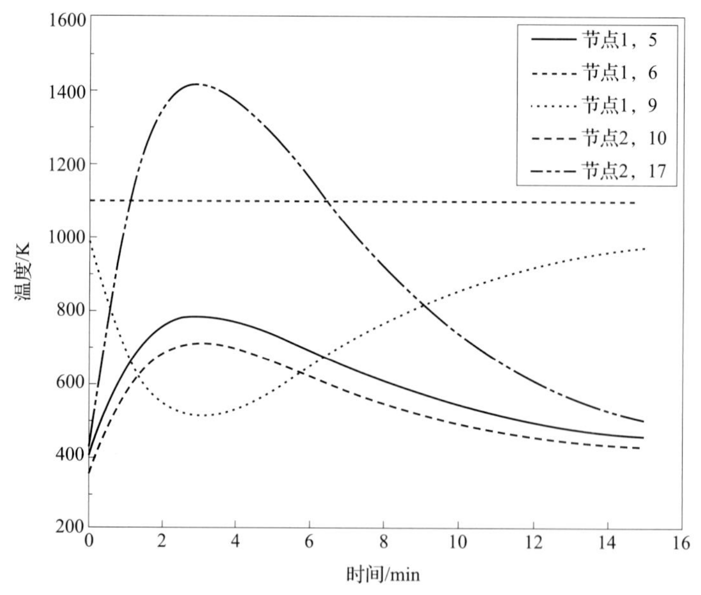

图19　氢温度随时间的变化（算例3），涡轮进口温度恒定时的瞬态仿真

图18给出了涡轮入口温度固定为1100K（826.85℃）仿真工况下的热载荷随时间的变化图，图19给出了涡轮入口温度固定为1100K（826.85℃）仿真工况下的氢温度随时间的变化图。为了在整个瞬态过程中保证温度为固定值，需要对性能及设计约束进行规定。本算例中，图19显示如果保持涡轮上游温度不变，必须对温度剖面进行适应性调整。在保持涡轮进口温度不变的情况下，为了

使系统达到完全的能量平衡，必须对换热控制体 6 的热载荷进行相应调整计算。图 18 显示，此时换热控制体 6 所需热载荷与允许入口涡轮温度变化的前一算例中的热载荷（见图 14）不同。这个算例说明了不同系统部件之间的动态耦合效应。

6 结论

本文简要介绍了作为先进飞机热管理方案评估工程设计和优化工具而开发的 VITMAC 计算机代码。该代码可以模拟冷却流体网络的稳态和瞬态热力学响应，可以模拟冷却网络热响应、飞机结构热响应与内部 / 外部产生的热载荷之间的耦合效应。该代码可用于飞机部件、分系统或综合系统的仿真模拟。

参考文献

[1] Wassel, A. T., M. S. Hoseyni, J. L. Farr, Jr., and S. M. Ghiaasiaan, " Thermal–Hydraulic Modeling of the Primary Coolant System of Light Water Reactors During Severely Degraded Core Accidents" Proceedings of the Third International Topical Meeting on Reactor Thermal–Hydraulics, pp. 19. B–l to 19.B–12, Newport, RI, Oct. 1985.

[2] Wassel, A. T., M. S. Hoseyni, J. L. Farr, Jr., and S. M. Ghiaasiaan, "Thermal–Hydraulic Modeling of the Primary Coolant System of Light Water Reactors During Severely Degraded Core Accidents, " Electric Power Research Institute NP–3563, July 1984.

[3] Bugby, D. C., A. T. Wassel, A. Laganelli, and V. E. Denny, "Hypersonic–Vehicle Structural, Thermal and Acoustic Management（HYST AM）Computer Code, SAIC IR&D report, Nov. 1990.

[4] Wassel, A. T., S. E. Elghobashi, R. L. Potts, and J. L. Farr, Jr, " Mathematical Simulation of Ocean Thermal Energy Conversion Sea Water Systems, " Journal of Solar Energy Engineering, Vol. 106, pp. 198–205, May 1984.

[5] Edwards, D. K., V. E. Denny, and A. F. Mills, Transfer Processes, Hemisphere Publishing Corporation, 1979.

[6] Heat Exchanger Design Handbook, Hemisphere Publishing Corporation, 1983.

[7] Flow of Fluids through Valves, Fittings and Pipes, Engineering Division, Crane Co., Industrial Products Group, Chicago, IL, Technical Paper No. 410, 1957.

[8] Denny, V. E., and A. Mertol, "CORMLT 2.0: A Mechanistic Tool for the Analysis of Degraded Core Accidents, " Science Applications International Corporation and Electric Power Research Institute Report, SAIC/92/1168, Nov. 1989.

[9] Fowler, J. R., "GASPLUS User's Manual, " NASA Lewis Research Center, Aug. 1988.

[10] Patankar, S. V., Numerical Heat Transfer and Fluid Flows, Hemisphere Publishing Corporation, 1980.

符号说明

A	面积（m^2）
c_p	比热容（J/（kg·K））
C	热导率（W/（m·K））
D	直径（m）

f	摩擦因数和分流分数
h	传热系数（W/（m²·K））
$\hat{h}$	流体比焓（J/kg）
k	流体导热系数（W/（m·K））
K_{loss}	损失系数
L	长度（m）
m	质量（kg）
$\dot{m}$	质量流量（kg/s）
M	分子量（kg/mol）
Nu	努塞尔数
p	压力（Pa=N/m²）
Pr	普朗特数
$\dot{Q}$	热流量（J/s）
$\Re$	理想气体常数 =8314.3（J/（kmol·K））
Re	雷诺数
s	流动距离（m）
S	源项
t	时间
T	热力学温度（K）
u	速度（m/s）
V	体积（m³）

希腊字母

ρ	流体密度（kg/m³）
Δp	压降（Pa=N/m²）
τ	壁面切应力（kg·m/s²）

下标

aero	气动热
c	传导
eff	效率
h	焓和水力直径
i	控制体积序号
in	进口
int	内热源
j	控制体积或结构序号

k	结构节点序号
m	质量
N	外表面节点
out	出口
p	恒压
r	辐射
rerad	再辐射
u	动力
w	壁面

18 基于模型的飞机系统热管理程序

丹尼尔·施拉博[1]，詹斯·利尼格[2]

1. 德国航空航天中心（DLR），2. 德累斯顿工业大学

引用：Schlabe, D. and Lienig, J.,“Model-Based Thermal Management Functions for Aircraft Systems,” SAE TechnicalPaper 2014-01-2203, 2014, doi:10.4271/2014-01-2203.

摘要

本文介绍了在“洁净天空”（Clean Sky）项目框架下开发的一种新型热管理程序（TMF）及其设计过程。该热管理程序能够利用基于模型的系统知识实时计算热管理系统的优化控制信号，可以是系统物理模型，也可以是由系统物理模型生成的数据记录。热管理程序向空气循环和蒸发循环等可能的冷却系统提供控制信号，降低或关闭负载信号。由于系统用电功率和冲压空气阻力会影响燃油消耗，因此使用权衡因子对系统用电功率和冲压空气阻力进行比较，以确定空气循环、蒸发循环及其相关冲压进气管道之间的最佳冷却能力分配。

本文详细描述了如何使TMF快速适应新的架构和系统对应的开发过程，并通过无引气热管理架构对其进行演示说明。最后，本文给出了TMF的燃油消耗和预期收益结果。

1 引言

未来飞机的主要设计目标是减小飞机重量、降低燃油消耗，从而降低系统二氧化碳排放[1]。采用高效和重量轻的飞机系统有助于实现此目标，由此推动了多电飞机（More Electric Aircraft，MEA）的发展[2-3]。由于用电需求的增长，以及发动机引气的减少甚至取消，需要考虑新型冷却技术和热管理系统。热管理架构（TMA）包括空气循环机、冲压空气通道、空气循环及分配、蒸发压缩循环、冷却回路，以及诸如蒙皮换热器之类的可替代热沉。

高度综合的复杂热管理架构增加了系统控制的自由度。通过热管理程序（TMF）提供优化的控制器信号，对提高系统效率、降低系统重量非常重要。一方面，热管理程序可以对不同冷却系统的控制信号进行优化，以降低发动机功率消耗和冲压空气流量需求，其中降低冲压空气流量需求会降低系统阻力；另一方面，热管理程序可以降低或屏蔽不重要的座舱热载荷，以限制峰值热载荷。这样热管理架构尺寸会相对较小，由此进一步减小系统重量。

1.1 前期工作

基于现有环境控制系统（ECS）的设计和优化架构开展此项工作[4]。系统模型采用Modelica建模语言[5]，包括飞机座舱、空气调节、冲压空气通道、蒸发循环和其他冷却回路。模型包含详细的

物理特性，具有强非线性。由于在早期架构研究阶段主要关注准稳态结果[6]，因此未建立系统动态模型。此架构曾用于空客环境控制系统（ECS）的设计、评估和优化，参考文献［7］对相应的优化平台进行了详细描述。热管理程序（TMF）包含两个嵌套的优化循环，外部循环用于优化架构规模，内部循环用于优化当前架构规模下的控制信号，两个循环的优化目标均为，使被系统限制和合理工作范围限定的几个工作点的单位燃油消耗率（SFC）最小。由于环境控制系统模型很复杂且需要同时满足多个限制条件，在目前台式机上计算飞机任务剖面一个工作点对应的优化控制信号就需要 1h 左右。因此，必须考虑不同方法实现热管理程序的在线优化。

文献［8，9］提出了一种开发能量管理程序（Energy Management Function，EMF）的新型方式及工具，具有以下能力：

- 优化全机能量效率；
- 降低或屏蔽负载；
- 考虑如馈线阈值等系统限制；
- 开发如响应慢的负载等系统动态模型。

到目前为止，能量管理程序（EMF）主要应用于飞机电能管理。由于微观经济学使用的模型和理论与 EMF 典型任务接近，因此基于经济模型建立了相应 Modelica 能量管理模型库。消费者（即负载）为使用付出的价格取决于提供者（即能源）的可用性。主要不同在于使用类型不同，在微观经济学中使用类型为产品，在能量管理程序（EMF）中使用类型是功率。参考文献［10］已对这种方法的基本应用进行了验证。参考文献［11］和参考文献［12］对在混合电动飞机能量管理中应用微观经济学模型进行了研究。

根据参考文献［8］，负载或电源的每个模型都应包含预定义的价格程序（即 Power-Over-Price 程序）。价格程序显示了负载为特定功率支付对应价格的能力和电源以特定价格提供功率的能力。图 1 给出了负载和电源的两条基本成本程序。电源的成本程序由电源额定功率、过载能力和效率确定，负载

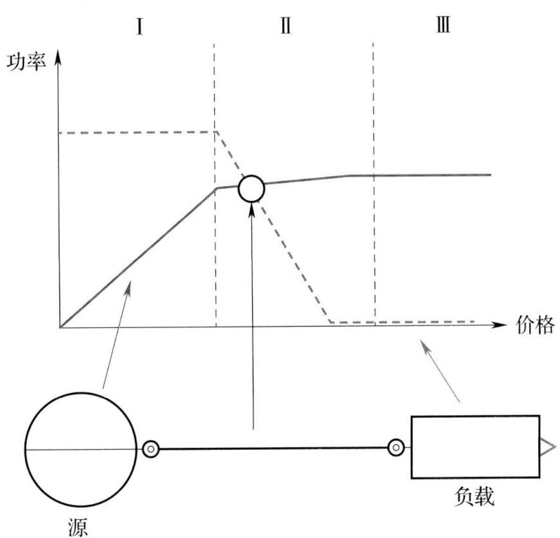

图1　参考文献［8］提出的电能管理基本原则——通过连接器负载和电源的价格程序确定相交点

的成本程序由负载功率需求和负载优先级确定，加上一系列通用规则，可以实现能量管理程序的模块化和面向对象开发。最后，需要确定交叉点及对应的控制信号。上述能力通过虚拟物理连接器实现。虚拟物理连接器有一个可变功率流的物理量接口和一个可变价格的潜在非物理量接口，确保了每个连接器连接点上的价格相同、单点功率总和为零。

参考文献［8］还指出，由于这种方法是通用方法且不局限于特定物理领域，因此可将此方法应用于热管理。此时，功率等效于冷却功率。所需功能与电能管理类似，如下：

①当冷却功率不足时，降低热载荷；

②通过选择不同冷却系统的最优分配，优化能量效率（或者最小化燃油消耗率）。

基于这种方法确定了本文的核心功能，可据此开展系统架构设计阶段的热管理程序（TMF）的早期开发，并能快速适应新型热管理架构（TMA）的热管理程序。

1.2 本文贡献

本文描述了基于模型的热管理程序及其设计过程。本文对参考文献［8］的能量管理方法进行了扩展，实现了以最小化单位燃油消耗率（SFC）为控制目标的控制信号优化计算，可在标准台式机上得到热管理程序（TMF）的实时计算结果。

另外，热管理程序需要当前工作点下的空气循环机和蒸发压缩循环的性能和环境条件，这些可从参考文献［4］所示架构的热管理架构（TMA）模型中获得。上述热管理架构模型已完成开发并包含所有工作情况下的系统参数及环境条件。由于此模型过于复杂无法直接用于在线热管理程序，因此本文提出了一种可半自动集中系统参数的方法。此方法是将包含相关工作和环境条件的数据记录作为一个输入，将系统冷却功率、电功率消耗、冲压空气阻力等性能评估相关数据记录作为多个输出。由于不需要考虑空气循环机或蒸发循环等系统动态特性，因此上述方法可行。鉴于此，本文对稳态条件下的控制信号影响进行了研究。不过，座舱动态特性有助于进一步降低燃油消耗率，这个问题作为未来研究内容。

相比之下，系统控制与系统强非线性非常相关。系统强非线性主要来源于系统控制器和阀门的开关特性、系统工作时可能出现的工作和物理限制及换热器的物理特性。其中，换热器物理特性指的是换热器内制冷剂冷凝或蒸发过程中单相向两相转变带来的特性变化［4］。

热管理程序向空气循环或蒸发循环等可能的冷却系统提供控制信号。另外，正常工作发生热负载超载时，热管理程序提供降低负载或屏蔽负载的信号。这样可以减小系统尺寸，从而减小冷却系统重量。

本文详细描述了如何使热管理程序快速适应新的架构和系统所对应的开发过程，并通过无引气热管理架构进行演示说明。最后，本文还给出了 TMF 的结果、预期收益及可能的缺点。

2 初步分析

2.1 架构建模

热管理程序（TMF）的开发从图 2 所示无引气热管理架构（TMA）的 Modelica 详细建模开始。图 2 右上方的座舱模型包含考虑了用电负载热载荷、乘员、辐射和导热的不同座舱区域、驾驶舱、地板下舱室的控制体。另外，空气分配系统包含管路、风扇、阀门、混合腔和温度控制器。座舱的部分排气没有排到机外，而是再循环至空气调节系统中。从图 2 中可以看出，系统有四个供气口，其中两个供气口未连接。热管理架构模型仅显示环控系统的左侧。由于假定右侧与左侧对称，因此未对环控系统右侧进行建模。剩下的两个供气口为：

- 新鲜空气和再循环空气混合供气口；
- 来自空气循环机（ACM）的配平供气口。

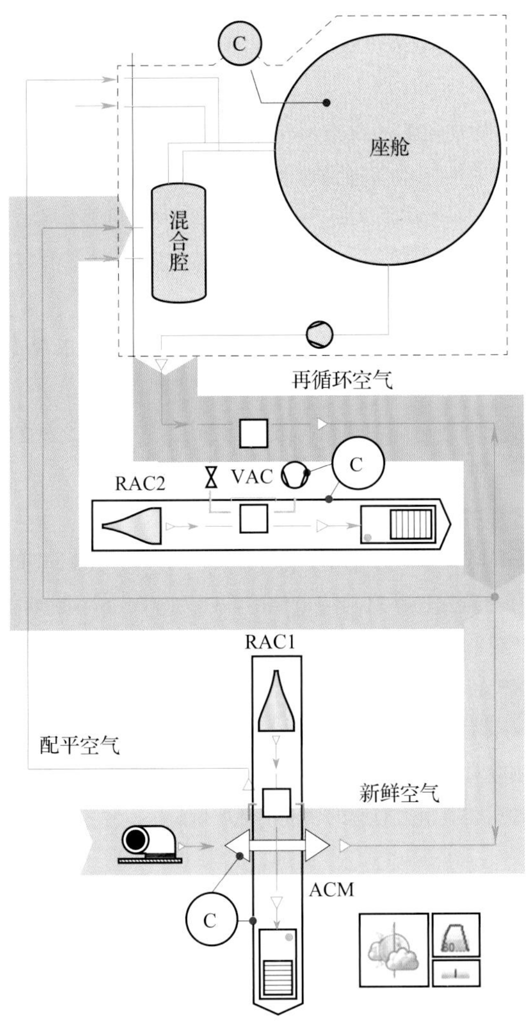

图2　包含座舱、空气循环机（ACM）、蒸发循环（VAC）和主次级冲压空气通道（RAC1/2）的无引气热管理架构（TMA）模型（热管理程序中控制器接口使用“C”表示）

新鲜空气和再循环空气混合供气温度由混合腔确定，使用配平供气为不同座舱区域提供所需温度。

接下来，使用热管理架构模型进行自由度 TMF 能够影响的剩余控制值分析。对座舱来讲，剩下的控制值为：

（1）热管理程序（TMF）控制值：通过降低如飞行娱乐等座舱用电负载以降低座舱热载荷值（kW）。

图 2 底部是空气循环机（ACM）及其相关主冲压空气通道和新鲜空气进口。空气循环机用于提供规定湿度和温度的新鲜压缩空气。热管理架构模型还包括保证空气循环机和主冲压空气通道（RAC1）在预期工作范围内、为热管理程序提供正常控制信号的局部控制器。

（2）热管理程序（TMF）控制值：主冲压空气通道（RAC1）正常冲压空气使用量（即 0.0 到 1.0）。此值决定了飞行中冲压空气开口角度或在地面电动风扇的转速。

（3）热管理程序（TMF）控制值：空气循环机（ACM）的正常压比（即 0.0 到 1.0）。此值决定了不同的电能消耗。

最后，还有蒸发循环及其相关的次级冲压空气通道（RAC2），提供了对再循环回路空气的冷却。与空气循环机和主冲压空气通道模型一样，蒸发循环及其相关的次级冲压空气通道 RAC2 模型也包含了几个局部控制器。剩下的热管理程序控制信号为：

（4）热管理程序（TMF）控制值：次级冲压空气通道（RAC2）的正常冲压空气使用量（即 0.0 至 1.0）。

（5）热管理程序（TMF）控制值：蒸发循环（VAC）压缩机的正常转速（即 0.0 到 1.0），此值决定了不同的电能消耗。

值得一提的是，蒸发循环还可能将热量排放到除冲压空气通道之外的替代热沉中（图 2 未示出）。此外，还省略了一些用于冷却功率电子设备和电机的回路。

2.2 热管理程序（TMF）功能

通过对热管理架构（TMA）和剩余自由度进行分析，可以确定图 3 中的两个主要功能。第一个功能是通过选择空气循环、蒸发循环之间的最佳冷却能力分配进行能效优化（即最小化燃油消耗率）。一方面，可以控制空气循环的压比和冲压空气质量流量实现规定的温度要求；另一方面，可以通过改变蒸发循环压缩机转速和冲压空气质量流量，使用蒸发循环冷却空气。本文使用权衡因子（TF）对最佳解决方案进行评估：

TF_{elec} 对应的是增加用电对应的燃油消耗率增量；

TF_{drag} 对应的是增加冲压空气阻力对应的燃油消耗率增量。

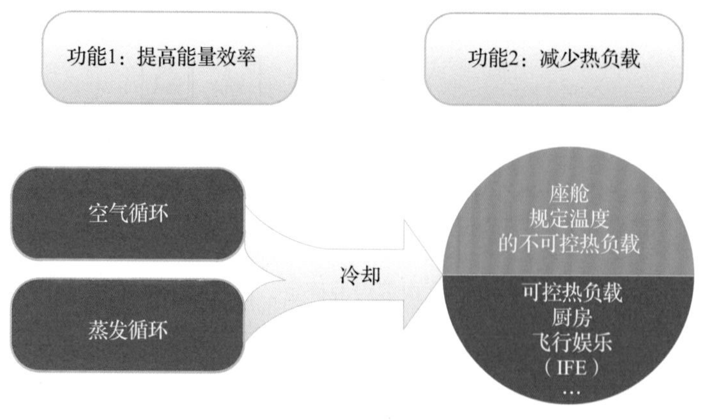

图 3　热管理程序（TMF）功能

本文将上述两个权衡因子假设为定值。通过上述权衡因子，可以确定用电量和冲压空气使用量对单位耗油消耗率的影响，从而实现权衡优化。

第二个功能是降低或减少座舱的用电负载。座舱的用电负载可能包括飞行娱乐 (IFE)，以及厨房或其他商用用电负载。如果空气循环和蒸发循环的最大冷却能力不能保证进入混合腔的气流温度满足要求，则需要减少用电负载。上述情况仅在飞机发生故障的情况下才会发生，例如，热天时一个空气循环机（ACM）或蒸发循环（VAC）发生故障。另外，如果未来飞机允许在多种情况下减少座舱负载，这个功能还可以用来减小热管理架构（TMA）尺寸，从而降低其重量。

3 热管理程序开发

实现热管理程序功能的开发流程详见图 4。这个开发流程使热管理程序能够快速适应架构更改，甚至适应全新的热管理架构（TMA）。

开发流程从热管理架构的 Modelica 建模开始。第一步，建立蒸发循环和空气循环及其对应的热沉独立模型。由于这些模型太复杂，无法直接应用于在线热管理程序，因此需要系统知识进行简化或集中。简化后的系统知识是一个数据记录，包含了相关工作及环境条件等输入数据和系统性能评估相关的若干输出数据。第二步，使用独立模型对生成的数据记录进行验证，检查是否详细充分地考虑了系统相关的所有非线性。第三步，对独立蒸发循环和空气循环系统进行局部预优化。由于权衡因子已知，因此可以确定所有工作和环境条件下独立系统用电量和冲压空气使用量之间的最佳权衡。此步骤将每个系统（ACM 和 VAC）的调谐控制器数量从两个减少到一个。第四步，基于参考文献 [8] 中提出的能量管理程序（EMF）工具实现热管理程序的两个核心功能。最后，将生成的热管理程序在热管理架构模型中进行集成和测试。下面对每一步骤进行详细说明。

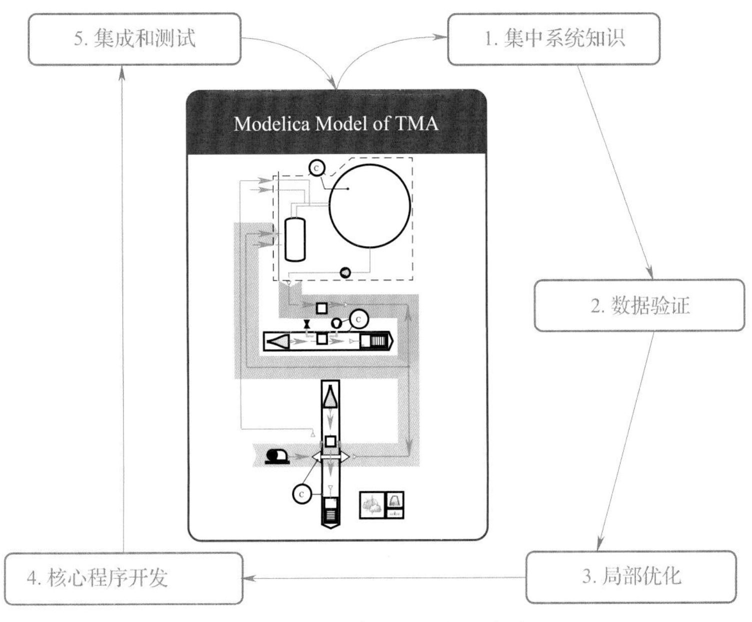

图 4 热管理程序（TMF）开发流程

3.1 集中系统知识

集中系统知识是热管理程序开发流程中最重要、最耗时的步骤之一。热管理程序需要当前环境和工作条件下的系统性能详细信息，包括冲压空气阻力、空气循环机（ACM）和蒸发循环（VAC）能提供的冷却功率范围对应的用电量。本文采取的方法是从热管理架构（TMA）模型中提取上述信息。基于热管理架构模型建立的空气循环机和蒸发循环独立模型仍然非常复杂。由于这些独立模型内含热流体系统（包含闭式回路）的详细物理特性，因此阻碍了模型的快速初始化及降低了模型的稳定性。另外，这些独立模型还包含了热管理程序不需要，但瞬态计算需要的大量内部变量和状态。因此，无法在实时硬件上直接使用这些独立模型。

可采取从空气循环机和蒸发循环独立模型中提取相关信息并将其存储在数据记录中的方式。本文使用的 Modelica 库可以轻松设置所需的输入和输出，并能半自动生成相应的数据记录。首先，将输入块和输出块拖放至工作界面上，并将其分别与图 5 所示蒸发循环物理模型进行连接。相关输入是热管理程序（TMF）的两个控制值（冲压空气使用量和压缩机转速）、环境变量（如飞机高度）和操作值（如座舱再循环空气温度）。相关输出是冲压空气阻力、蒸发循环用电量，以及提供给空气的制冷量。

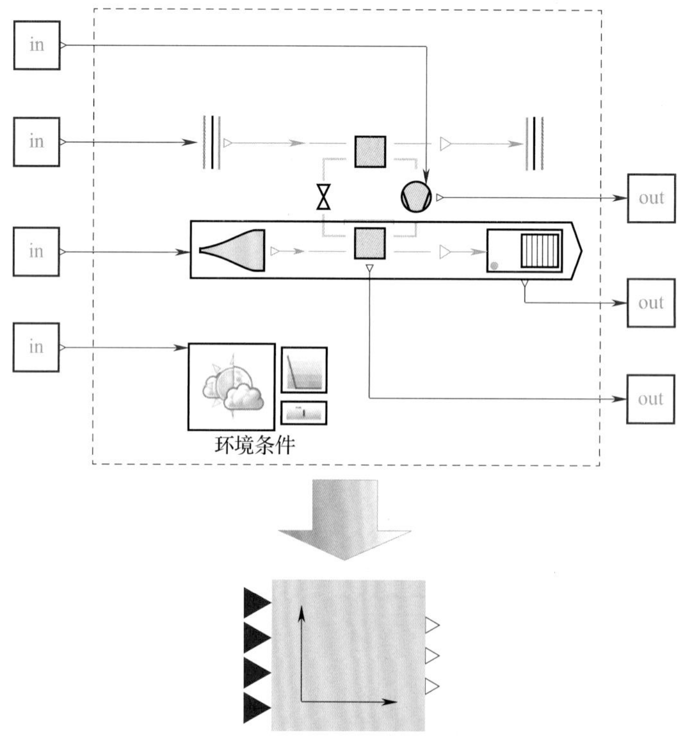

图 5 上方是定义了进口和出口的提取出来的蒸发循环物理模型，下方是包含了生成的数据记录的 Modelica 块

将接口定义好后，用户可以调用生成数据记录的函数，此时会出现一个可以选择输入范围和离散化级别的图形用户界面。该函数可进行所有输入组合对应的模型仿真，并将相应的输出值存储在

数据记录中。由于输入变量数量多、分辨率高，会增加仿真运行次数从而导致数据呈指数级增长，因此应仔细选择输入变量数量及其分辨率。

3.2 数据验证

最后，需要使用物理模型对生成的数据记录进行验证，检查是否选择了足够的采样点以充分反映非线性细节。由于采样点的间隔需要由用户确认，因此这种集中系统知识的方法称为半自动。图 6 给出了来自数据记录的冷却功率输出相比空气循环机（ACM）模型得到的冷却功率输出之间的相对误差随冲压空气使用量的关系，其他所有输入都保持不变。从图中可以看出，冲压空气使用量在 0.2 ~ 1.0 范围内，误差值接近假定精度限制 1%。但是，冲压空气使用量在 0 ~ 0.2 范围内，由于冲压空气使用量接近零，冷却功率急剧增大，导致系统具有强烈的非线性。数据记录未涵盖上述非线性。数据记录生成程序除了选择等距值输入还允许选择离散输入，在 0 和 0.2 之间插入两个点可以将误差值降低至 1% 以下。

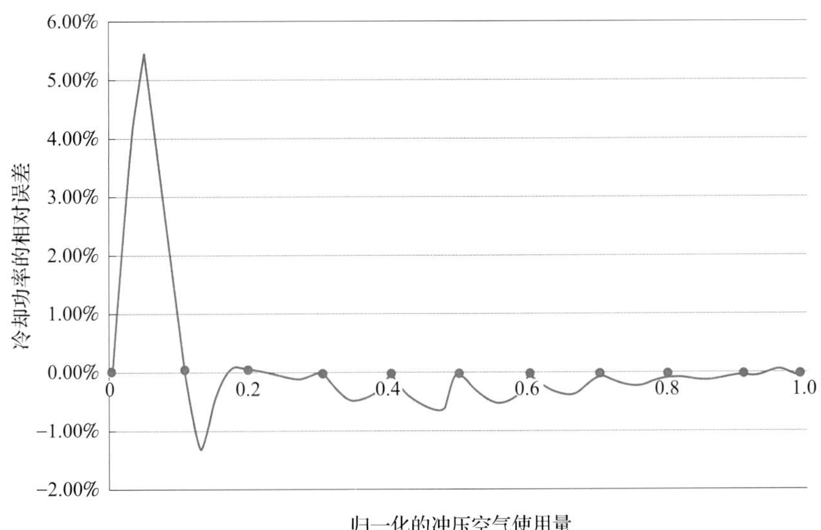

图 6　冷却功率误差随冲压空气使用量的变化（冲压空气使用量输入采用等距离散形式）

经验证的数据记录可以直接用于图 5 中的 Modelica 块。在离散值之间进行线性插值得到输出值。通过将该模块用于蒸发循环和空气循环，可以以集中的形式获取详细的系统知识。

3.3 局部优化

由于生成的数据记录包含了使用已知权衡因子进行系统用电量和冲压空气使用量权衡的所有数据，因此局部优化将每个系统（ACM 和 VAC）的调谐控制器数量从两个减少到一个。局部优化的目标是在给定的冷却功率需求下获得最小化单位燃油消耗率。因此，确定使用每个独立系统剩下的两个调谐控制器，将所有工作和环境条件下的系统燃油消耗率最小化。具体实现如下：通过简单算法检查整个工作范围内调谐控制器可能的输出信号组合，并在输出信号组合之间进行差值形成规定的冷却功率集合。基于和两个调谐控制器输入相同的另一个数据记录，并结合新的调谐控制器“冷却功率”，形成了结果仿真块。此结果仿真块输出冲压空气使用量和 ACM 压比或 VAC 压缩机转速的最优控制组合。

为了评估局部优化对燃油消耗率（SFC）的影响，将局部优化生成的控制信号与简化的同步控制信号进行比较。图 7 给出了由蒸发循环（VAC）局部优化仿真块生成的控制信号与同步控制信号的比较情况。实际上，同步控制不是非常聪明的控制逻辑。选择同步控制信号是为了研究两种蒸发循环控制信号对系统单位燃油消耗率的影响。同步控制时，压缩机转速和冲压空气使用量的控制信号是一样的。由于将压缩机转速和冲压空气使用量的控制信号在 0 到 1 范围内进行了归一化处理，因此可以使压缩机转速和冲压空气使用量的控制信号保持一致。图 7 上部的优化控制信号呈现了不同的特性：冷却功率需求从 0 增加到 0.57，导致压缩机转速增加，此时冲压空气使用量保持为零。主要来自蒸发循环替代热沉带来的影响。在此范围内，关闭冲压空气进气风门仅使用蒸发循环替代热沉是比较高效的。当冷却功率要求高于 0.56 时，需要使用冲压空气使系统单位燃油消耗率达到最小。

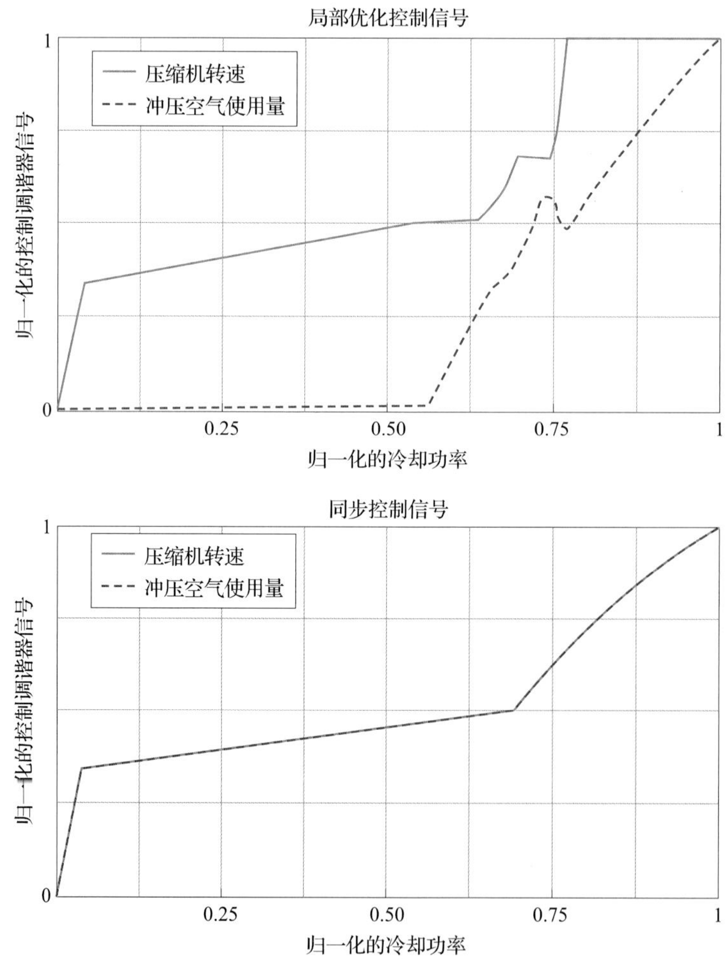

图 7　相同采样工作点下蒸发循环（VAC）局部优化控制信号与同步控制信号的对比图

图 8 给出了图 7 工作点下使用局部优化比同步控制在系统燃油消耗率（SFC）上的收益对比。从图中可以看出：冷却功率在 0 到 0.7 范围内，使用局部优化的系统燃油消耗率（SFC）显著低于同步控制；冷却功率大于 0.7，使用局部优化的系统燃油消耗率（SFC）仅稍微低于同步控制。

图 7 和图 8 说明了局部优化的潜在收益。根据具体物理系统特性、当前工作和环境条件，以及选择的架构，局部优化的收益可能高于或低于同步控制。

值得注意的是，局部优化也可以通过不同的方法实现。由于已经有了所有可用数据，不需要在系统工作中进行优化以获取相关数据，因此本文采用了预优化和使用另外数据记录的方法进行局部优化。另外，由于在给定工作点上只改变两个控制值，局部优化也可以通过简单的在线优化或搜索算法实现。上述方法需要实时运行，特别是系统工作时改变权衡因子更是如此。

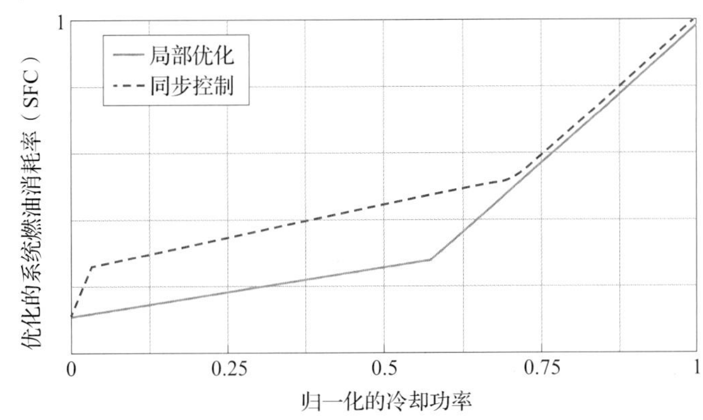

图 8 相同采样工作点下蒸发循环局部优化控制信号与同步控制信号对应的系统单位燃油消耗率对比图

3.4 核心程序开发

在这个阶段，需要通过热管理功能确定的五分之三的控制端口如下：

① ACM 提供的冷却功率；

② VAC 提供的冷却功率；

③减少的座舱热载荷。

前两个控制端口处理图 3 中的功能 1，最后一个控制端口处理图 3 中的功能 2。上述两个功能均是通过基于参考文献［8］能量管理程序（EMF）工具形成的热管理核心程序实现。如前所述，电能管理任务与热管理相似。两者均需要找到不同功率来源的最佳分配，并且在过载的情况下根据负载优先级降低负载需求。对于本文提出的热管理架构（TMA），热管理程序一方面选择空气循环机（ACM）和蒸发循环（VAC）提供的冷却功率最佳分配；另一方面提供负载减少信号以控制座舱热载荷。由此形成了图 9 中的基本应用，从图 9 中可以看出热管理所需功能与由能量管理程序工具生成的基本应用之间的直接关联关系。座舱热载荷还可以细分为不可控部分（座舱）和可控热载荷。根据需要，可控热载荷还可以进一步分为单独的座舱系统（如 IFE）、厨房烤箱或座椅电源。由于热管理程序（TMF）通过单个负载减少信号与电能负载管理进行连接，因此本文仅考虑一个控制负载。

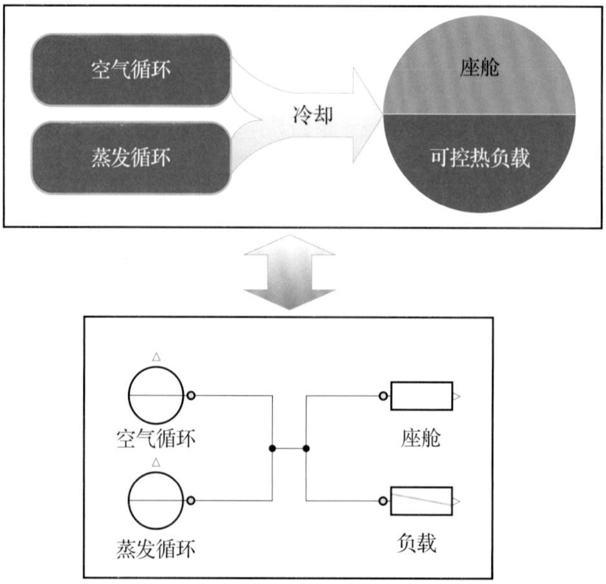

图 9　热管理程序功能和使用能量管理程序生成的基本应用之间的相关性

作为具体应用，能量管理程序（EMF）需要为两个冷却功率来源提供价格函数。参考文献［8］中，某功率价格由发电机效率的倒数决定。由于价格是潜在变量，该方法会确定两个冷却功率来源效率相同情况下的工作点。在某些情况下，此工作点可能是如参考文献［8］中所示的最优解。通常情况下需要其他方法来获得全局最优解。

热管理程序（TMF）应使系统单位燃油消耗率（SFC）最小的同时，确保满足冷却功率需求。因此，系统燃油消耗率是能提供的主要功率，冷却功率是有用功率。上述关系用效率定义如下

$$\text{效率}=\frac{\text{冷却功率}}{\text{SFC*因子}} \tag{1}$$

使用因子“Factor”对效率在 0 到 1 之间进行归一化处理。使用上述定义式，可以对不同工作和环境条件下空气循环机（ACM）和蒸发循环（VAC）的系统性能进行比较。图 10 给出了采样工作点可提供冷却功率随效率的变化情况。对蒸发循环（VAC）来讲，冷却功率低效率高，冷却功率高效率会降低。空气循环机在冷却功率为冷却能力的一半时效率最高，这使得空气循环机成本函数是多值非单调函数。参考文献［8］给出了一种重新调整的方法处理这种成本函数。在每次调整轮次中均对单调包络曲线进行修改，经过一定数量的调整轮次后确定最终结果[8]。但是，如果使用效率的倒数计算价格，这种方法在冷却功率的很大范围内无法得到最优解。由此，本文提出了一种新的价格计算方法。除了效率倒数之外，还使用有用功率对能提供功率的导数来确定每个调整轮次中的成本函数。使用这些新的成本函数也无法保证在最后一轮调整中可以获得最佳结果。这种方法很可能适用于局部优化的情况，否则第一轮次的调整就可以得到最优结果。基于此，需要确定最佳调整轮次，由此导致了虚拟 – 物理连接器的扩充。除了潜在的可变价格和可变功率之外，还增加了潜在变量“效率”和变量“能提供的功率”。通过对每个功率源进行计算并在连接点处对功率进行求和实现

变量“能提供的功率”的计算。在这些连接点或负载中，可以通过使用功率和可提供功率之和计算得到总效率。最后，对效率进行比较以选择最佳调整轮次，确定相应的控制调谐器。

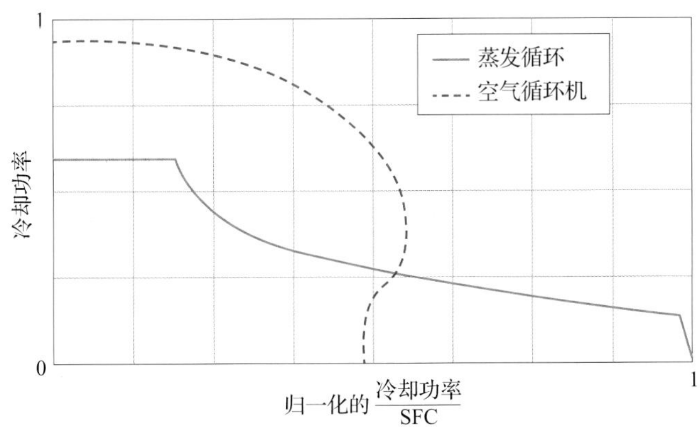

图 10　采样工作点下冷却功率随相对单位燃油消耗率（SFC）的变化情况

这种冷却分配优化所需输入是一个包含了冷却功率和能提供功率的两列矩阵，上述信息可从系统知识块和局部优化块中获取。能提供功率等于燃油消耗率（SFC）乘以公式（1）中的因子，确保最大效率为 1。从上述数据中可直接计算得到能提供功率的导数和效率。

图 11 给出了热管理程序（TMF）的最终应用，此应用包含了采用新的成本函数和扩展虚拟 - 物理连接器的空气循环机（ACM）和蒸发循环（VAC）两个冷却功率来源的经济模型。左侧的块用来提供上述经济模型所需的包含功率和 SFC 的矩阵数据，反过来，左侧块与环境输入和工作状态输入

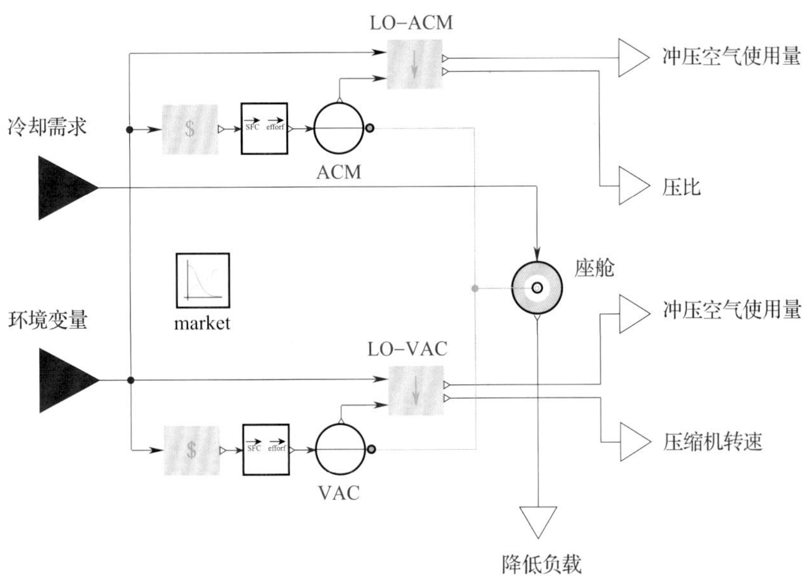

图 11　整个热管理程序在 Modelica 中的实现，LO-ACM 为空气循环机（ACM）的局部优化块；LO-VAC 为蒸发循环（VAC）的局部优化块

相连得到所需数据。空气循环机（ACM）和蒸发循环（VAC）模型的输出是归一化处理后的冷却功率，局部优化模块将其转换成冲压空气使用量和空气循环机压比或蒸发循环压缩机速度。座舱模型包括如图 9 所示的可控负载和不可控负载。由于热管理程序（TMF）目前没有可以减少的负载信息，因此座舱模型只简单输出保证座舱温度所需的热载荷减少量。电气负载管理使用此信号降低座舱相应的用电负载。

3.5 集成和测试

将开发的热管理程序集成到图 2 所示的热管理架构（TMA）模型中，图 12 给出了对应的虚拟试验台。虚拟试验台包含了热管理程序（TMF）和热管理架构。另外，PI 控制器确定保持规定的座舱温度的冷却需求。依据此设置对热管理程序进行测试，并评估系统燃油消耗率（SFC）收益。在标准台式计算机上完成热管理程序整个任务剖面 (大约 2h) 的仿真，所需计算时间约为 1.5s。值得注意的是，由于没有实时计算能力，1.5s 是没有热管理架构模型的独立热管理程序所需的计算时间。

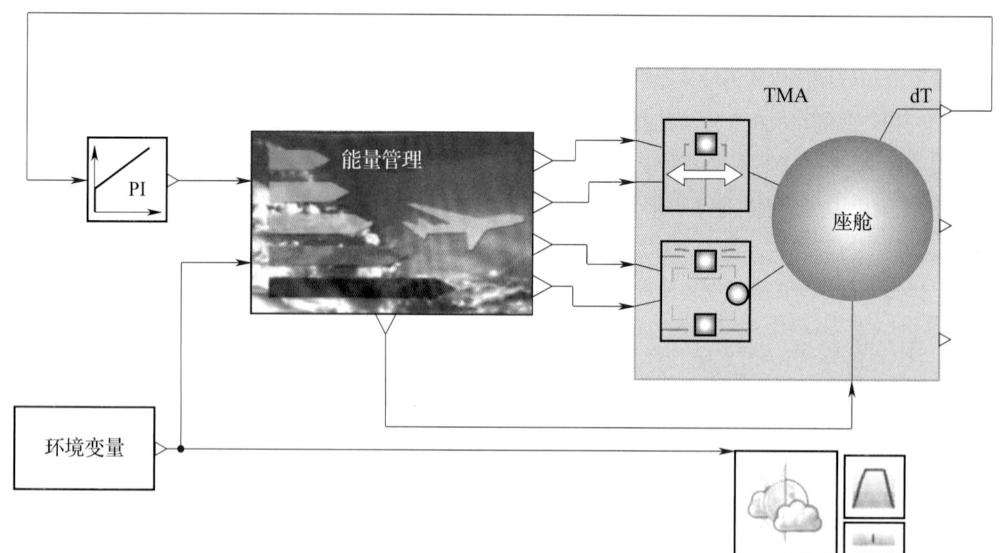

图 12　将热管理程序集成到热管理架构中

为了对收益进行评估，飞机从起飞到降落整个飞行任务对应的环境条件选取为标准天。由于对 ACM 和 VAC 提供的归一化冷却功率进行同步分配会得到相同的归一化冷却功率，因此将同步分配 ACM 和 VAC 提供的归一化冷却功率作为评估基准。图 13 给出了由热管理程序确定的最优冷却功率分配对应控制信号与评估基准的控制信号的对比情况。SFC 仿真结果见图 14。从图 14 中可以看出，在飞行任务的每一点，热管理程序对应的单位燃油消耗率（SFC）均比评估基准的低。

特别在巡航阶段，热管理程序有显著收益。图 13 的优化控制信号显示了空气循环机的基本特性为较大冷却功率需求下的效率更高，在相同采样工作点下蒸发循环在较低冷却功率需求下的性能最优（见图 10）。

评估基准已经应用了冲压空气使用量和蒸发循环（VAC）压缩机转速或空气循环机（ACM）压比的局部优化，图 14 给出了蒸发循环和空气循环机选择优化冷却分配带来的收益。由于可以在系统内部(即 VAC、ACM)进行局部优化，因此选择的基准看起来更合适。

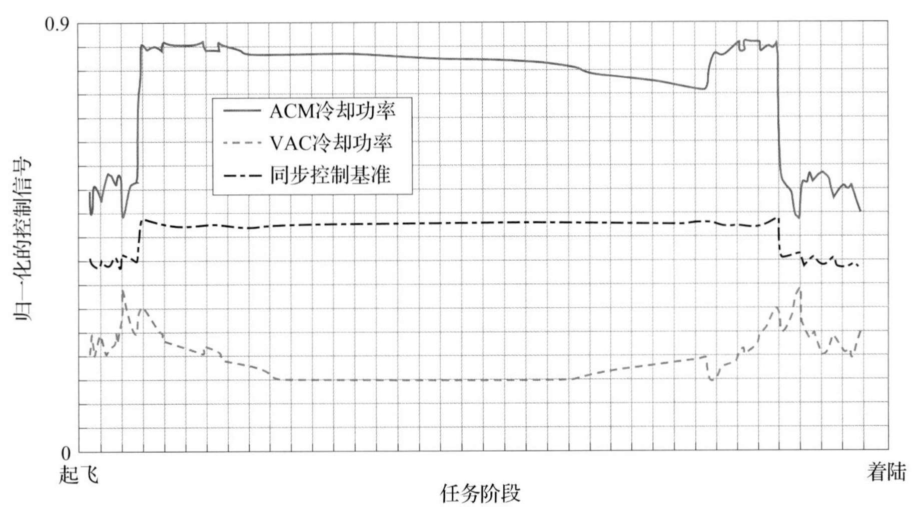

图 13　标准飞机任务下热管理程序的空气循环机和蒸发循环冷却分配控制信号与同步分配对应的控制信号对比图

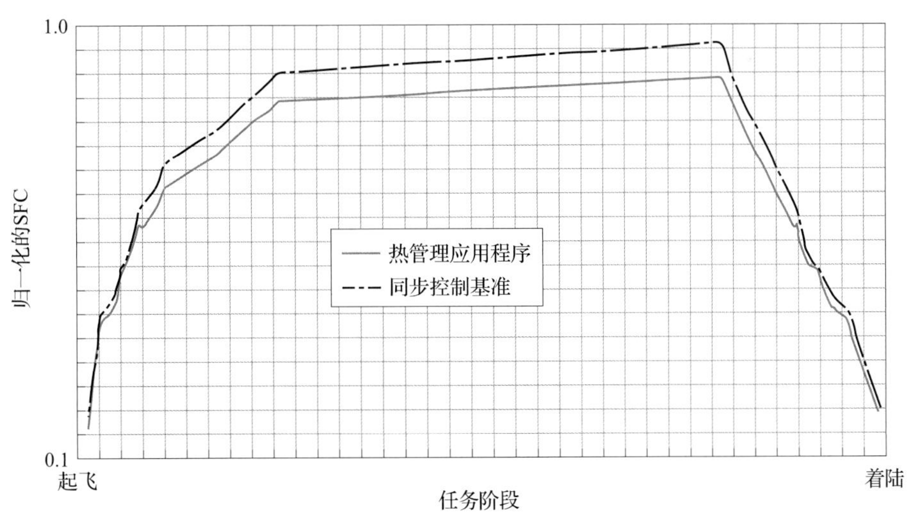

图 14　标准飞机任务下应用热管理程序控制信号的热管理架构单位燃油消耗率与应用同步分配控制信号对应的单位燃油消耗率对比图

本文中的标准飞机任务不需要减少负载，但是过载情况下会计算得到减少负载的信号。如果冷却需求大于空气循环机（ACM）和蒸发循环（VAC）能够提供的冷却功率，则输出减少负载的信号，如图 15 所示。

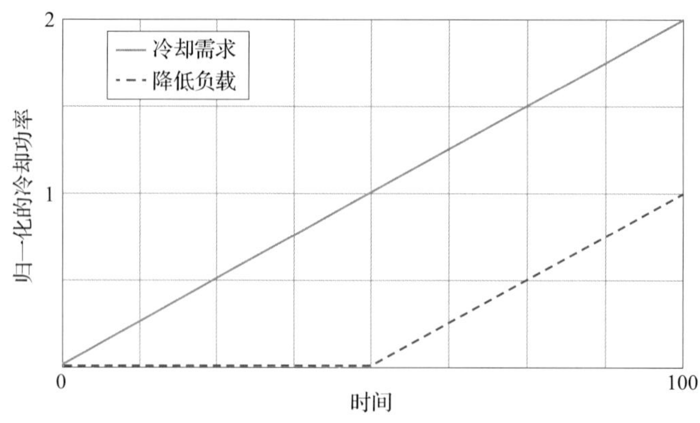

图15　减少负载信号示意图

热管理程序（TMF）除了上面的优点，也有缺点。主要缺点是需要基于系统知识进行程序开发使得难度增加。本文推荐的开发流程可降低开发难度，但需要使用模型得到详细的系统知识。如果没有相关模型，则需要花费大量的精力进行建模。本文算例中使用的模型都是已有模型。

4　结论

本文的研究结果表明，考虑到环境控制系统（ECS）是最大的非动力功率消耗系统，在自由度剩余情况下采取智能算法控制热管理架构（TMA）可显著降低单位燃油消耗率（SFC）。这里的单位燃油消耗率减少是通过控制信号优化，而不是通过改变架构或改变系统重量得到的。本文开发的TMF能够利用基于模型的系统知识实时计算优化控制信号，为此，使用了一个可以由系统物理模型半自动生成的数据记录。最后，本文描述了已有系统模型，使TMF能够快速适应新的架构和系统的开发流程。

由于热管理程序（TMF）与热管理架构（TMA）可以同时开发，因此本文提出的方法可以实现两者的综合设计，并最终实现系统尺寸、重量和单位燃油消耗率（SFC）的最小化。目前，尚未进行降低负载功能对系统重量的影响的研究，未来会开展此项研究。

本文提出的方法假设热管理架构（TMA）特性和模型一致，如不一致则控制信号将不是最优。因此，一旦系统硬件可用，就需要对模型和相应的数据记录进行验证。

如前所述，集中系统知识是该方法的关键。如果所需输入信号太多，数据点随着输入信号量增加，呈指数级增长的强非线性使得对输入信号分辨率的要求很高，在这种情况下使用简化物理模型替代数据记录是比较好的选择。在飞机上，使用机上系统传递上述信息也是一种选择。

本文将固定飞机架构权衡因子在整个飞行任务中均考虑为定值。实际上，权衡因子可能会随当前飞机任务阶段和工作条件不同而改变。比如，爬升或巡航阶段增加的阻力使得此阶段的燃油消耗高于着陆或下降阶段阻力引起的燃油消耗，其中，着陆或下降阶段需要阻力来降低飞行速度。因此，可从DLR飞行动力学库[13]的飞机气动和发动机模型中获得权衡因子函数或曲线。

最后，将来可以利用动态座舱进一步减少系统单位燃油消耗率（SFC），此时座舱温度应在规定的范围内（如 ±2K）变化。使用预测信息（如任务计划），可以采取对座舱进行预先冷却的方式降低各任务阶段的实际冷却功率，从而降低燃油消耗。

术语 / 缩略语

ACM —Air Cycle Machine / 空气循环机

ECS—Environmental Control System / 环境控制系统

EMF —Energy Management Function / 能量管理程序

MEA—More Electric Aircraft / 多电飞机

RAC —Ram Air Channel/ 冲压空气通道

SFC—Specific Fuel Consumption / 单位燃油消耗率（简称耗油率）

TF —Trade Factor/ 权衡因子

TMA —Thermal Management Architecture/ 热管理架构

TMF —Thermal Management Function / 热管理程序

VAC —Vapor Cycle/ 蒸发循环

参考文献

[1] Clean Sky Joint Undertaking (CSJU), "ACARE and the environmental objectives," http// www.cleansky.eu) content/homepage/aviation-environment/, March 2014.

[2] Faleiro, L., "Beyond the More Electric Aircraft" AIAA Aerospace America (September): 35–40, 2005.

[3] AbdElhafez, A. A., and Forsyth, A. J., "A review of more electric aircraft," presented at 13th International Conference on Aerospace Sciences and Aviation Technology, ASAT- 13, 2009.

[4] Sielemann, M., Giese, T., Oehler, B., and Gräber, M., "Optimization of an Unconventional Environmental Control System Architecture," SAE Int. J. Aerosp. 4(2):1263-1275, 2011, doi:10.4271/2011-01-2691.

[5] Modelica Association, "Modelica and the Modelica Standard Library," https://modelica.org/, March 2014.

[6] Sielemann, M., Giesc, T., Öhlcr, B., Otter, M., "A Flexible Toolkit for the design of environmental control system architectures," presented at the First CEAS European Air and Space Conference. CEAS 2007, Berlin.

[7] Giese, T., Oehler, B., Sielemann, M., "A Systematic Approach to Optimise Conventional Environmental Control Architectures" , presented at Deutscher Luft und Raumfahrtkongress 2010, Germany, 2010.

[8] Schlabe, D. and Zimmer, D., "Model-Based Energy Management Functions for Aircraft Electrical Systems," SAE Technical Paper 2012-01-2175, 2012, doi:10.4271/2012-01-2175.

[9] Schlabe, D., Zimmer, D., "Energy Management of a System According to an Economic Market Model Approach," U.S. Patent 020 140 058 573 A1, February 27, 2014.

[10] Ygge, F., Market-Oriented Programming and its Application to Power Load Management. Lund, Sweden: Ph.D. thesis, Department of Computer Science, Lund University, 1998.

[11] Büchner, S., "Energy-management-strategies of automobile power supply systems (original title in German: Energiemanagement-Strategien für elektrische Energiebordnetze in Kraftfahrzeugen)," Dresden, Germany: Ph.D. thesis, faculty of Transportation and traffic sciences Friedrich List, TU Dresden, 2008.

[12] Engstle, A., "Energy management of hybrid vehicles (original title in German: Energiemanagement

in Hybridfahrzeugen)," Munich, Germany: Ph.D. thesis, Fakultät Elektrotechnik und Infromationstechnik, TU München, 2008.

[13] Looye, G., "The New DLR Flight Dynamics Library," presented at 6th Modelica Conference, 2008.

[14] Clean Sky Joint Undertaking (CSJU), "The Clean Sky JTI (Joint Technology Initiative)," http://www.cleansky.eu/, March 2014.

19 用于飞机综合热管理系统分析的建模方法

冯·格里斯森[1]，V. J. 伊萨克[2]，J. 法尔[2]

1. 莱特－帕特森空军基地，2. 科学应用国际公司

引用：Griethuysen V J V, Issacci F,“Farr J .A Modeling Approach for Integrated Thermal Management System Analysis of Aircraft,” SAE 971242, doi:10.4271/971242.

摘要

本文的目标是提出一种评估飞机热管理系统（TMS）的建模方法，以确定系统设计能否满足整个飞行过程中的散热需求和温度要求[1]。为此，本文采用具有研究部件级到系统级稳态和瞬态热力学特性能力的分析工具，对冷却网络进行仿真，以获得冷却网络的温度、压力、质量流量分布，以及发动机和机身结构周围温度的分析结果。

随着预算的减少，系统设计多在现有高性能飞机基础上加以改进，很少进行重新设计。由于冷却系统最初设计未考虑新技术带来的冷却需求，使得系统逼近能力极限。机身结构材料无法改变，使用机上燃油用于冷却就越来越普遍。在限制物理尺寸和重量的条件下确定满足新增冷却需求的可能方式中，使用热分析工具有助于在物理尺寸和重量被限制时快速确定满足新增冷却需求的可能方式。

1 引言

本文介绍了飞机热管理系统的开发过程。借助功能全面、方便操作的工程分析工具，可以具备开发并研究不同方案、修改参数以确定对全系统的影响能力。这样，在飞机设计全周期的前期阶段，热管理设计人员可借助此工具与推进系统和机身结构设计人员一道，实现热管理系统与推进系统、机身结构之间的综合与迭代。在开始系统设计之前进行综合的好处是，避免了设计后期综合带来的变化，意味着在方案阶段需要完成部件级及系统级的热管理优化改进，以降低相关损失。

先进战斗机上的热载荷及控制，对机载热管理系统的能量收集、分配和排散能力带来了压力。由于这些飞机的推力和内部产生的热载荷越来越大，再加上严格的重量限制和燃油温度水平，因此必须确定高效融合的热管理方案[2]。过去用于评估完整热管理系统（TMS）的方法从无到有且比较复杂，而且在设计周期中完成有效更改后不允许进行系统参数权衡避免影响系统设计。

开发使热设计人员和分析人员易于对方案进行研究、快速返回结果以便权衡参数的建模工具和设计工具，有助于缓解未优化热管理系统（TMS）相关问题。美国空军资助的称为飞机综合热管理

分析代码（VITMAC）的工具正在开发中[3]。截至目前，此工具主要针对高超推进系统进行开发。但是，模块化架构使此工具可适用于不同应用场景，使用当前开发代码或进行部分优化就可以满足特殊应用场景下的相关热分析需求。而且，借助嵌入式图形用户界面（GUI），用户很容易学会使用这个工具。此外，部件或控制体使用下拉菜单识别相应信息对数据输入进行了简化。此工具可让用户在计算机屏幕上真正实现冷却网络的规划和构建。由前国家航空航天飞机计划和莱特实验室航空推进和动力局的先进推进部门提供资金，加利福尼亚州托伦斯的动力和信息系统部门通过科学应用国际公司（SAIC）完成该工具的开发。

2 建模方法

VITMAC是一种工程代码，用于模拟热管理系统及其相关部件的一维和多维、稳态和瞬态动力及结构温度响应[4]。VITMAC采用基于控制体的建模方法，替代基于网格点或多维网格代码（如有限元或计算流体力学（CFD）代码）的建模方法。VITMAC代码包含涡轮机械（泵、压气机和涡轮）、发动机（涡轮风扇发动机、涡轮喷气发动机、冲压发动机和超燃冲压发动机）、换热器和燃油箱的热响应，以及与众多冷却剂和材料热物理特性相关的数据库。

将部件或系统分解为控制体进行建模。控制体（CV）可以表示从流体源、流道、管路或管路固定装置到发动机流动路径、换热器或涡轮机械的任意物体。控制体必须有某种形式的流动介质，如空气、冷却剂或燃油（液体或蒸气）。控制体还可能附加结构，通过选择厚度、绝热层厚度要求、冷板表面形式或材料类型（如复合材料）对结构材料温度进行研究。热载荷可以直接连到控制体或结构上，也可以在稳态或瞬态条件下输入。

为了研究系统或部件的瞬态热响应，用户需要输入随时间变化的热载荷。热载荷输入的点越多，温度响应的保真度就越高。用户减小尖峰两侧的时间步长来模拟热载荷尖峰或短时大热载荷。否则，热载荷将是对整个算例时间的平均值。用户必须确定合理的热载荷输入点数量和时间步长，以便对特定瞬态情况进行准确仿真模拟。

开始进行热管理系统分析时，用户可以选择进行热力学分析或详细分析。在冷却系统方案初期缺乏相关数据时，或需要快速分析燃油或冷却剂温度分布时，可选择热力学分析。随着设计的深入，可用数据越来越多，此时可选择详细设计。详细设计也用于参数权衡研究以确定冷却剂类型和流量要求保证冷却剂和材料温度在限制范围内，比较不同主动冷却方案的效率，确定换热器类型和尺寸要求，或选择系统方案等更为全面深入的系统研究。除了对冷却系统进行系统级研究之外，还可对单个部件或分系统进行研究。建议热管理分析人员从部件级或分系统级建模开始，在部件级或分系统级模型成功运行的基础上逐步搭建系统模型直至完成系统建模。这种方式配合输出结果可选列表使用，更易于纠正错误。

一旦有足够数据可以建立全系统模型，热管理分析人员就可以调用瞬态热力学分析选项查看飞行过程中不同热载荷对系统的影响情况。此外，热管理分析人员还希望查看最大热载荷对系统的影响情况，以确定机上冷却能力是否足够，或是否需要替代冷却方案和调整系统架构。热管理分析人员还应与系统和分系统设计人员进行协调，确定飞机其他潜在的热管理问题，以便进行进一步的迭代仿真计算，最终实现系统的优化设计。

图形用户界面（GUI）可帮助用户建立系统模型并将数据输入到VITMAC中。每个控制体菜单或对话框给出了对应控制体仿真模拟需要的参数。对话框中有默认数据，供用户在缺少数据的情况下使用。来自于设计迭代结果或其他来源的实际值可替换默认值，实际值的数量越多，计算结果的准确性就越高。系统模型一旦建立起来并成功运行且保存后，在参数权衡研究时就很容易改变参数并快速计算得到结果。

3 系统搭建

以一个冷却系统为例，演示利用 VITMAC 等热分析工具开发冷却系统的方法。这个冷却系统是发动机与机身热管理系统的结合。由于热管理系统（TMS）延伸到飞机的各个部分，因此完整的热管理系统（TMS）非常复杂。建议从整个热管理系统的一小部分或者分解的不同分系统开始，单独对其进行建模并运行，逐步搭建整个系统或者将分系统结合起来。对于这个例子，我们采取了第一种方法。冷却系统原理图见图 1。

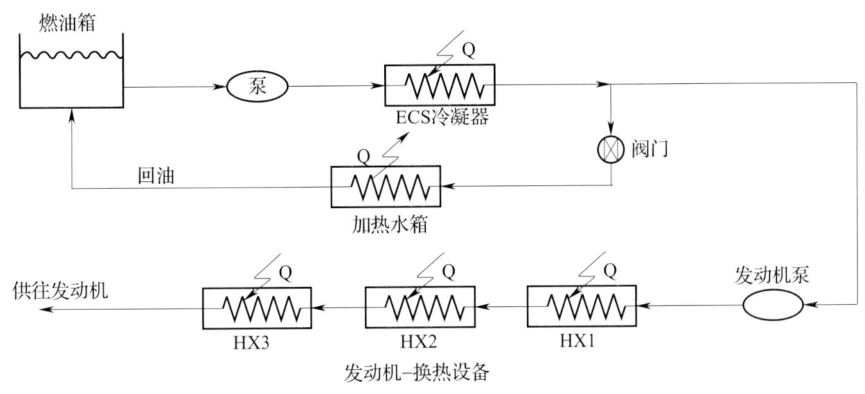

图1 飞机和发动机热管理系统

热管理系统（TMS）的要求是：①返回油箱的燃油温度必须等于油箱的燃油温度；②发动机泵应提供足够的压头保证流经发动机热管理系统换热器的流量[5]。如图 1 所示，系统从介质为 JP–5 燃油的燃油箱开始，然后是一个燃油泵和环境控制系统（ECS）冷凝器。然后分成两条支路，一条支路包含一个阀门和一个水箱，用来将返回燃油箱前的燃油冷却至指定温度。有时供往发动机用于燃烧的燃油需求较大，而有时用于冷却的燃油需求较大。支路上的阀门用于调节燃油分配比例以满足支路的冷却需求。另一条支路包含一个发动机燃油泵、三个换热器和一个控制体，其中，换热器将发动机不同部分的热量带走，控制体用于模拟燃油排至发动机燃烧室的情况。

首先选择热力学分析运行模型。通过点击 VITMAC 主菜单中合适的控制体搭建图 1 所示系统的模型，如图 2 所示。搭建系统模型之前，在主菜单的 SET 菜单的子菜单栏选择热力学分析（TA）选项和质量流量输入。还可以在此子菜单栏中选择稳态或瞬态仿真类型、SI 单位制或英制单位。本算例保持默认的稳态和英制单位不变。在主窗口搭建系统时，首先选择流体源（CV1），然后选择泵（CV2）、ECS 冷凝器控制体（CV3）和代表含有两条支路的流体分叉的通用控制体（CV4）。一条支路包括一个用于支路限流的阀门（CV6），然后是一个用于散热的水箱（CV8）和一个燃油箱热沉（CV12），由于当前版本的 VITMAC 选择热力学分析（TA）时不允许设置回流，因此在设置了燃油池（CV12）。另一条支路有一个辅助泵（CV7），接着是表示不同发动机部件热交换器的换热器（CV9）、换热器（CV10）和换热器（CV11），最后以另一个燃油池（CV13）结束。

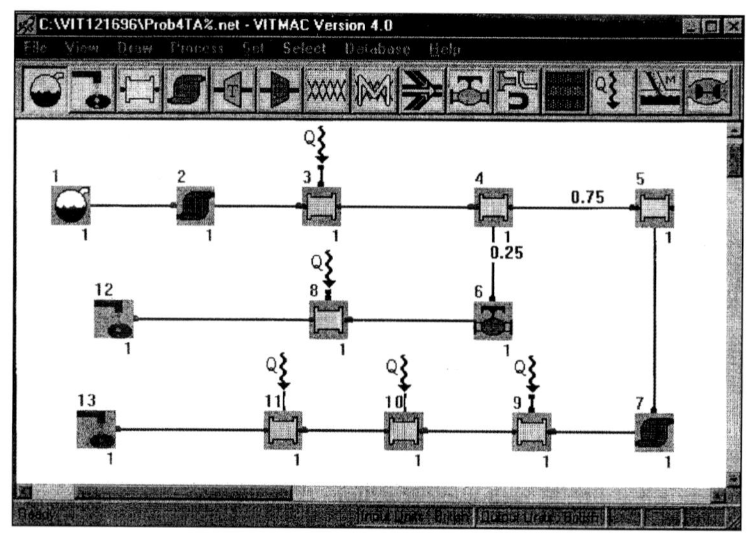

图 2　飞机和发动机热管理系统 VITMAC 仿真，热力学分析选项

每个控制体连接后，会分别在左上角和右下角自动生成控制体编号和循环编号。本算例需要输入的数据有燃油箱供油质量流量、燃油类型、流体源燃油温度和压力、每条支路的流量比例和热载荷，其中，热载荷为正表示控制体吸热，热载荷为负表示控制体散热。

本算例中，阀门将所在支路的流量比例分数限制在 25%。如果没有输入流量比例分数，默认两条支路平分。为了加强冷却，本算例将质量流量默认值从 0.454kg/s 提高到 0.795kg/s。ECS 冷凝器的热载荷为 20510W，水箱的热载荷为 –5860W，每台发动机部件换热器热载荷均为 29300W。

本算例在 Process 菜单下选择 run 后即可成功运行，在奔腾电脑上仅需要几秒的运行时间。图 3 为本算例的温度结果图，图中的部件编号与图 2 控制体左上角的编号相对应，此结果可认为是热管理系统（TMS）的初步仿真结果。但是，离开燃油池（CV12）的燃油温度 20℃（293K，528R）不满足与燃油箱中燃油温度 22℃（295K/531R）相同的要求。改变两条支路的流量比例分数进行迭代计算，直至离开燃油池（CV12）的燃油温度和燃油箱中燃油温度相等，此时阀门所在支路的流量比例分数为 28%。本算例假设不存在流量损失。

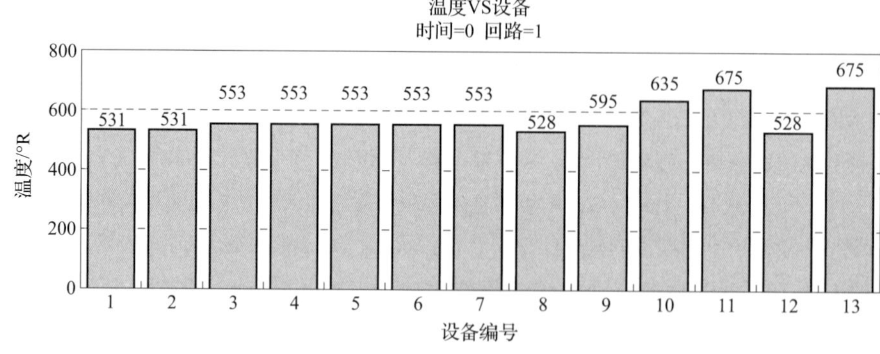

图 3　热力学分析对应的各设备（控制体）温度计算结果

接下来进行详细分析以确定系统各控制体的尺寸。通常从系统设计者、其他来源获取架构数据，进行参数权衡研究和分析迭代，或者综合上述方式实现详细分析。只要没有重大架构的更改，热管理分析人员可以使用已有系统模型并调整默认值进行详细分析。此时将 Set 菜单下的热力学分析选项改为“No”。

对于详细或稳态选项，由于每条支路的流量是根据支路流道特性计算得到的输出值而不是输入值，此时用户不用输入每条支路的流量比例分数。另外，需要指定燃油池压力。结合水箱和油箱内燃油流量进行迭代计算，通过调整管路流通面积和阀门摩擦系数 K–loss 确定流道尺寸和降低燃油温度所需回流的质量流量。确定必需的发动机燃油泵特性，为获得设定燃油温度提供所需的压力和流量。

详细分析对应的系统架构输入数据和热力学分析有很大不同。流道的输入数据包括流通截面积、长度、水力直径和摩擦损失类型。泵的输入数据包括相关数据（转速、质量流量、压力变化和效率）的拟合曲线或性能图，本算例选择了效率 80%、拟合曲线选项的旋转泵。一旦正确输入所有必要数据，即可再次运行系统，需要几秒钟才能运行。

图 4 给出了控制体的计算结果。从图中可以看出，燃油池 CV12 的燃油温度与流体源燃油温度相等。计算开始时流体源的质量流量为 0.716kg/s，流通面积为 9.29cm^2。阀门保证流经控制体 CV8 和控制体 CV12 的质量流量为 0.227kg/s。与上面热力学分析（TA）结果保持一致，阀门所在支路的流量比例分数为 28%。

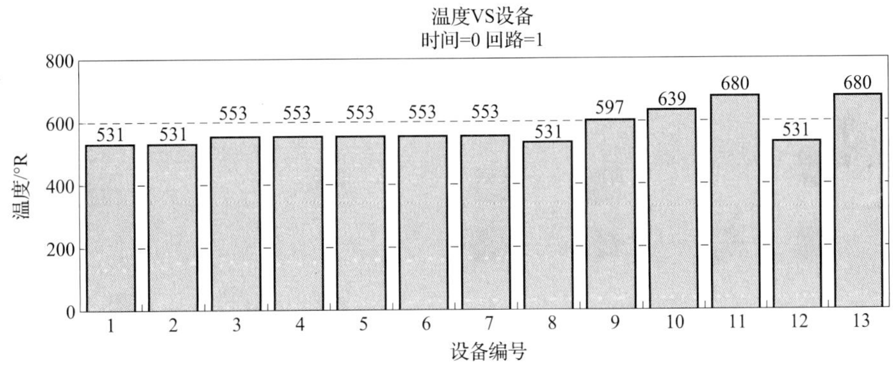

图 4　稳态分析对应的各设备（控制体）温度计算结果

热管理系统（TMS）模型现在已扩展到包括主燃油冷却回路和四个次级回路，其中三个回路是闭式架构的模型。次级回路通过换热器与主燃油冷却回路耦合。图 5 是这个冷却系统的原理图，图 6 是此冷却系统在 VITMAC 中的显示。

通常飞机分系统由闭式架构的次级回路中的工作流体进行冷却。闭式次级回路 1、2、3 的热载荷分别表示来自齿轮箱、航空电子设备和环控系统（ECS）的总热载荷，分别为 16800Btu/h（4922W）、24000Btu/h（7032W）和 48400Btu/h（14181W）。每个闭式次级回路加热的工作流体通过换热器被燃油进行冷却。冷却闭式次级回路 1、2、3 的燃油有一部分被冲压空气冷却后回流至燃油箱。

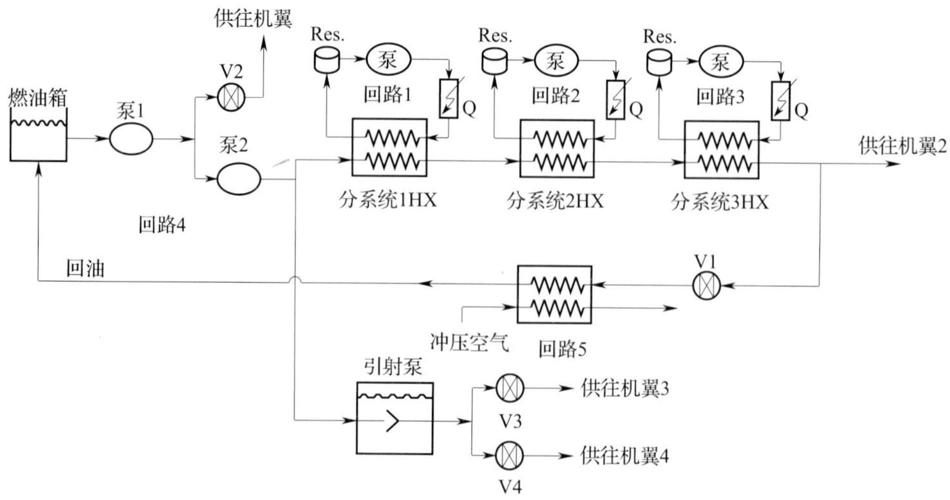

图 5　飞机燃油冷却热管理系统原理图

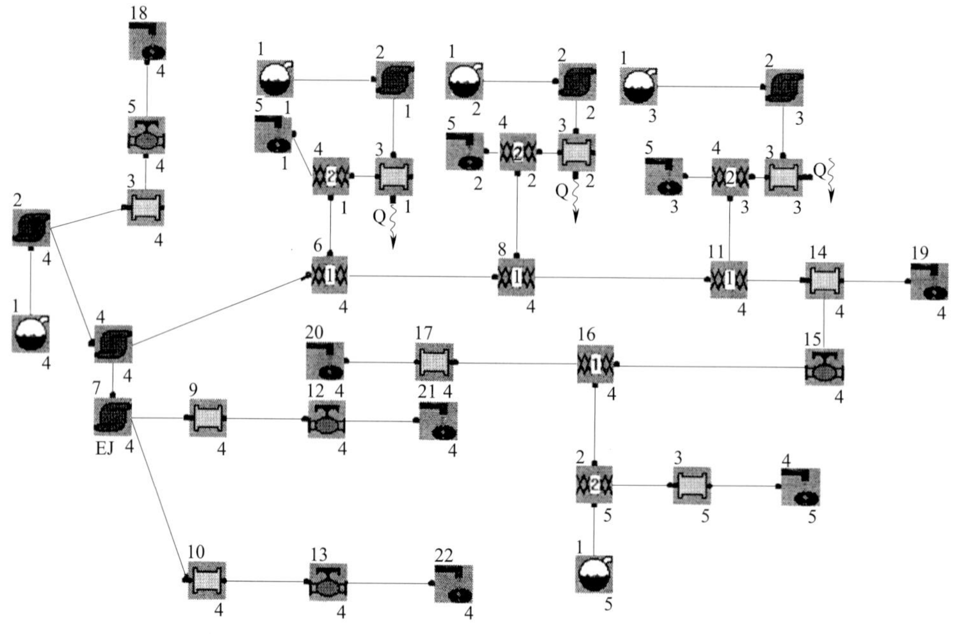

图 6　飞机燃油冷却热管理系统 VITMAC 仿真

这个冷却系统设计的主要温度限制如下：①进入油箱前的回油温度限制；②冷却回路分系统中的流体温度限制；③各支路分支前的燃油温度限制。本算例的目标是计算得到保持冷却回路不同位置温度在限制温度以下且提供必要冷却所需的质量流量。本算例中使用的流体温度限制为：供往机翼 2（CV19）的燃油温度限制为 610°R（339K/65.85℃），进入油箱前的回油温度限制为 570°R（317K/43.85℃），冷却回路分系统中的流体温度限制为 630°R（350K/76.85℃）。

与前面的算例相反，由于每个次级回路中都有热载荷，因此不需要指定换热器热载荷。通过部件性能图对旋转泵、喷射泵和换热器的性能进行评估。旋转泵性能图提供了用流量和泵转速表示的泵的压升。喷射泵性能图提供了用泵进口压力和泵出口与进口流量比表示的泵的压升。换热器性能图提供以下信息：①用冷热边流量表示的效率；②用对应侧流量表示的冷边和热边压力降。满足规定冷却要求的回路 4 所需燃油流量确定为 8.7lb/s（3.95kg/s）。回路 1、2、3 中流体流量分别为 0.31lb/s（0.141kg/s）、0.35lb/s（0.159kg/s） 和 0.38lb/s（0.172kg/s）。回路 5 中的冲压空气流量为 0.07lb/s（0.032kg/s）[6]。

图 7 给出了图 6 回路 3 中工作流体温度分布最终计算结果。流出储液箱工作流体温度为 554°R（307.8K/34.65℃），流入储液箱工作流体温度为 558°R（310K/36.85℃）。其余次级回路的温度分布和回路 1 结果类似。回路 1 中，流出储液箱工作流体温度为 559°R（310.6K/37.45℃），流入储液箱工作流体温度比流出时降低 1°R［为 558°R（310K/36.85℃）］。回路 2 中，流出储液箱工作流体温度为 559°R（310.6K/37.45℃），流入储液箱工作流体温度比流出时升高 1°R［为 560°R（311.1K/37.95℃）］。温度升高是由来自飞机分系统的热载荷造成的。

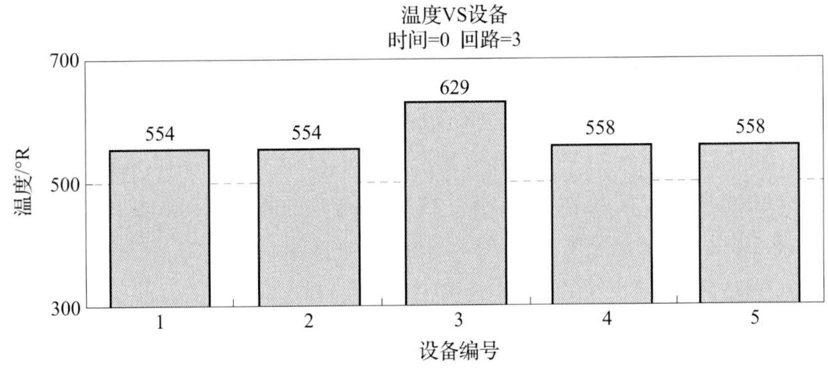

图 7　回路 3 的最终工作流体温度分布

图 8 给出了图 6 回路 4 中燃油温度分布最终计算结果。来自燃油箱的燃油［温度为 569.4°R（316.3K/43.15℃）］，在飞机内分为四路，其中一路将部分燃油返回油箱。34.5% 的燃油流入机翼 1 支路，控制体（CV18）处的温度为 569.7°R（316.5K/43.35℃）。来自燃油箱的燃油流经与回路 1、2、3 耦合的换热器后分为两路：16.9% 的燃油流入机翼 2 支路，控制体（CV19）处的温度为 601.5°R（334.2K/61.05℃）；只有少部分（0.4%）的燃油返回燃油箱，控制体（CV20）处的温度为 566°R（314.4K/41.25℃），比燃油箱（流体源）温度低 3°R（1.9K/1.9℃），原因在于回油路通过换热器被冲压空气进行了冷却。剩下的两条支路均是 24.1% 的燃油流量，以相同的燃油温度分别流入机翼 3 支路和机翼 4 支路，机翼 3 支路控制体（CV21）和机翼 4 支路控制体（CV22）处的温度均是 574.2°R（319K/45.85℃）。冲压空气冷却回油后温度升高 32°R。所有的温度都在限制温度以下。

一旦稳态分析满足要求，热管理分析人员会进行瞬态分析。可以想象，在高性能飞行中可能会出现许多可能的状态。对于上面讨论的例子，热管理分析人员关注的是最后一条次级回路中可能产生的热载荷尖峰及对下游燃油温度的影响情况。考虑增加时长 5s，热载荷峰值为原有热载荷 2.5 倍的热载荷尖峰，用来评估此影响。

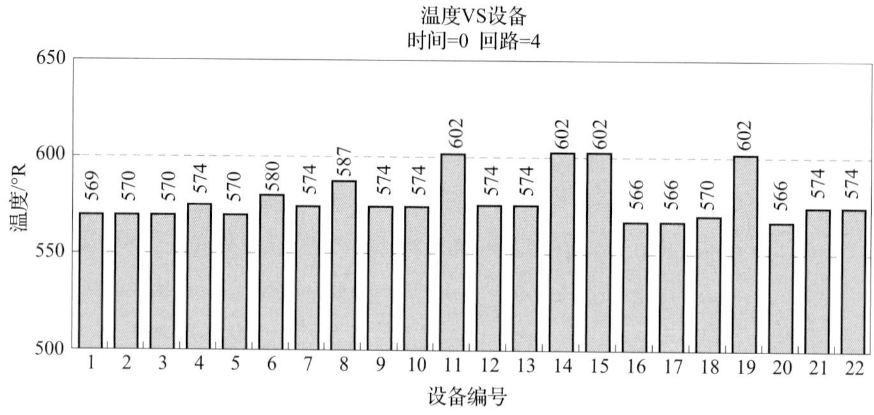

图8 回路4中的JP-5最终燃油温度分布

由于系统架构保持不变，热管理分析人员只需要对模型进行一些修改即可实现瞬态分析。首先从系统选项菜单选择瞬态选项，然后修改回路3控制体（CV3）的热载荷值用来对热载荷96800Btu/h（28362.4W）持续5s的热载荷尖峰进行仿真。首先查看不对系统进行任何其他更改情况下的温度结果。结果表明：回路3中设备温度升高69°R至698°R（387.8K/114.65℃），由于换热器［回路3控制体（CV4）和回路4控制体（CV11）］吸收热量使得回路3换热器控制体（CV4）温度降低66°R至492°R（273.3K/0.15℃）。回路4中流入机翼2的燃油温度升高24°R至626°R（347.8K/74.65℃），高于限制温度610°R（339K/65.85℃）；返回燃油箱的燃油温度（控制体（CV20））比燃油箱温度低2°R（1.11K）。回路5中冲压空气温度升高16°R至598°R（332.2K/59.05℃）。由于连接回路4和回路5的换热器［回路4控制体（CV16）和回路5控制体（CV2）］换热能力足够，可保证返回油箱的燃油温度在限制温度以下。但是连接回路3和回路4的换热器［回路3控制体（CV4）和回路4控制体（CV11）］换热能力不够，无法满足流入机翼2［控制体（CV19）］的燃油温度在限制温度以下的要求。在采取改进措施之前，首先需要研究大热载荷尖峰的影响。

由于系统架构没有更改，因此在下面的分析中继续使用前面的系统模型。热管理分析人员只需要将回路3控制体（CV3）的热载荷峰值调整为242000Btu/h（70906W），此时设备温度比稳态升高248°R至877°R（487.2K/214.05℃），使得来自回路4与回路3耦合换热器、供往回油路和机翼2路的燃油温度升高至689°R（382.8K/109.65℃），显著高于限制温度610°R（339K/65.85℃）。图9给出了飞行时间500s时5s热载荷尖峰对应的回路4中燃油温度分布。在系统架构没有改变的情况下返回燃油箱的燃油温度为571°R（317.2K/44.05℃），高于限制温度1°R（0.556K）。此时，热管理分析人员与系统设计人员进行协调，确定这种情况是否会带来问题。

从瞬态分析可以看出，连接回路3和回路4的换热器处理大热载荷能力不够。一个可能的解决办法是对替换换热器设计进行研究，使用VITMAC中可用的热交换器架构或使用商用换热器设计程序进行替换换热器设计迭代直至满足规定的要求，将最终的换热器设计结果输入VITMAC中。如果依然不满足要求，可能需要对系统流道尺寸和流量进行调整。需要进行进一步迭代直至满足飞机系统所有热管理限制要求（本文不进行讨论）。

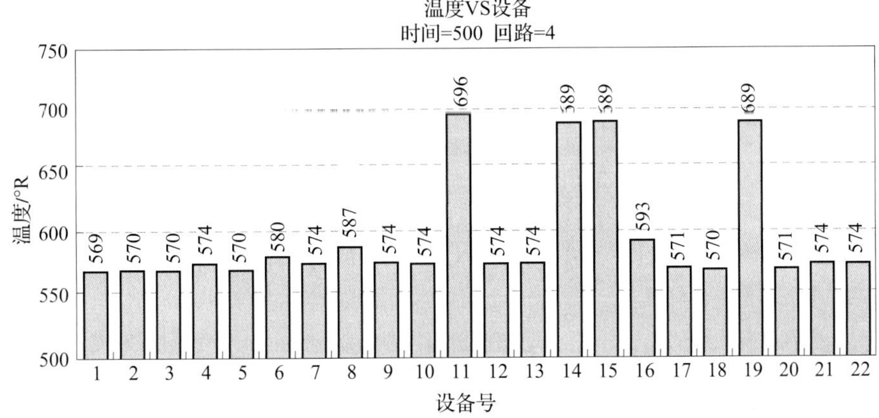

图9 瞬态分析：飞行时间500s时热载荷尖峰对应的回路4中的燃油分布

热管理分析人员还会对在飞行过程中还可能出现其他情况进行研究，并与系统设计人员协商，提供潜在替代解决方案。可能出现的其他情况包括关键热管理系统（TMS）部件故障、飞控系统故障（如阀门或电气系统关闭）、污垢引起的燃油管路堵塞或冷却剂泄漏等。这些情况均会影响全热管理系统效率。热管理分析人员需要对可能的热管理系统进行迭代分析并持续保持与系统和分系统设计人员的协商。另外，热管理系统设计中还应考虑部件重量、尺寸限制和机内布置情况。为了研究重量，需要在控制体（CV）上增加结构，在结构中可以对不同材料类型（结构或绝热层）和厚度进行研究。

通过迭代程序实现飞机综合热管理系统的合理设计，实现方案设计到具体设计的封闭，同时满足所有机身、推进系统的部件级和分系统级要求，其中，必须考虑热管理和结构要求。热管理系统必须满足全飞行剖面下的使用要求[7]。

除了与系统设计人员协商外，热管理分析人员还需要在热管理系统概念设计阶段保持与硬件测试小组的持续协商，以验证分析建模方法、用实际数据验证分析结果。此外，热管理分析人员可能会发现潜在的热管理测试问题，并建议在测试硬件内或不同位置处增加热电偶以明确问题的严重程度。另外，测试小组可能会关心潜在的热点位置，寻求热管理分析人员帮助确定潜在解决方案。

4 结论

本文介绍了一种使用飞机综合热管理分析代码或VITMAC工程工具对飞机热管理系统进行分析的建模方法。算例在不同复杂程度下开展分析，用来说明热管理分析人员对热管理系统进行分析时可能采取的步骤。首先对系统进行简化并进行热力学分析，实现系统的粗略研究，这一步骤通常在缺乏详细数据但需要快速分析系统性能的热管理系统方案设计初期开展。随着可用信息越来越多，需要将这些可用信息数据纳入系统模型中。其中，可用信息可以来自辅助参数权衡研究，也可以来自其他来源或来自上述两种方式。系统复杂度逐步增加并成功运行，直至完成全热管理系统模型的开发。采用参数化运行方式确定优化架构。虽然可能需要大量迭代计算，但VITMAC等分析工具因其易于更改输入和快速计算的固有特点，会有助于进行性能的权衡研究。用户可以选择以图形或综合输出数据表的方式查看控制体（CV）温度、压力和质量流量仿真结果，其中综合输出数据表方式还有助于检查输入数据是否存在错误。

由于飞机飞行不是稳态，因此热管理分析人员也不应只进行稳态仿真分析，具有瞬态研究的能力变得至关重要。能对瞬态热条件进行仿真的工具无疑是瞬态研究的重要辅助。此工具有助于分析燃油箱是否有足够的燃油支持任务的冷却要求，热管理系统是否能够承受多个瞬态热载荷和尖峰，以及不同部件故障带来的影响。结合机械部件运行带来的瞬态效应开展了一些工作，比如，允许用户在单次运行期间改变阀门设置，而不是每次运行采取不同阀门设置的并行运行。

虽然在本文算例中没有演示，但控制体上可以添加结构材料，用来研究不同材料满足热管理需求的情况、查看材料内部的温度分布、研究保证部件温度在限制温度以下的材料厚度、研究系统代偿损失。结构材料和绝缘材料可借助嵌入式材料热物性数据库开展研究。如果嵌入式材料热物性数据库没有相关材料，用户可以通过添加材料必要热物性完成新材料的添加。当材料显著影响全机重量时，需要考虑材料影响。

VITMAC 目前限量使用，主要供政府内部和政府承包商的热管理分析师和工程师使用，用于测试、应用和用户反馈方面。VITMAC 需要在内存至少为 16MB 的电脑上运行，建议使用内存为 32M 的电脑。虽然奔腾电脑是 486 处理器，但仍强烈推荐使用奔腾电脑。还需要微软 Windows 95 或 Windows NT（V3.51 或更高版本）。还建议使用 17in 以上显示器。如需了解此代码，请联系本文主要作者。地址为 WL/POPS Bldg 18A，1950 Fifth Street，WBAFB，OH 45433–7251。

参考文献

[1] Van Griethuysen, V. J., Glickstein, M. R., Petley, D. H., Gladden, H. J., and Kubik, D. L., "High–Speed Flight Thermal Management, " *Developments in High–Speed Vehicle Propulsion Systems*, Murthy, S. N. B., and Curran, E. E.（eds.）, Vol. 165, Progress in Astronautics and Aeronautics, 1996, pp. 517–579.

[2] Issacci, F., Farr, J. L., Jr., Wassel, A. T., and Van Griethuysen, V. J., "An Integrated Thermal Management Analysis Tool, " IECEC '96 Paper 96114, Washington, DC, Aug. 1996, pp. 1477–1482.

[3] Van Griethuysen, V. J., and Issacci, F., "An Approach for Integrated Thermal Management and Protection System Analysis of Hypersonic Aircraft, " JANNAF Conference, Albuquerque. NM, Dec. 9–13, 1996.

[4] Wassel, A. Telal, Issacci, Farrokh, Wallace, Clark E., and Farr, John L., Jr. "Vehicle Intergrated Thermal Management Code–VITMAC 2.0, Volume 2–User's Manual, " WL–TR–95–2029, May 1994, p. 2–1.

[5] "VITMAC User's Guide, Vehicle Integrated Thermal Management Analysis Code, Version 4.0 Beta Release, " Dec. 1996, pp. 7–6–7–7.

[6] Ibid., pp. 7–15–7–16.

[7] Van Griethuysen, V. J., et, al., "High–Speed Flight Thermal Management, " *Developments in High–Speed Vehicle Propulsion Systems*, Murthy, S. N. B., and Curran, E. T.（eds.）, Vol. 165, Progress in Astronautics and Aeronautics, 1996, p. 566.